信息技术应用能力养成系列丛书

Adobe After Effects CC 视频特效编辑案例教学经典教程

微课视频版

史创明 张棒棒 王威晗 编著

清華大學出版社
北京

内容简介

本书设计理念先进，配套资源丰富，提供教学视频、范例与模拟案例源文件、素材、练习题、PPT、补充知识点等内容，非常适合翻转课堂和混合式教学。本书共15章，包括初识After Effects CC，导入和使用素材，时间轴与关键帧，合成操作，图层操作，遮罩与蒙版，形状动画，文本动画，三维图层，三维图层的摄像机和光线，使用操控点工具制作变形动画，镜头的跟踪与稳定，表达式，内置效果、插件和模板，渲染、输出与文件整理等内容。

本书既可作为高等院校相关专业的教材，也可作为培训机构的培训用书，同时也非常适合广大视频特效制作爱好者自学。

图书在版编目(CIP)数据

Adobe After Effects CC视频特效编辑案例教学经典教程：微课视频版/史创明，张棒棒，王威晗编著．—北京：清华大学出版社，2021.4(2023.1重印)
(信息技术应用能力养成系列丛书)
ISBN 978-7-302-56703-5

Ⅰ．①A…　Ⅱ．①史…②张…③王…　Ⅲ．①图像处理软件—教材　Ⅳ．①TP391.413

中国版本图书馆CIP数据核字(2020)第203007号

责任编辑：刘　星　李　晔
封面设计：刘　键
责任校对：李建庄
责任印制：刘海龙

出版发行：清华大学出版社
网　　址：http://www.tup.com.cn，http://www.wqbook.com
地　　址：北京清华大学学研大厦A座　**邮　　编：**100084
社 总 机：010-83470000　**邮　　购：**010-62786544
投稿与读者服务：010-62776969，c-service@tup.tsinghua.edu.cn
质量反馈：010-62772015，zhiliang@tup.tsinghua.edu.cn
课件下载：http://www.tup.com.cn，010-83470236
印 装 者：三河市君旺印务有限公司
经　　销：全国新华书店
开　　本：188mm×260mm　**印　张：**12.75　**字　　数：**328千字
版　　次：2021年4月第1版　**印　　次：**2023年1月第2次印刷
印　　数：2001～2800
定　　价：79.00元

产品编号：077134-01

PREFACE 前言

本套丛书的出版是作者团队三年多的不懈努力创作的结果。在创作队伍中，教授、讲师、研究生和本科生进行分工和组合：教授负责整体教学思想的设计、教法的规划、案例脚本的设计和审核、教学视频的教学设计和监制等工作；讲师和研究生负责案例的创作和实现、教材文字的整理、教学视频的录制、题库整理等工作；本科生作为助手协助工作，并且还有众多的本科生进行学习试用。

1. 本书特色

(1) 配套资源丰富。

- 本书提供各章范例与模拟案例源文件、素材、练习题及答案、PPT、教学大纲等资料，请扫描此处二维码获取。

素材

教学课件等

- 配套作者精心录制的微课视频 104 个，共计 850 分钟，读者可扫描书中各章节对应位置的二维码观看视频。

注意： *请先扫描封底刮刮卡中的二维码进行注册，注册之后即可获取相关资源。*

(2) 采用先进的教学理念“阶梯案例三步教学法”。通过实践证明“阶梯案例三步教学法”可以在很大程度上提高学习效率。

(3) 为翻转课堂和混合式教学量身打造。整个教学过程的设计体现了新的理念、新的教学方法和科学的教学设计。

(4) 技能养成系列化。本书是“信息技术应用能力养成系列丛书”的一部分，和其他部分(图像处理、音频编辑、动画制作、网页设计、课件制作)一起构成完整的信息技术应用能力养成体系。

2. “阶梯案例三步教学法”简介

第一步：范例学习。

每个知识单元设计一个或多个经典案例，进行手把手范例教学，按照书中的提示，由教师指导，学生自主完成。学生亦可扫描书中二维码，参照案例视频讲解，一步步训练。

第二步：模拟练习。

每个知识单元提供一到多个模拟练习作品，只提供最后结果，不提供过程，学生可使用提供的素材，制作出同样原理的作品。

第三步：创意设计。

运用知识单元学习到的技能，自己设计制作一个包含章节知识点的作品。

我们以科学严谨的态度，力求精益求精，但疏漏之处在所难免，敬请广大读者批评指正，可发送邮件至 workemail6@163.com。

感谢您购买此书，希望本书能为读者成为视频特效处理的领航者铺平道路，在今后的工作中更胜一筹。

作　者

2021年2月

CONTENTS 目录

第9章 三维图层 104

微课视频 40分钟(5个)

第10章 三维图层的摄像机和光线 116

微课视频 30分钟(4个)

第1章 初识After Effects CC

微课视频 37分钟(3个)

本章学习内容：

(1) After Effects 的工作环境；

(2) 工具面板、合成面板和时间轴面板；

(3) After Effects 的工作流程。

完成本章的学习需要大约1.5小时，可扫描前言中的二维码，下载配套学习资源，扫描书中二维码可观看讲解视频。本书用到的是 Adobe After Effects CC 2018，后简称 After Effects。

知识点

After Effects　功能介绍　新建合成　导入素材　工作区　新建摄影机　摄影机的设置　简单使用摄影机　不透明度　使用关键帧　视频导出　渲染队列设置　文件保存　键盘快捷键

本章案例介绍

范例：

本章范例是地球运动的动画制作，地球在星空背景下从近到远进行公转和自转。通过该案例的制作，了解 After Effects 的一些基本操作方法，体验 After Effects 强大的视频编辑功能，如图1.1所示。

图　1.1

模拟案例：

本章模拟案例，制作地球在星空背景下由远及近的特效视频，运动方向和范例相反，进一步熟悉 After Effects 的工作环境，如图1.2所示。

图　1.2

1.1　启动 After Effects

打开 After Effects，首先展现的是“开始”页面，如图1.3所示。

图　1.3

“最近使用项”的内容是以前打开过的文档，“新建项目”是新建一个 After Effects 项目，“打开项目”是在磁盘中打开已经编辑过的项目，如图1.4所示，图1.4(a)是刚才打开过的项目,图 1.4(b)右侧是单击“打开项目”后的文件浏览界面。

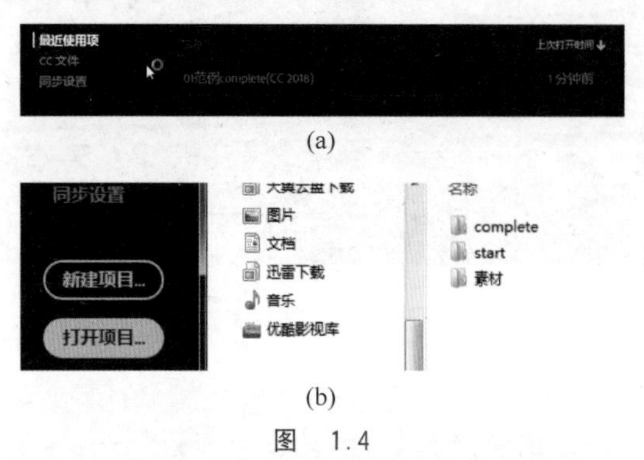

(a)

(b)

图 1.4

1.2 预览范例视频

(1) 双击“lesson01/范例/complete”文件夹中的“01 范例 complete(CC 2018).mp4”,播放视频。

(2) 关闭播放器。

(3) 也可以用 After Effects 打开源文件进行预览,在菜单栏中选择“文件”→“打开项目”命令,再选择“lesson01/范例/complete”文件夹中的“01 范例 complete(CC 2018).aep”文件,单击“预览”面板的“播放/停止”按钮,预览视频,如图 1.5 所示。

图 1.5

视频讲解

1.3 After Effects 的工作环境

1.3.1 After Effects 工作区

After Effects 的工作区有许多工作面板,并且提供灵活的可自定义的工作空间。程序的主窗口称作应用程序窗口,面板排列在这个窗口内,组合成工作空间。

在 After Effects CC 软件中,有“默认”“标准”“小屏幕”“库”等多种工作区方式。选择“标准”工作区时“标准”二字以蓝色显示,如图 1.6(a)所示;图 1.6(b)“标准”工作区界面,此时右上角的工作区菜单被隐藏着。

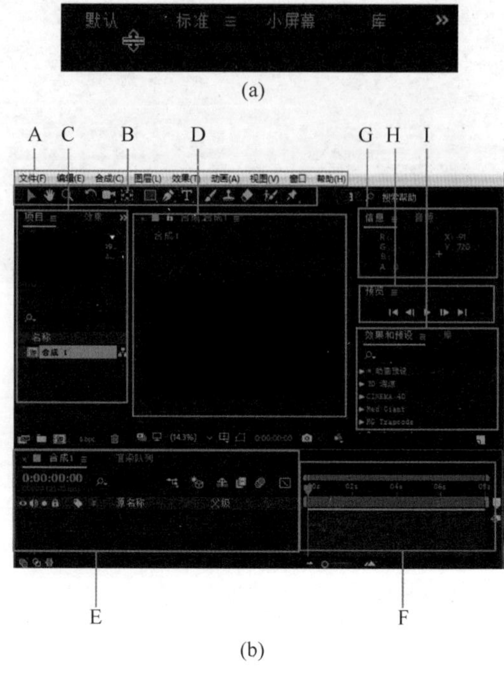

(a)

(b)

图 1.6

A. 菜单栏 B. 工具面板 C. 项目面板 D. 合成面板
E. 时间轴面板 F. 时间轨 G. 分组面板(信息和音频)
H. 预览面板 I. 特效和预设面板

1.3.2 After Effects 自定义工作区

(1) 当现有的工作区不能满足使用需求,需要添加其他面板时,单击菜单栏中的“窗口”按钮,选择需要的工具面板,如图 1.7 所示。

图 1.7

(2) 当工作区面板的排列方式适合操作时,可以通过拖动面板来调整工作区,将面板拖放到新的位置。将面板拖入或拖离一个组,使面板排列整齐,还可以将面板拖出使其浮动在应用程序窗口之上的新窗口内。当重新调整面板位置后,其他面板自动调整大小,以适合窗口的尺寸。

(3) 拖动面板选项卡并重新定位它时,放置面板的区域被称作放置区域，该区域将高亮显示。放置区域决定面板在工作区中的插入位置以及插入方式。将面板拖放到放置区域会使它停靠或分组到该区域。

（4）还可以打开浮动面板。要实现这一操作，选择该面板，从面板的菜单中选择“浮动面板”或“脱离框架”，或者将面板或组拖出应用程序窗口，如图1.8所示。

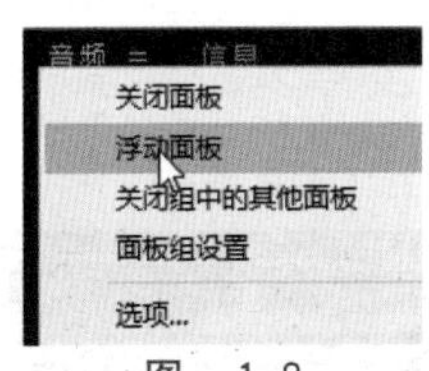

图　1.8

（5）选择“窗口”→“工作区”命令，可以看到工作区包含“标准”“小屏幕”“所有面板”等许多类别，最常设置的是“标准”工作区，如图1.9所示。

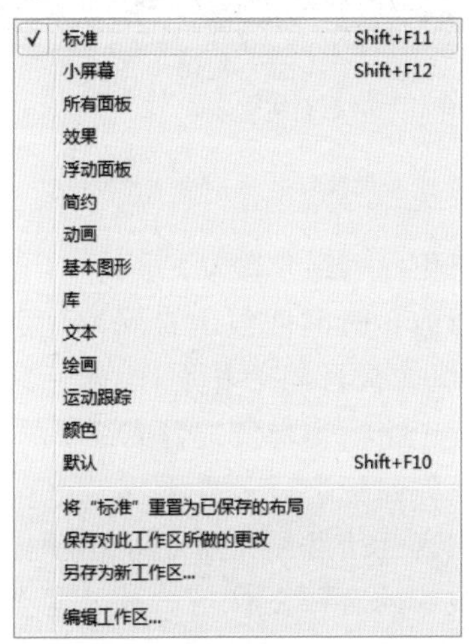

图　1.9

（6）“另存为新工作区”命令表示当对工作区进行修改后，如果想保存修改后的工作区，可单击“窗口”→“工作区”→“另存为新工作区”，并命名，如图1.10所示。

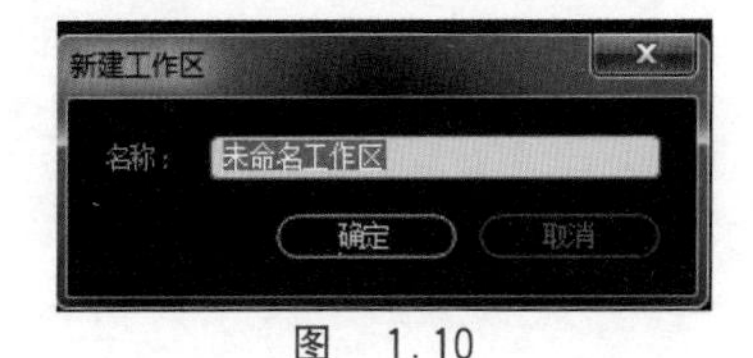

图　1.10

（7）“编辑工作区”命令表示可以通过鼠标拖动以调整面板的位置，或者单击“删除”来删除不需要的面板，如图1.11所示。

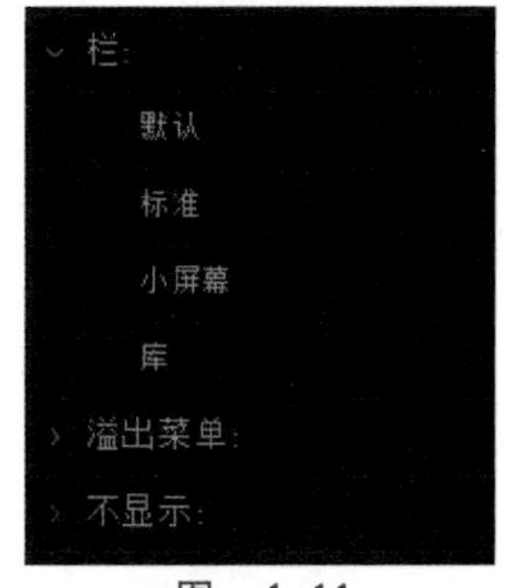

图　1.11

1.3.3　菜单栏

After Effects菜单栏包括“文件”“编辑”“合成”“图层”“效果”“动画”“视图”“窗口”“帮助”菜单，其命令基本包含After Effects的所有功能，如图1.12所示。

图　1.12

菜单命令右侧出现 ▶ 符号表示有子菜单，单击可打开该菜单，例如，单击“文件”菜单出现如图1.13所示的菜单命令。

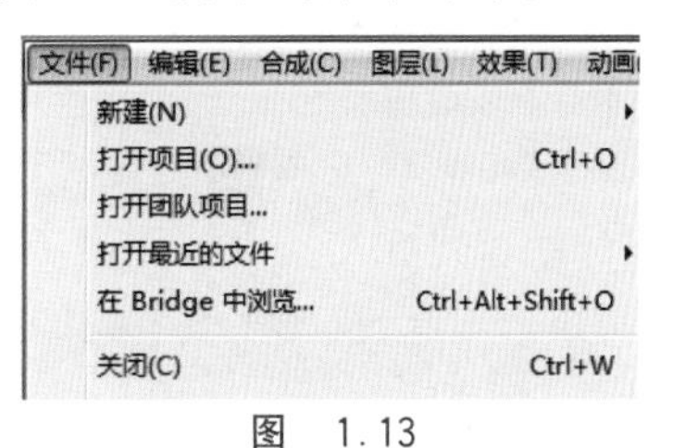

图　1.13

1.3.4　工具面板

After Effects包含的工具用于修改合成图像中的元素。如果使用过Adobe的其他产品，例如，Photoshop，应该熟悉其中一些工具，如选择工具、抓手工具。而另一些工具则是新的。如图1.14所示为“工具”面板中的工具。

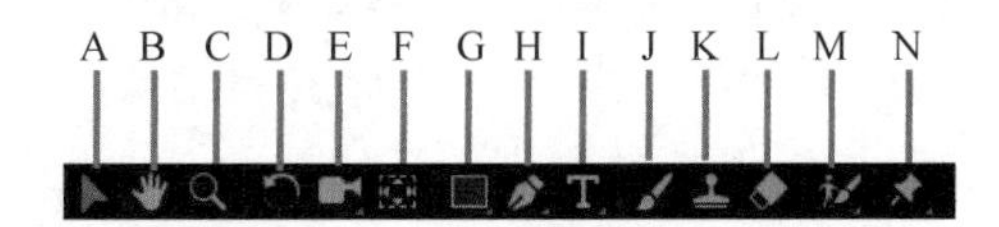

图　1.14

A. 选择工具　B. 抓手工具　C. 缩放工具
D. 旋转工具　E. 摄像工具　F. 轴点工具
G. 蒙版和形状工具　H. 钢笔工具　I. 文字工具
J. 画笔工具　K. 仿制图章工具　L. 橡皮擦
M. 动态蒙版画笔　N. 木偶工具

当将光标定位于“工具”面板中的任何按钮上时，会显示出工具提示，显示工具名及其对应的键盘快捷键。按钮右下角的小三角形说明该工具下隐藏了一个或多个其他工具，单击该按钮并保持，将显示出隐藏的工具。

(1) 选择工具：选择工具是最常用的工具，选中选择工具，就会出现一个箭头形状的鼠标指针，此时可以对素材、图层、效果、属性等进行选择。

(2) 抓手工具：可以在有扩充内容的面板中拖移以查看未显示全的内容，在其他工具状态下按住空格键或者鼠标中键也可以临时激活抓手工具，当释放空格键或者鼠标中键时自动返回原工具状态。

(3) 缩放工具：可以在合成视图中进行放大或缩小查看操作。

(4) 旋转工具：对选中的图层画面拖动鼠标时会对其进行旋转。

(5) 摄像工具：摄像工具只有在使用摄像机的时候才使用，主要是用于调整摄像机的大小方向以及角度。

(6) 蒙版和形状工具：蒙版和形状工具的主要作用就是在窗口中勾画蒙版，有矩形工具、圆角矩形工具、椭圆工具、多边形工具和星形工具。

(7) 钢笔工具：可以通过建立自由的线条来绘制形状。

(8) 文本工具：可以用来在合成视图中单击并创建文本内容。

1.3.5 “时间轴”面板

可以使用“时间轴”面板动态改变图层的属性，并设置层的入点和出点(入点和出点是合成图像中一个图层的开始点和结束点)。“时间轴”面板的许多控件是按功能分栏组织的，默认情况下，“时间轴”面板包含一些栏和控件，如图 1.15 所示。

“时间轴”面板中时间曲线图部分包含一个时间标尺，用来标示合成图像中图层的具体时间和时间条，如图 1.16 所示。

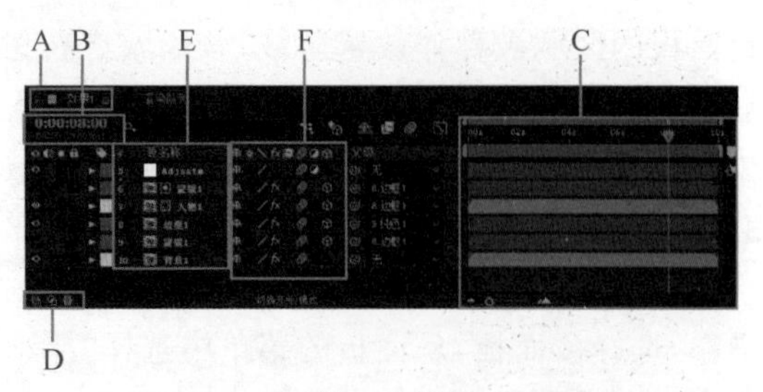

图 1.15

A. 合成图像名 B. 当前时间 C. 时间曲线/曲线编辑区域 D. 音/视频开关栏 E. 源文件名称/图层名称栏 F. 图层开关

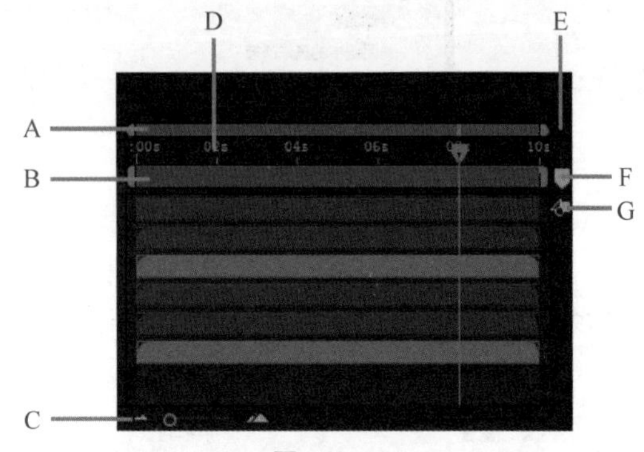

图 1.16

A. 时间导航器的开始和结束标记 B. 工作区开始和结束标记 C. 时间缩放滑块 D. 时间标尺 E. “时间轴”面板菜单 F. 合成图像标记 G. 合成图像按钮

要想更深入地学习动画制作，了解一些控件是必要的。时间曲线上直观地显示出合成图像、图层或素材项的长度，时间标尺上的当前时间标记指示当前所查看或编辑的帧，同时在合成图像面板上显示当前帧。

工作区开始和结束标记指出预览或最终输出而渲染的合成图像部分。处理合成图像时，可以只渲染其中一部分，通过将一段合成图像的时间标尺指定为工作区来实现。

“时间轴”面板的左上角显示合成图像的当前时间。如果需要移动到不同时间点，可拖动时间标尺上的当前时间标记，或者单击“时间轴”面板或合成图像面板的当前时间字段，输入新时间，然后单击 OK 按钮。

1.3.6 “合成”面板

合成是影片的框架。每个合成均有自己的时间轴，通过合成来组织素材的呈现和制作动画等，如图 1.17 所示。

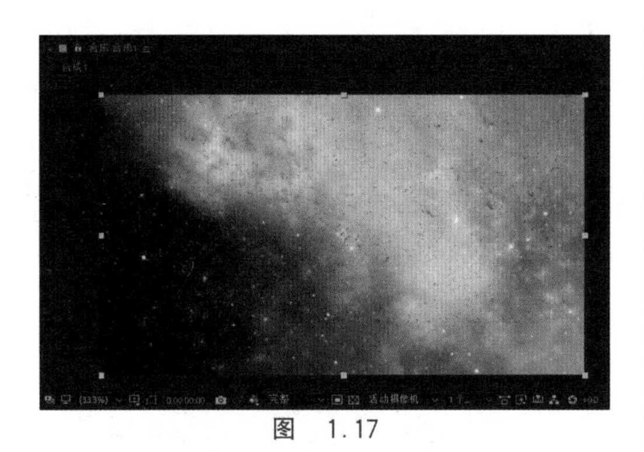

图　1.17

“项目”面板中的素材、时间轴中合成的效果是在“合成”面板中展示的。“合成”面板中可以对画面以不同的大小比例进行全部或局部显示，可以使用粗略的分辨率快速查看动画的大致效果，也可以用精细的分辨率精确预览最终的效果，在“合成”面板中预览动画效果的速度取决于软硬件的配置与制作效果的复杂程度，图 1.18 为“合成”面板下部的操作按钮。

图　1.18

A. 放大率弹出式菜单　B. 选择网格和参考线选项　C. 切换蒙版和形状路径可见性　D. 预览时间　E. 拍摄快照　F. 显示通道及色彩管理设置　G. 分辨率　H. 目标区域　I. 透明网格　J. 3D 视图弹出菜单　K. 选择视图布局

(1) 放大率弹出式菜单：用来调整合成视图在窗口中的显示比例，一般选择“合适”。

(2) 选择网格和参考线选项：本选项的主要作用在于借用网格和参考线做辅助，使素材放置位置更精确。

(3) 分辨率：分辨率的主要作用在于预览视频时，调整合成视图中播放视频的清晰度。

(4) 透明网格：单击透明网格按钮，使背景设置为透明样式。

(5) 3D 视图弹出菜单：用于摄像机的使用，其作用在于从不同方向观察摄影机的放置。

(6) 选择视图布局：选择视图布局就是从不同的视野角度观察合成。

1.3.7　“项目”面板

“项目”面板用于放置和管理素材及合成。平时所显示的“项目”面板列数比较少，为几项最为重要的“名称”“类型”等，也可以在“项目”面板右上角的图标上单击弹出菜单，将“列数”菜单下众多的内容按列的方式显示出来，这样可以了解到“项目”面板中各种素材与合成的详细属性，如图 1.19 所示。

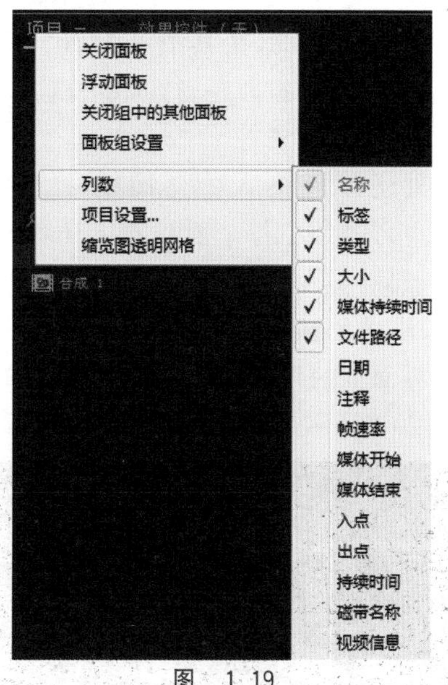

图　1.19

1.3.8　其他常用面板

“项目”面板、“时间轴”面板和“合成”面板是 After Effects 三大基本面板，除此之外，标准工作区界面中还有“信息”“音频”“预览”“效果和预设”面板以及建立文字时进行设置操作的“字符”和“段落”面板。

“信息”面板中显示当前操作状态中的一些信息供参考，如在“视图”面板中鼠标指针处的颜色值、位置坐标值、时间轴中选中图层的信息等。

“音频”面板在预览音频时会显示有音量指示，当声音电平达到红色区域时说明音量过高引起音频失真，需要适当降低。

“预览”面板中可以对合成中的动画进行实时的预览或每跳几帧进行快速预览，可以每次从头预览，也可以从当前时间指示器的位置点开始预览，还可以静音、循环、逐帧及全屏预览。

“效果和预设”面板中可以选择特效效果，将其拖至时间轴的图层中，为图层添加这个特效。当添加了效果后，相应会自动打开“效果控件”面板，显示为图层添加的效果，可以在“效果控件”面板中或时间轴图层的效果下进行效果设置操作。

“字符”和“段落”面板是建立和修改文字时需要的设置面板，在其中可设置文字的字体、颜色、大小、字符间距、行间距、描边以及文本的对齐、缩进方式等。

此外还有“渲染队列”等面板，将在后面相应章节进行介绍。每个面板右上角都有弹出菜单的图标，显示本面板的相应菜单选项，也包括浮动、关闭帧或面板的共同菜单选项。标准工作界面下的其他面板及文本相关的面板，如图 1.20 所示。

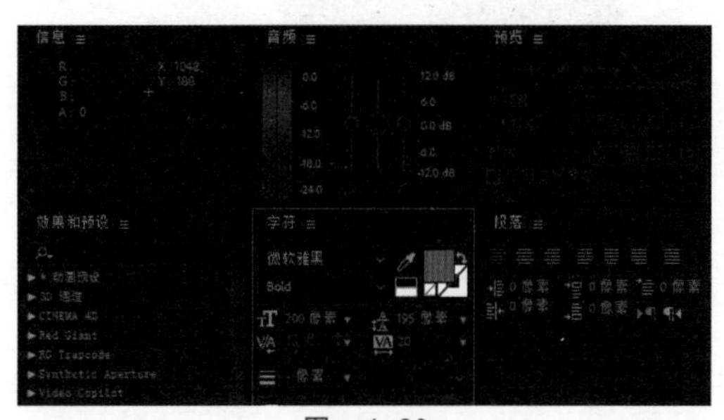

图　1.20

视频讲解

1.4　首选项设置

(1) 选择菜单“文件”→“项目设置”命令，在打开的“项目设置”对话框中，将“时间显示样式”选择为“时间码”，将“默认基准”的 30 修改为 25，因为默认的时间码基准(时基)是按照美国 NISC 制式设置的，而国内的电视和影像设备使用 PAL 制视频，所以改成 25，即视频均以 25 帧每秒的帧速率为默认基准，如图 1.21 所示。

(2) 选择菜单“编辑”→“首选项”→“导入”命令，在打开的“首选项”对话框中，同样将“序列素材”由原来的“30 帧/秒”修改为“25 帧/秒”。这两个数值的区别为：一段由 30 个

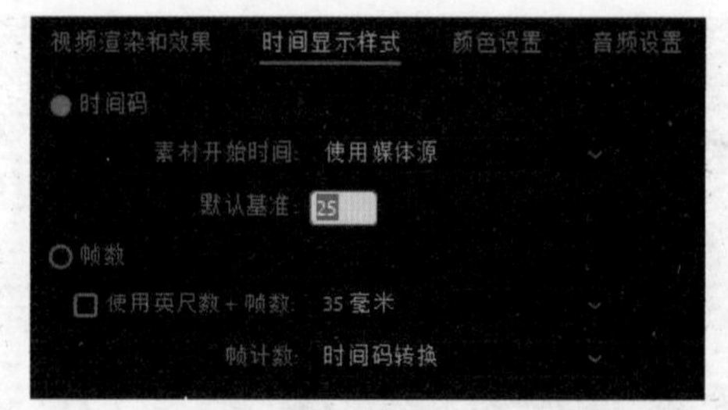

图　1.21

图片组成的动态画面导入到 After Effects 中时，按“30 帧/秒”的设置导入后长度为 1 秒，而按“25 帧/秒”的设置导入后长度为 1 秒 5 帧。所以这里的设置取决于项目合成设置中使用什么样的时基标准，因为国内使用 PAL 制视频时间码基准为“25 帧/秒”，所以这里也统一为“25 帧/秒”，如图 1.22 所示。

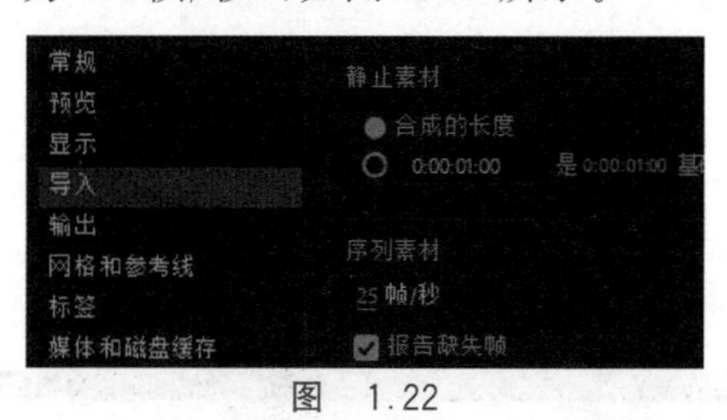

图　1.22

(3) 在“首选项”中选择显示“媒体和磁盘缓存”的内容，将“符合的媒体缓存”下的“数据库”和“缓存”默认在系统盘上的文件夹设置到系统盘之外，磁盘缓存也可以重新指定路径，如图 1.23 所示。

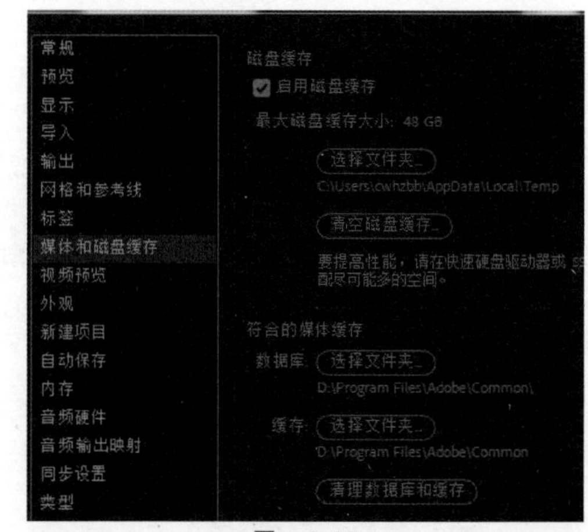

图　1.23

(4) 在“首选项”中选择显示“自动保存”的内容，按照图 1.24 设置各自动保存项目，这是防止意外发生而痛丢失长时间工作成果的

保险措施。

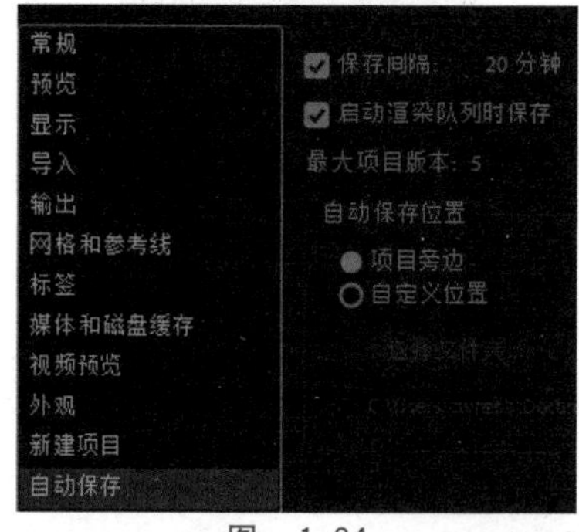

图　1.24

（5）在“同步设置”中有多个复选框，其中“可同步的首选项”指的是不依赖于计算机或硬件设置的首选项。After Effects 现在支持用户配置文件以及通过 Adobe Creative Cloud 使首选项同步。利用新的“同步设置”功能，可将应用程序首选项同步到 Creative Cloud。如果使用两台计算机，那么“同步设置”功能可以在这两台计算机之间轻松保持这些设置的同步性，如图 1.25 所示。

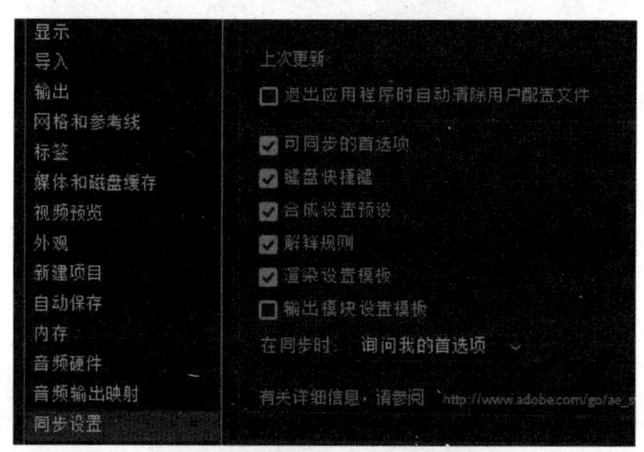

图　1.25

1.5　范例制作

1.5.1　制作原理介绍

范例导入了一张地球图片、一个音乐文件和一个宇宙星空的视频。然后把地球图片做成一个圆形地球，并在星空视频背景下自转并进行由近及远的运动。

制作原理是：首先建立一个合成，合成是 After Effects 动画的基本单位，把素材放到合成中，通过“效果和预设”面板把地球图片变成球星并设置旋转参数实现自转。建立一个摄像机，并通过制作摄像机关键帧动画（移动摄像机）实现地球的由近及远的运动效果。

1.5.2　导入素材

（1）打开 After Effects 软件，将文件另存为“01 范例 demo(CC 2018).aep”。

（2）在“项目”面板空白处双击，在弹出的文件对话框中，打开“lesson01\范例文件\素材”文件夹，按住 Ctrl 键分别单击“背景音乐.wav”“地图贴图.jpg”“视频素材.mov” 3 个素材，选中 3 个文件，然后单击“导入”按钮，如图 1.26 所示。

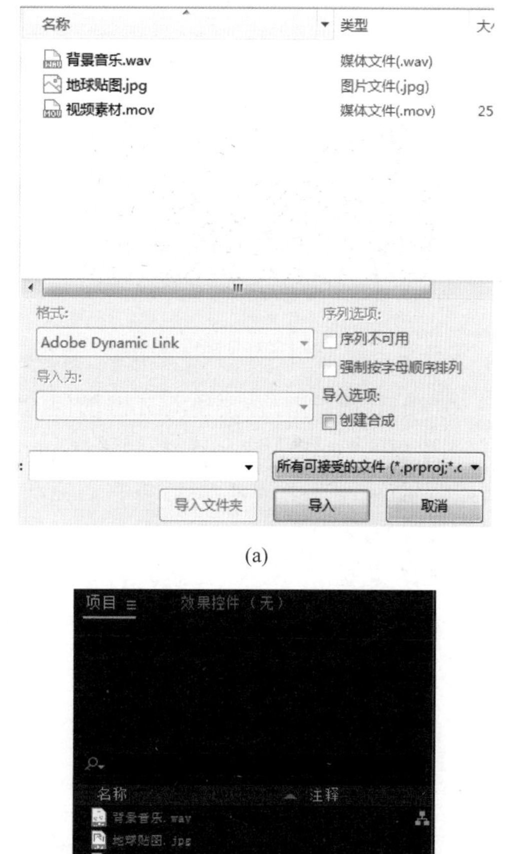

(a)

(b)

图　1.26

视频讲解

1.5.3　新建合成

（1）在“项目”面板的底部找到新建合成按钮，单击此按钮，在弹出的“合成设置”对话框中，将“合成名称”命名为“地球转动”，将

"预设"设置为"HDTV 1080 25","持续时间"调整到8秒,如图1.27所示。

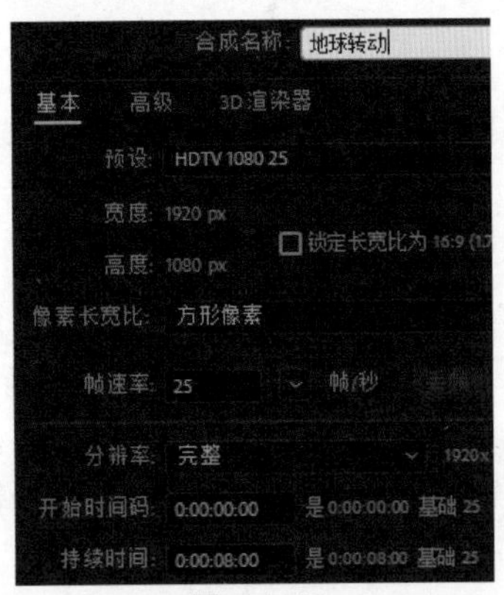

图 1.27

(2) 单击"确定"按钮,"地球转动"合成就出现在了"项目"面板中,如图1.28所示。

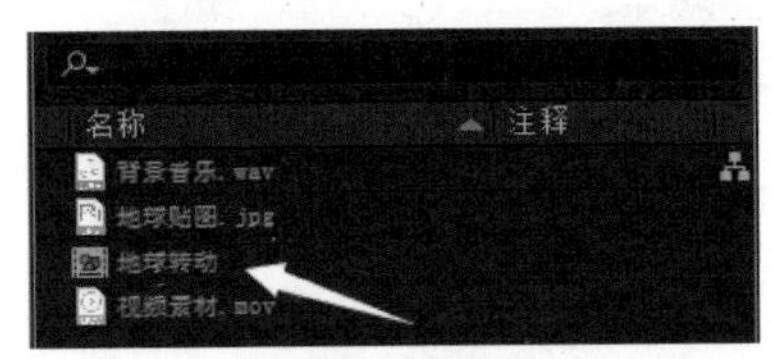

图 1.28

1.5.4 将素材拖动到"时间轴"面板

在"项目"面板中,在按住Ctrl键的同时分别单击里面的"地球贴图.jpg""视频素材.mov""背景音乐.wav"3个素材,然后将它们拖动到"时间轴"面板中,注意"地球贴图.jpg"图层要放在"视频素材.mov"图层上面,如图1.29所示。

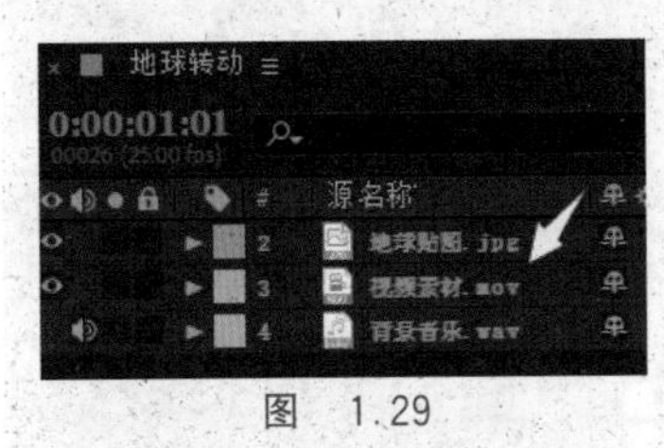

图 1.29

1.5.5 为素材添加特效,把地球图片转换为球体

(1) 在"时间轴"面板中单击选中"地球贴图.jpg"图层。

(2) 在"效果和预设"面板中搜索CC Sphere效果,如图1.30所示。

(3) 将此效果拖动到"时间轴"面板中的"地球贴图.jpg"图层上,如图1.31中箭头所示,地球图像由平面转换成了一个球体,原来的"项目"面板位置显示成了"效果控件"面板。

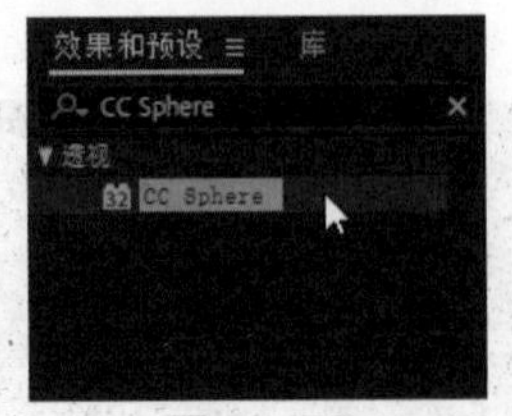

图 1.30

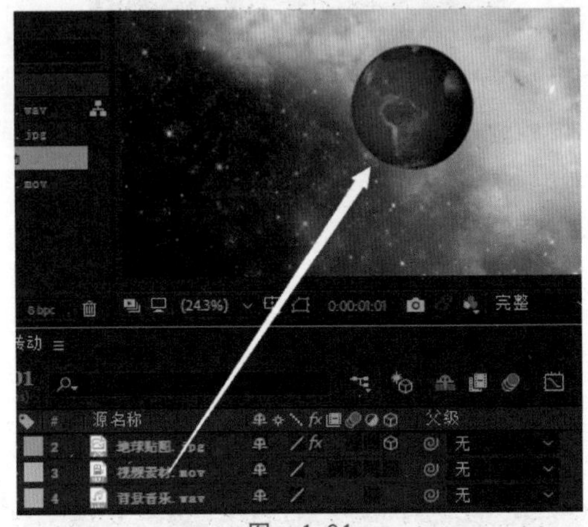

图 1.31

1.5.6 进行特效处理,实现地球自转

(1) 在"效果控件"面板中,单击Light属性前面的三角形按钮,在展开的内容中,将Light Height值设置为70,如图1.32所示。

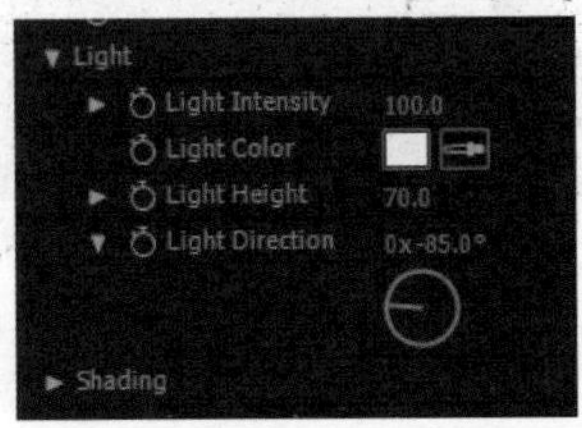

图 1.32

(2) 确保"当前时间指示器"位置在时间轴的0秒处(第一帧),单击Rotation Y前的三角形按钮。

(3) 在展开的内容中,单击Rotation Y前的秒表,并将"旋转"值调为-50°,如图1.33所示。这样在0秒位置处就建立了一个关键帧。

(4) 在"时间轴"面板将"当前时间指示器"拖动到时间轴的最后,然后在"效果控件"

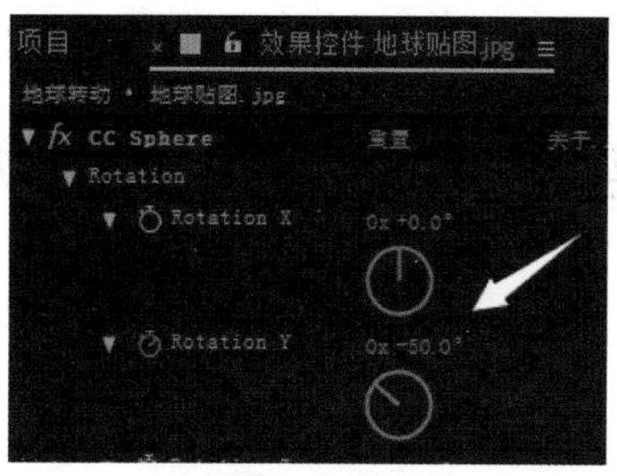

图 1.33

面板将 Rotation Y 的“旋转”值调到“2x＋0.0°”(720°)，如图 1.34 所示。这样，在最后位置建立了一个关键帧。

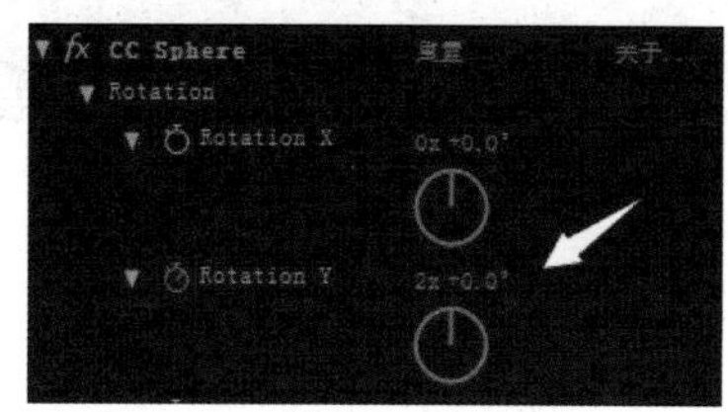

图 1.34

1.5.7 添加和设置摄像机实现地球运动效果

(1) 在“时间轴”面板中右击，在弹出的菜单中选择“新建”→“摄像机”，如图 1.35 所示。

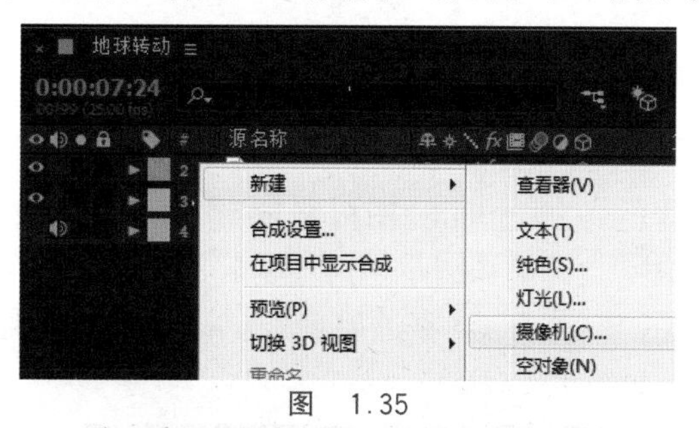

图 1.35

(2) 在“摄像机设置”中，将类型改为“单节点摄像机”，“预设”为“35 毫米”，单击“确定”按钮，如图 1.36 所示。

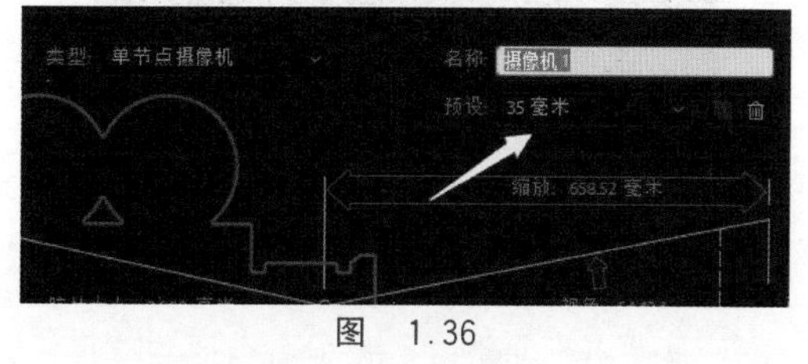

图 1.36

(3) 在工具栏中选择“统一摄像机工具”，或按快捷键 C，如图 1.37 所示。

图 1.37

(4) 在“时间轴”面板中，单击打开“地球贴图.jpg”图层的“3D 图层”开关处，3D 工具显示出来，使该图层 3D 功能生效，如图 1.38 所示。

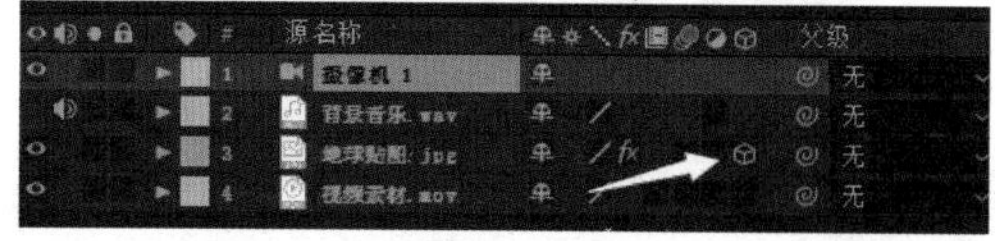

图 1.38

(5) 将“当前时间指示器”拖动到 0 秒处，如图 1.39 所示。

图 1.39

(6) 在“时间轴”面板单击“摄影机 1”左边的三角形按钮，在展开的内容中单击“变换”左边的三角形按钮，单击展开的内容中“位置”前面的秒表，秒表以蓝色显示，使“位置”处于选择状态，最后单击“位置”右边的 3 个数字，分别设置值为(1000，510，－350)，如图 1.40 所示，建立了摄像机的第一个关键帧。“合成”面板显示了调整后的情形，如图 1.41 所示。

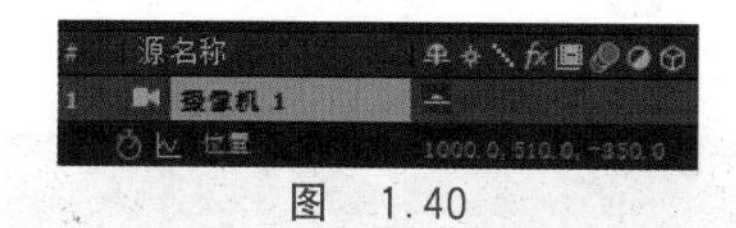

图 1.40

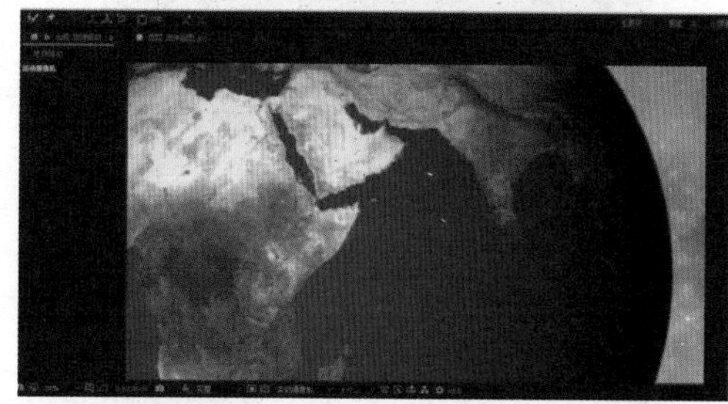

图 1.41

说明： 也可以在“合成”面板中按住鼠标滑轮调整地球的位置，按住鼠标左键调整地球的三维空间角度，按住右键拖动调整地球的大小。

(7) 将时间指示器拖动到时间轴的最后一帧,按步骤(6)的方法调整位置为(-3500,1500,-56000),如图1.42所示,建立了摄像机的第二个关键帧。"合成"面板显示了调整后的情形,如图1.43所示。

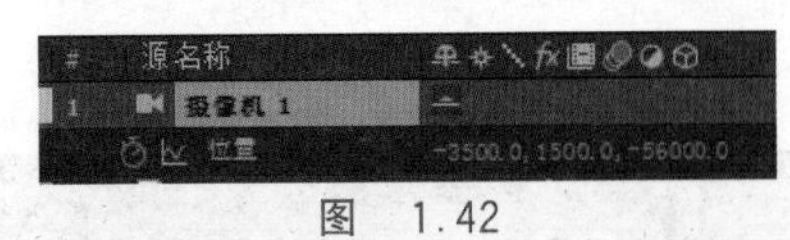

图 1.42

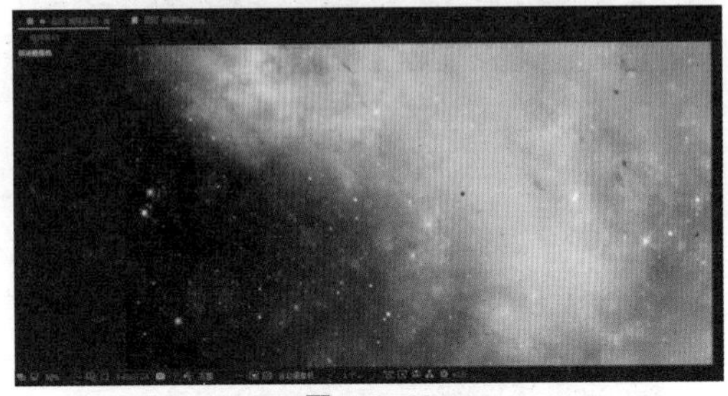

图 1.43

(8) 按住Shift键单击刚才生成的两个关键帧(图1.44中白色箭头所指),选中两个关键帧。单击"时间轴"面板上的"图标编辑器"按钮。

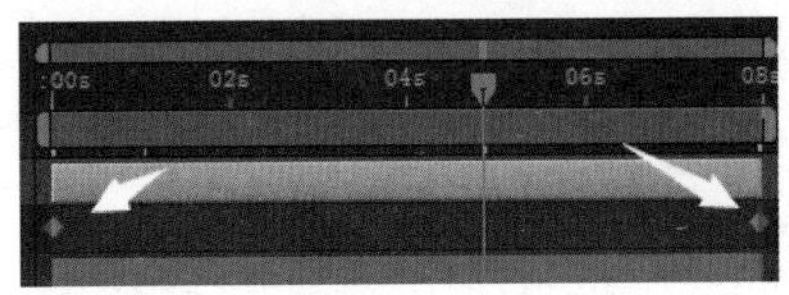

图 1.44

(9) 单击时间轴下方的"选择图表类型和选项"按钮,选择"编辑速度图表",如图1.45所示。

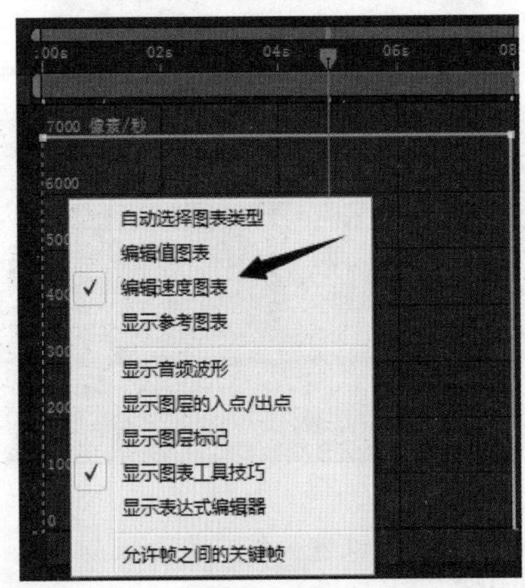

图 1.45

(10) 单击选中关键帧,单击"将选定的关键帧转换为自动贝塞尔曲线"按钮,如图1.46所示。

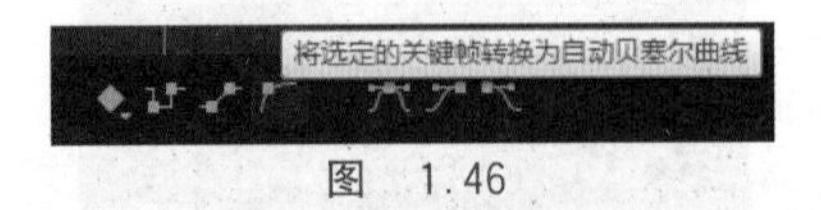

图 1.46

(11) 拖动箭头所指操控杆头部远点,先向右水平拖到中间靠后位置然后向下,如图1.48所示。将其调整到如图1.47所示形状。

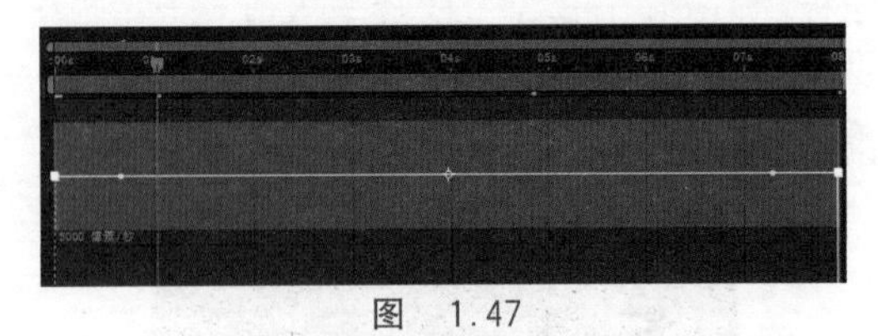

图 1.47

(12) 在操控杆拖动的过程中,操控杆所在的位置不同,地球由近到远的运动效果也各有不同。为了使运动效果更完美,在拖动过程中,操控杆所在的位置尽可能与本案例操控杆位置相同,如图1.48所示。

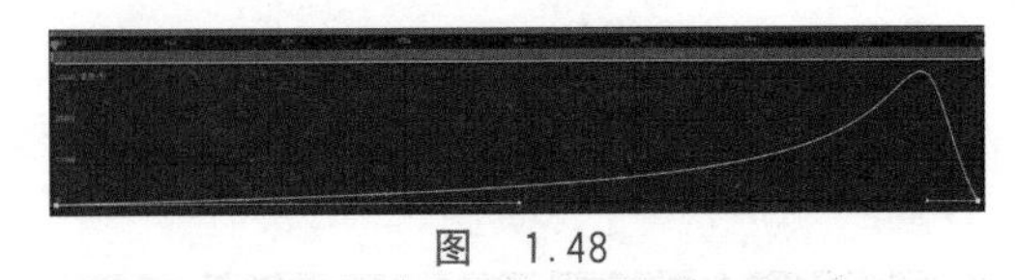

图 1.48

1.5.8 为地球添加透明度动画,让地球运动在最后阶段逐渐消失

(1) 再次单击"图标编辑器"关闭该面板,选中"地球贴图.jpg"图层,单击其左部的三角形按钮,选择其"不透明度"选项,或按快捷键T,如图1.49所示。

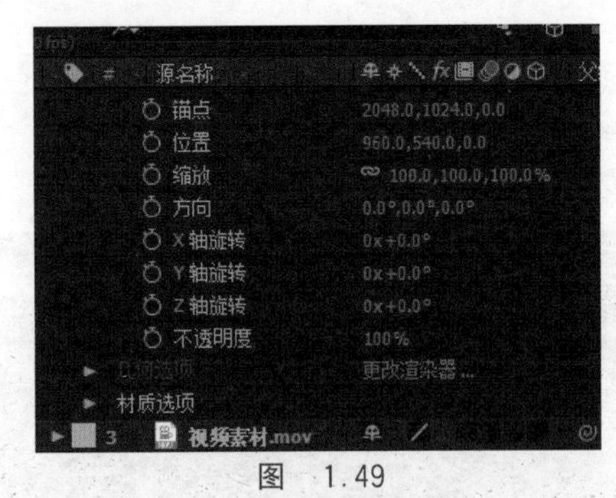

图 1.49

(2) 将"当前时间指示器"拖动到5秒处,单击"不透明度"选项前的秒表,建立关键帧。

(3) 将"当前时间指示器"拖动到最后一

帧，并将“不透明度”调整为0%，如图1.50所示。这样地球将在5秒处开始变得透明，到最后一帧时完全透明，体现逐渐消失的效果。

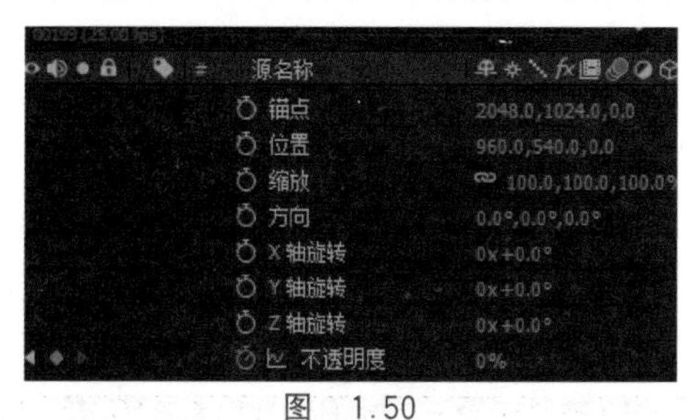

图　1.50

1.5.9　预览视频

1. 使用标准预览

标准预览（通常称为空格键预览）从当前时间标记点开始播放合成图像至结束点。标准预览方式播放速度通常比实时慢。当合成图像较简单或在其早期制作阶段，不需要额外的内存来显示复杂动画、特效、3D图层、摄像和光照的情况下，该预览方式十分有用。

确保要预览的图层的视频开关（👁）已打开。按Home键移动“当前时间指示器”到时间标尺的开始位置。采用下述任一种操作开始预览。

（1）单击“预览”面板中的“播放/暂停”按钮，如图1.51所示。

图　1.51

（2）按空格键。

停止标准预览，可采用以下操作之一。

（1）单击“预览”面板中的“播放/暂停”按钮。

（2）按空格键。

2. 使用RAM预览

RAM预览方式分配足够的内存播放预览（包括音频），预览速率达到系统允许的最快速度，最快为合成图像的帧速度。

（1）确认合成图像内所有图层的视频开关已打开，然后按F2键取消选中所有图层。

（2）将当前时间标记拖动到时间标尺的开始位置，或者按Home键。

（3）选择“合成”→“预览”→“RAM预览”命令。

绿色进度条指示哪些帧被缓存到内存。工作区中所有帧都被缓存到内存后，RAM预览开始实时播放，如图1.52所示。

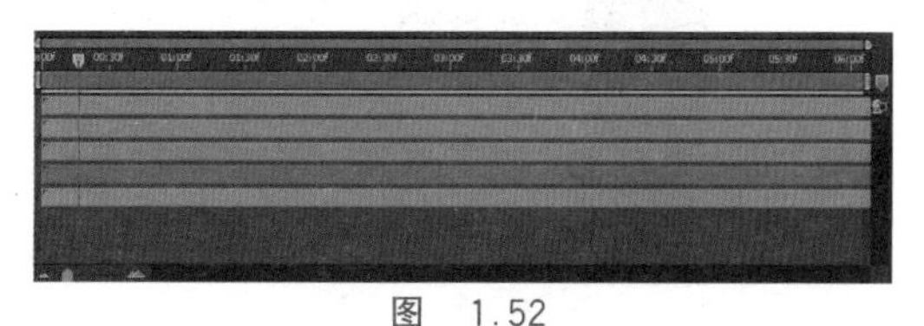
图　1.52

1.5.10　导出视频

（1）选择“文件”→“导出”→“添加到渲染队列”命令，如图1.53所示。

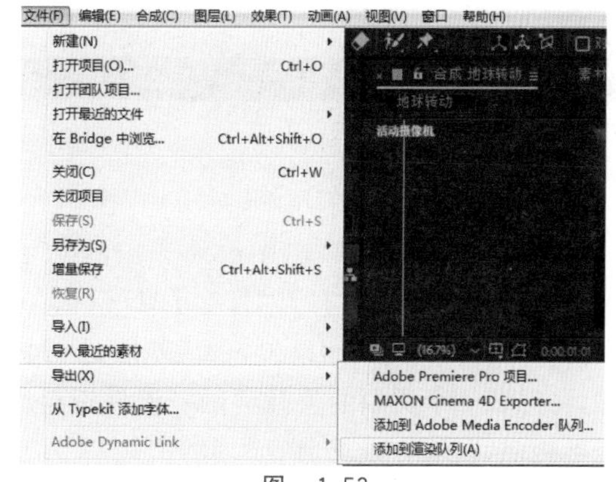

图　1.53

（2）在“时间轴”面板中，找到弹出的“渲染队列”，单击“输出模块”的“无损”选项，如图1.54所示。

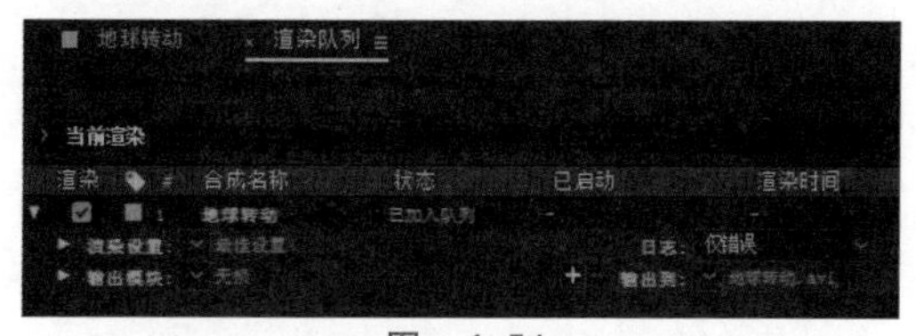

图　1.54

（3）在弹出的“输出模块设置”中，将格式设置为QuickTime格式，并单击“确定”按钮，如图1.55所示。

（4）单击“输出到”的“地球转动.mov”，在弹出的浏览框中找到合适的存储位置，单击“保存”按钮，如图1.56所示。

图 1.55

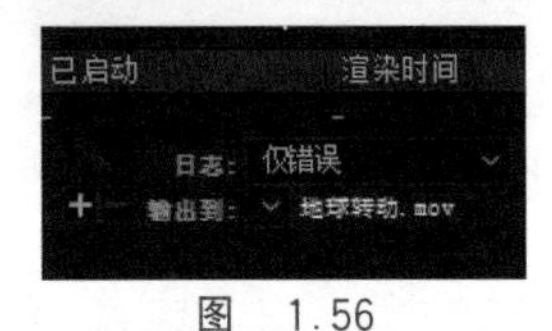

图 1.56

作业

一、模拟练习

用视频播放器打开“lesson01/模拟/01模拟 complete(CC 2018).mov”文件，或在After Effects软件中打开“lesson01/模拟/01模拟 complete(CC 2018).aep”文件进行浏览，仿照做一个类似的视频动画。课件资料已完整提供，获取方式见前言。

模拟练习作品中的地球由远及近，和范例相反。实现的方式和范例一样，只需要在设置模拟案例摄像机位置时，在第一个位置(第一个关键帧)使用范例中摄像机第二个位置(第二个关键帧)的参数，模拟案例摄像机第二个位置使用范例中摄像机第一个位置的参数。当然也可以设置其他数值，实现不一样的运动效果。

另外在摄像机的速度图标编辑中，把速度图形拖成如图1.57所示的形状(参考范例制作的方法)。

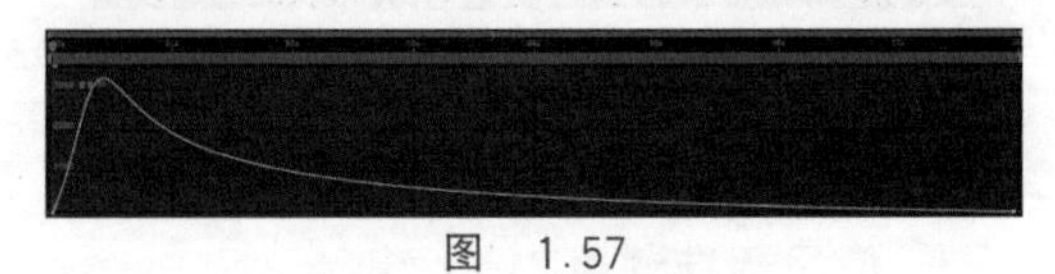

图 1.57

二、自主创意

自主设计一个After Effects课件，应用本章学习导入和组织素材、创建合成图像和组织图层、编辑特效、对元素做动画处理、预览作品、渲染和输出最终合成图像等知识点。也可以把自己完成的作品上传到课程网站进行交流。

三、理论题

1. After Effects中的三大基本面板是什么?

2. 在摄像机操作中，如何使用鼠标调整图像的位置?

3. 请描述在After Effects中预览作品的两种方法。

第2章 导入和使用素材

微课视频 37分钟(8个)

本章学习内容：

(1) 可导入的图片和音视频格式；

(2) 导入素材；

(3) 透明背景素材和动态序列素材；

(4) 分层素材的导入及设置。

完成本章的学习需要大约2小时，相关资源获取方式见本书前言。

知识点

关于导入的文件和素材项目　支持的导入格式　导入素材项目　Alpha通道　更改素材项目的帧速率　更改合成的帧速率　更改素材项目的像素长宽比　更改合成的像素长宽比　常见像素长宽比

本章案例介绍

范例：

本章范例通过导入透明背景素材、动态序列素材、分层素材和音频素材，对参数进行调整并制作“海上生明月”的动画，见图2.1。

图　2.1

模拟案例：

本章模拟案例通过导入不同类型的素材，调整参数制作一个诗词场景动画，如图2.2所示。

图　2.2

2.1 预览范例视频

(1) 右击“lesson02/范例/complete”文件夹的“02范例complete(CC 2018).mp4”，播放视频。

(2) 关闭播放器。

(3) 也可以用After Effects打开源文件进行预览，在After Effects菜单栏中选择“文件”→“打开项目”命令，再选择“lesson02/范例/complete”文件夹的“02范例complete(CC 2018).aep”，单击“预览”面板的“播放/停止”按钮，预览视频。

2.2 可导入的图片和音视频格式

在导入文件时，After Effects不是将图像数据本身复制到项目中，而是创建指向素材项目的源文件的引用链接，以保持项目文件相对较小。

在删除、重命名或移动导入源文件时，将断开指向该文件的引用链接。当断开链接后，源文件的名称在“项目”面板中显示为斜体，而“文件路径”列会显示该文件缺失。如果素材项目可用，则可以重新建立链接，通常只需双击该素材项目并再次选择文件即可。

2.2.1 导入图像

1. AI 格式

AI 是 Adobe 公司的 Illustrator 软件的文件格式,是一种矢量图形文件。在正常的情况下 AI 文件也可以通过 photoshop 打开,但打开后的图片就只是位图而非矢量图。可以在打开时弹出的对话框中修改图片的分辨率。

2. PSD 格式

PSD 是 Adobe 公司的图形设计软件 Photoshop 的专用格式。PSD 文件可以存储成 RGB 或 CMYK 模式,可以自定义颜色数并加以存储,还可以保存 Photoshop 的图层、通道、路径等信息。用 PSD 格式保存图像时,因为图像没有经过压缩,所以当图层较多时,会占用很大的空间。

3. BMP 格式

BMP 是 Windows 操作系统中的标准图像文件格式,它采用位映射存储格式,除了图像深度可选以外,不采用其他任何压缩技术,因此,BMP 文件所占用的空间很大。BMP 文件的图像深度可选 1bit、4bit、8bit 及 24bit。BMP 文件存储数据时,图像的扫描方式是按从左到右、从下到上的顺序。由于 BMP 文件格式是 Windows 环境中交换与图有关的数据的一种标准,因此在 Windows 环境中运行的图形图像软件都支持 BMP 图像格式。

4. TIFF 格式

TIFF 是一种灵活的位图格式,主要用来存储包括照片和艺术图在内的图像。TIFF 与 JPEG 和 PNG 一起成为流行的高位彩色图像格式。TIFF 文件格式适用于在应用程序之间和计算机平台之间的交换文件,它的出现使得图像数据交换变得简单。

5. GIF 格式

GIF 的原意是"图像互换格式",是 CompuServe 公司在 1987 年开发的图像文件格式。GIF 文件的数据是一种基于 LZW 算法的连续色调的无损压缩格式。其压缩率一般在 50%左右,它不属于任何应用程序。GIF 格式可以存多幅彩色图像,如果把存于一个文件中的多幅图像数据逐幅读出并显示到屏幕上,就可构成一种最简单的动画。GIF 格式自 1987 年由 CompuServe 公司引入后,因其体积小、成像相对清晰,特别适合于初期慢速的互联网,而大受欢迎。

6. JPEG 格式

JPEG 是 Joint Photographic Experts Group(联合图像专家组)的缩写,文件扩展名为.jpg 或.jpeg,是最常用的图像文件格式,由一个软件开发联合会组织制定,是一种有损压缩格式,能够将图像压缩在很小的存储空间内,图像中重复或不重要的资料会被丢失,因此容易造成图像数据的损伤。尤其是使用过高的压缩比例时,将使最终解压缩后恢复的图像质量明显降低,如果追求高品质图像,不宜采用过高压缩比例。

但是 JPEG 压缩技术十分先进,它用有损压缩方式去除冗余的图像数据,在获得极高的压缩率的同时能展现十分丰富生动的图像,换句话说,就是可以用最少的磁盘空间得到较好的图像品质。而且 JPEG 是一种很灵活的格式,具有调节图像质量的功能,允许用不同的压缩比例对文件进行压缩,支持多种压缩级别,压缩比率通常在 10∶1 到 40∶1 之间,压缩比越大,品质就越低;相反地,压缩比越小,品质就越好。

7. TGA 格式

TGA 的结构比较简单,属于一种图形、图像数据的通用格式,在多媒体领域有着很大影响,在做影视编辑时经常使用,例如,3DS MAX 输出 TGA 图片序列导入到 AE 中进行后期编辑。

2.2.2 导入音频

1. MP3 格式

MP3 是一种音频压缩技术,它被设计用来大幅度地降低音频数据量,MP3 是利用人耳对高频声音信号不敏感的特性,将时域波形信号转换成频域信号,并划分成多个频段,对不同的频段使用不同的压缩率，对高频信号加大压缩比（甚至忽略信号）对低频信号使用小压缩比，保证信号不失真。这样一来就相当于抛弃人耳基本听不到的高频声音，只保留能听到的低频部分，从而将声音用1∶10甚至1∶12的压缩率压缩。由于这种压缩方式的全称叫MPEG Audio Player3，所以人们把它简称为MP3。

2. AVI格式

AVI即音频视频交错格式，是微软公司于1992年11月推出、作为其Windows视频软件一部分的一种多媒体容器格式。AVI文件将音频（语音）和视频（影像）数据包含在一个文件容器中，允许音视频同步回放。类似DVD视频格式，AVI文件支持多个音视频流。AVI信息主要应用在多媒体光盘上，用来保存电视、电影等各种影像信息。

3. WAV格式

WAV为微软公司开发的一种声音文件格式，它符合RIFF文件规范，用于保存Windows平台的音频信息资源，为Windows平台及其应用程序广泛支持，该格式也支持MSADPCM、CCITT A LAW等多种压缩运算法，支持多种音频数字，取样频率和声道，标准格式化的WAV文件和CD格式一样，也是44.1kHz的取样频率，16位量化数字，因此其声音文件质量和CD相差无几。

4. WMA格式

WMA（Windows Media Audio）是微软公司推出的与MP3格式齐名的一种新的音频格式。由于WMA在压缩比和音质方面都超过了MP3，更是远胜于RA（Real Audio），即使在较低的采样频率下也能产生较好的音质。

2.2.3 导入视频

1. FLV格式

FLV是FLASH VIDEO的简称，FLV流媒体格式是随着Flash MX的推出发展而来的视频格式。由于它形成的文件极小、加载速度极快，使得通过网络观看视频文件成为可能。它的出现有效地解决了视频文件导入Flash后，使导出的SWF文件体积庞大，不能在网络上很好地使用等问题。

2. F4V格式

F4V是Adobe公司为了迎接高清时代而推出继FLV格式后的支持H.264的流媒体格式。它和FLV主要的区别在于，FLV格式采用的是H263编码，而F4V则支持H.264编码的高清晰视频，码率最高可达50Mbps。

3. MOV格式

MOV即QuickTime影片格式，它是Apple公司开发的一种音频、视频文件格式，用于存储常用数字媒体类型。QuickTime文件格式支持25位彩色，支持领先的集成压缩技术，提供150多种视频效果，并配有提供了200多种MIDI兼容音响和设备的声音装置。无论是在本地播放还是作为视频流格式在网上传播，它都是一种优良的视频编码格式。

4. MPEG/MPG/DAT格式

MPEG格式包括MPEG-1、MPEG-2和MPEG-4在内的多种视频格式。MPEG-1被广泛应用在VCD的制作和一些视频片段下载的网络应用中，大部分的VCD都是用MPEG-1格式压缩的（刻录软件自动将MPEG-1转换为DAT格式）。使用MPEG-1的压缩算法，可以将一部120分钟长的电影压缩到1.2GB左右大小。MPEG-2应用在DVD的制作上，同时在一些HDTV（高清晰电视广播）和一些高要求视频编辑、处理中也有相当多的应用。使用MPEG-2的压缩算法可以将一部120分钟长的电影压缩到5～8GB的大小。MPEG系列标准已成为国际上影响最大的多媒体技术标准，其中MPEG-1和MPEG-2是采用相同原理为基础的预测编码、变换编码、熵编码及运动补偿等第一代数据压缩编码技术；MPEG-4（ISO/EC14496）则是基于第二代压缩编码技术制定的国际标准，它以视听媒体对象为基本单元，采用基于内容的压缩编码，以实现数字视音频、图形合成应用及交互式多媒体的集成。MPEG系列标准对VCD、DVD等视听消费电子及数字电视和高清晰度电视(DTV&&DTV)、多媒体通信等信息产业的发展产生了巨大而深远的影响。

视频讲解

2.3　导入素材的方法

(1) 在菜单栏中选择“文件”→“导入”→“文件”命令，打开“导入文件”对话框，从一个文件夹中选择一个或者多个文件，将其同时导入到“项目”面板中。

(2) 选择“文件”→“导入”→“多个文件”命令，打开“导入多个文件”对话框从一个文件夹中选择一个或者多个文件，单击“导入”按钮，将其导入到“项目”面板中，在没有关闭的“导入多个文件”对话框中继续选择其他需要的文件。

(3) 双击“项目”面板上的空白区域，在弹出的“导入文件”对话框中选择一个或多个文件，单击“导入”按钮，导入到“项目”面板。

(4) 直接将素材拖动到“项目”面板。

注意：在“导入文件”对话框中选择一个文件夹，单击“导入文件夹”按钮，可以将文件夹及其中的文件一起导入到“项目”面板中。如果文件夹中的文件格式不在 AE 可导入素材的范围之内，则“导入文件”对话框中就不会显示此文件。

视频讲解

2.4　透明背景素材的导入

2.4.1　透明背景图片的导入

(1) 打开 AE，新建项目，将文件另存为“02 知识点 demo(CC 2018).aep”。单击“项目”面板下方的“新建合成”按钮，如图 2.3(a)所示，在弹出的“合成设置”对话框中将“合成名称”更改为“透明背景图片的导入”，“预设”为“HDTV 1080 25”，“宽度”为 1920px，“高度”为 1080px，如图 2.3(b)所示，单击“确定”按钮。

(2) 双击“项目”面板上的空白区域，在弹出的“导入文件”对话框中选择“lesson02/范例/素材/知识点素材”中的“透明背景图片.png”，

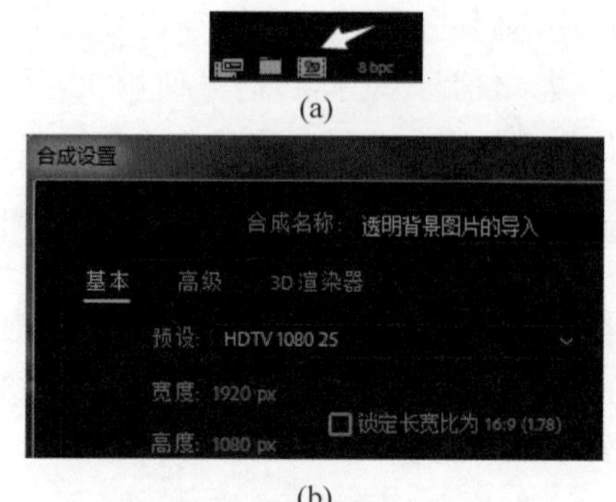

(a)

(b)

图 2.3

单击“导入”按钮，将图片导入到“项目”面板，如图 2.4 所示。

图 2.4

(3) 将“项目”面板中的“透明背景图片.png”拖动到“时间轴”面板，单击“合成”面板下方的“切换透明网格”按钮，如图 2.5(a)所示。查看如图 2.5(b)所示的透明效果。

(a)

(b)

图 2.5

2.4.2　透明背景视频的导入

(1) 单击“项目”面板下方的“新建合成”按钮，将“合成名称”命名为“透明背景视频的导入”，单击“确定”按钮。

(2) 双击“项目”面板上的空白区域，在弹出的“导入文件”对话框中选择“lesson02/范例/素材/知识点素材”中的“透明视频.mov”，单击“导入”按钮。

(3) 将“项目”面板中的“透明视频.mov”拖动到“时间轴”面板，单击“合成”面板下方的“切换透明网格”按钮，播放视频，查看透明

效果，如图 2.6 所示。

图　2.6

2.5　动态序列素材的导入

（1）双击“项目”面板上的空白区域，在弹出的“导入文件”对话框中选择“lesson02/范例/素材/知识点素材/水墨”文件夹下的第一个图片，选中“序列选项”下的“PNG 序列”，如图 2.7(a)所示，单击“导入”按钮，“项目”面板中的素材如图 2.7(b)所示。

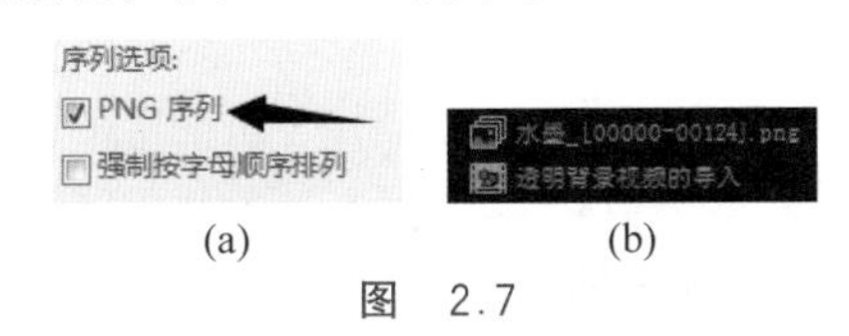

(a)　(b)

图　2.7

（2）在“项目”面板中单击面板下部的“新建合成”按钮 ，在“合成设置”对话框中设置“合成名称”为“动态序列素材的导入”，“持续时间”为 4 秒，如图 2.8 所示。

图　2.8

（3）将导入的动态序列素材拖动到“时间轴”面板，如图 2.9 所示。

图　2.9

（4）按空格键预览其动态画面，如图 2.10 所示。

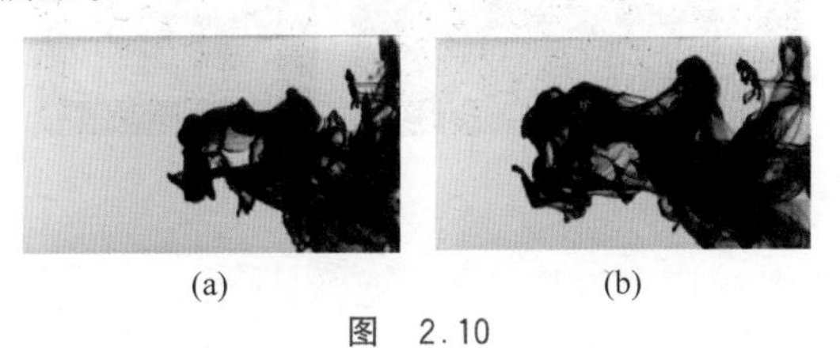

(a)　(b)

图　2.10

（5）在“项目”面板“名称”栏的空白处右击，选择“列数”→“持续时间”，如图 2.11(a)所示，显示此动态序列的持续时间为 4 秒 5 帧，如图 2.11(b)所示。

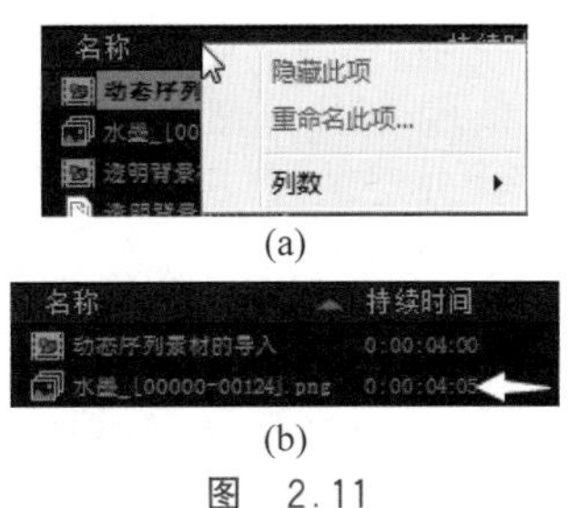

(a)

(b)

图　2.11

（6）选择“编辑”→“首选项”→“导入”，可以看到序列素材导入时默认的帧速率为 30 帧/秒，如图 2.12 所示。

图　2.12

（7）将“帧速率”更改为 25 帧/秒，单击“确定”按钮，再次导入动态序列素材，可以看到动态序列的持续时间变为 5 秒，如图 2.13 所示。

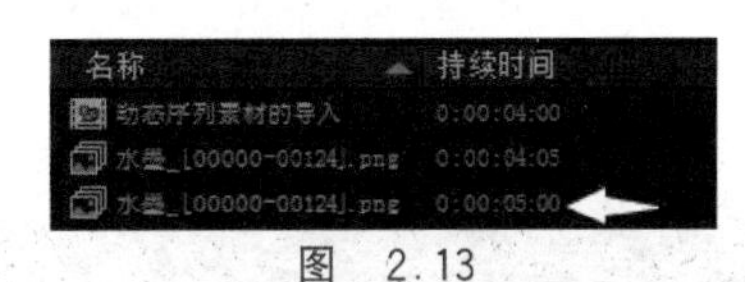

图　2.13

（8）单击“项目”面板下方的“新建文件夹”按钮，如图 2.14(a)所示，建立一个名为“2.5”的文件夹，选择除文件夹外的所有文件，拖动到文件夹中，如图 2.14(b)所示。

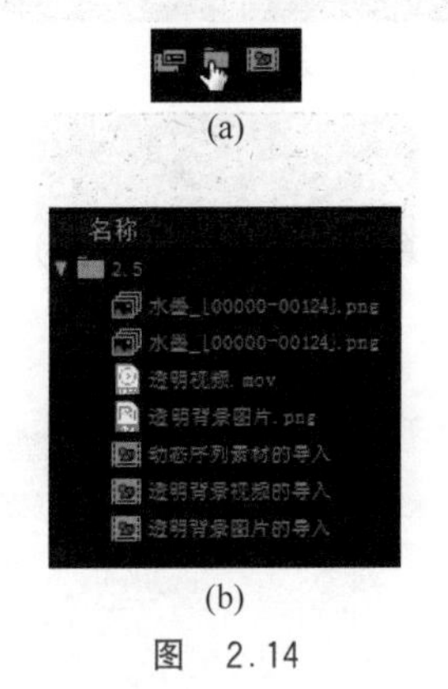

(a)

(b)

图　2.14

视频讲解

视频讲解

2.6 分层素材的导入及方式设置

(1) 在“项目”面板空白处双击打开“导入文件”对话框，选择“lesson02/范例/素材/知识点素材”下的“分层图片.psd”，单击“导入”按钮，弹出“导入种类选项”对话框，将“导入种类”选择为“素材”，“图层选项”设为“合并的图层”，单击“确定”按钮，如图 2.15(a)所示，此时“分层图片.psd”文件中的 5 个图层合并为一个图层，显示在“项目”面板中，如图 2.15(b)所示。

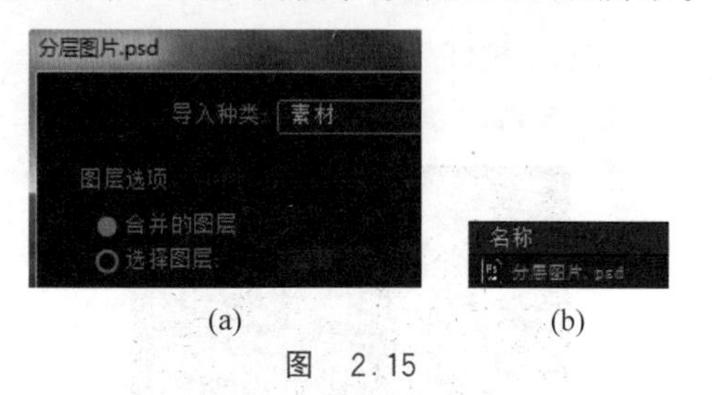

(a) (b)

图 2.15

(2) 再次导入素材“分层图片.psd”，在“导入种类选项”对话框中将“导入种类”选择为“素材”，“图层选项”更改为“选择图层”，选择“蓝莓”层，将“素材尺寸”设为“文档大小”，如图 2.16(a)所示，单击“确定”按钮，“项目”面板中出现“蓝莓/分层图片.psd”，如图 2.16(b)所示。

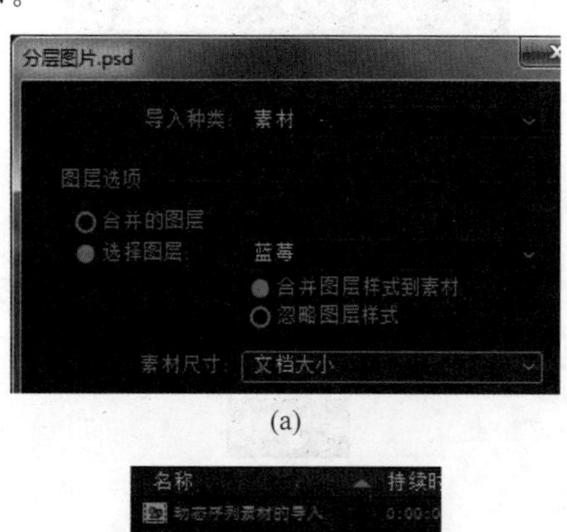

(a)

(b)

图 2.16

(3) 在“项目”面板的“持续时间”一栏右击，选择“隐藏此项”，如图 2.17(a)所示。再次右击，选择“列数”→“视频信息”，将鼠标指针放至如图 2.17(b)所示位置，当变成双箭头时向右拖动，使信息显示完全。此时导入的图层大小和上一步中“分层图片.psd”的尺寸相同，在“项目”面板中双击此层，如图 2.17(c)和图 2.17(d)所示。

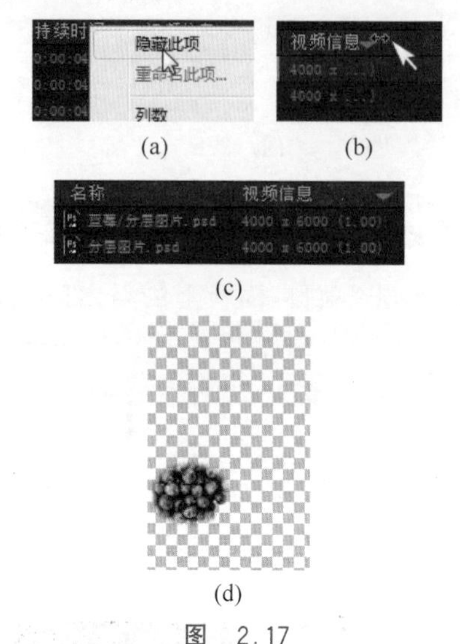

(a) (b)

(c)

(d)

图 2.17

(4) 导入素材，在“导入种类选项”对话框中将“导入种类”选择为“素材”，“图层选项”更改为“选择图层”，选择“蓝莓”层，将“素材尺寸”设为“图层大小”，如图 2.18(a)所示，单击“确定”按钮。此素材的尺寸为 1988×1571，是原始文件图层的尺寸，如图 2.18(b)和图 2.18(c)所示。

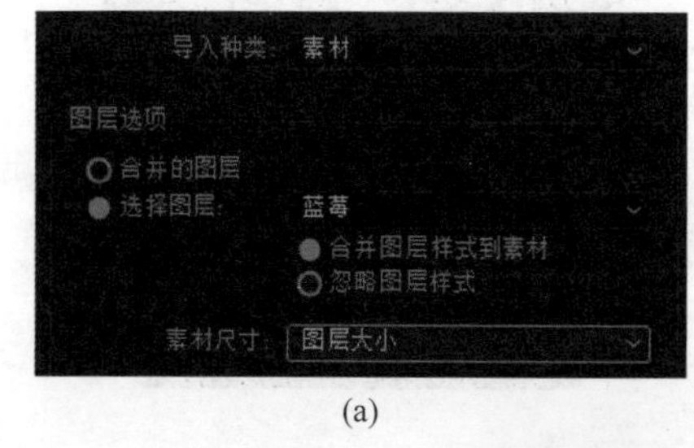

(a)

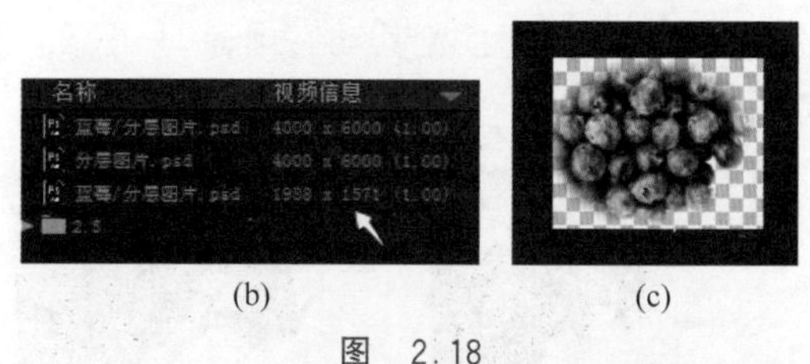

(b) (c)

图 2.18

(5) 在“导入种类选项”对话框中将“导入种类”选择为“合成”，选择“可编辑的图层样式”，如图 2.19(a)所示，单击“确定”按钮将其导入到"项目"面板中，全部图层被导入并放置在一个文件夹中，并按原文件名称和属性自动建立一个合成，素材的尺寸都为 4000×6000，如图 2.19(b)所示。以"合成"形式导入(默认图层大小为导入的文档大小)，如果选择"可编辑的图层样式"，则可编辑的图层样式和 Photoshop 外观相匹配，支持样式属性可编辑，具有图层样式的图层无法与 3D 图层相交；如果选择"合并图层样式到素材"，则合并图层样式可能与 Photoshop 外观不匹配，并图层样式到素材渲染更快，且允许 3D 相交。

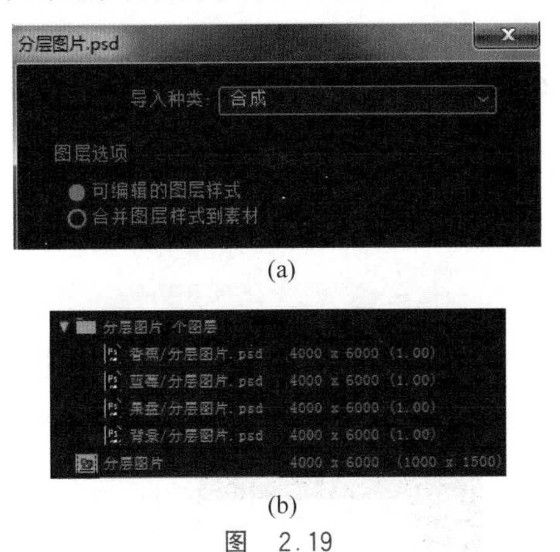

图 2.19

(6) 在导入合成时也有文档与图层两种方式的尺寸区别。在"导入种类选项"对话框中将"导入种类"选择为"合成-保持图层大小"，如图 2.20(a)所示，单击"确定"按钮，这次导入的内容也放置到了一个文件夹中，不过素材的尺寸均为原始文件图层的尺寸，如图 2.20(b)所示。

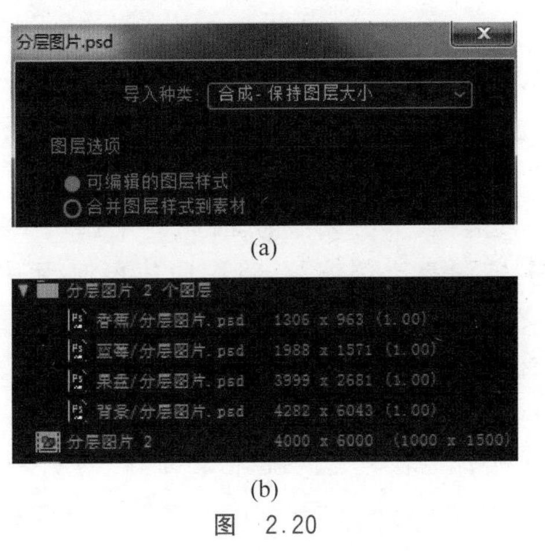

图 2.20

2.7 范例制作

2.7.1 制作原理

对导入的透明背景素材、动态序列素材、分层素材和音频素材设置缩放、旋转、不透明度、位置等关键帧，并使用轨道遮罩为素材添加动画效果。

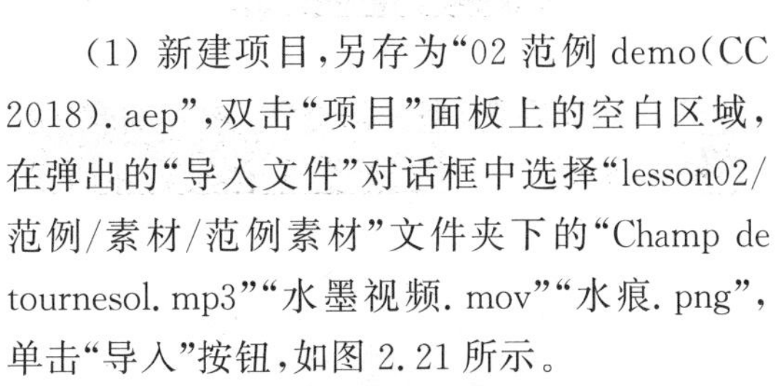

2.7.2 导入素材

(1) 新建项目，另存为"02 范例 demo(CC 2018).aep"，双击"项目"面板上的空白区域，在弹出的"导入文件"对话框中选择"lesson02/范例/素材/范例素材"文件夹下的"Champ de tournesol.mp3""水墨视频.mov""水痕.png"，单击"导入"按钮，如图 2.21 所示。

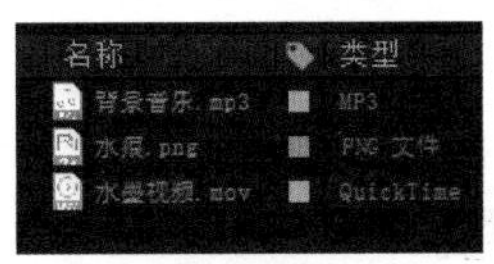

图 2.21

(2) 在菜单栏中选择"编辑"→"首选项"→"导入"命令，如图 2.22(a)所示，在"静止素材"选项下将时间设为 11 秒，这样在此之后导入的所有静止素材的时长都默认为 11 秒，如图 2.22(b)所示。

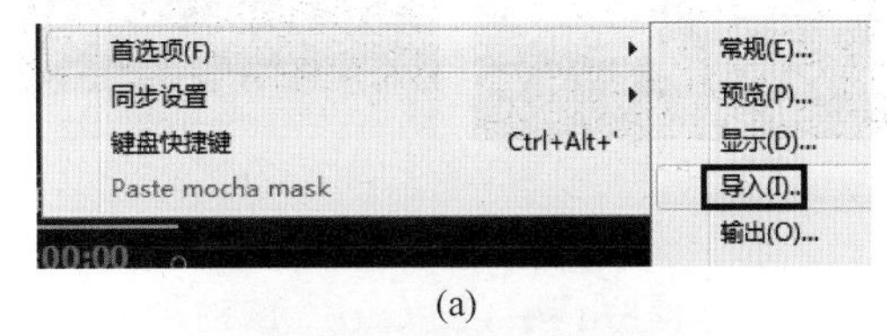

(a)

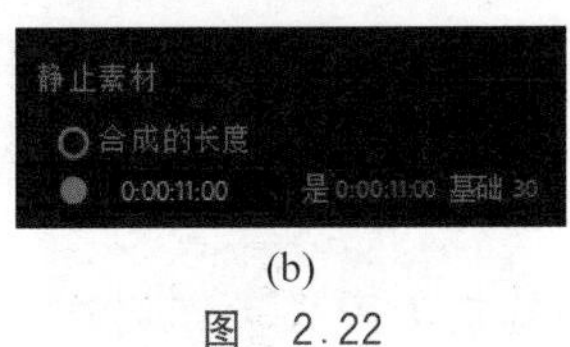

(b)

图 2.22

(3) 再以同样的方式将"背景.psd"导入，选择"导入种类"为"合成-保持图层大小"，图层选项为"可编辑的图层样式"，如图 2.23(a)所示，单击"确定"按钮。"项目"面板中出现"背景"合成及其文件夹，如图 2.23(b)所示。在"项目"面板中右击"背景"合成，选择"合成设置"，将"持续时间"更改为 11 秒，如图 2.23(c)

和图 2.23(d)所示。

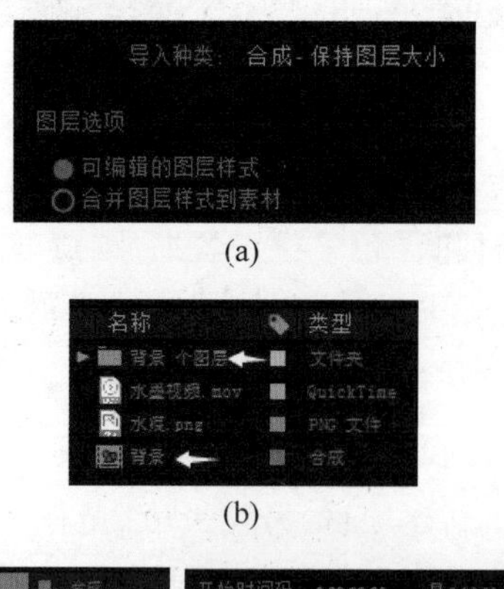

(a)

(b)

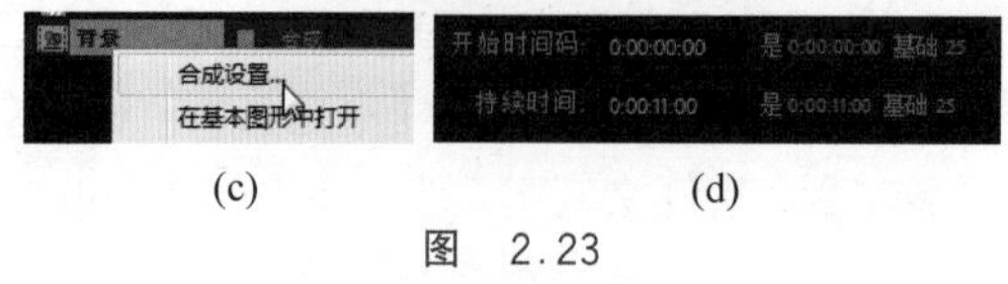

(c) (d)

图 2.23

2.7.3 为山和船添加动画

视频讲解

(1) 双击"项目"面板中的"背景"合成，在"时间轴"面板中选择"山"层，选择工具栏中的"锚点工具"，如图 2.24(a)所示，此时可以在图片上看到"山"层的锚点，如图 2.24(b)所示，将锚点移动到如图 2.24(c)所示的位置。

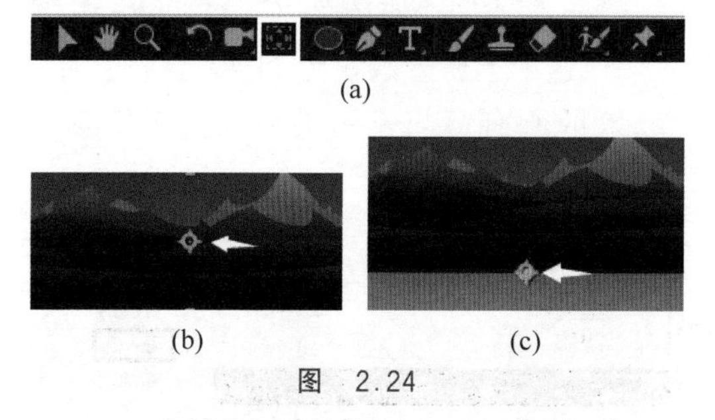

(a)

(b) (c)

图 2.24

(2) 选择"山"层，按 Ctrl+D 键创建一个副本，重命名为"山倒影"，打开"3D 图层"开关，如图 2.25(a)所示。在英文状态下按 R 键展开"旋转"属性，将"X 轴旋转"设置为 180°，"山倒影"以锚点为中心垂直翻转。按 Shift+T 键，同时展开"不透明度"属性，将之设置为 50%，如图 2.25(b)所示。将"项目"面板中的"水痕.png"拖动到"山倒影"层上方，将"位置"值调整为(960,2200)，山的倒影制作完成，如图 2.25(c)所示。

(3) 在"时间轴"面板的空白处右击，选择"新建"→"空对象"，在"时间轴"面板中增加了

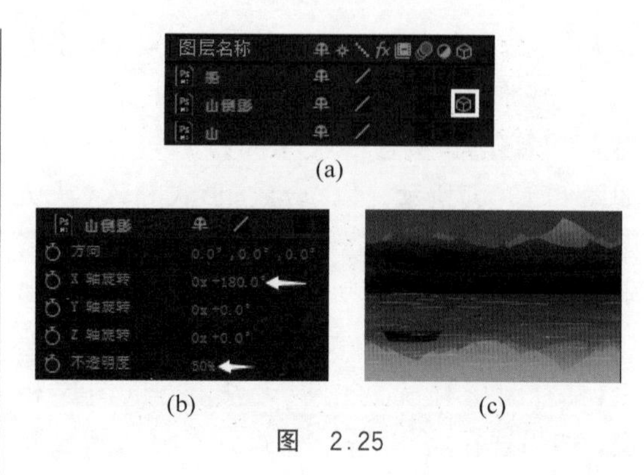

(a)

(b) (c)

图 2.25

"空 1"层。在名称栏右击，选择"列数"→"父级"，同时选择"山""山倒影""水痕"层，将"父级"选择为"空 1"，由"空 1"层控制山和倒影的缩放，如图 2.26 所示。

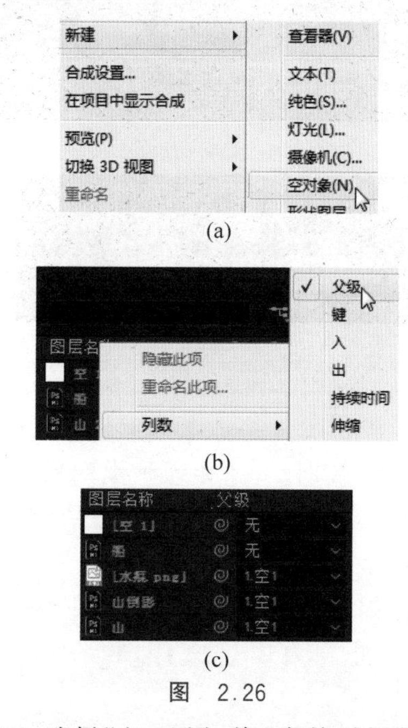

(a)

(b)

(c)

图 2.26

(4) 选择"空 1"层，将"当前时间指示器"移动到 0 秒位置，如图 2.27(a)所示。在英文状态按键盘上的 S 键，展开"缩放"属性。单击"缩放"前面的秒表，在 0 秒处设置一个"缩放"关键帧，单击数值前面的"约束比例"按钮，取消等比例缩放，将纵向值更改为 0%，如图 2.27(b)所示。分别在 17 帧、1 秒 10 帧处添加"缩放"关键帧，"缩放"值分别为(100,130%)，(100,80%)，如图 2.27(c)所示。

说明：将图片拖动到"时间轴"面板，在英文状态下，按 S 键打开"缩放"选项后，通过

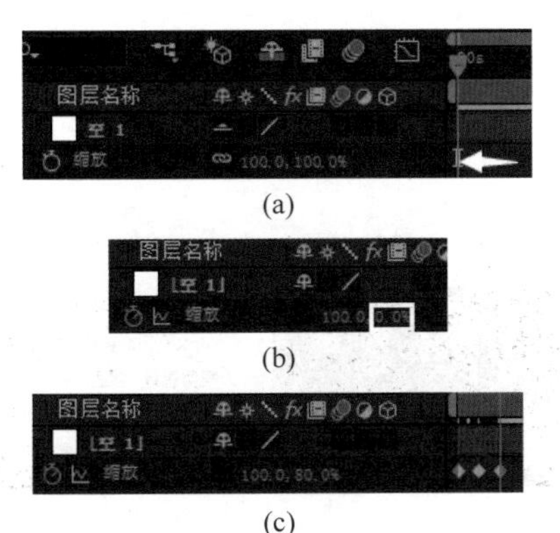

(a)

(b)

(c)

图 2.27

按钮控制图片的等比例缩放，当 显示时是等比例缩放，将纵向值更改为 0%后变成(0.0%)，这时需要取消选中"约束比例"按钮，再将缩放修改为(100.0%)。

(5) 框选这 3 个关键帧，按 F9 键添加缓动效果。在选择这 3 个关键帧的状态下单击时间轴左侧的"图表编辑器"，如图 2.28 所示。

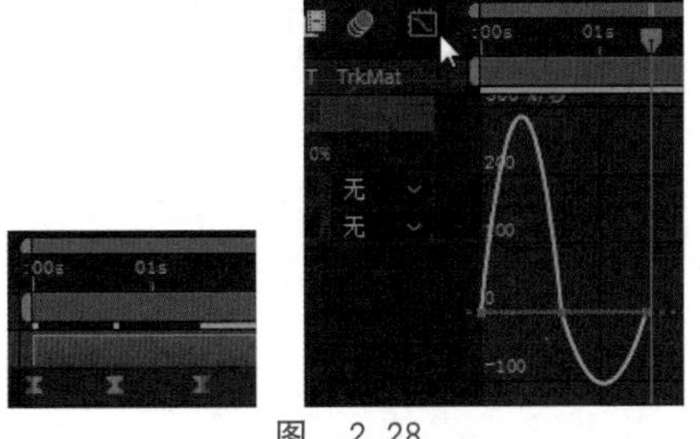

图 2.28

(6) 关闭图表编辑器的显示，同时选择"空 1""水痕.png""山倒影""山"这 4 层，右击选择"预合成"，在弹出的对话框中将"新合成名称"修改为"山"，此时 4 层整合为一个合成，"项目"面板中也有"山"合成，如图 2.29 所示。

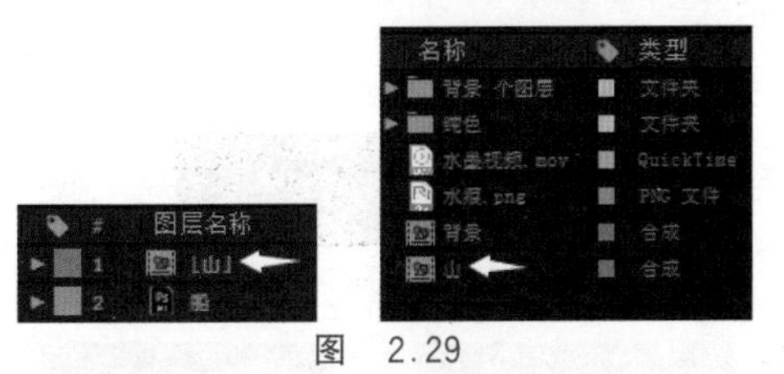

图 2.29

(7) 制作船和倒影的移动动画。与前面制作山的倒影的方法相同，在"背景"合成中选择"船"层，使用"锚点工具"将"船"层的锚点移动到船底，如图 2.30(a)和图 2.30(b)所示。按 Ctrl+D 键创建一个副本，重命名为"船倒影"，打开 3D 开关，在英文状态下按 R 键展开"旋转"属性，将"X 轴旋转"设置为 180°，"船倒影"以锚点为中心垂直翻转。按 Shift+T 键，同时展开"不透明度"属性，将之设置为 50%，船的倒影制作完成，如图 2.30(c)所示。

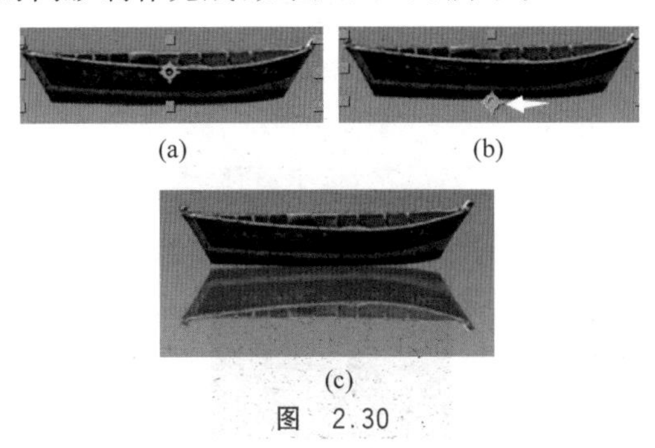

(a)

(b)

(c)

图 2.30

(8) 同时选择"船倒影"和"船"这两层，右击选择"预合成"，新合成名称为"船"，在"时间轴"面板中选择"船"合成，按 P 键展开"位置"属性，添加"位置"关键帧，0 秒时为(850，1250)，11 秒时为(2800，1250)。将"船"层拖动到"山"层上方。

2.7.4 制作遮罩动画

视频讲解

(1) 新建一个"合成名称"为"遮罩"，"宽度"为 1920px，"高度"为 1080px，"帧速率"为 25 帧/秒，"持续时间"为 4 秒，"背景颜色"为 #FF8181 的合成。在"时间轴"面板空白处右击，在弹出的快捷菜单中选择"新建"→"纯色"，"宽度"和"高度"均为 600 像素，"颜色"为黑色，单击"确定"按钮，如图 2.31 所示。

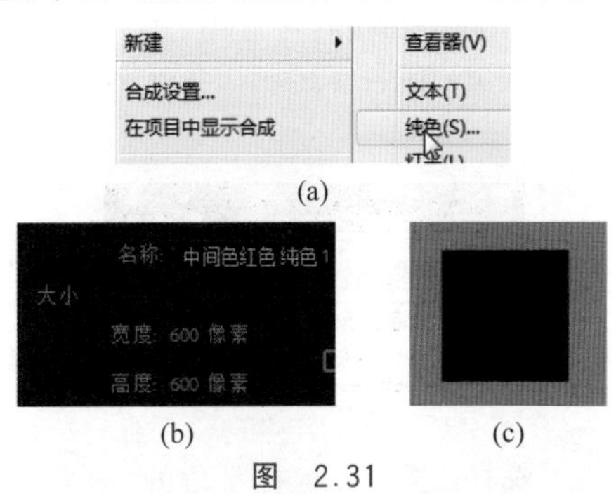

(a)

(b)

(c)

图 2.31

(2) 选择刚刚建立的纯色层，选择工具栏中的"椭圆工具"，如图 2.32(a)所示，双击"椭圆工具"，纯色层的形状由正方形变为圆形，如图 2.32(b)所示。

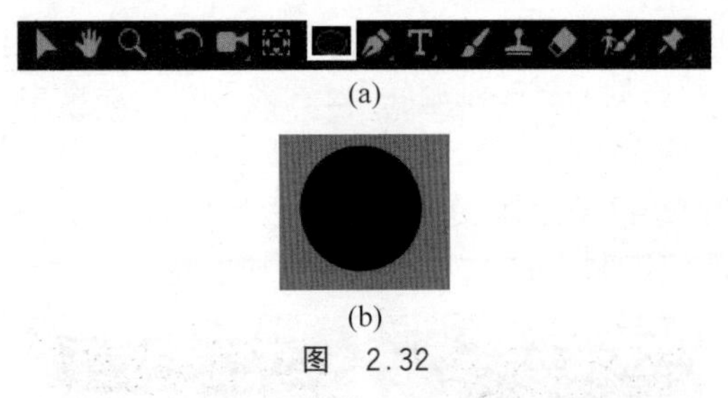

(a)

(b)

图 2.32

注意：“工具”面板中图标右下角带有三角形的代表有下级菜单，选中图标，长按鼠标左键以显示菜单，再进行选择，如图 2.33 所示。

图 2.33

(3) 单击“时间轴”面板空白处，在工具栏中选择“直排文字工具”，在“合成”面板上单击，输入文字“海上生明月”。选择文字层，在“字符”面板中将“字体”更改为“站酷快乐体”，“字体大小”为 150 像素，“填充颜色”为白色，无描边，如图 2.34 所示。

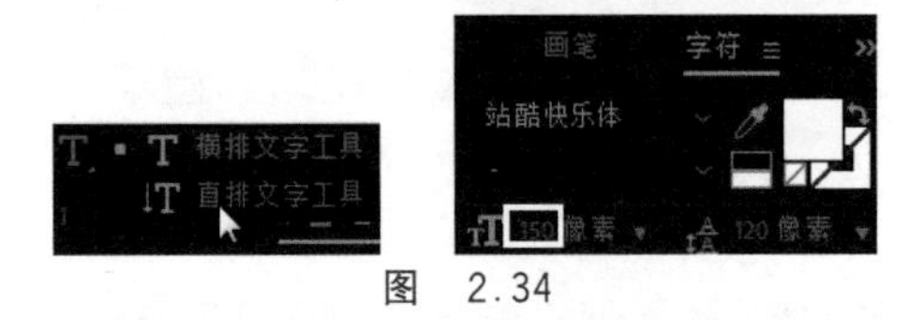

图 2.34

说明：将“lesson02/范例/素材/范例素材/站酷快乐体”文件存放到计算机中，双击“站酷快乐体 2016 修订版.ttf”文件，在弹出的对话框中单击“安装”按钮，如图 2.35 所示，安装完毕后重启 After Effects，字体列表中就有此字体了。

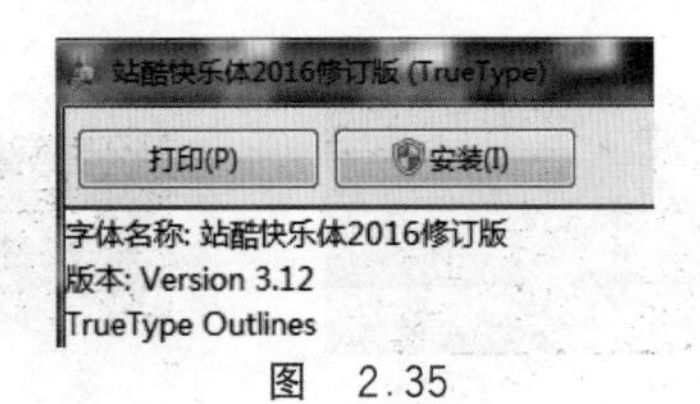

图 2.35

(4) 选择文字层，在右下角的“对齐”面板中使用“水平居中对齐”按钮和“垂直居中对齐”按钮将文字位于合成中央，如图 2.36 所示。

(5) 在“时间轴”面板中将纯色层移至文字层上方，更改文字层的“轨道遮罩”为

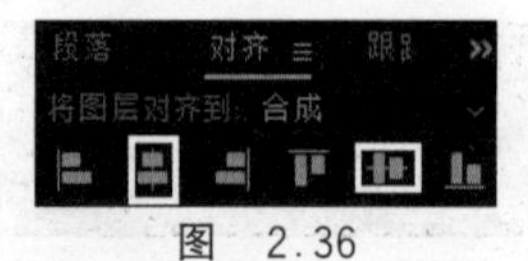

图 2.36

“Alpha 遮罩‘黑色 纯色 1’”，如图 2.37 所示。

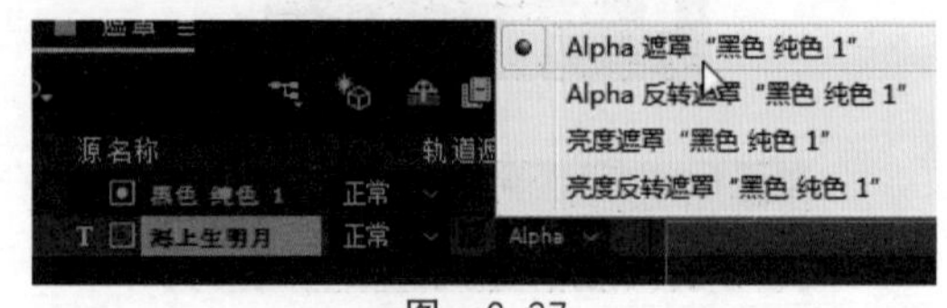

图 2.37

(6) 将“当前时间指示器”移动到 0 秒处，选择纯色层，按 S 键展开“缩放”属性，添加“缩放”关键帧，设置“缩放”值为(0,0%)，在 2 秒处添加“缩放”关键帧设置值为(100,100%)。查看效果，如图 2.38 所示。

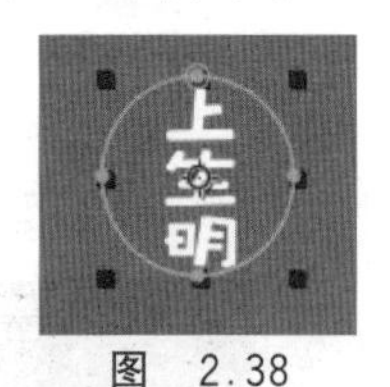

图 2.38

(7) 将“水墨视频.mov”拖动到时间轴的最上层，按 S 键将“透明视频.mov”的“缩放”值设为 55%，如图 2.39(a)所示。播放动画发现水墨视频有明显的边缘，如图 2.39(b)所示，选择“水墨视频”层，在工具栏中选择“椭圆工具”，以“锚点”为中心绘制一个正圆蒙版，将鼠标指针放在“锚点”上进行拖动，按 Ctrl 键绘制的圆将以“锚点”为中心，同时按住 Shift 键绘制的圆是以“锚点”为中心的一个正圆，如图 2.39(c)所示。水墨在文字全部出现后慢慢消失，添加“不透明度”关键帧，1 秒 18 帧时为 100%，2 秒时为 0%。

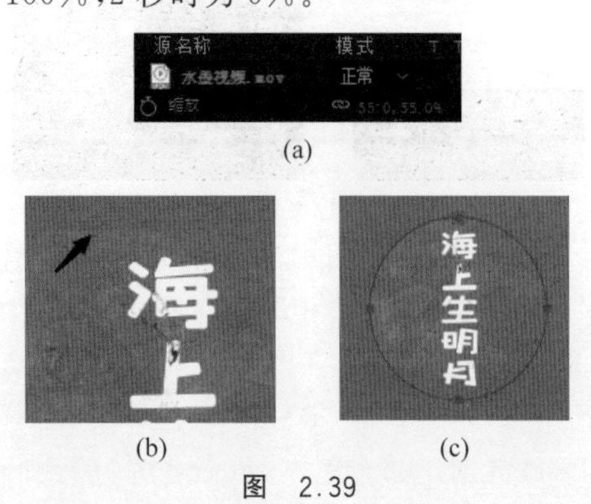

(a)

(b) (c)

图 2.39

(8) 回到"背景"合成中，将时间移动到2秒处，选择"月亮"层，按 Alt+"["键剪切入点，展开"位置"属性，添加"位置"关键帧，2秒时为(1560，1430)，7秒时为(1560，500)。

(9) 双击"项目"面板上的空白区域，在弹出的"导入文件"对话框中选择"lesson02/范例/素材/范例素材/Birds"文件夹下的第一个图片，在"序列选项"下选中"PNG 序列"，如图2.40所示，单击"导入"按钮。

序列选项:
☑ PNG 序列

图　2.40

(10) 将导入的PNG序列素材拖动到"时间轴"面板最上方，按S键将"缩放"值更改为200%。添加"位置"关键帧，7秒时为(2120，1460)，8秒15帧为(920，740)，10秒时为(−64，−78)。

(11) 将"遮罩"合成从"项目"面板中拖动到"时间轴"面板最上方，鸟群在第8秒11帧时运动到合成中间位置，将"遮罩"层的开端拖动到8秒11帧处，修改"位置"值为(960，480)，这样鸟群经过时文字开始显现。

2.7.5　制作总合成

(1) 在"项目"面板中单击面板下部的"新建合成"按钮，在弹出的对话框中将"合成名称"设为"总合成"，"预设"为"HDTV 1080 25"，"宽度"为1920px，"高度"为1080px，"帧速率"为25帧/秒，"持续时间"为11秒，如图2.41所示，单击"确定"按钮。

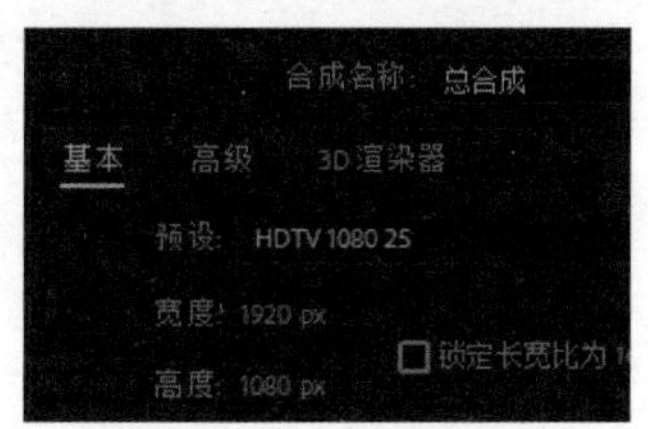

图　2.41

视频讲解

(2) 将"背景"合成拖动到"总合成"的"时间轴"面板，分别在0秒、2秒、7秒处设置"位置"关键帧，将数值分别设为(960，540)、(960，540)、(960，1435)。

(3) 将"Champ de tournesol. mp3"拖至"时间轴"面板中。预览完成的动画，查看效果。

作业

一、模拟练习

打开"lesson02/模拟/complete/02模拟complete(CC 2018). aep"进行浏览播放，参考完成案例，根据本章所学知识内容，完成项目制作。课件资料已完整提供，获取方式见本书前言。

要求1：导入不同种类的素材。

要求2：修改素材的属性参数制作动画。

二、自主创意

自主创造出一个场景，应用本章所学知识，熟练掌握素材的导入和使用，创作作品。

三、理论题

1. After Effects 可导入哪些格式的素材？

2. MPEG 格式包括哪些？

3. 导入分层素材时图层选项中"可编辑的图层样式"与"合并图层样式到素材"有什么不同？

4. 导入分层素材时素材尺寸中"文档大小"和"图层大小"有什么区别？

第3章 时间轴与关键帧

微课视频 84分钟(6个)

本章学习内容：

(1) 时间轴面板的基本操作；

(2) 关键帧的基本操作；

(3) 不同关键帧插值间的作用与区别；

(4) 图表编辑器的使用。

完成本章的学习需要大约2小时，相关资源获取方式见本书前言。

知识点

时间轴面板的基本功能　时间轴面板的操作键　时间轴面板在图层中的操作　关键帧的基本操作　线性关键帧插值　定格关键帧插值　贝塞尔曲线插值　自动贝塞尔曲线插值　连续贝塞尔曲线插值　图表编辑器的切换　关键帧的缓入和缓出

本章案例介绍

范例：

本章范例视频是介绍历史著名皇帝的动画视频，采用图片滑动动作效果。通过这个范例进一步了解和掌握关键帧的使用方法，如图3.1所示。

图　3.1

视频讲解

模拟案例：

本章模拟案例是关于手机图片滑动操作的视频动画，如图3.2所示。

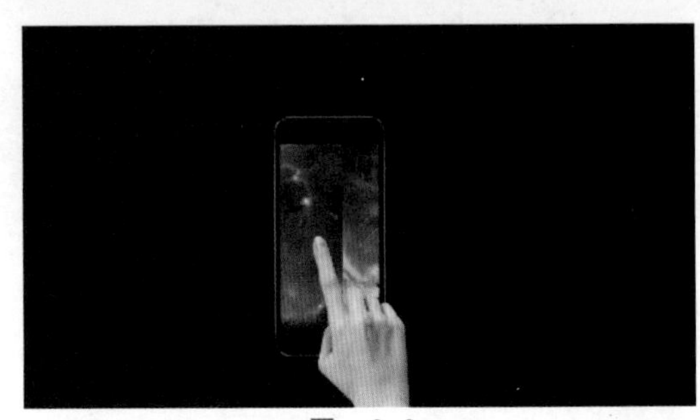

图　3.2

3.1　预览范例视频

(1) 右击"lesson03/范例/complete"文件夹的"03范例 complete(CC 2018).mp4"，播放视频，该视频是介绍历史著名皇帝的视频。

(2) 关闭播放器。

(3) 也可以用 After Effects 打开源文件进行预览，在 After Effects 菜单栏中选择"文件"→"打开项目"命令，再选择"lesson03/范例/complete"文件夹的"03范例 complete(CC 2018).aep"，单击"预览"面板的"播放/停止"按钮，预览视频。

3.2　"时间轴"面板的基本操作

第1章已经简单介绍了"时间轴"面板的一些知识，本章将对"时间轴"面板进行详细的讲解。

3.2.1　打开和关闭"时间轴"面板

(1) 在"项目"面板建立一个新的合成时会自动打开其"时间轴"面板，在"项目"面板中双击已存在的合成会打开其"时间轴"面板，双击多个选中的合成会同时打开多个"时间轴"面板。

(2) 当同时显示多个"时间轴"面板时，可单击上面的标签进行切换。

(3) 在关闭“时间轴”面板时，可以一个一个关闭多余的“时间轴”面板，也可以在时间轴面板右上角选择弹出菜单中的“关闭其他时间轴面板”，保留当前打开的“时间轴”面板，一次性将其他“时间轴”面板关闭，如图 3.3 所示。

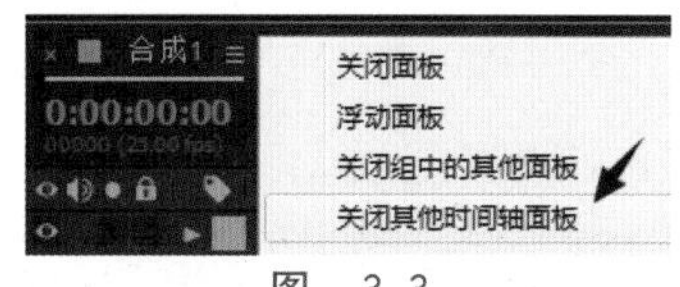

图　3.3

3.2.2　显示、单显、锁定、消隐栏列

(1) 在时间轴左侧，通过对图层 (视频)栏的开关，可以切换视频或图片图层的使用状态，关闭即不在合成面板中显示。

(2) 如果是音频素材则通过切换 (音频)栏开关来决定是否使用。

(3) 打开 (独奏)栏的开关则在合成中排除其他层，只启用当前层或打开相同标记的层。

(4) 打开 (锁定)栏开关，可以锁定层，防止对其意外操作，关闭后才能对其修改。

(5) 单击 (消隐)栏开关可以切换为 状态，这样打开时间轴上部的 总开关后，这个标记的图层在时间轴中隐藏，主要用在时间轴有较多的图层时，减少图层显示以方便操作，如图 3.4 所示。

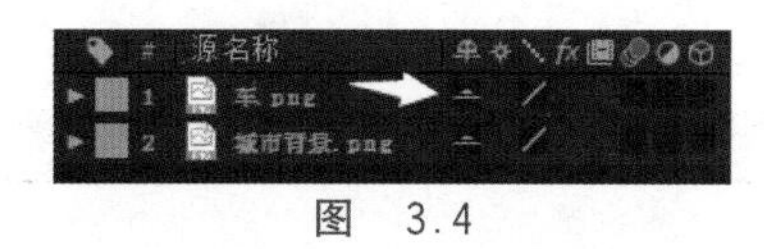

图　3.4

3.2.3　切换窗格

单击时间轴左下部的 (图层开关)、 (转换控制)和 (时间栏)可以切换这些栏列的显示和关闭，其中图层开关和转换控制比较常用，一般在制作中都可显示出来，也可以为了节省空间显示出其中一个，可通过单击 切换开关/模式 来切换显示。时间栏中有“入点”“出点”“持续时间”和“伸缩”比例，一般在操作涉及的时候才显示出来，操作完毕后关闭显示，如图 3.5 所示。

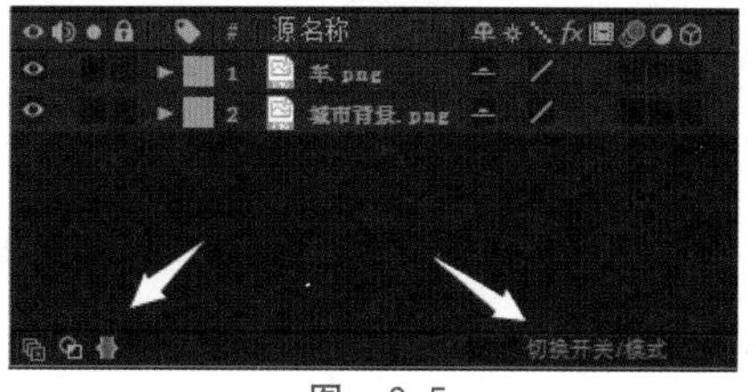

图　3.5

3.2.4　显示和隐藏栏列

“时间轴”面板中除了默认显示出来的栏列，还有一些隐藏的栏列可以在时间轴右上角的弹出菜单“列数”下面选中显示，例如，选中“父级”可以将其显示出来。要隐藏某个栏列，可以在其上右击，在弹出的快捷菜单中选择“隐藏此项”命令，如图 3.6 所示。

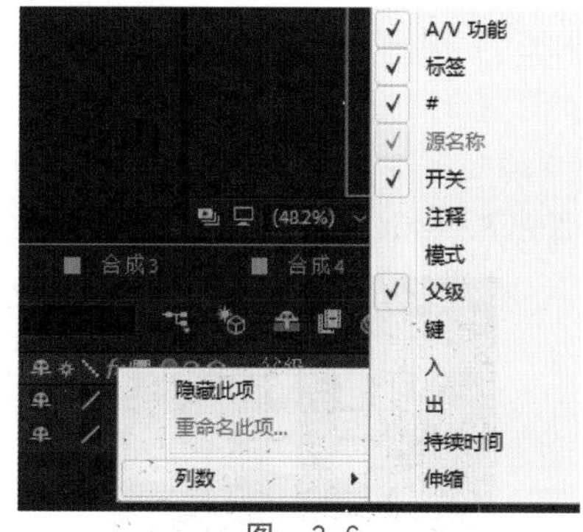

图　3.6

3.2.5　调整栏列的左右排序

用鼠标左右拖动栏列，可以自定义其左右排列的顺序，如图 3.7 所示。

图　3.7

3.3　时间轴中的图层操作

视频讲解

合成是影片的框架，每个合成都有其自己的时间轴，典型的合成包括多个不同类型的图层：视频素材、音频素材、动画文本、矢量图形、静止图像以及在 After Effects 中创建的纯色层、摄像机、灯光、调节层等。

3.3.1　按顺序放置素材到时间轴中

在“项目”面板中可以单独选中素材拖至

时间轴中，也可以选择多个素材同时拖至时间轴中。当选择多个素材时，可以配合 Ctrl 键累加选择，也可以配合 Shift 键选中首尾之间全部素材，这样拖放到时间轴中将会按选择的顺序从上至下放置图层。

(1) 在“项目”面板中素材按名称正常排序，先选中“素材 1.jpg”，再按住 Shift 键单击“素材 5.jpg”，将之拖至时间轴中，将按“素材 1.jpg”至“素材 5.jpg”从上至下排序。

(2) 在“项目”面板中素材按名称正常排序，先选中“素材 5.jpg”，再按住 Shift 键单击“素材 1.jpg”，将之拖至时间轴中，将按“素材 5.jpg”至“素材 1.jpg”从上至下排序。

(3) 在“项目”面板中先选中“素材 1.jpg”，再按住 Ctrl 键依次单击“素材 3.jpg”“素材 5.jpg”“素材 2.jpg”“素材 4.jpg”并将之拖至时间轴中，将按选择时的顺序从上至下排序，如图 3.8 所示。

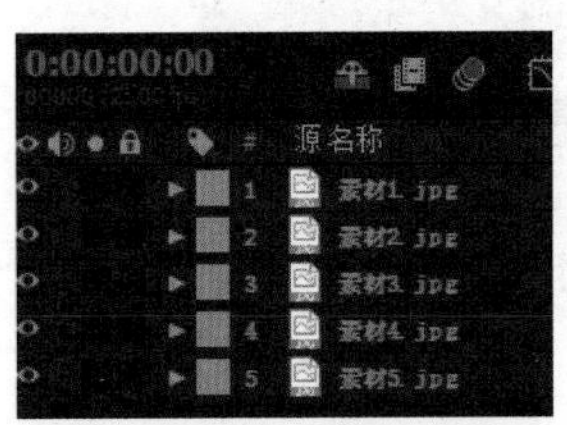

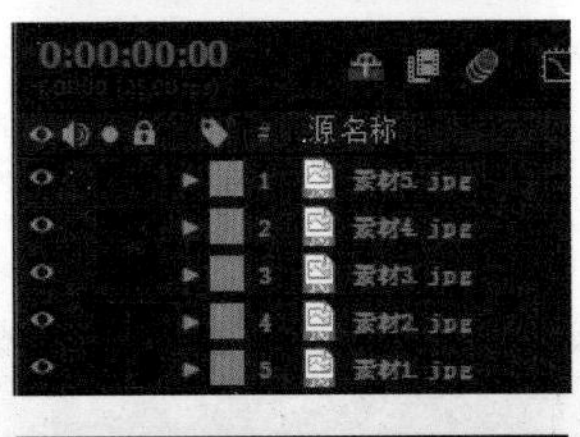

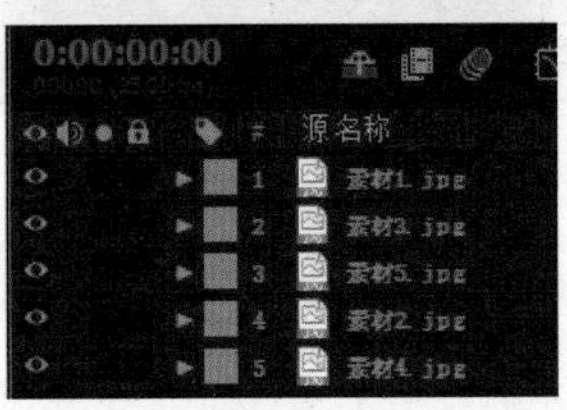

图 3.8

3.3.2 选择图层

(1) 在时间轴中单击图层可以将其选中，配合 Ctrl 键或 Shift 键单击可以选中多层。

(2) 按住 Shift 键并按小键盘的数字键可以增加选中多个键入序号的图层。

(3) 按 Ctrl＋上下方向键可以选择上一层或下一层：按 Ctrl＋Shift＋上下方向键可以向上或向下增加选中多个图层。

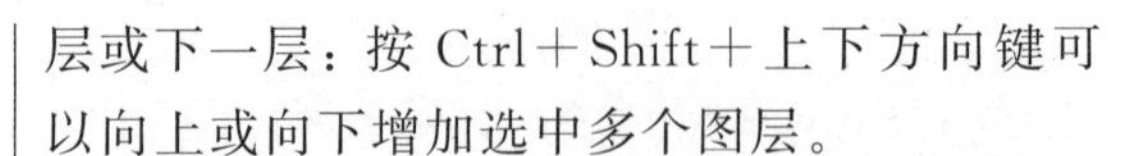

(4) 按 Ctrl＋A 键全选时间轴中的图层，按 Ctrl＋Shift＋A 键取消全部选中状态。

提示：锁定标记的图层不可选中，这样可防止被修改，但可以打开或关闭图层的显示状态。

3.3.3 调整图层上下顺序

(1) 使用鼠标可以将选中的一个图层或多个图层上下拖动，改变图层顺序。

(2) 按 Ctrl＋Alt＋Shift＋上下方向键可以将选中图层移至时间轴顶层或底层。

3.3.4 缩放时间标尺

(1) 按住键盘的＋或－键，可以放大或缩小时间标尺的刻度显示。

(2) 可以拖动时间轴时间图表区顶部的时间导航器两端来放大或缩小时间标尺的刻度显示。

(3) 可以拖动时间轴时间图表区左下部的时间缩放导航器来放大或缩小时间标尺的刻度显示。

(4) 在时间标尺刻度放大的状态下，按住顶部的时间导航器，或下部的左右查看条，或使用手形工具(空格键临时切换)左右拖动，都可以向左或向右查看时间位置。

3.4 关键帧的基本操作

3.4.1 添加关键帧和选中关键帧

(1) 在时间轴中的属性名称前有一个时间变化秒表，单击成为打开秒表状态，将会记录属性的参数值。再次单击会变回关闭秒表状态。

(2) 当打开秒表时，时间轴中的当前时间处将添加一个关键帧，将时间移至另一处单击时间轴左侧关键帧导航处的将再添加一个关键帧：可以单击选中或框选时间轴中的关键帧，选中时将高亮显示，如图 3.9 所示。

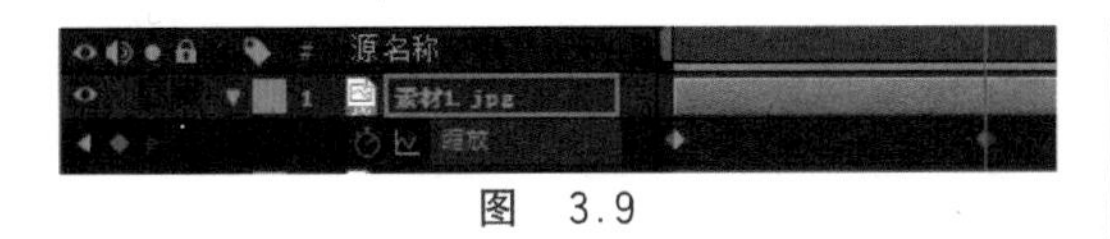

图　3.9

3.4.2　移动关键帧

（1）用鼠标选中一个或多个关键帧左右拖动，可以改变关键帧的位置。

（2）选中一个或多个关键帧后，按住 Alt 键的同时按键盘上的左右方向键，也可以逐帧向左或向右移动关键帧。

（3）按住 Shift 键的同时，用鼠标移动关键帧，可以将关键帧的位置吸附到当前时间指示器的位置、其他图层的一端和标记点处等可对齐的时间点。

3.4.3　复制和粘贴关键帧

选中一个或多个关键帧，先按 Ctrl＋C 键复制，然后在其他的时间位置按 Ctrl＋V 键粘贴关键帧，如图 3.10 所示。

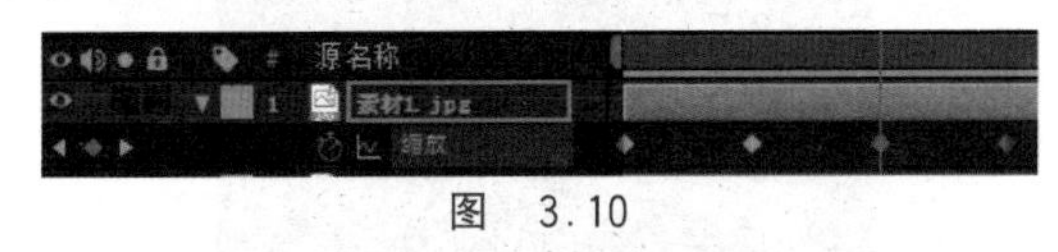

图　3.10

3.5　关键帧插值

3.5.1　关键帧插值的分类

（1）关键帧插值包括空间和时间关键帧插值。

（2）空间插值是空间值的插值，从上一关键帧到下一关键帧，After Effects 在这个路径上插入了若干个点，这就将这段路径分成了若干段，也就是插入了若干个位置值。

（3）时间插值是时间值的插值，从上一关键帧到下一关键帧，After Effects 在这个时间段上插入了若干个点，这就将这段时间分成了若干段，也就是插入了若干个时间值。

（4）某些属性由于在两个关键帧之间发生空间的位移，所以插值仅具有时间组件，例如透明度、缩放、旋转属性值等。当打开关键帧插值选项菜单时，发现它们只有时间插值方式可用。如果发生位移，那么插值还具有空间组件，比如位置属性值等。

视频讲解

（5）关键帧中最主要的就是对关键帧插值的应用，而关键帧插值则有线性插值、贝塞尔曲线插值、连续贝塞尔曲线插值、自动贝塞尔曲线插值和定格插值。

（6）线性插值用于关键帧之间水平直线插值的均速效果和关键帧之间直线的运动路径效果。贝塞尔曲线插值用于关键帧之间的上下高度不一样的曲线变速效果和关键帧之间曲线的运动路径效果。此外，无插值即表示没有关键帧，关键帧定格即表示关键帧之间没有过渡的插值数值。

3.5.2　线性关键帧插值的使用

（1）打开“lesson03/范例/start”文件夹中的“03 知识点 start(CC 2018).aep”，并将之另存为“03 知识点 demo(CC 2018).aep”。

（2）在“项目”面板空白处双击，在弹出的对话框中，打开“lesson03\范例\素材\知识点素材”文件夹，按住 Ctrl 键分别单击“车.png”和“城市背景.png”两个素材，单击“导入”按钮，如图 3.11 所示。

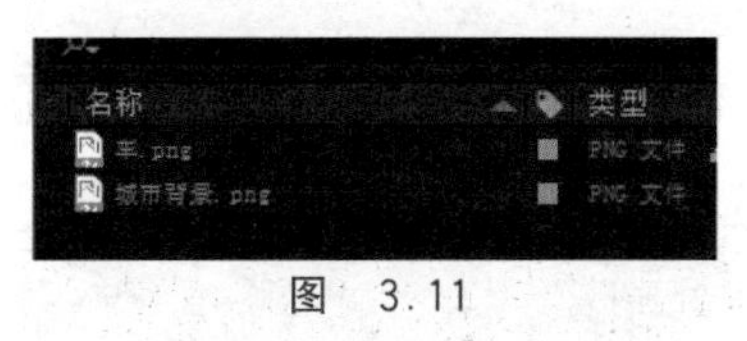

图　3.11

（3）在“项目”面板的底部找到新建合成按钮，单击此按钮，在弹出的“合成设置”面板中，将“合成名称”命名为“合成 1”，将“帧速率”调到 25 帧/秒，“持续时间”调整到 8 秒，如图 3.12 所示。

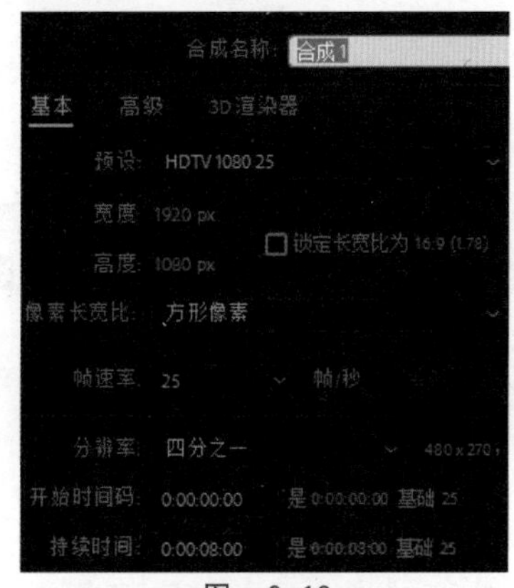

图　3.12

(4) 将素材拖动到"时间轴"面板中,并调整好顺序,如图 3.13 所示。

图 3.13

注意:当导入素材的时间长度与合成的时间长度不一致时,可以在"编辑"→"首选项"→"导入"中,设置"静止素材"的长度为"合成长度"。

(5) 在"时间轴"面板中分别选中两个素材,按 S 键弹出"缩放"按钮,调整两素材的缩放比,将"车. png"图层的"缩放"值设置为 15%,"城市背景. png"的"缩放"值设置为 104%,使其在"合成"面板中显示比例正常,如图 3.14 所示。

图 3.14

(6) 打开"车. png"层的"位置"属性,设置 3 个关键帧:第 0 秒为(225,1000),第 3 秒为(900,1000),第 8 秒为(2000,1000),如图 3.15 所示。

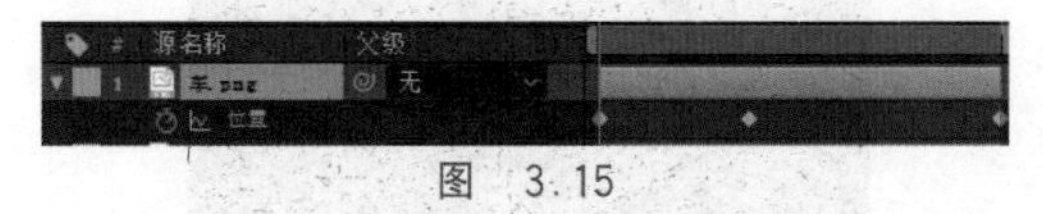

图 3.15

(7) 单击"预览"按钮,就可以看出线性插值的效果。

3.5.3 定格关键帧插值的使用

(1) 在"项目"面板空白处双击,在弹出的对话框中,打开"lesson03\范例\素材\知识点素材"文件夹,按住 Ctrl 键分别单击选择"地板. jpg"和"报纸 jpg"两个素材,单击"导入"按钮,如图 3.16 所示。

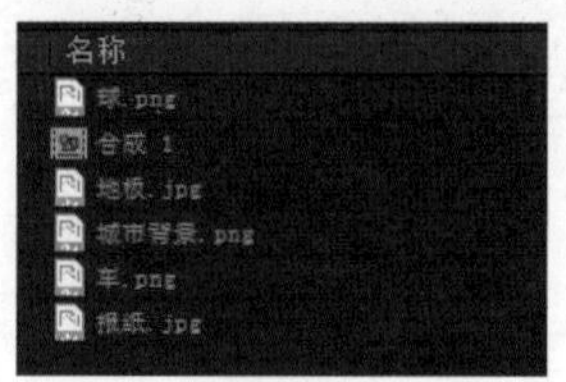

图 3.16

(2) 新建合成,在弹出的"合成设置"面板中,将"合成名称"命名为"合成 2",将"持续时间"调整到 3 秒,如图 3.17 所示。

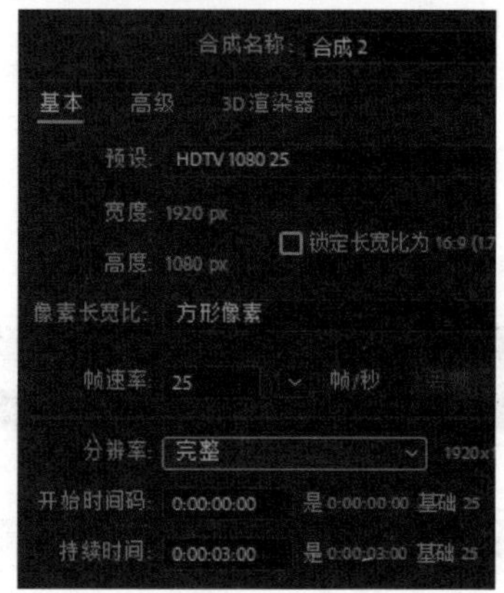

图 3.17

(3) 将素材拖动到"时间轴"面板中,打开素材的"3D 图层"按钮,并将"报纸. jpg"素材的"位置"值设为(850,500,100),"缩放"值设为 20%,将"地板. jpg"素材位置值设为(950,850,0),"缩放值"设为 200%,"X 轴旋转"值设为−70°,如图 3.18 所示。

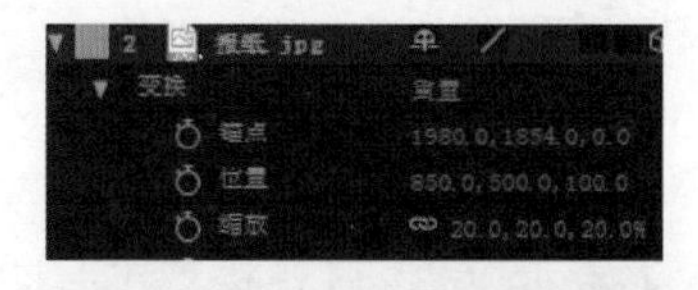

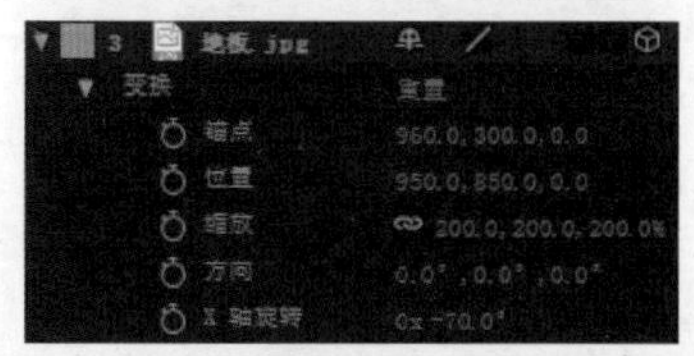

图 3.18

(4) 在"时间轴"面板的空白处右击,选择"新建"→"灯光",在弹出的"灯光设置"对话框中将“颜色”设置为白色，“强度”为100%，“锥形角度”为90°，“锥形羽化”为50%，单击“确定”按钮，如图3.19所示。

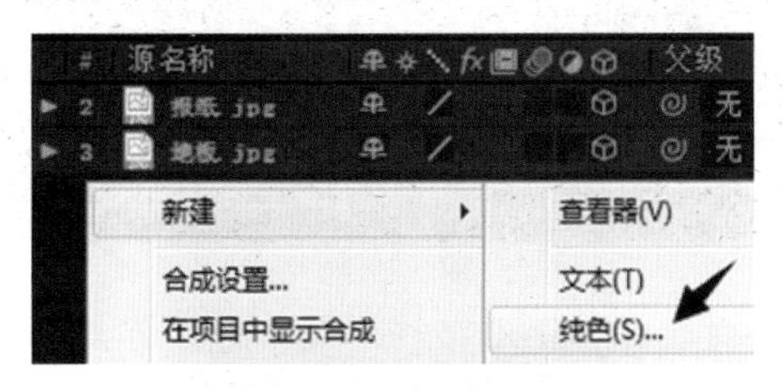

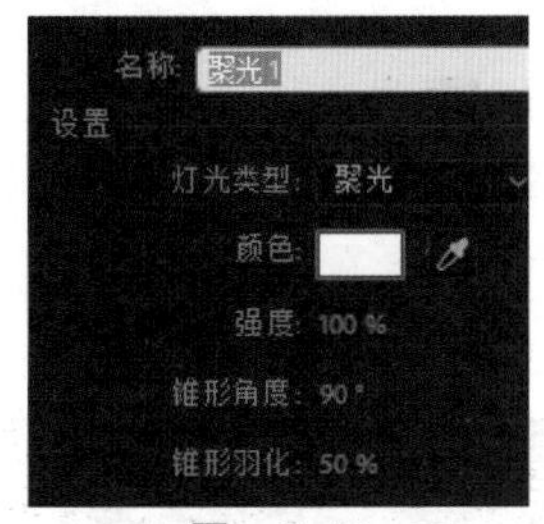

图　3.19

(5) 打开“聚光1”层下的“灯光选项”层，将当前时间指示器调整到0秒处，打开“强度”前的秒表，将鼠标指针挪到关键帧上，右击，在弹出的快捷菜单中选择“关键帧插值”，并在弹出的对话框中将“临时插值”设置为“定格”，单击“确定”按钮，如图3.20所示。

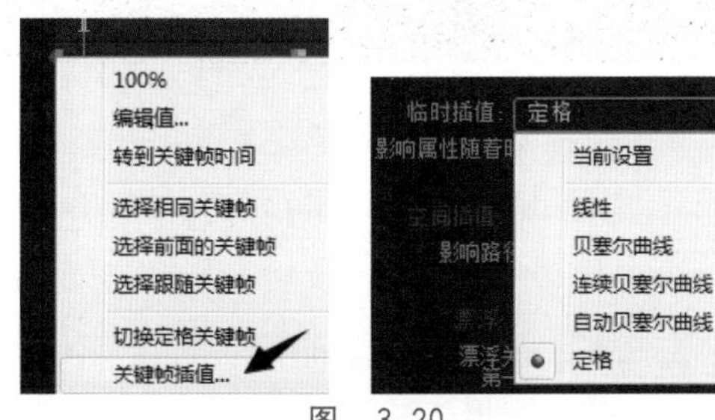

图　3.20

(6) 拖动当前时间指示器到1秒处，将“强度”值改为0%，然后拖动当前时间指示器到2秒处，将“强度”值改为100%，最后拖动当前时间指示器到3秒处，将“强度”值改为0%，如图3.21所示。

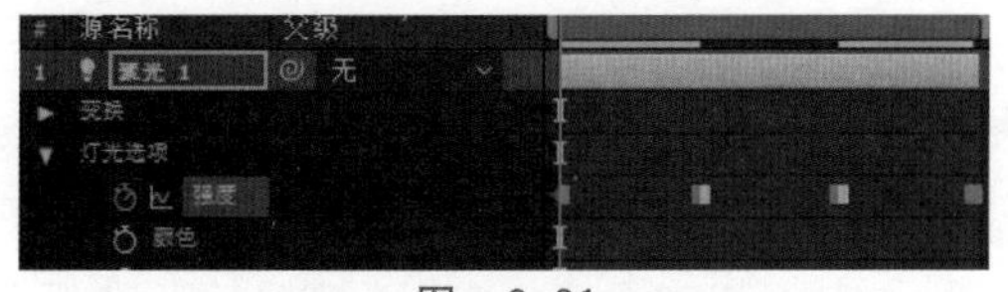

图　3.21

(7) 单击“预览”按钮，就可以看出定格关键帧插值的效果。

3.5.4　自动贝塞尔曲线关键帧插值的使用

(1) 在“项目”面板空白处双击，在弹出的对话框中，打开“lesson03\范例\素材\知识点素材”文件夹，单击选择“球”素材，单击“导入”按钮。

(2) 新建合成，将“合成名称”命名为“合成3”，将“持续时间”调整到6秒，如图3.22所示。

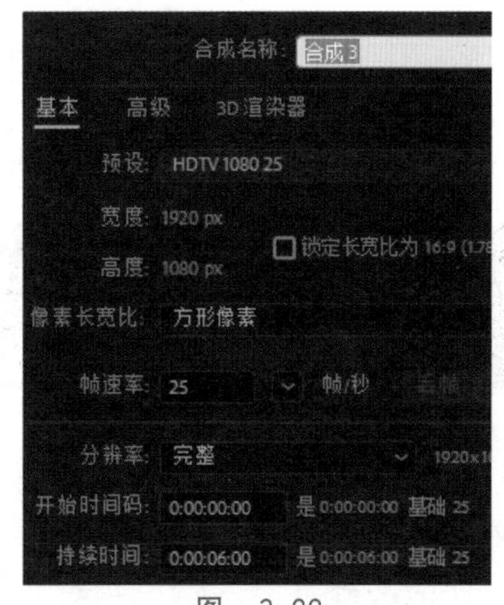

图　3.22

(3) 将“球.png”素材拖动到“时间轴”面板中，在“效果和预设”面板中，找到“透视”→“CC Sphere”特效，并将特效拖动到“时间轴”面板的“球.png”素材上，如图3.23所示。

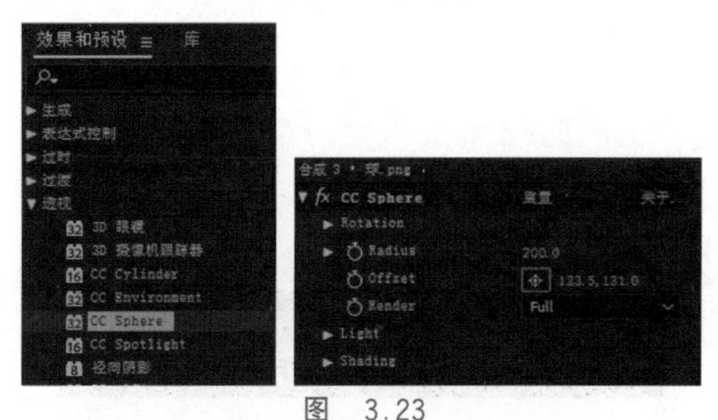

图　3.23

(4) 调整素材的大小，将缩放值设置为30%，如图3.24所示。

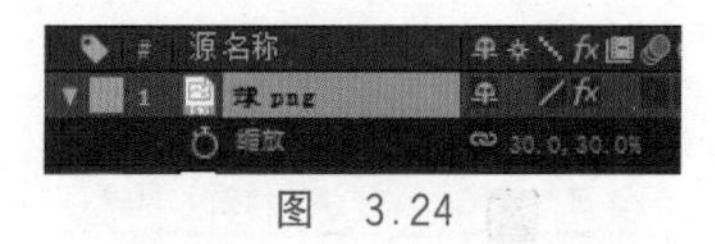

图　3.24

(5) 在“时间轴”面板的空白处右击，选择“新建”→“纯色”，颜色设置为“白色”，并将纯色层调整到“球.png”层下，如图3.25所示。

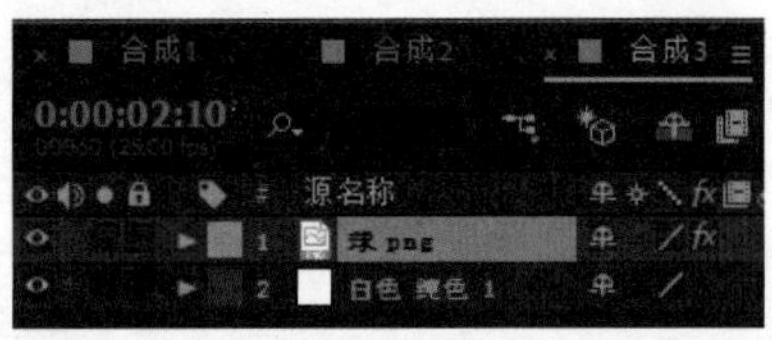

图 3.25

(6) 打开“合成”面板中的“选择网格和参考线选项”，选择“对称网格”，如图 3.26 所示。

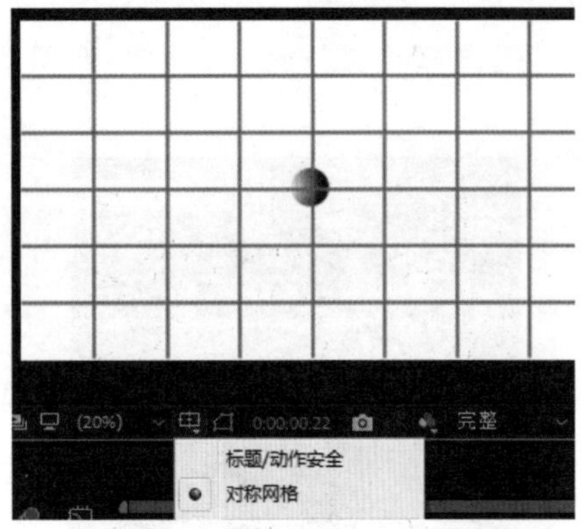

图 3.26

(7) 将当前时间指示器移动到第 0 秒处，调整“球. png”的“位置”值为(0,0)，并单击“位置”属性前的秒表，打开关键帧，如图 3.27 所示。

图 3.27

(8) 将当前时间指示器移动到第 2 秒，调整“球. png”的“位置”值为(960,1100)，然后将当前时间指示器移动到第 6 秒，调整“球. png”的“位置”值为(1920,0)，如图 3.28 所示。

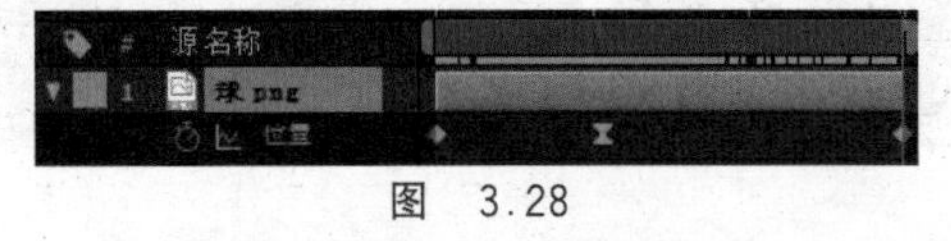

图 3.28

(9) 单击时间轴上方的开关切换到图表编辑器显示方式，单击选择图表类型和选项按钮确认选中“编辑速度图表”，查看水平均速的线性插值方式，如图 3.29 所示。

(10) 单击开关返回图层显示状态，在中间关键帧上右击，选择弹出菜单中的“关键帧插值”，在打开的对话框中将“临时插值”选择为“自动贝塞尔曲线”，此时可以看到中间关

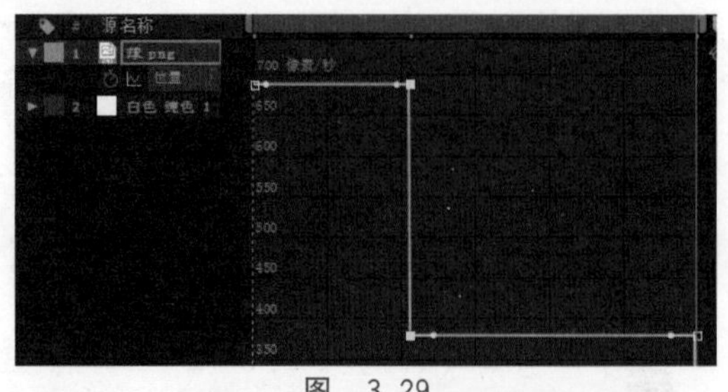

图 3.29

键帧的形状发生变化，“自动贝塞尔曲线”自动做了一些微调，使中间具有缓冲的效果，单击时间轴上方的开关切换到图表编辑器显示方式，可以看出，在中间关键帧的两侧有明显的速度缓冲调节，有利于动画的流畅性，如图 3.30 所示。

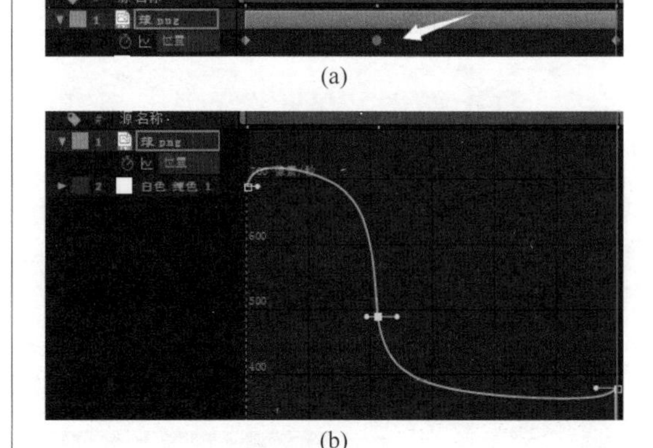

(a)

(b)

图 3.30

(11) 单击“预览”按钮，就可以看出自动贝塞尔关键帧插值的效果。

3.5.5 连续贝塞尔曲线关键帧插值的使用

(1) 在“合成 3”中，拖动“自动贝塞尔曲线”两侧的手柄来调整曲线的形状，手柄向上移动，可以将关键帧的速率提高，如图 3.31 所示。

(2) 单击开关返回图层显示状态，会发现此时中间关键帧由于手动调整手柄的原因，从“自动贝塞尔曲线”的形状改变为“连续贝塞尔曲线”的形状。进一步在其上右击，在弹出的快捷菜单中选择“关键帧插值”，在打开的对话框中查看“临时插值”的类型，会发现为“连续贝塞尔曲线”，如图 3.32 所示。

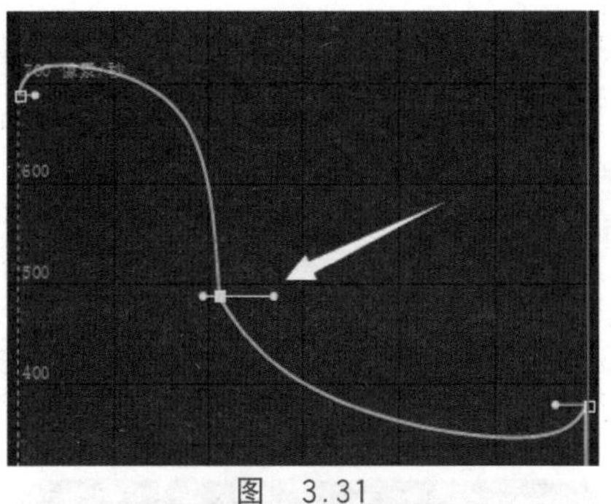

图　3.31

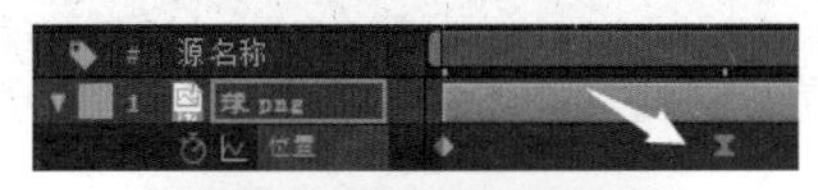

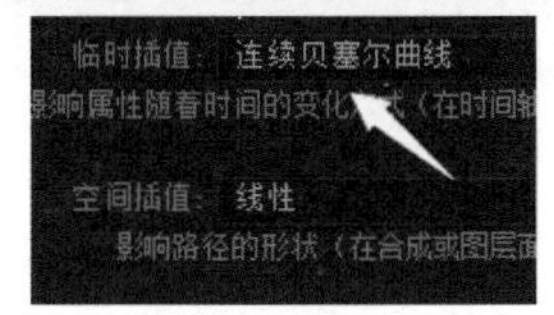

图　3.32

3.5.6　贝塞尔曲线关键帧插值的使用

(1) 在“合成 3”中，将鼠标指针移动到中间的关键帧上，右击，在弹出的快捷菜单中选择“关键帧插值”，在打开的对话框中将“临时插值”的类型改为“贝塞尔曲线”，如图 3.33 所示。

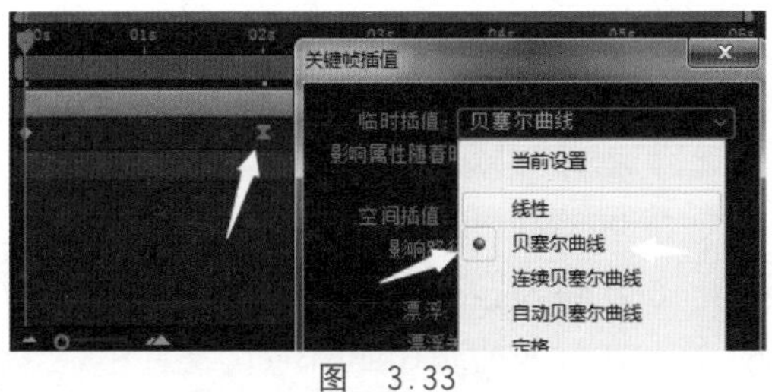

图　3.33

(2) 单击时间轴上方的▣开关切换到图表编辑器显示方式，用鼠标拖动中间关键帧一侧的手柄向上移动，关键帧的速度不再是连续的状态，可以由慢直接跳到一个较快的速度，如图 3.34 所示。

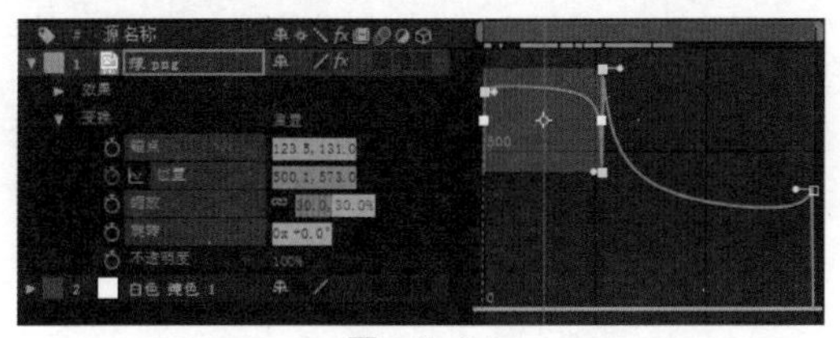

图　3.34

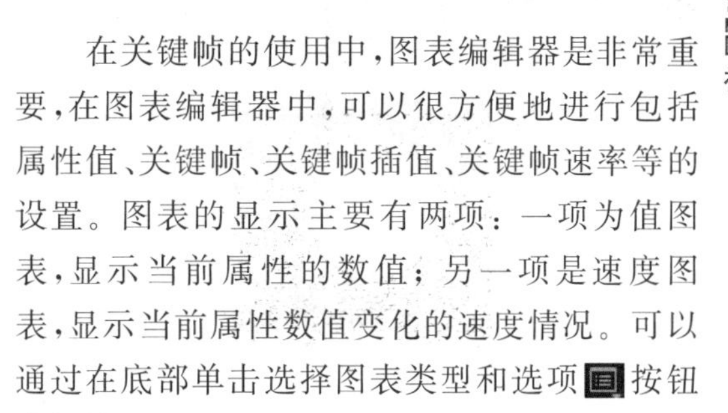

3.6　图表编辑器

视频讲解

在关键帧的使用中，图表编辑器是非常重要，在图表编辑器中，可以很方便地进行包括属性值、关键帧、关键帧插值、关键帧速率等的设置。图表的显示主要有两项：一项为值图表，显示当前属性的数值；另一项是速度图表，显示当前属性数值变化的速度情况。可以通过在底部单击选择图表类型和选项▣按钮来切换。

(1) 新建合成，将“合成名称”命名为“合成 4”，将“持续时间”调整到 8 秒，如图 3.35 所示。

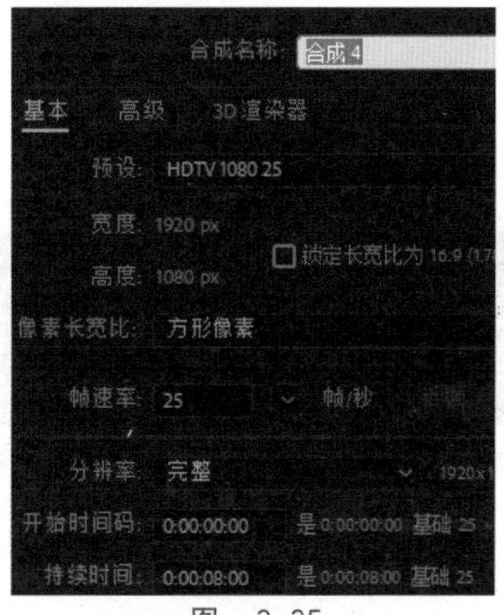

图　3.35

(2) 在“时间轴”面板的空白处右击，选择“新建”→“纯色”，建立两个纯色层，并分别命名为“球”和“地面”，如图 3.36 所示。

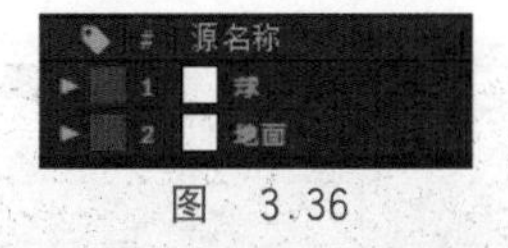

图　3.36

(3) 在蒙版与形状工具▣中，选择矩形工具，在“地面”纯色层中画一个矩形，选择椭圆形工具，按 Shift 键在“球”纯色层中画一个圆形，球的大小可自行设定，如图 3.37 所示。

图　3.37

（4）单击选中“球”图层，选择“锚点”工具 ，将“球”图层的中心点移动到小球的中心，如图 3.38 所示。

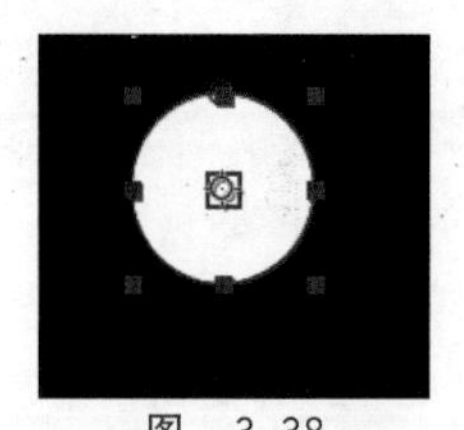

图　3.38

（5）将关键帧拖动到 0 秒处，打开“球”层的“位置”前的秒表，将位置值设置为(1000，200)；将关键帧拖动到 2 秒处，位置值设置为(1000，550)；将关键帧拖动到 4 秒处，位置值设置为(1000，300)；将关键帧拖动到 6 秒处，位置值设置为(1000，550)；将关键帧拖动到最后一帧，位置值设置为(1000，400)。上述位置值为参考值，如图 3.39 所示。

图　3.39

（6）单击 开关切换到图表编辑器显示方式，单击选中第一帧处的关键帧，单击右下方的缓出按钮 ，会发现这个关键帧的速度降为 0，从停止状态开始行动，即最高点有一个从静止状态缓冲启动的下落进程，然后越落越快，如图 3.40 所示。

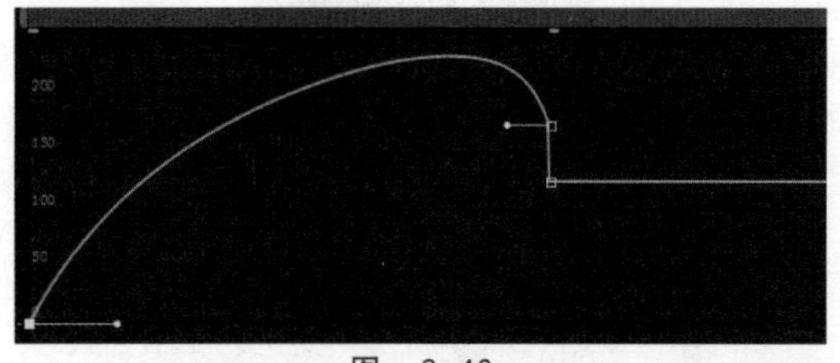

图　3.40

（7）在 2 秒处，将下方的关键帧拖动到最下方，使球的起始速度为 0，如图 3.41 所示。

（8）在 4 秒处，选中关键帧，单击右下方的缓动按钮 ，在 6 秒处选中关键帧；单击右下方的缓出按钮 ，在 6 秒处，选中关键帧，将关键帧拖动到最下方，使球的速度为 0，如图 3.42 所示。

视频讲解

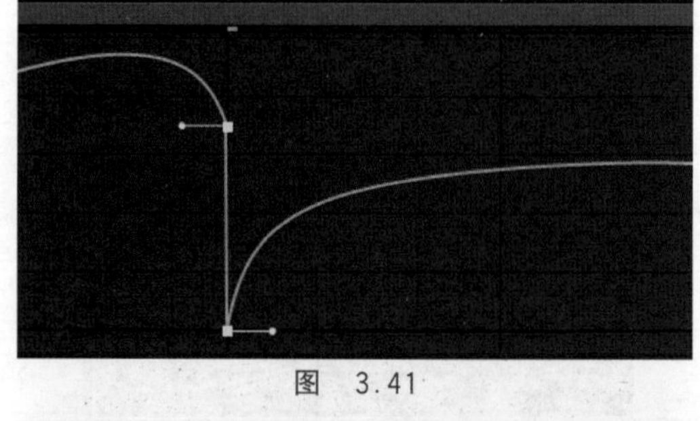

图　3.41

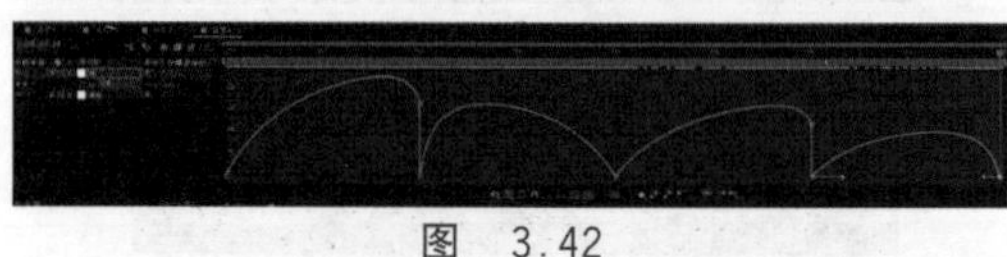

图　3.42

（9）查看关键帧的曲线形状，并播放动画效果。

3.7　范例制作

3.7.1　工作原理介绍

本范例中，有多个合成的嵌套，在“视频”合成中，“Color Control”代表的是颜色的表达式(在这里只需了解)。“总效果”合成中则是包含 3 个效果，在“效果 1”合成、“效果 2”合成和“效果 3”合成中，则涉及关键帧的具体应用等知识。

3.7.2　打开范例文件

（1）打开“lesson03/范例/start”文件夹下的“03 范例 start(CC 2018). aeq”，将文件另存为“10 范例 demo (CC 2018). aep”。

（2）在打开的 After Effects 文件中，已经将素材等文件导入到“项目”面板中。

（3）在此文件中，已经创建了“总视频”“总合成”“总效果”“效果 1”等合成，并且已经将这些合成按照合适的顺序和层次排列整齐。

（4）观察“效果 1”合成，在“效果 1”合成中，已经有许多已经新建好的合成和纯色层，接下来将在此基础上完成范例视频的制作，如图 3.43 所示。

3.7.3　建立纯色层 Glw

（1）在“时间轴”面板中，单击选择“效果 1”合成。

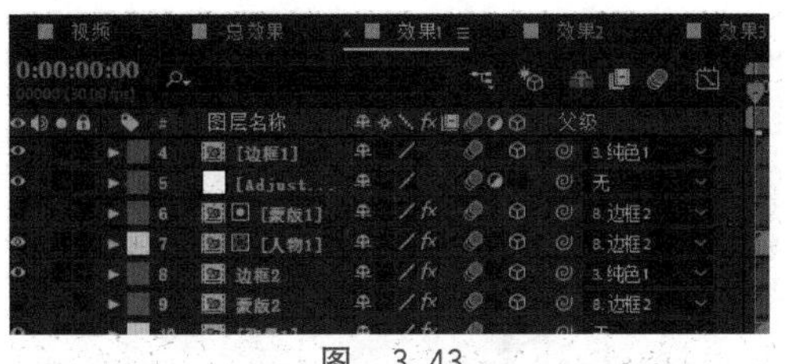

图　3.43

(2) 在“效果 1”合成中，右击选择“新建”→“纯色”，将“名称”设置为 Glw，如图 3.44 所示。

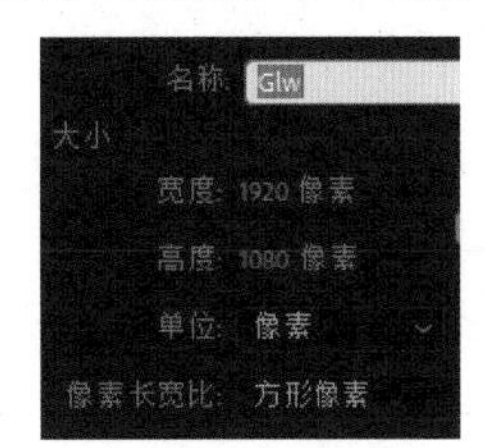

图　3.44

(3) 在“效果和预设”面板中，搜索“填充”特效，将找到的“填充”特效拖动到纯色层 Glw 上，如图 3.45 所示。

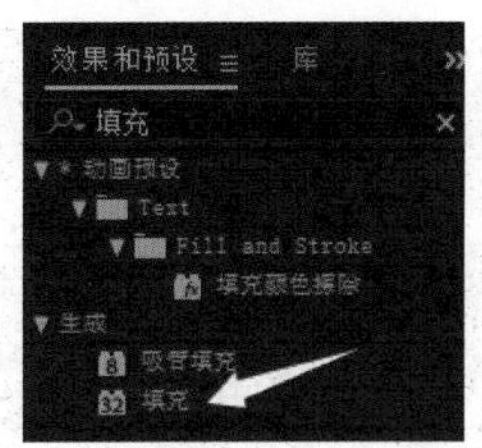

图　3.45

(4) 在弹出的“效果控件”面板中，单击“颜色”行的颜色块，并在弹出的“颜色”面板中，将“颜色”值设置为＃D97B00，如图 3.46 所示。

图　3.46

(5) 单击选择 钢笔工具，在合成窗口中单击勾画出一个蒙版，如图 3.47 所示。

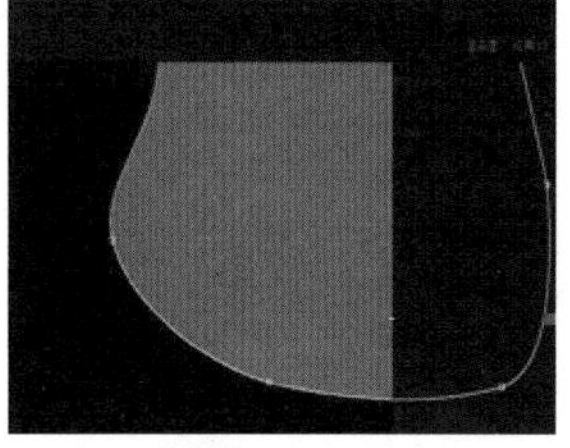

图　3.47

(6) 单击选择 Glw→“蒙版”→Mask 1(蒙版 1)层下的“蒙版羽化”，将其值设置为 770 像素，如图 3.48 所示。

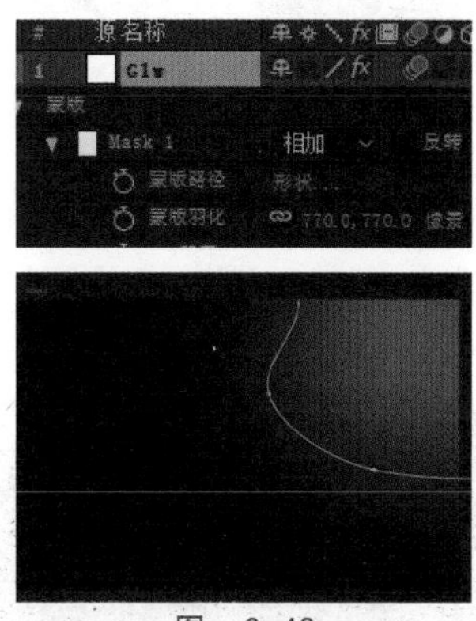

图　3.48

(7) 选择“不透明度”选项，为蒙版 Glw 添加“不透明度”关键帧。将“当前时间指示器”拖动到第 8 帧，单击打开“不透明度”前的秒表插入关键帧，将“不透明度”设为 0%，选中关键帧，右击在弹出的快捷菜单中选择“关键帧插值”，将“临时插值”更改为“贝塞尔曲线”，并拖动“当前时间指示器”到第 1 秒 20 帧，添加关键帧，将“不透明度”设为 100%；拖动“当前时间指示器”到第 7 秒，添加关键帧，将“不透明度”设为 100%；拖动“当前时间指示器”到第 8 秒，添加关键帧，将“不透明度”设为 0%，如图 3.49 所示。

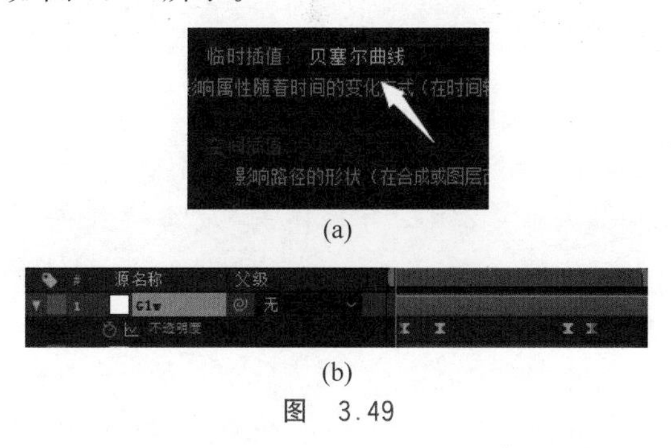

(a)

(b)

图　3.49

3.7.4 新建文本层

(1) 在"时间轴"面板空白处右击,选择"新建"→"文本",选中新建的文本,右击,在弹出的快捷菜单中选择"预合成",如图3.50所示,将"新合成名称"命名为"文字1",并把"文字1"合成放到Glw层下。

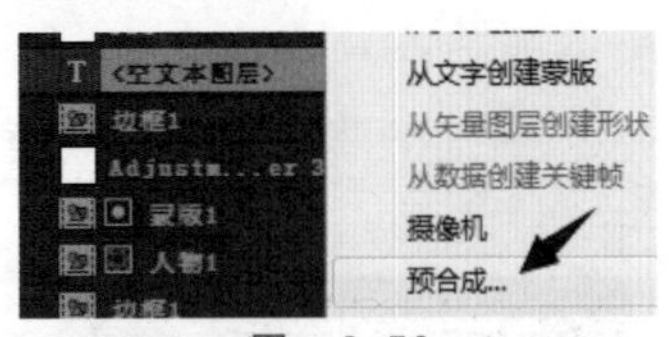

图 3.50

(2) 双击进入"文字1"合成内部,在"时间轴"面板空白处右击,选择"合成设置",将其"宽度"设置为1200px,"高度"设置为800px,"帧速率"设置为25帧/秒,如图3.51所示。

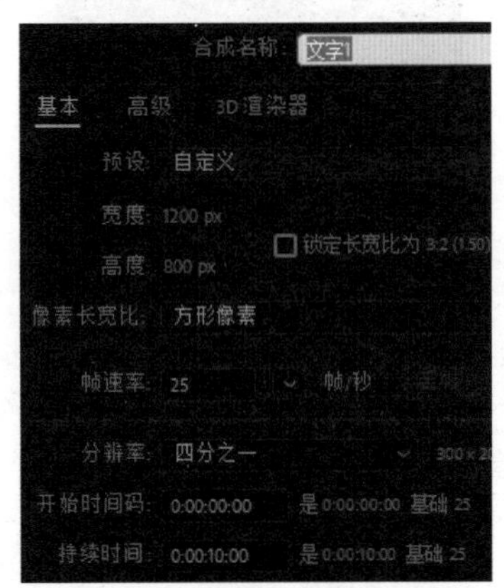

图 3.51

(3) 将文字"秦始皇嬴姓,赵氏,或称祖龙,中国历史上著名的政治家、战略家、改革家,完成华夏大一统的铁腕政治人物,也是中国第一个称皇帝的君主。"输入到文本中,字体格式为"华文楷体"(字体可根据情况自己设定,版式设置参考图3.52),设置"字体大小"为20,"行距"为23,"填充颜色"为#FFC209,将"缩放"值设置为230%,再次右击"新建"→"文本"按钮,单击新建的文本,将文字"秦始皇"输入到文本中,"字体格式"为"华文行楷",设置"字体大小"为20,"行距"为23,"填充颜色"为#FFC209,将"缩放"值设置为800%,如图3.52所示。

(4) 选择第一个文本(介绍文字),将位置

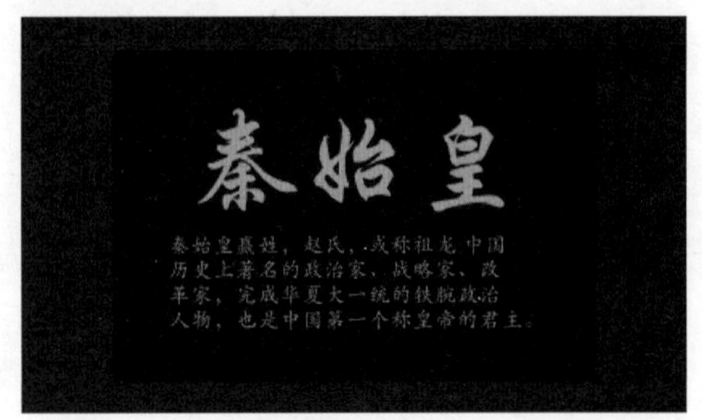

图 3.52

值设置为(135,485),选择第二个文本("秦始皇"),将位置值设置为(180,350)。

(5) 在"效果1"合成中,将"文字1"的"缩放"值设置为66%,打开"文字1"合成的3D图层按钮,将"当前时间指示器"拖动到0秒处,单击激活"Y轴旋转"前的秒表,将其旋转值设置为40°,将"当前时间指示器"拖动到最后一帧,将其旋转值设置为15°,如图3.53所示。

图 3.53

3.7.5 创建纯色层"纯色1"

(1) 在"时间轴"面板空白处右击,选择"新建"→"纯色",在纯色设置面板中将"名称"设置为"纯色1",颜色为白色,并将其拖动到"文字1"层下,如图3.54所示。

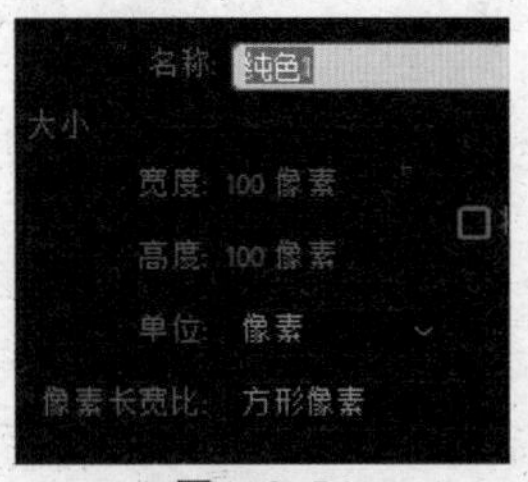

图 3.54

(2) 单击3D图层按钮,以打开"纯色1"图层的3D图层属性。

(3) 将"纯色 1"图层的锚点值设置为(0,0,0)。

(4) 将"当前时间指示器"拖动到 0 秒处，单击打开"位置"属性前的秒表，将"位置"值设置为(3000,570,－50)，选中关键帧，右击，在弹出的快捷菜单中选择"关键帧插值"，将"临时插值"更改为"贝塞尔曲线"，"空间插值"设置为"自动贝塞尔曲线"，如图 3.55 所示。

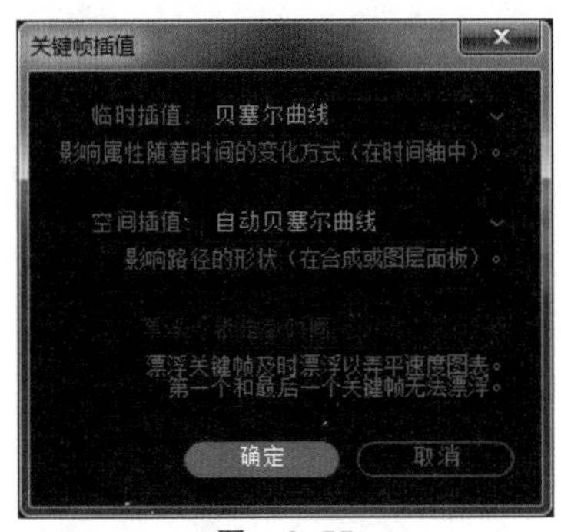

图　3.55

(5) 拖动"当前时间指示器"到第 2 秒，添加关键帧，将"位置"值设置为(1050,570,－5)，拖动"当前时间指示器"到第 7 秒，添加关键帧，"位置"值同样为(1050,570,－5)，拖动"当前时间指示器"到第 8 秒，添加关键帧，将"位置"值设置为(－710,570,40)，同时将"不透明度"设置为 0%，如图 3.56 所示。

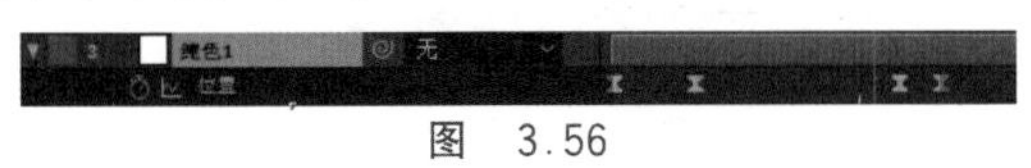

图　3.56

3.7.6　设置"边框 1"和"边框 2"合成

(1) 在"效果 1"合成中，先选择"边框 1"合成，在"父系"下拉菜单中选择"纯色 1"图层，如图 3.57 所示。

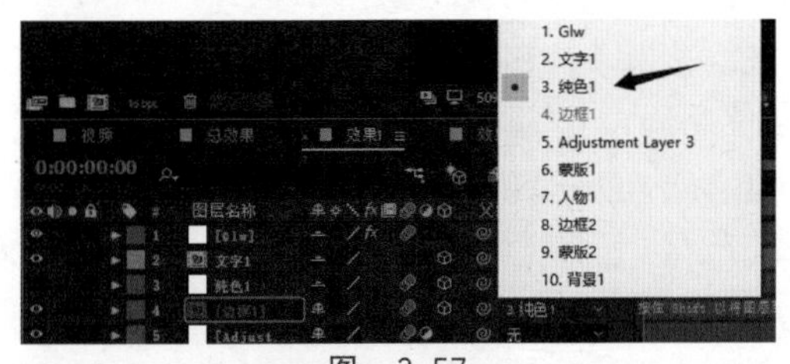

图　3.57

(2) 在"效果 1"合成中，再选择"边框 2"合成，在"X 轴旋转"中，将旋转值设置为－7°，找到"Y 轴旋转"，将"当前时间指示器"拖动到第 5 帧，打开"Y 轴旋转"前的秒表，添加关键帧，将旋转值设置为－8°，拖动"当前时间指示器"到第 8 秒，将旋转值设置为－20°，如图 3.58 所示。

图　3.58

3.7.7　设置"人物 1"合成

(1) 单击"人物 1"合成，进入"人物 1"合成内部，在 "项目"面板中找到"图片"文件夹，将"图片 1.jpg"图片拖动到合成中，并放在"Image 1.jpg"图片上一层，如图 3.59 所示。

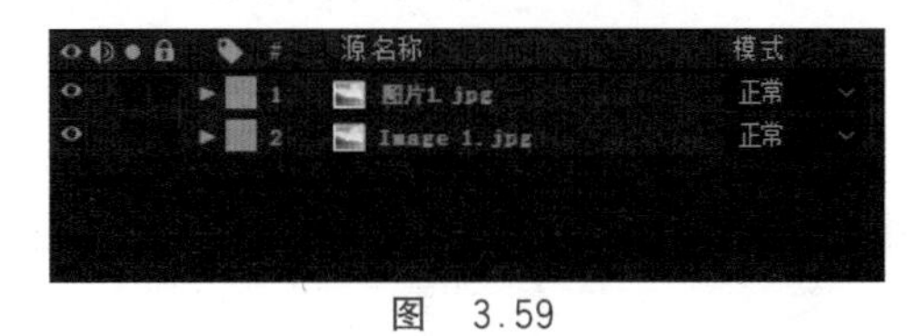

图　3.59

(2) 调整图片的"缩放"值为 300%，并将其"位置"值设置为(500,840)，如图 3.60 所示。

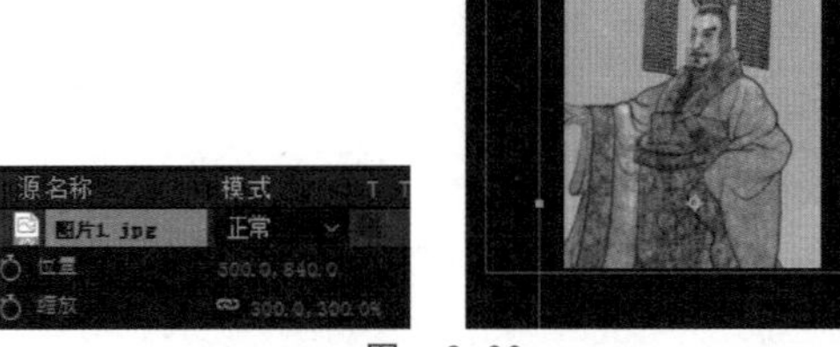

图　3.60

3.7.8　设置"背景 1"合成

(1) 单击"背景 1"合成，进入"背景 1"合成内部，在"项目"面板中找到"图片"文件夹，将"图片 2"图片拖动到合成中，并放在"Image 1.jpg"图片上一层，如图 3.61 所示。

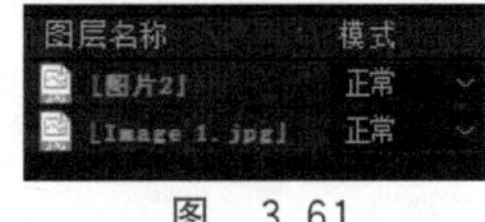

图　3.61

(2) 调整图片的缩放值为 140%，如图 3.62 所示。

(3) 在"时间轴"面板中单击"效果 1"，回到"效果 1"合成中，如图 3.63 所示。

(4) 选择"背景 1"合成，在"缩放"选项中，将"当前时间指示器"拖动到 0 秒处，打开"缩

图 3.62

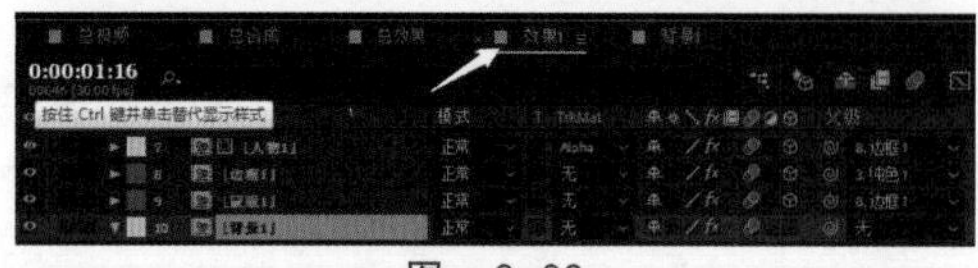

图 3.63

放”选项前的秒表，将“缩放”值设置为 150%，拖动“当前时间指示器”到最后一帧，将“缩放”值设置为 160%，如图 3.64 所示。

图 3.64

(5) 选择“不透明度”选项，将“当前时间指示器”拖动到 15 帧，打开“不透明度”选项前的秒表，将“不透明度”值设置为 0%；拖动“当前时间指示器”到第 2 秒 6 帧，将“不透明度”值设置为 35%；拖动“当前时间指示器”到第 7 秒，添加关键帧，将“不透明度”值设置为 35%；拖动“当前时间指示器”到第 8 秒，将“不透明度”值设置为 0%，如图 3.65 所示。

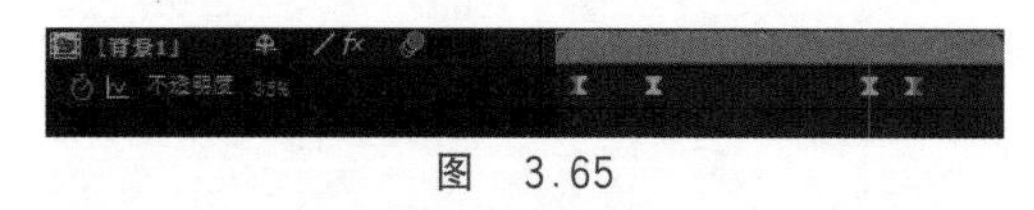

图 3.65

3.7.9 设置“父级关系”和合成位置

(1) 选择“文字 1”合成，在“父系”选项中选择“纯色 1”，选择列表中的 “边框 1”合成和“边框 2”合成，在“父系”选项中同样选择“纯色 1”。

(2) 选择列表中的“人物 1”合成、“蒙版 1”合成和“蒙版 2”合成，在“父系”选项中选择“边框 2”。

(3) 在“文字 1”合成中，找到位置属性，将位置值设置为(465，－4，55)。分别在“边框 1”合成和“边框 2”合成中，找到位置属性，将位置值设置为(－410，－12，160)。在“蒙版 1”合成和“蒙版 2”合成中，找到位置属性，将位置值设置为(607，600，－155)。

3.7.10 “效果 2”合成的设置

在本案例中，由于“效果 1”合成与“效果 2”合成所呈现的效果基本一致，所以此处不再赘述，只简单地介绍一下“效果 2”合成与“效果 1”合成的不同之处。

(1) 在“背景 2”合成中，拖动“项目”面板中的“图片 4”放置在“Image 1.jpg”前，将“图片 4”的“缩放”值设置为 185%。

(2) 在“人物 2”合成中，拖动“项目”面板中的“图片 3.jpg”放置在“Image 1.jpg”前，将“图片 3.jpg”的“缩放”值设置为 200%。

(3) 在“文字 2”合成中，将第一个文本(内容文本)里的文字设置为“刘彻即汉武帝，西汉第七位皇帝，政治家、战略家。文化上采用了董仲舒的建议，‘罢黜百家，独尊儒术’，军事上攘夷拓土，国威远扬，开创了汉武盛世的局面。”，并将“位置”值设置为(115，485)，将第二个文本里面的文字设置为“汉武帝”，并将“位置”值设置为(50，350)。

3.7.11 “效果 3”合成的设置

在这里同样简单地介绍“效果 3”合成与“效果 1”合成的不同之处。

(1) 在“背景 3”合成中，拖动“项目”面板中的“图片 6”放置在“Image 1.jpg”前，将“图片 6”的“缩放”值设置为 100%。

(2) 在“人物 3”合成中，拖动“项目”面板中的“图片 5.jpg”放置在“Image 1.jpg”前，将“图片 5.jpg”的“缩放”值设置为 390%。

(3) 在“文字 3”合成中，将第一个文本(内容文本)中的文字设置为“李世民唐朝第二位皇帝，杰出的政治家、战略家、军事家、诗人。在位期间，对内以文治天下，使百姓能够休养生息，对外开疆拓土，被各族人民尊称为天可汗。”，“位置”值不变，将第二个文本里面的文字设置为“唐太宗”，“位置”值同样不变。

作业

一、模拟练习

打开“lesson03/模拟/complete/03 模拟

complete(CC 2018).aep”进行浏览播放，参考完成案例，根据本章所学知识内容，完成项目制作。课件资料已完整提供，获取方式见本书前言。

模拟练习作品是关于手机图片滑动的视频，图片通过在“手机图片排列”合成中，排好顺序，然后为“手指”添加位置关键帧、缩放关键帧和旋转关键帧等，然后在“滑动效果”合成中，对“手机图片排列”合成的位置属性添加关键帧，并使用“自动贝塞尔曲线”插值设置关键帧，最后为“手机图片排列”合成添加“Alpha遮罩”达到最终效果。

二、自主创意

应用本章学习的关键帧知识和其他知识点，自主设计一个 After Effects 作品，也可以把自己完成的作品上传到课程网站进行交流。

三、理论题

1. 列举出关键帧插值的类型。
2. 时间插值和空间插值的区别是什么？
3. 简述按顺序将素材放入时间轴中的方法。

第4章 合成操作

微课视频 56分钟(10个)

本章学习内容:

(1) 创建合成;

(2) 合成嵌套;

(3) 嵌套中开关对图层效果的影响;

(4) 合成导航器与合成微型流程图。

完成本章的学习需要大约2.5小时,相关资源获取方式见本书前言。

知识点

建立合成　合成预设　像素长宽比　帧速率　分辨率　合成嵌套的作用　折叠变换开关与连续栅格化开关　合成导航器与合成微型流程图

本章案例介绍

范例:

本章范例制作的是一个照片墙动画,动画由近到远变换,如图4.1所示。

图 4.1

模拟案例:

本章模拟案例是一个风景的照片墙,使用合成,合成嵌套和摄像机制作完成,如图4.2所示。

图 4.2

4.1 预览范例视频

(1) 右击"lesson04/范例/complete"文件夹的"04范例complete(CC 2018).mp4",播放视频。

(2) 关闭播放器。

(3) 也可以用After Effects打开源文件进行预览,在After Effects菜单栏中选择"文件"→"打开项目"命令,再选择"lesson04/范例/complete"文件夹的"04范例complete(CC 2018).aep",单击"预览"面板的"播放/停止"按钮,预览视频。

4.2 创建合成图像

4.2.1 关于合成

合成是影片的框架。每个合成均有其自己的时间轴,是建立影片的诸如音视频、动画、文本、矢量图形、静止图像等素材的容器。合成可包括多个图层,将素材分别放在图层中,通过时间轴安排素材的显示时间,通过关键帧设置素材的位置,并使用透明度功能来确定底层图层的哪些部分将穿过堆叠在其上的图层进行显示。

4.2.2　建立合成的方法

可通过下面几种方式新建合成：

（1）选定素材，选择“文件”→“基于所选项新建合成”：在“项目”面板中选择素材，可单选或多选，将选定的素材拖到位于“项目”面板底部的“新建合成”按钮上或在菜单栏中选择“文件”→“基于所选项新建合成”，在弹出的“基于所选项新建合成”对话框中选择“单个合成”或“多个合成”，再设置“静止持续时间”，如图4.3所示。“单个合成”是所有的素材建立在一个合成中；“多个合成”是每个独立的素材都分别单独建一个合成。

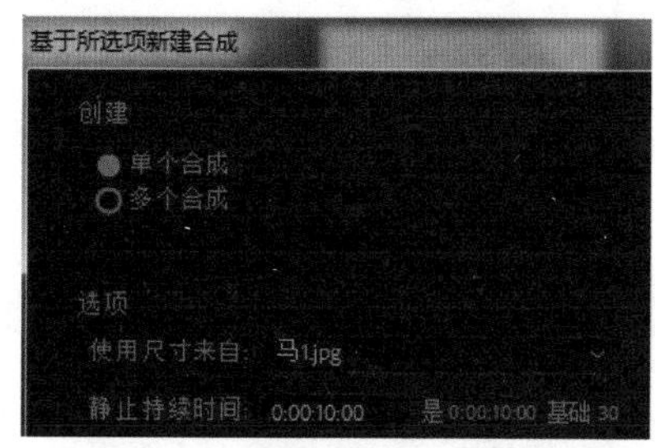

图　4.3

（2）在菜单栏中选择“合成”→“新建合成”。

（3）在“项目”面板中单击面板下部的“新建合成”按钮。

（4）在“项目”面板中将素材拖至面板下部的“新建合成”按钮上释放建立合成。

（5）在“项目”面板的空白处右击，在弹出的快捷菜单中选择“新建合成”命令。

（6）使用快捷键Ctrl+N键来建立合成。

4.2.3　基本合成设置

在新建合成时会弹出“合成设置”对话框，有“基本”“高级”“3D渲染器”3种类型的设置。下面对其中的“基本”内容设置进行介绍，如图4.4所示。

（1）“预设”下拉菜单中的选项分别为自定义、标清预设、高清区预设、UHD超高清和电影预设，如图4.5所示。

- “自定义”选项让用户设置宽度和高度，“锁定长宽比为”表示宽度和高度按比例设置。如图4.6所示。

视频讲解

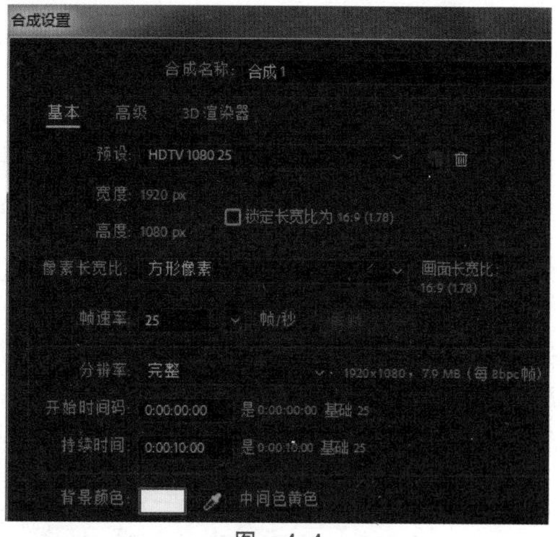

图　4.4

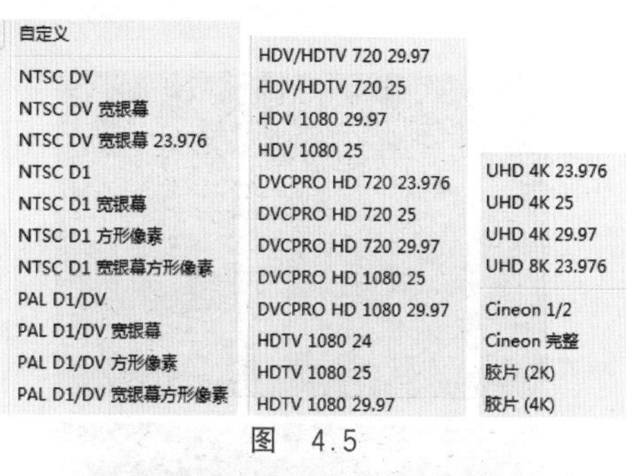

图　4.5

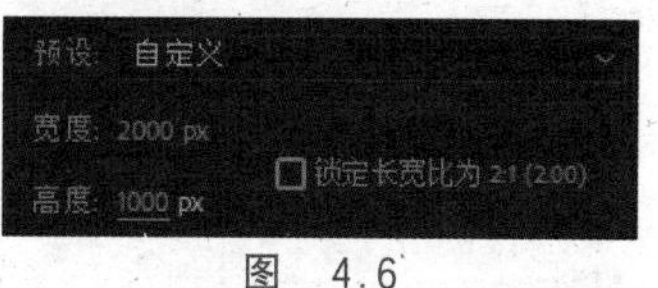

图　4.6

- 标清预设有两种：NTSC和PAL。NTSC是National Television Standards Committee的缩写，意思是“（美国）国家电视标准委员会”。NTSC负责开发一套美国标准电视广播传输和接收协议。每秒29.97帧（简化为30帧），电视扫描线为525线，偶场在前，奇场在后，标准的数字化NTSC电视标准分辨率为720×480像素，24比特的色彩位深，画面的宽高比为4∶3或16∶9。NTSC电视标准用于美、日等国家和地区。

视频讲解

PAL制又称为帕尔制。PAL是英文Phase Alteration Line的缩写，意思是逐行倒相，也属于同时制。PAL由德国人Walter Bruch在1967年提出，PAL有时亦被用来指

625线,每秒25格,隔行扫描,PAL色彩编码的电视制式。PAL制式又有4种针对不同像素比的选项,其中PAL D1/DV的画面为4∶3,"像素长宽比"为1.09∶1;PAL D1/DV宽银幕的画面为16∶9,"像素长宽比"为1.46∶1。另外两种方形像素的预设则直接按4∶3或16∶9的画面比例重定画面分辨率,播放结果与对应画面比例的预设相同。制作标清视频通常会选择PAL D1/DV,其分辨率为720×576像素,像素比为1.09∶1,帧速率为25帧/秒,是国内电视台播放节目的格式,也是高清之前音像光盘、磁带等制品主流的视频规格,如图4.7所示。

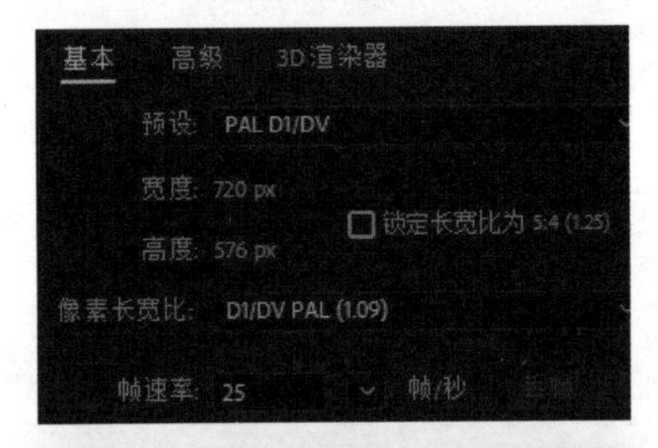

图 4.7

- 高清预设是指制作1080P视频,也称高清晰度视频或高清视频。在国内制作首先在帧速率为25帧/秒的选项中选择。高清制作通常选择的预设为HDTV 1080 25,其分辨率为1920×1080像素,"像素长宽比"为"方形像素",帧速率为25帧/秒,是当前已经或正要代替标清的主流视频规格。另外的一种HDV 1080 25的分辨率为1440×1080像素,通过将"像素长宽比"改为1.33∶1,也能达到16∶9的画面,如果拍摄素材使用了这一分辨率,那么制作时可以保持一致选择此项,如图4.8所示。

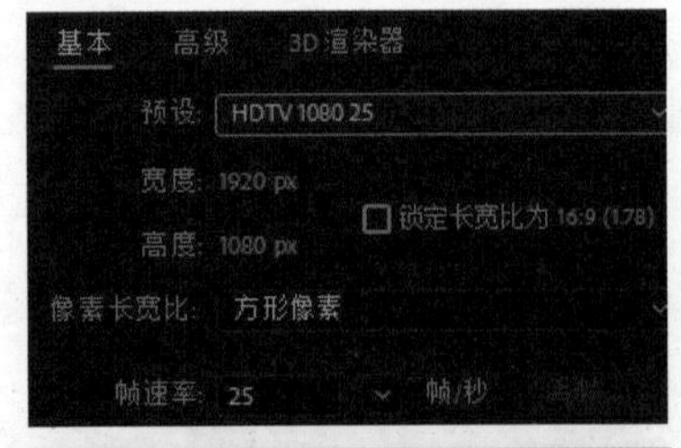

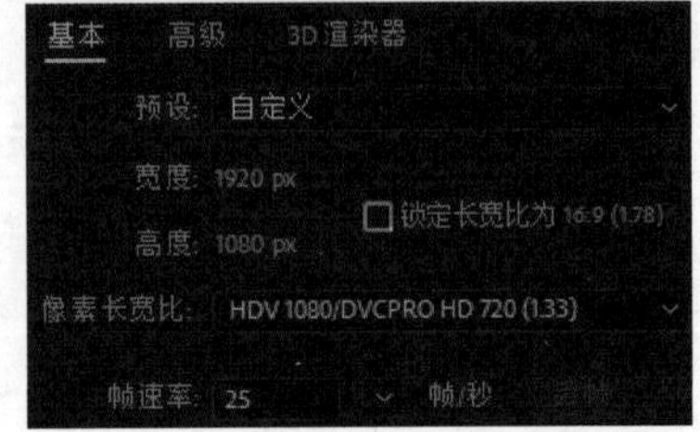

图 4.8

制作720P视频,也称准高清,选择HDV/HDTV 720 25,其分辨率为1280×720像素,"像素长宽比"为"方形像素",帧速率为25帧/秒,是美国一些电视台视频格式的标准,也是目前网上常用的一种兼顾高画质与便于传播的折中方案。国内使用25帧/秒,美国则使用29.97帧/秒,如图4.9所示。

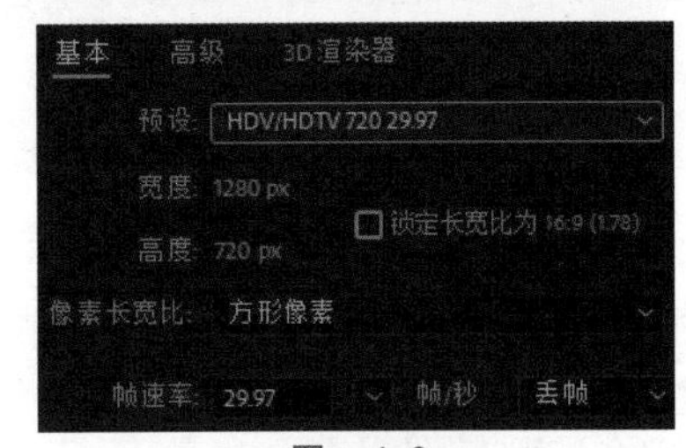

图 4.9

- 超高清预设设置代表"超高清"、HD(High Definition高清)、Full HD(全高清)的下一代技术。国际电信联盟(ITU)发布的"超高清UHD"标准的建议,将屏幕的物理分辨率达到3840×2160(4K×2K)像素及以上的显示称为超高清,是普通Full HD(1920×1080)宽高的各两倍(面积的四倍),如图4.10所示。
- 电影预设是指设置电影视频包装特效时,根据需要可能会选择胶片2K或胶片4K的预设。由于电影视频画面的像素数量较大,通常以K为单位表示1K=1024,2K=2048,4K=4096,

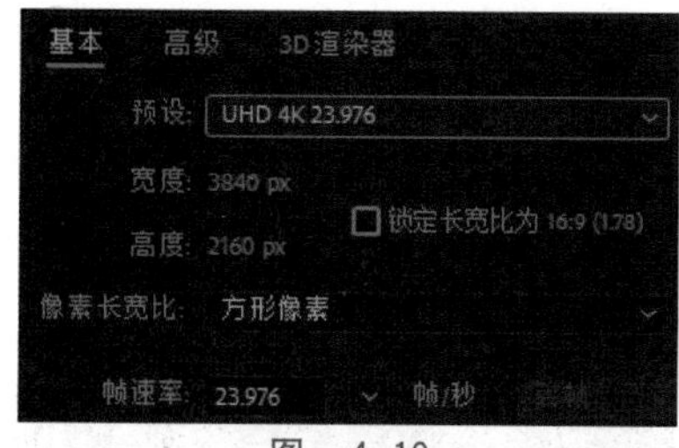

图 4.10

即1K画面宽度为1024像素，2K画面宽度为2048像素，4K画面宽度为4096像素，不管是几K，指的都是水平方向的像素数量。常规的电影视频都统一为24帧/秒，如图4.11所示。

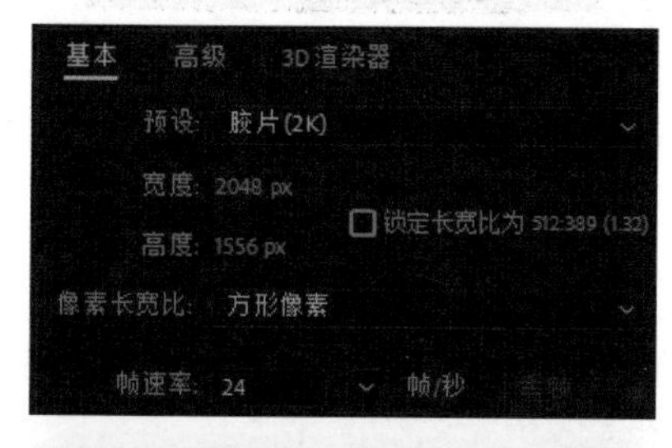

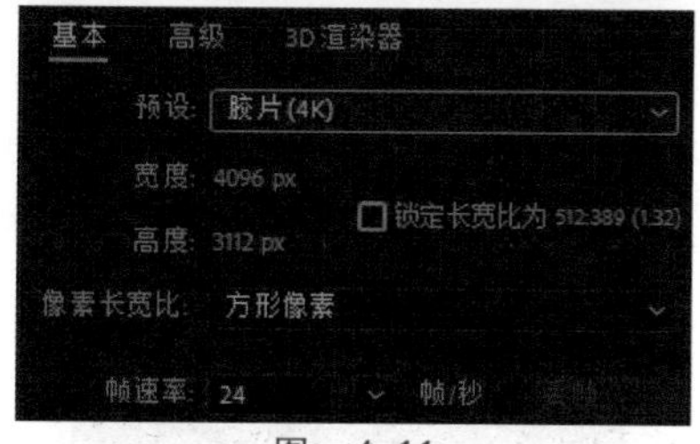

图 4.11

(2) 像素长宽比。

像素长宽比（PAR）指图像中一个像素的宽与高之比。多数计算机显示器使用方形像素，但许多视频格式(包括ITU-R 601（D1）和DV)使用非方形的矩形像素。

(3) 帧速率。

合成帧速率确定每秒显示的帧数，以及在时间标尺和时间显示中如何将时间划分给帧。换言之，合成帧速率指定每秒从源素材项目对图像进行多少次采样，以及设置关键帧时所依据的时间划分方法。

(4) 分辨率。

完全：渲染合成中的每个像素。此设置可提供最佳图像质量，但是渲染所需的时间最长。

二分之一：渲染全分辨率图像中包含的四分之一像素，即列的一半和行的一半。

三分之一：渲染全分辨率图像中包含的九分之一像素。

四分之一：渲染全分辨率图像中包含的十六分之一像素。

自定义：以指定的水平和垂直分辨率渲染图像。

4.3 预合成与嵌套合成

嵌套合成是指一个合成包含在另一个合成中。嵌套合成显示为包含的合成中的一个图层。嵌套合成有时称为预合成，当预合成用作某个图层的源素材项目时，该图层称为预合成图层。预合成和嵌套合成可用于管理和组织复杂合成，通过预合成和嵌套合成可以执行以下操作：

(1) 对整个合成应用复杂更改。可以创建包含多个图层的合成，在整个合成中嵌套该合成，并对嵌套合成进行动画制作以及应用效果，以便所有图层在同一时间段内以相同方式更改。

(2) 重新使用构建的内容。可以在自己的合成中构建动画，然后根据需要将该合成多次拖动到其他合成中。

(3) 一步更新。对嵌套合成进行更改时，这些更改将影响其中使用嵌套合成的每个合成，正如对源素材项目所做的更改将影响其中使用源素材项目的每个合成一样。

(4) 更改图层的默认渲染顺序。指定After Effects在渲染效果之前渲染变换(如旋转)，以便将效果应用于旋转的素材。

(5) 向图层添加其他系列的变换属性。除了所含图层的属性之外，代表合成的图层还拥有自己的属性。这能够将其他系列的变换应用于图层或图层系列。

4.3.1 预合成

视频讲解

(1) 打开“04 知识点 start(CC 2018).aep”，将文件另存为“04 知识点 demo(CC

2018).aep”,在“项目”面板中双击打开“预合成”合成,在“时间轴”面板中选择“马 1.jpg”层,右击选择“预合成”或者按 Ctrl+Shift+C 键弹出“预合成”对话框,如图 4.12 所示。

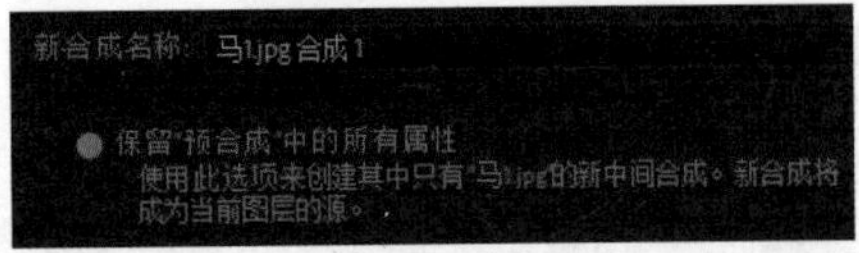

图 4.12

选择第一个选项,单击“确定”按钮,新建的预合成与“马 1.jpg”层的大小相同,此时“时间轴”面板中的图片图层变为了合成图层,“项目”面板中也添加了新建的预合成,如图 4.13 所示。

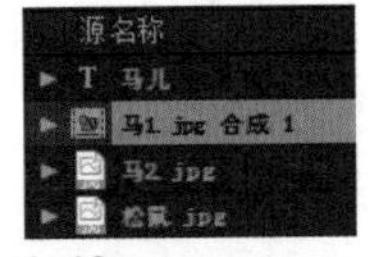

图 4.13

(2) 选择文字层“马儿”建立预合成,此时第一个选项为灰色,如图 4.14 所示,不可用,单击“取消”按钮。在“时间轴”面板中同时选择“马 2.jpg”和“松鼠.jpg”创建预合成,此时第一个选项也不可用,即选择多个图层、一个文本图层或一个形状图层时第一个选项不可用。

图 4.14

(3) 此时默认选择为第二个选项,单击“确定”按钮,会建立一个与之前合成相同长度的合成。按 Ctrl+Z 键撤销,选择这两个图层,将时间移动到 2 秒处,按 Alt+“[”键设置入点为 2 秒,将时间移动到 4 秒处,按“Alt+]”键设置出点为 4 秒,如图 4.15(a)所示,建立预合成,在弹出的对话框中选中“将合成持续时间调整为所选图层的时间范围”,建立的合成 2 秒开始 4 秒结束,如图 4.15(b)和图 4.15(c)所示。

视频讲解

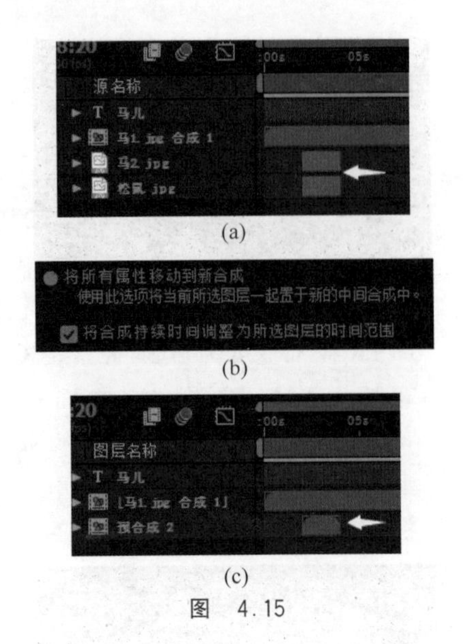

图 4.15

4.3.2 嵌套合成

(1) 按 Ctrl+N 新建一个合成,在新建“合成设置”对话框中,将“合成名称”设为“图形”,取消选中“锁定长宽比为 1∶1”,将“宽度”和“高度”均设为 200px,“帧速率”为 25 帧/秒,“持续时间”设为 3 秒,“背景颜色”设为白色,单击“确定”按钮,如图 4.16 所示。

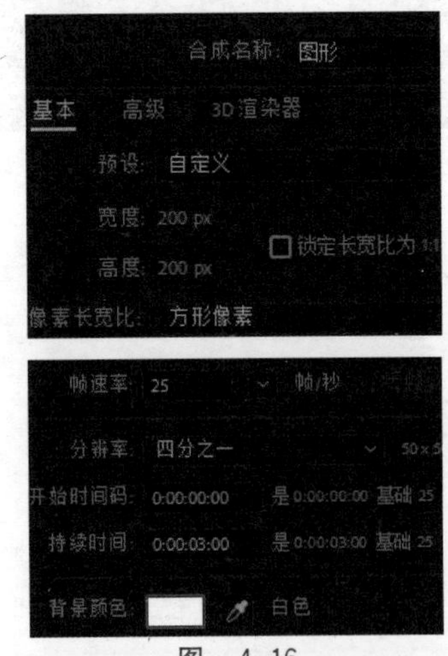

图 4.16

注意:若新建的白色背景合成显示的为透明,可以单击“合成”面板下方的“切换透明网格”按钮▩,显示出设置的白色背景,如图 4.17 所示。

图 4.17

（2）在“时间轴”面板右击，选择“新建”→“纯色”，如图4.19所示，在弹出的“纯色设置”对话框中将“名称”修改为“图形1”，“宽度”和“高度”均为200像素，“颜色”为＃EEC1EA，如图4.18所示，单击“确定”按钮。

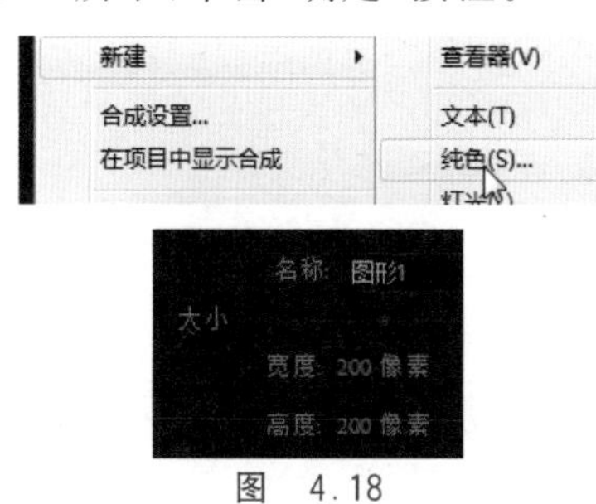

图　4.18

（3）在“项目”面板中将“图形”合成拖至面板下方的“新建合成”按钮上释放，建立一个新合成，自动命名为“图形2”，此时“图形2”中包含着“图形”。在“项目”面板中选择“图形2”，右击选择“合成设置”，在弹出的对话框中将“合成名称”修改为“一排图形”，“宽度”为1920px，“高度”为200px，如图4.19所示。

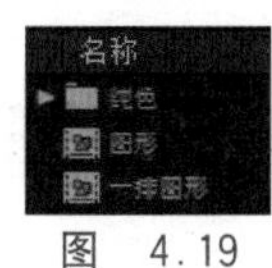

图　4.19

（4）在“一排图形”合成中选择“图形”层，按Ctrl＋D键4次创建4个副本，如图4.20(a)所示。选择第一层，使用“对齐”面板的“水平靠左对齐”按钮将图形靠左对齐，选择第二层，使用“对齐”面板的“水平靠右对齐”按钮将图形靠右对齐，如图4.20(b)所示。全选这5个图层，单击“水平居中分布”按钮使5个图层水平分布，如图4.20(c)所示。

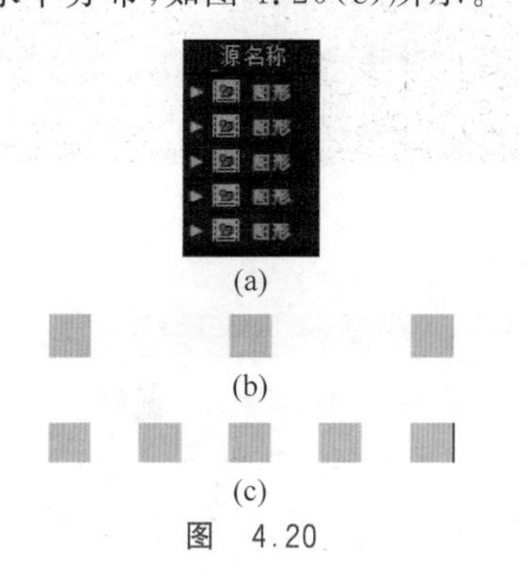

(a)

(b)

(c)

图　4.20

（5）新建一个“合成名称”为“多排图形”，预设为“HDTV 1080 25”，“宽度”为1920px，“高度”为1080px，“背景颜色”为白色的合成。将“项目”面板中的“一排图形”合成拖动到“多排图形”的“时间轴”面板中，创建4个副本，选择第一层，使用“对齐”面板的“垂直靠上对齐”按钮将图形靠上对齐，选择第二层，使用“对齐”面板的“垂直靠下对齐”按钮将图形靠下对齐，如图4.20所示。全选这5个图层，单击“垂直居中分布”按钮使5个图层垂直分布，如图4.21所示。

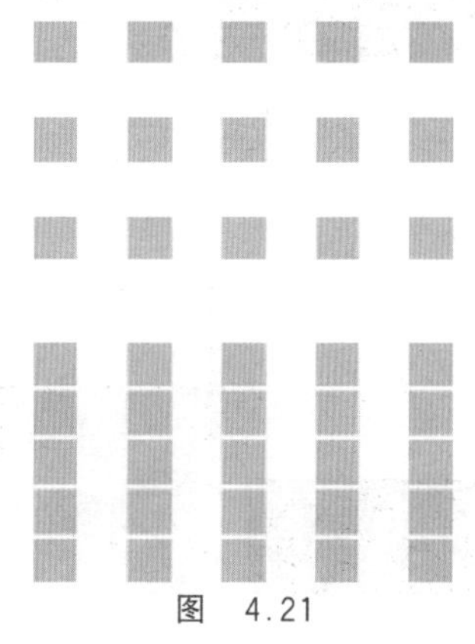

图　4.21

（6）通过合成的嵌套操作，很容易完成合成内容的修改工作。如果要对内容进行修改，只需在“图形”合成中进行修改，另外一个合成中的内容将自动更新。打开“图形”合成，选择“图形1”层，双击工具栏中的“星形工具”按钮，正方形更改为五角星，如图4.22(a)所示。切换到“多排图形”合成，各层均自动更新图形的形状，如图4.22(b)所示。

(a)　　(b)

图　4.22

4.4　嵌套中开关对图层效果的影响

视频讲解

4.4.1　合成图层中的折叠变换开关

（1）将“素材”文件夹下的“松鼠.jpg”拖

至面板下方的“新建合成”按钮上释放，建立一个名称为“松鼠”的新合成，将“缩放”设置为10%。将“松鼠”合成拖至面板下方的“新建合成”按钮上释放，将新合成重命名为“松鼠嵌套”，在时间轴中将图层的“缩放”更改为(4000%，4000%)，如图4.23(a)所示。即使在“完整”分辨率的状态下，图像也会因放大而变得模糊，如图4.23(b)所示。

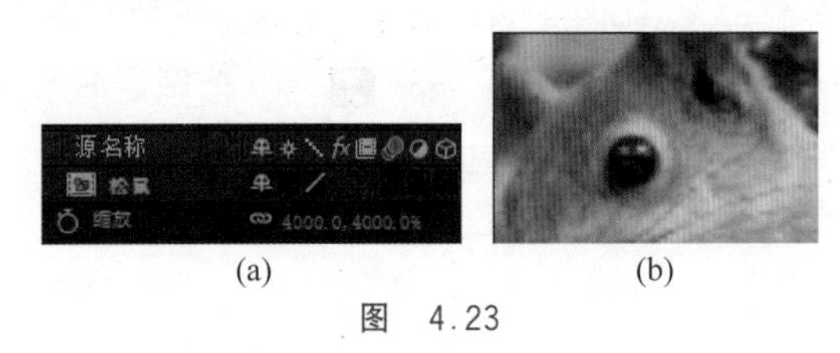

(a) (b)

图 4.23

(2) 打开“松鼠”层的“嵌套折叠”开关，如图4.24(a)所示，图像变得清晰，如图4.24(b)所示。

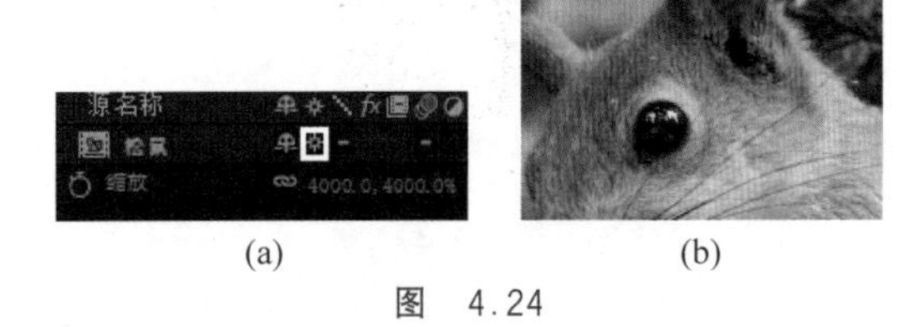

(a) (b)

图 4.24

视频讲解

4.4.2 矢量图层的连续栅格化开关

(1) 在“项目”面板中选择“图形”合成，按Ctrl+D键创建副本，将“图形2”合成重命名为“矢量图”，将“矢量图”合成拖至面板下方的新建合成按钮上释放，建立一个新合成，重命名为“矢量图嵌套”，如图4.25所示。

图 4.25

(2) 在“矢量图嵌套”合成中使用“锚点工具”将锚点移动到如图4.26(a)所示位置，将“缩放”值设置为600%，图像因放大变得模糊，如图4.26(b)所示。

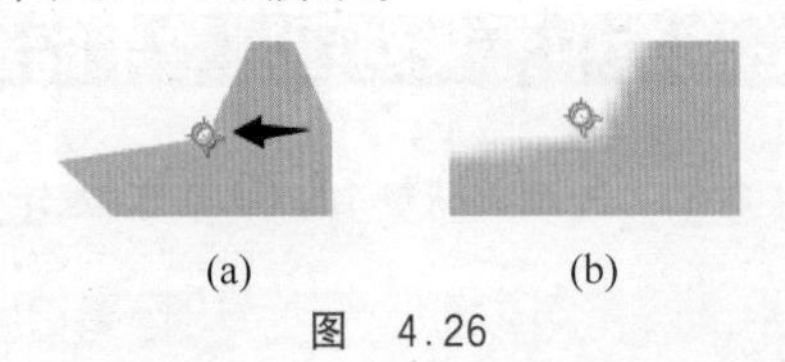

(a) (b)

图 4.26

(3) 切换到“矢量图”合成下，打开“连续栅格化”开关，此时这个开关作用是连续栅格化，再切换到“矢量图嵌套”合成下，打开此合成的“连续栅格化”开关，此时这个开关作用是嵌套折叠，图像变得清晰，如图4.27所示。

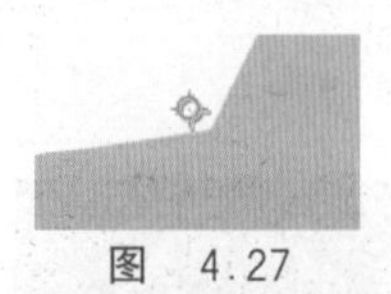

图 4.27

4.5 合成流程图与合成微型流程图

在After Effects中打开“lesson04/范例/complete”文件夹的“04范例complete(CC 2018).aep”，通过这个案例来学习合成导航器和合成微型流程图。

4.5.1 合成流程图

“合成流程图”位于“合成”面板右下方，单击后可以将合成视图切换为流程图，以查看合成的嵌套关系，如图4.28所示。

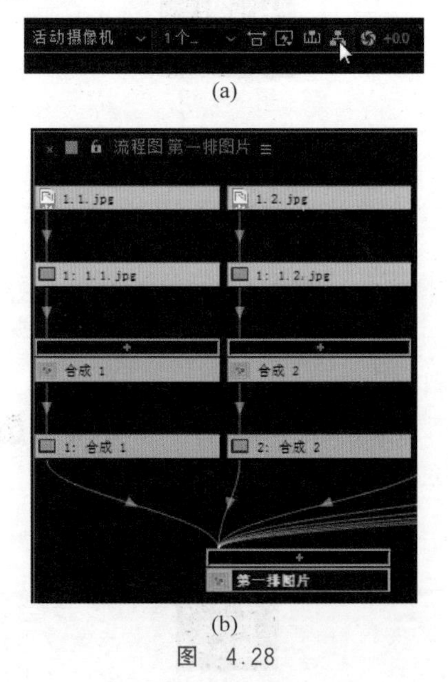

(a)

(b)

图 4.28

4.5.2 合成微型流程图

(1) “合成微型流程图”的显示按钮位于“时间轴”面板上方，如图4.29(a)所示，它是一个合成的结构流程图。单击此按钮，显示出所选合成的上一级和下一级合成，“照片墙”合成没有上级，所以只显示其下一级合成，如图 4.29(b)所示，说明“照片墙”嵌套着“第一排图片”“第二排图片”“第三排图片”“第四排图片”4 个合成。

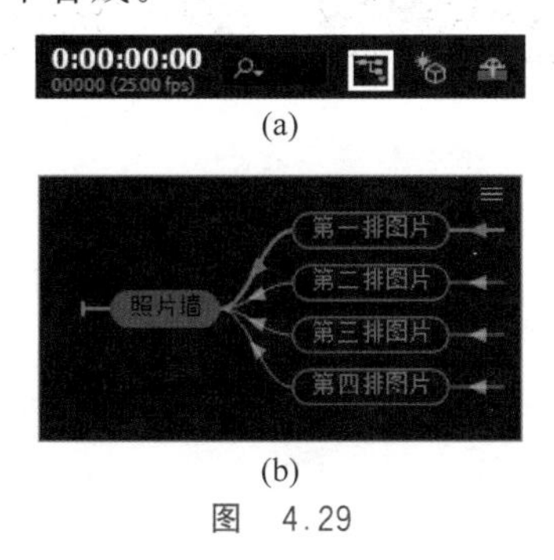

(a)

(b)

图　4.29

(2) 单击“第一排图片”后面的箭头，如图 4.30(a)所示，出现图 4.30(b)所示合成微型流程图。说明“第一排图片”嵌套着“合成 1”～“合成 8”8 个合成。

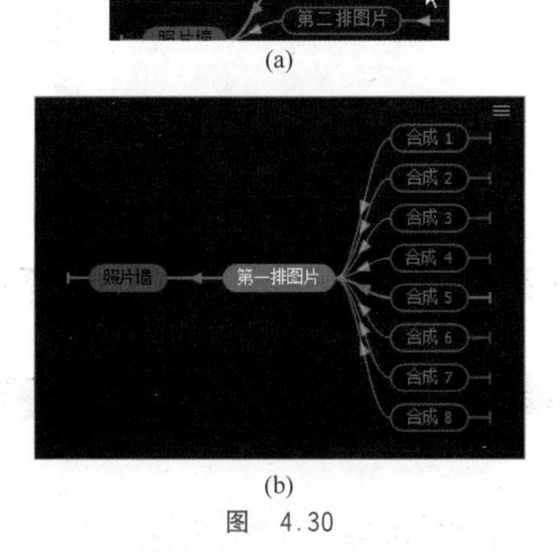

(a)

(b)

图　4.30

4.6　范例制作

4.6.1　制作原理

此案例通过新建合成，对不同比例的图片进行统一的调整。合成层层嵌套，并将其排放到合适的位置，添加位置关键帧形成移动效果。

4.6.2　制作“第一排图片”合成

(1) 打开“lesson04/范例/start”文件夹下的“04 范例 start(CC 2018).aep”，另存为“04 范例 demo(CC 2018).aep”。新建合成，使用默认名称“合成 1”，“宽度”为 480px，“高度”为 270px，“帧速率”为 25 帧/秒，“持续时间”为 12 秒，如图 4.31 所示。在菜单栏中选择“编辑”→“首选项”→“导入”，将静止素材的“持续时间”调整为 12 秒。

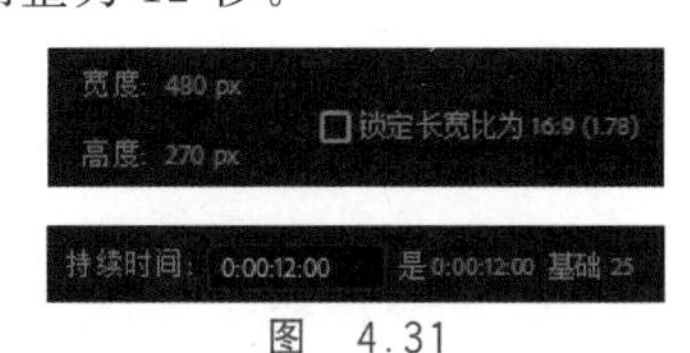

图　4.31

(2) 选择“合成 1”，按 Ctrl+D 键复制 7 个副本，单击“项目”面板下面的“新建文件夹”按钮，文件夹命名为“单个合成”，选择 8 个合成将其拖动到文件夹内，如图 4.32 所示。

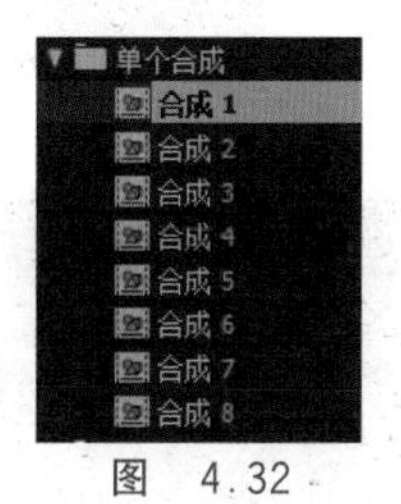

图　4.32

(3) 双击“合成 1”，在“项目”面板中将“素材”→Line1→“1. 1. jpg”拖动到“时间轴”面板，在英文状态下，按 S 键，打开“缩放”选项，设置“缩放”值为 10%，调整图片大小，注意按照等比例缩放，如图 4.33 所示。

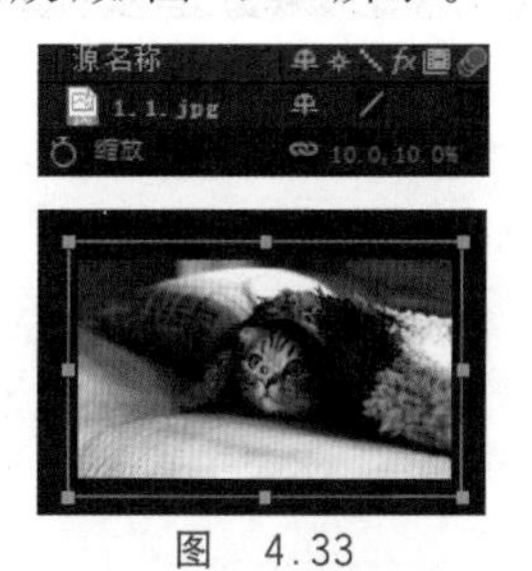

图　4.33

(4) 双击“项目”面板的“合成 2”，将“1. 2. jpg”拖动到“合成 2”的“时间轴”面板，显示“缩放”属性，将鼠标指针放到数值上，当出现双箭头时左右拖动，可调整“缩放”值的大小，如图 4.34 所示，在调整时观察“合成”面板中的图形，让动物图片在合成中以最合适的比例显示，此时“1. 2. jpg”的“缩放”值调整为 12%较为合适。

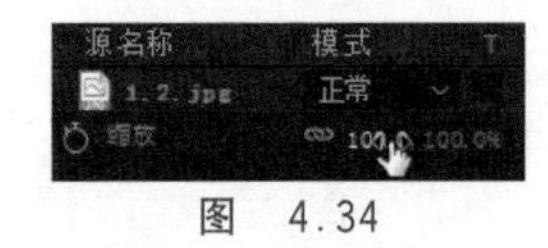

图　4.34

(5) 打开“合成 5”，将“1.5.jpg” 拖动到“时间轴”面板，选择图层，在菜单栏中选择“图层”→“变换”→“适合复合宽度”或者按 Ctrl+Shift+Alt+H 键，如图 4.35(a)所示，图片等比例缩放至与合成相同的宽度，展开图层的“缩放”属性，缩放值为(30.2，30.2%)，如图 4.35(b)所示。此时“合成”面板中斑马显示不完全，可以使用键盘的向上方向键或者修改“位置”值将图片中的斑马显示在合成中央，如图 4.35(c)和图 4.35(d)所示。

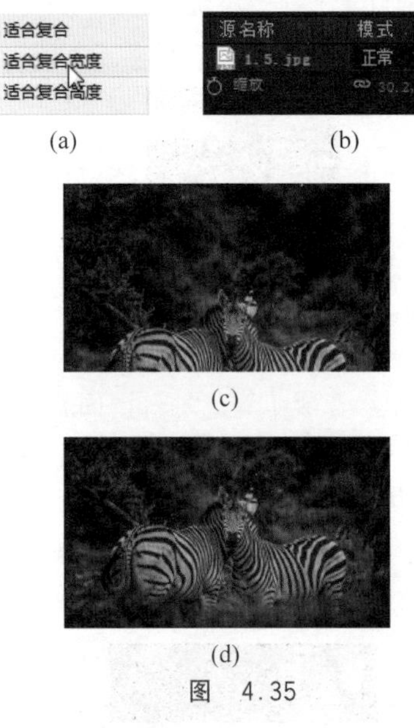

(a)　(b)

(c)

(d)

图　4.35

(6) 以上提供了两种方式调整图片，可选择合适的方式进行调整。将“1.3.jpg” 放到“合成 3”，将“1.4.jpg” 放到“合成 4”，将“1.6.jpg” 放到“合成 6”，将“1.7.jpg” 放到“合成 7”，将“1.8.jpg” 放到“合成 8”。

(7) 在“项目”面板中选择“单个合成”文件夹，新建一个文件夹，此时文件夹位于“单个合成”文件夹内，如图 4.36(a)所示，重命名为 Line1，将“合成 1”～“合成 8”放至 Line1 文件夹中，如图 4.36(b)所示。

注意：为每一个图片建立一个合成的原因是每张图片的尺寸不一致，若将图片拉伸至相同的长宽会破坏图片原有的样子，建立合成之后对图片进行等比例缩放，不会破坏图片原有的样子，就相当于把图片进行裁剪，只显示位于合成框内的图片内容。

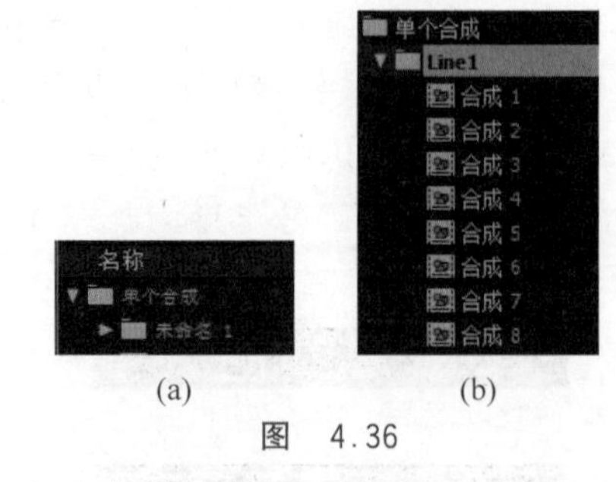

(a)　(b)

图　4.36

(8) 在“项目”面板空白处单击，取消对文件的选择，建立“单排合成”文件夹，选择此文件夹，单击“项目”面板下方的“新建合成”按钮，建立一个“合成名称”为“第一排图片”的合成，“宽度”为 3840px，“高度”为 270px，“持续时间”为 12 秒。将“单个合成”→Line1 文件夹下的 8 个合成拖动到时间轴里。

(9) 在“时间轴”面板选择“合成 1”，单击“对齐”面板中的“水平靠左对齐”按钮，选择“合成 8”，单击“水平靠右对齐”按钮，此时分布如图 4.37(a)所示。全选“时间轴”面板中的 8 个图层，单击“水平居中分布”按钮，分布如图 4.37(b)所示。

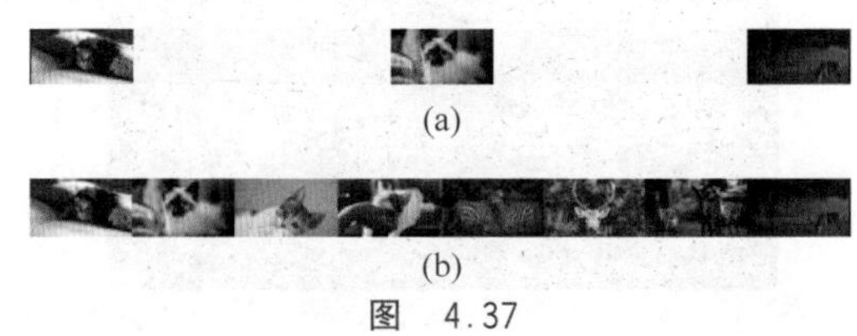

(a)

(b)

图　4.37

4.6.3　制作其他三排合成

(1) 下面做另外三排的合成。

- 在“项目”面板“单个合成”文件夹中新建文件夹 Line2、Line3、Line4，如图 4.38 所示。再新建合成，命名为“合成 9”，“宽度”为 480px，“高度”为 270px，“持续时间”为 12 秒。选择“合成 9”，按 Ctrl+D 键复制 23 个合成，自动命名为“合成 10”～“合成 32”。
- 将“合成 9”～“合成 16” 8 个合成拖放到 Line2 文件夹中，将“合成 17”～“合

图　4.38

成24”8个合成拖放到Line3文件夹中，把“合成25”～“合成32”8个合成拖放到Line4文件夹中。

- 参照制作“第一排图片”合成的方法，将素材文件夹的图片放到对应的合成中，并调整显示比例。

(2) 在“项目”面板“单排合成”文件夹中分别建立名称为“第二排图片”“第三排图片”“第四排图片”3个合成，“宽度”均为3840px，“高度”均为270px，“持续时间”均为12秒，如图4.39所示。将“项目”面板中“单个合成/Line2”文件夹下的所有合成放到“第二排图片”合成中，将“项目”面板中“单个合成/Line3”文件夹下的所有合成放到“第三排图片”合成中，将“项目”面板中“单个合成/Line4”文件夹下的所有合成放到“第四排图片”合成中。

图　4.39

(3) 参照4.6.2节中的第(9)步排布图层剩下的三排合成中的图层。

4.6.4　制作“照片墙”合成

(1) 新建一个“合成名称”为“照片墙”，“宽度”为1920px，“高度”为1080px，“持续时间”为12秒的合成。将“单排合成”文件夹下的4个合成拖动到时间轴中，如图4.40所示。

图　4.40

(2) 选择“第一排图片”，单击“对齐”面板中的“垂直靠上对齐”和“水平靠左对齐”按钮。选择“第二排图片”，单击“水平靠右对齐”按钮。选择“第三排图片”，单击“水平靠左对齐”按钮。选择“第四排图片”，单击“垂直靠下对齐”和“水平靠右对齐”按钮。全选这四层，单击“垂直居中分布”按钮，最终效果如图4.41所示。

图　4.41

(3) 将“当前时间指示器”移动到0秒位置，如图4.42(a)所示，全选4层，在英文状态下单击P键，打开“位置”属性，单击“位置”前面的秒表 位置 ，如图4.42(b)所示，此时4层均设置了一个“位置”关键帧。

(a)

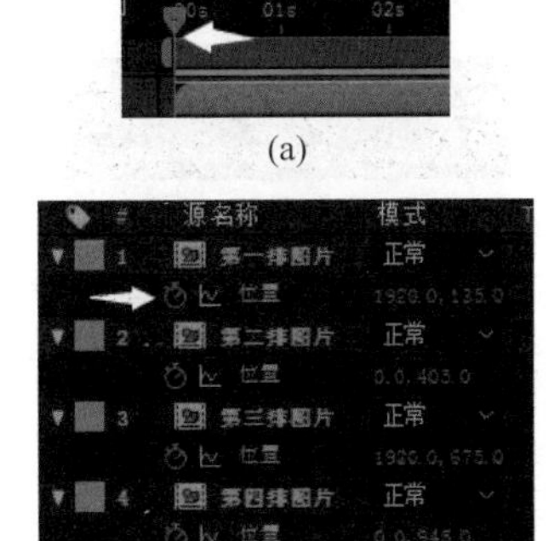

(b)

图　4.42

(4) 将时间移动到8秒处，单击面板的空白处取消全选。将“第一排图片”的“位置”值设置为(0,135)，“第二排图片”的“位置”值设置为(1920,405)，“第三排图片”的“位置”值设置为(0,675)，“第四排图片”的“位置”值设置为(1920,945)。播放动画，第一、三排的图片向左移动，第二、四排的图片向右移动。

(5) 在“时间轴”面板空白处右击，选择“新建”→“摄像机”，“类型”为“单节点摄像机”，“预设”为“50毫米”，如图4.43(a)所示，单击“确定”按钮，弹出“警告”对话框，单击“确定”按钮，打开这4个图层的“3D图层”开关，如图4.43(b)和图4.43(c)所示。

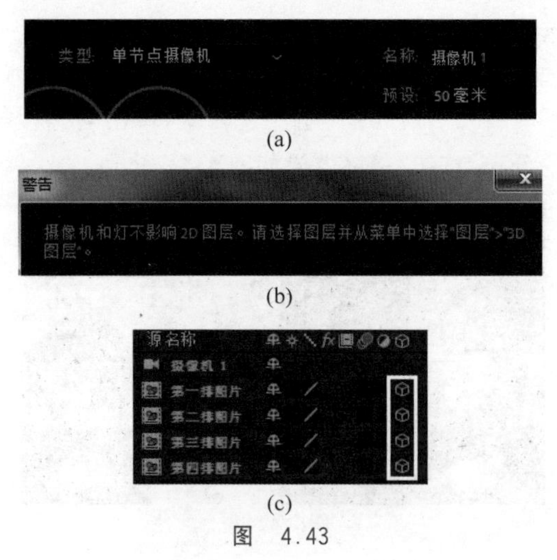

(a)

(b)

(c)

图 4.43

(6) 选择“摄像机 1”层，在英文状态下按 P 键，展开“位置”属性。将“当前时间指示器”移动到 0 秒位置，单击“位置”前面的秒表 位置，设置 Z 轴参数为－1330。如图 4.44(a)所示。将时间移动到 8 秒位置，调整 Z 轴参数为－2660，如图 4.44(b)所示。

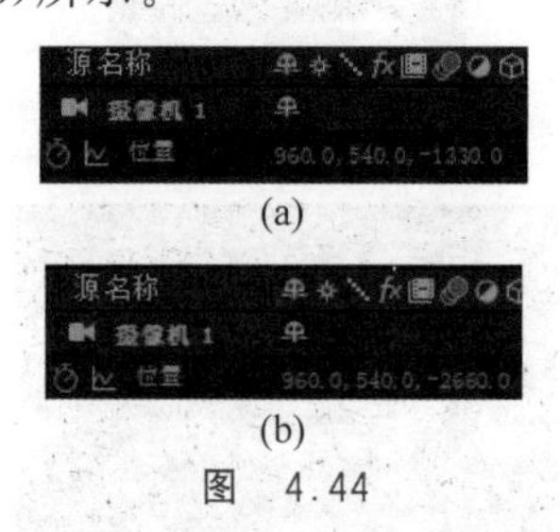

(a)

(b)

图 4.44

(7) 将素材文件夹下的“背景音乐.mp3”拖动到时间轴中，展开“音频”属性，如图 4.45 所示，设置“音频电平”关键帧，10 秒时为 0dB，12 秒时为－20dB，背景音乐在结尾时音量逐渐变弱。

图 4.45

作业

一、模拟练习

打开“lesson04/模拟/complete/04 模拟 complete(CC 2018).aep”进行浏览播放，根据本章知识内容，参考完成案例，做出模拟作品。课件资料已完整提供，获取方式见本书前言。

要求 1：创建合成。

要求 2：使用嵌套合成。

要求 3：使用合成导航器与合成微型流程图。

二、自主创意

自主创造出一个场景，应用本章所学知识，熟练掌握合成操作，创作作品。

三、理论题

1. 基本合成设置中预设有哪几种形式？什么是 UHD？

2. 嵌套中的折叠变换开关和连续栅格化开关分别对应的是哪种形式的图层？

3. 若要了解嵌套关系，可以使用什么查看？

4. 建立合成的方法有哪些？

第5章 图层操作

微课视频 118分钟(11个)

本章学习内容：

(1) 创建图层；

(2) 修改图层属性添加动画效果；

(3) 图层的开关；

(4) 图层的排列；

(5) 混合模式和图层样式。

完成本章的学习需要大约3小时，相关资源获取方式见本书前言。

知识点

创建图层　图层属性　图层开关　排列图层　混合模式　图层样式

本章案例介绍

范例：

本章范例制作的是一个风景视频，由4个画面组成，其中有视频层、音频层、纯色层、文本层、摄像机和空对象等图层，通过为这些图层添加一些效果，修改图层属性，更改图层的混合模式和图层样式等掌握图层的基本操作，如图5.1所示。

图 5.1

模拟案例：

本章模拟案例由4个扇形组成一个圆，使用这4个扇形分别为图片添加遮罩，修改位置和旋转属性，制作“画面1”。在新合成中创建两个副本，修改“缩放”值和“不透明度”值，效果如图5.2所示。

图 5.2

5.1 预览范例视频

(1) 右击“lesson05/范例/complete”文件夹的“05范例 complete(CC 2018).mov”，播放视频。

(2) 关闭播放器。

(3) 也可以用After Effects打开源文件进行预览，在After Effects菜单栏中选择“文件”→“打开项目”命令，再选择“lesson05/范例/complete”文件夹的“05范例 complete(CC 2018).aep”，单击“预览”面板的“播放/停止”按钮，预览视频。

5.2 创建图层

图层是构成合成的元素，如果没有图层，合成就只是一个空帧。可根据需要使用许多图层来创建合成。可创建的图层种类有很多，比如视频、音频、纯色图层、形状图层、文本图层、摄像机、灯光、空对象、调整图层等。

5.2.1 基于素材文件创建图层

(1) 打开“lesson05/范例/start”文件夹下

的“05 知识点 start(CC 2018). aep”，另存为“05 知识点 demo(CC 2018). aep”。在“项目”面板中双击打开“5.2”文件夹下的“基于素材文件创建图层”合成，将“项目”面板中“素材”文件夹下的“图片 1. jpg”拖动到时间轴中，此时“图片 1. jpg”就是一个图片图层，在“合成”面板中显示图片的内容。同样将“文字动画. mp4”拖动到“时间轴”面板中，“文字动画. mp4”即为一个视频层，如图 5.3(a)所示。此时“文字动画. mp4”位于底层，被“图片 1. jpg”覆盖，选择视频层拖动到“图片 1. jpg”上方，出现蓝色线的地方即为移动的位置，如图 5.3(b)所示。

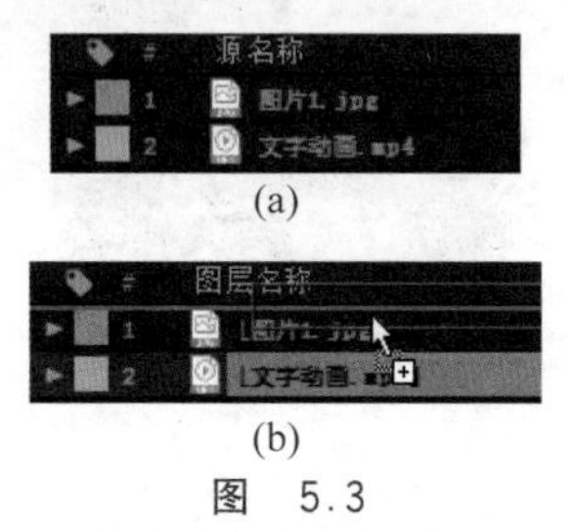

(a)

(b)

图 5.3

在“时间轴”面板中单击选择“文字动画. mp4”层，按住 Alt 键将素材“图片 2. jpg”拖动到“文字动画. mp4”层，“图片 2. jpg”将会替换“文字动画. mp4”，如图 5.4(a)所示。也可以同时选择“图片 1. jpg”和“图片 2. jpg”层，按住 Alt 键将素材“图片 3. jpg”拖动到选择的两层上，两层图片都变为“图片 3. jpg”，如图 5.4(b)所示。

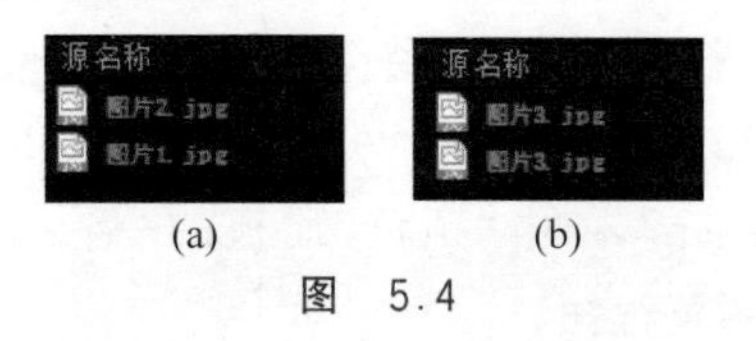

(a) (b)

图 5.4

(2) 删除“时间轴”面板中的两层“图片 3. jpg”，将“图片 1. jpg”和“图片 2. jpg”分别拖动到时间轴中，按 S 键分别将其“缩放”值更改为 36%和 50%，如图 5.5(a)所示。“图片 1”是一座塔，选择此层，按 Enter 键将其重命名为“塔”，“图片 2”是一片海，将其重命名为“海”。此时图层名称分别为“塔”和“海”，在“图层名称”位置处单击，切换到“源名称”模式，显示的是重命名之前的名称，如图 5.5(b)和图 5.5(c)所示，在“时间轴”面板中修改图层名称和属性时，不会影响到源素材，这样可以将同一个素材在不同的合成中以不同的方式使用。

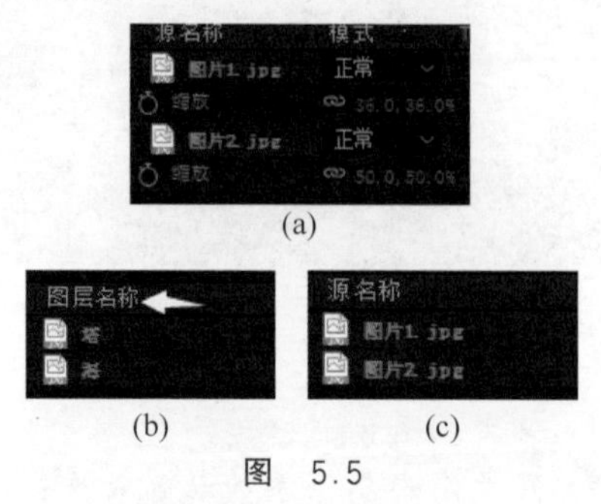

(a)

(b) (c)

图 5.5

(3) 在“时间轴”面板中双击“塔”层，进入到“图层”面板，如图 5.6 所示，显示的是图层的源素材文件，跟踪运动和绘画工具需要在“图层”面板中才能被使用。

图 5.6

5.2.2 文本图层、形状图层、纯色图层

(1) 双击打开“图层 1”合成，在“时间轴”面板空白处右击，在弹出的快捷菜单中选择“新建”→“文本”，生成一个空白的文本图层，此时“合成”面板中有一个红色的光标，输入文字“AE CC”，如图 5.7 所示。双击文本层选择输入的文字，在“字符”面板中可以修改各个参数，将“字体”设为微软雅黑，“字体大小”为 200 像素，“颜色”为黑色，如图 5.7(d)所示。

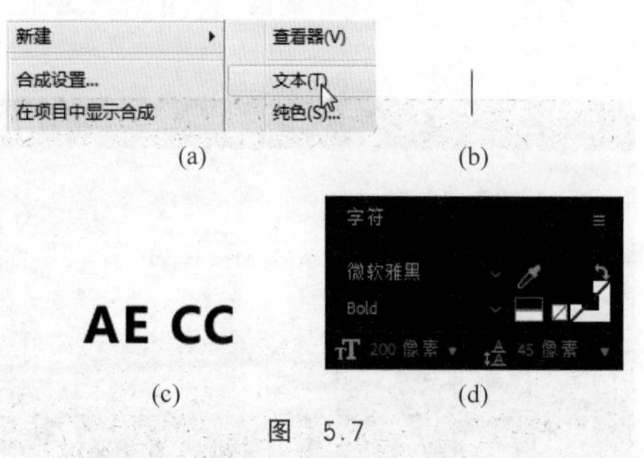

(a) (b)

(c) (d)

图 5.7

(2) 在“时间轴”面板空白处右击，在弹出的快捷菜单中选择“形状图层”，生成“形状图层 1”，选择此层，在工具栏中选择“矩形工具”■，在“合成”面板中绘制一个矩形，展开“形状图层 1”下的“内容”属性，可以在此修改矩

形的一些属性，如图 5.8(a)所示。在“形状图层 1”选择的情况下重新选择“星形工具”绘制五角星，“内容”下添加了“多边星形 1”，如图 5.8(b)所示。可分别展开“多边星形 1”和“矩形 1”的“填充 1”属性，修改填充颜色为橙色和黄色，如图 5.8(c)所示。

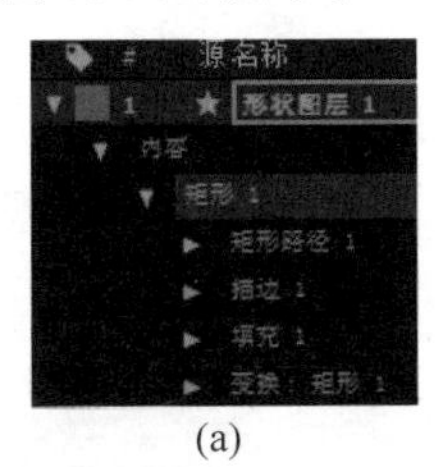

(a)

(b)

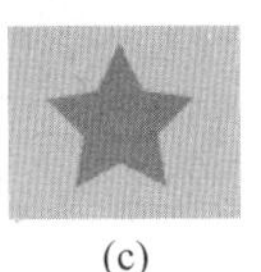

(c)

图　5.8

(3) 文本图层和形状图层还可以直接使用工具栏中的“文字工具”和“形状工具”进行创建。

(4) 在纯色图层上可以添加蒙版、修改变换属性，以及作为添加特效的基底。在“时间轴”面板空白处右击，在弹出的快捷菜单中选择“新建”→“纯色”，弹出“纯色设置”对话框，修改名称为“白色”，颜色修改为白色，单击“制作合成大小”按钮，单击“确定”按钮，在“时间轴”面板最上层生成与合成大小相同的带颜色的形状图层，即“白色”层，同时“项目”面板中生成一个“纯色”文件夹，纯色素材自动存储在此文件夹中，如图 5.9 所示。

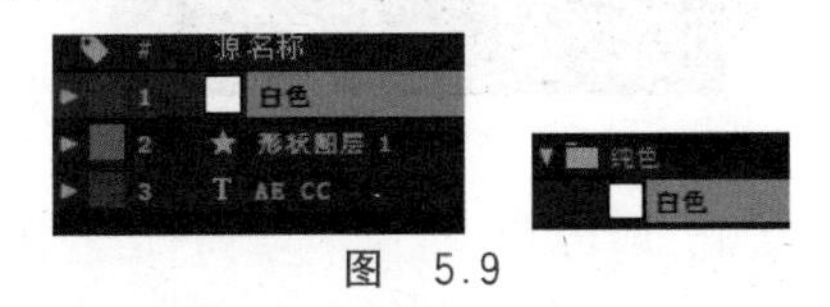

图　5.9

(5) 在“时间轴”面板中选择“白色”纯色层，在菜单栏中选择“图层”→“纯色设置”，如图 5.10 所示，弹出“纯色设置”对话框，可以修改纯色层的参数。

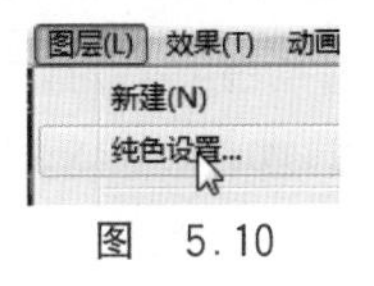

图　5.10

(6) 在“白色”层右击，选择“效果”→“生成”→“高级闪电”，“白色”层变为闪电，如图 5.11 所示。在左侧的“效果控件”面板中可以修改相关参数。

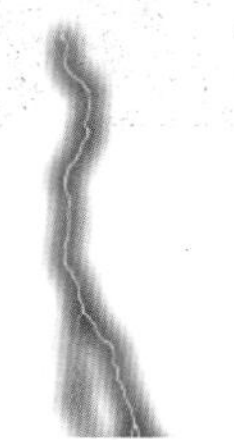

图　5.11

5.2.3　灯光和摄像机

(1) 双击打开“图层 2”合成，在“时间轴”面板空白处右击，在弹出的快捷菜单中选择“灯光”，弹出“灯光设置”对话框，“灯光类型”为“点”，名称自动命名为“点光 1”，“颜色”为＃F0AD0B，“衰减”为“平滑”，其他保持默认设置，单击“确定”按钮，如图 5.12(a)所示。此时会弹出警告，提示摄像机和灯光在 3D 图层下才可以使用，单击“警告”框的“确定”按钮，打开文字层的“3D 图层”开关，此时“点光 1”才可以作用到“AE CC”层，如图 5.12(b)和图 5.12(c)所示。

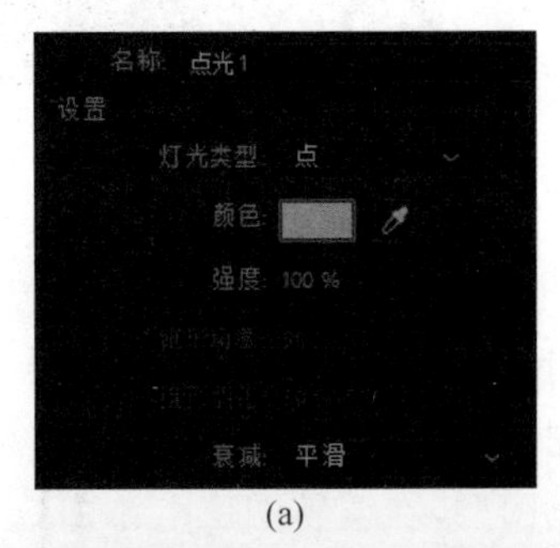

(a)

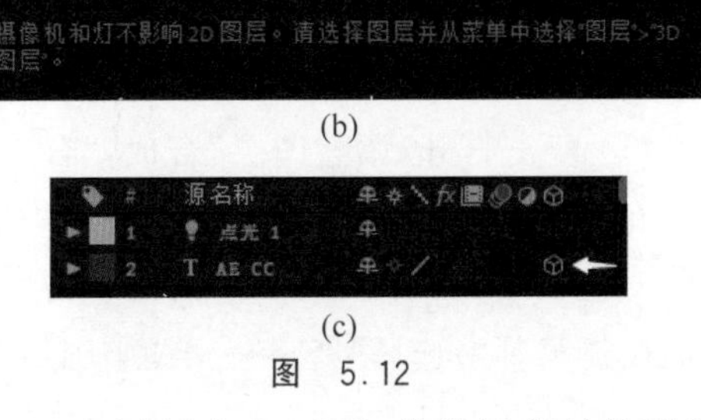

(b)

(c)

图　5.12

(2) 选择“点光 1”层，将鼠标指针放到“合成”面板的坐标上，当鼠标指针出现 Z 时按住拖动，如图 5.13(a)所示，灯光与文字在 Z 轴的距离发生变化,移动灯光的 X、Y 轴位置,灯光对文字的影响也会不同,如图 5.13(b)和图 5.13(c)所示。

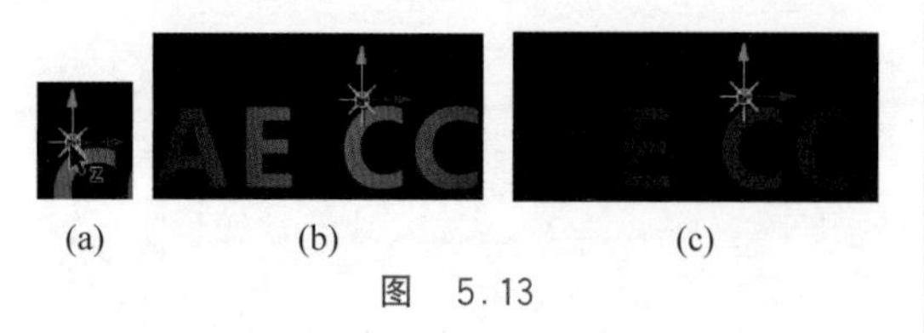

(a) (b) (c)

图 5.13

5.2.4 空对象

空对象在"合成"面板中显示为具有图层手柄的矩形轮廓,具有可见图层的所有属性,因此它可以是合成中任何图层的父级,可以由空对象来控制其他图层的属性变化。

双击打开"图层 3"合成,在"时间轴"面板空白处右击,新建一个空对象,"合成"面板中有一个具有图层手柄的矩形轮廓,如图 5.14(a)所示。将 3 个形状图层的"父级"选择为"空 1",如图 5.14(b)所示。在"空 1"层设置"位置"关键帧,0 秒时为(960,540),18 帧时为(960,50),1 秒 10 帧时为(960,400),播放动画查看效果。

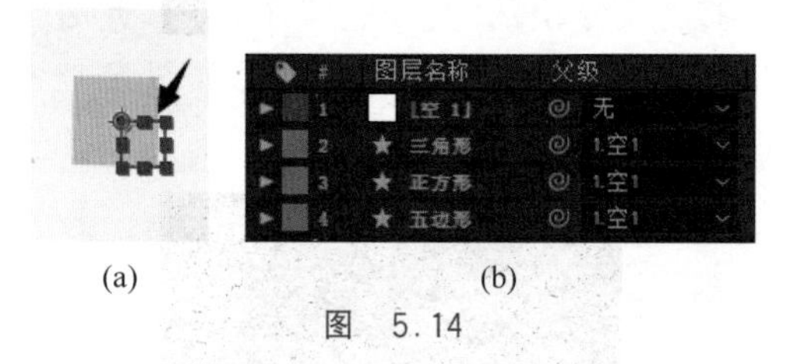

(a) (b)

图 5.14

5.2.5 调整图层

在向某个图层应用效果时,该效果将仅应用于该图层,不应用于其他图层。如果创建了一个调整图层,在调整图层上添加效果,那么其之后的图层都会受到影响。非常适用于同时将效果应用于许多图层的情况。

(1) 双击打开"调整图层"合成,"合成"面板中有 3 个图形,分别与"时间轴"面板中的名称相对应,在"时间轴"面板空白处右击,在弹出的快捷菜单中选择"新建"→"调整图层",在最上层新建了"调整图层 1"层,在此层上右击,选择"效果"→"生成"→"填充",添加"填充"效果,在"效果控件"面板中修改"颜色"为#a374d5,3 个图形由原来的浅紫色变为深紫色,如图 5.15 所示。

图 5.15

(2) 在"时间轴"面板中将"调整图层 1"拖动到"三角形"层下方,此时"调整图层 1"只影响图层下方的"正方形"和"五边形",如图 5.16 所示。

图 5.16

5.3 图层属性

每个图层均具有属性,可以修改其中的属性为其添加动画效果。

(1) 双击打开"图层属性"合成,建立一个名称为"正方形","宽度"和"高度"均为 400 像素,"背景颜色"为#be97dc 的纯色层。建立的纯色层位于合成的正中心。单击图层名称和属性组名称左侧的三角形,可以显示或隐藏属性,如图 5.17 所示。

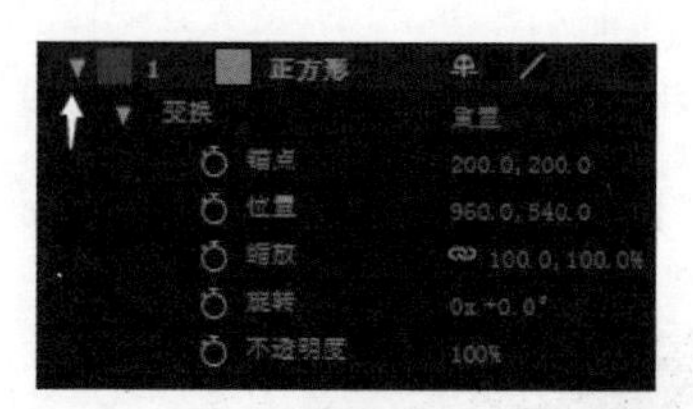

图 5.17

(2) 在"时间轴"面板中选择"正方形"层,"合成"面板中可以看到图形被框选,中间的圆为"锚点",如图 5.18(a)所示。将"锚点"值修改为(0,0),"锚点"位于正方形的左上角,距离图层左上角的距离即"锚点"的位置值,如图 5.18(b)和图 5.18(c)所示。再将"位置"值修改为(0,0),"锚点"距离合成左上角的距离即图层的"位置"值,如图 5.18(d)和图 5.18(e)所示。

视频讲解

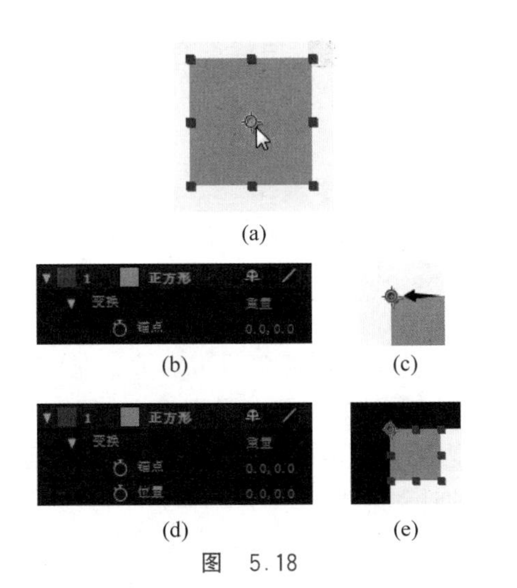

(a)

(b)　(c)

(d)　(e)

图　5.18

除了在“时间轴”面板中修改数值也可以使用“锚点工具”和“选取工具”直接在“合成”面板中移动锚点和图层的位置。缩放、旋转、不透明度也可以根据自己的需求进行修改。

(3)“变换”下的这5个属性都具有秒表。可以为这些属性添加关键帧制作动画，随着时间的推移更改这些属性值。将“当前时间指示器”移动到0秒处，单击“缩放”前面的秒表，添加了一个关键帧，将“缩放”值修改为0%，将时间移至3秒处，修改“缩放”值为500%，会自动添加一个关键帧。播放动画，正方形以位于左上角的“锚点”为中心慢慢变大。再次单击秒表可以取消对此属性添加的所有关键帧，“缩放”值将保留为当前时间的缩放值，比如在1秒5帧时关闭秒表，关键帧消失，“缩放”值保留为200%，如图5.19所示。撤销上步操作，保留“缩放”关键帧。

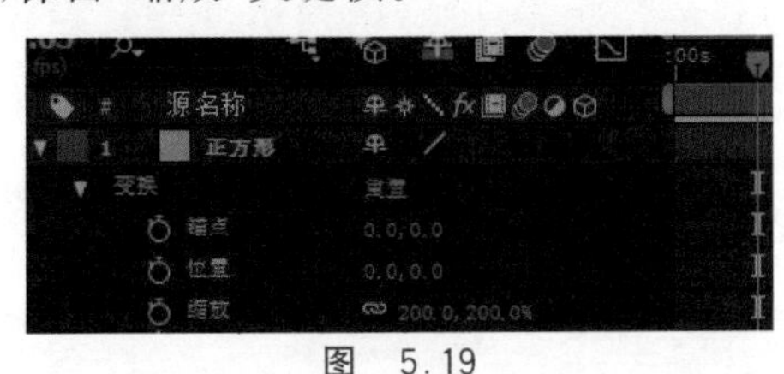

图　5.19

(4)为方便使用，这5个属性都有快捷键，分别是锚点A、位置P、缩放S、旋转R、不透明度T。要同时展开“缩放”和“旋转”，可以先按S键，展开“缩放”属性，再按Shift+R键展开旋转，如图5.20所示。

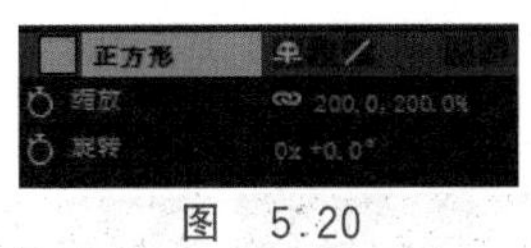

图　5.20

(5)按U键，展开添加了关键帧的属性即“缩放”属性，按两次U键，展开修改了默认值的属性，即“锚点”“位置”“缩放”，如图5.21所示。

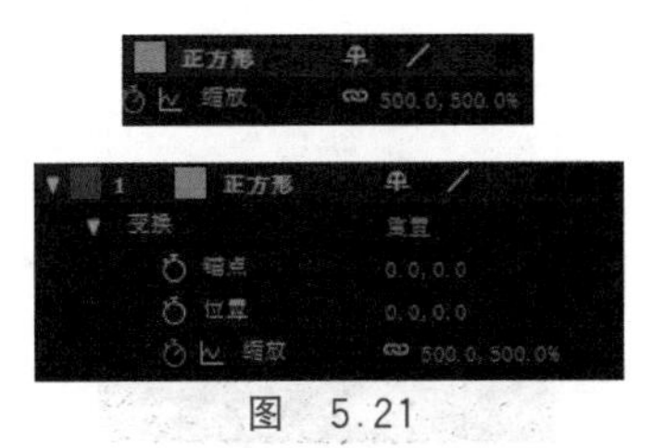

图　5.21

视频讲解

5.4　管理图层

图层的许多特性由其图层开关决定，这些开关排列在“时间轴”面板中的各列中。默认情况下，“A/V功能”列显示在图层名称左侧，分别为“隐藏”“音频”“独奏”“锁定”，“开关”和“模式”列显示在图层名称右侧。

(1)双击打开“管理图层”合成，“时间轴”面板左下方有3个按钮，第一个按钮叫“展开或折叠‘图层开关’窗格”，表示如图5.22(b)所示的8个开关；第二个按钮叫“展开或折叠‘转换控制’窗格”，表示“模式”“保留基础透明度”“轨道遮罩”；第三个按钮表示“出点”“入点”“持续时间”“伸缩”，如图5.22(d)所示。在名称上右击可根据需要添加或隐藏项，如图5.22(e)所示。

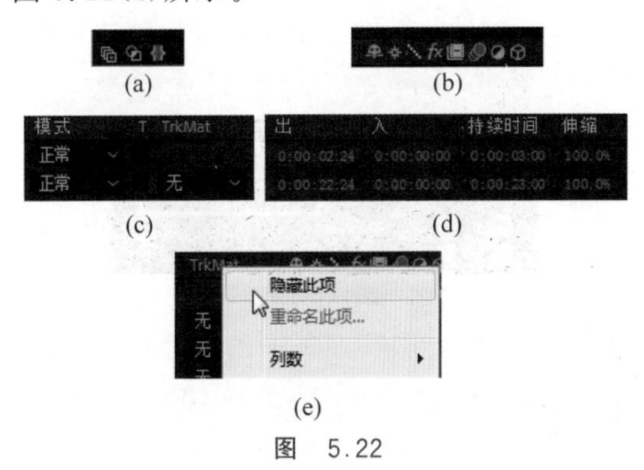

(a)　(b)

(c)　(d)

(e)

图　5.22

(2)在“时间轴”面板的左上角时间位置单击，输入一个时间，按Enter键后即可跳转到指定的时间。输入“121”即跳转到1秒21帧,如图5.23所示。

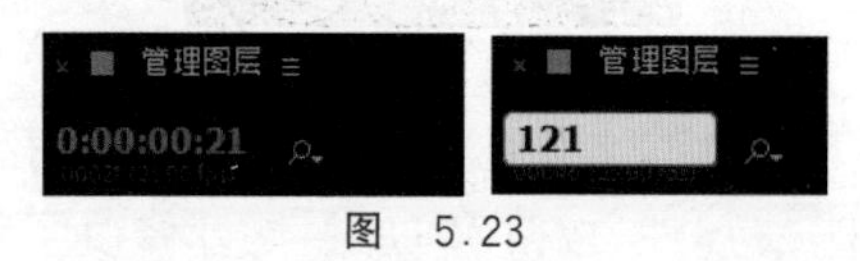

图 5.23

(3) 当“时间轴”面板中图层过多时可以使用右侧的搜索框查找需要的图层。在搜索框中输入“塔”,下方就只显示“塔”层,如图5.24所示。单击搜索框右侧的“×”,即可恢复到原来的样子。

图 5.24

(4) 在图层名称左侧是“A/V功能”开关,如图5.25所示。单击“文字动画.mp4”层左侧的“隐藏”开关会隐藏此层的内容;单击“音频”开关在播放时会取消音频的声音;单击“塔”层的“独奏”开关,将只显示“塔”层内容,同时其他图层的“隐藏”开关将变暗,其他图层不可见。单击“锁定”开关将锁定图层内容,从而防止误选。

图 5.25

(5) 图层名称右侧的开关分别为“消隐”“折叠变换/连续栅格化”“质量和采样”“效果”“帧混合”“运动模糊”“调整图层”“3D图层”。其中“消隐”“帧混合”“运动模糊”这3个开关需要配合“时间轴”面板上部的合成开关使用,如图5.26所示。

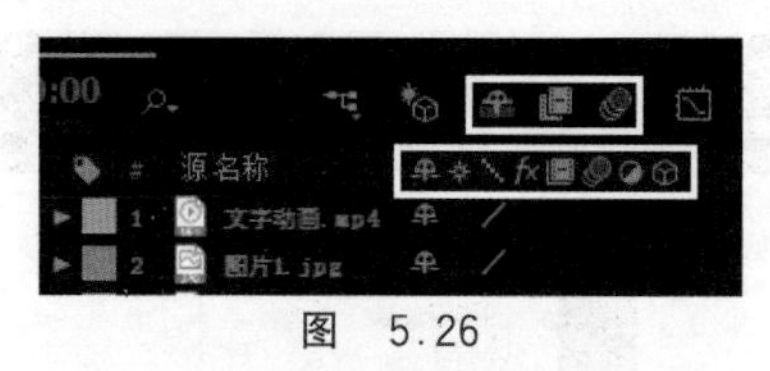

图 5.26

(6) 当“时间轴”面板中的图层过多,有些暂时不使用时可以将其隐藏,不在“时间轴”面板中显示图层。取消“文字动画.mp4”层的隐藏和“塔”层的独奏,单击“文字动画.mp4”右侧的“消隐”开关,开关变为,再单击上方的“消隐”开关,图标颜色变为蓝色,此时“文字动画.mp4”层不在时间轴中显示,但“合成”面板中仍然显示此层的内容。

(7) “质量和采样”开关有3种形式:最佳、草图和线框。“最佳”是使用子像素定位、消除锯齿、3D阴影以及任何应用效果的完整计算来显示和渲染图层。为进行预览和最终输出,“最佳”品质需要最多的渲染时间。“草图”的品质较粗糙,在没有使用消除锯齿和子像素定位的情况下显示并渲染图层,并且一些效果的计算不精确。“线框”是将图层显示为框,不包含图层内容。图层线框的显示和渲染速度比使用“最佳”或“草稿”设置渲染的图层快。

(8) 打开“塔”层的独奏开关,在此层上右击选择“效果”→“颜色校正”→“色相/饱和度”,此时“效果”开关启用,如图5.27所示。在“效果控件”面板中将“主饱和度”调整为100,图片的饱和度发生变化,单击“塔”层右侧的“效果”开关,“fx”消失,为图层添加的效果也会消失。

图 5.27

(9) 新建一个“宽度”和“高度”为400像素,颜色为紫色的纯色图层,按P键展开“位置”属性,0秒时为(200,540),15帧时为(1700,540),打开此层的“运动模糊”开关,再单击上方的“运动模糊”开关,图标颜色变为蓝色。播放动画,图层边缘出现模糊效果,图5.28为10帧画面。

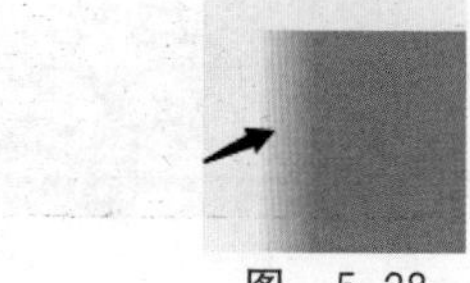

图 5.28

(10) 在“项目”面板中右击“管理图层”合成,打开“合成设置”对话框,单击“高级”,调整“运动模糊”下的“快门角度”可以修改物体的模糊程度,如图5.29(a)和图5.29(b)所示。图5.29(c)和图5.29(d)为“快门角度”分别为

100°和 200°时的效果。

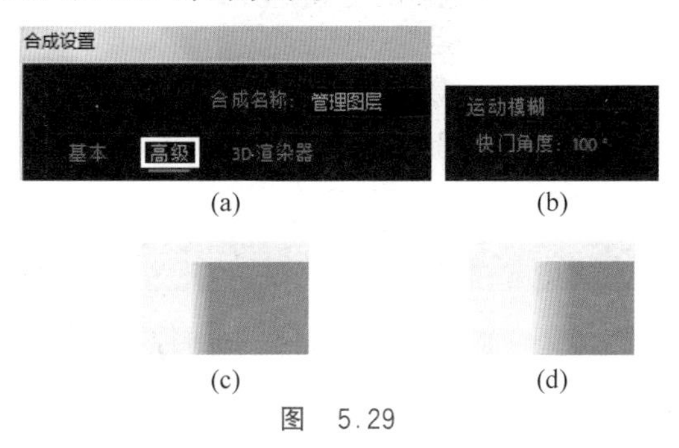

(a)　(b)

(c)　(d)

图　5.29

(11) 打开“调整图层”开关，此层将变为调整图层，调整图层上的效果将应用于其之后的所有图层。打开“3D 图层”开关，“锚点”“位置”“缩放”“方向”“旋转”均变为三维并添加了“材质选项”属性，如图 5.30 所示。

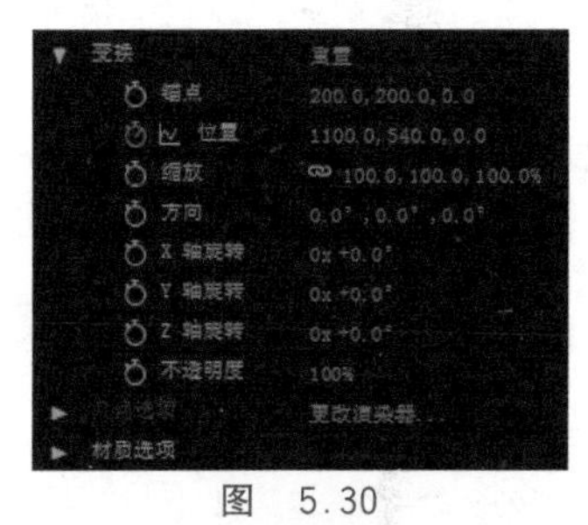

图　5.30

5.5　排列图层

(1) 图层持续时间的开始是其入点，结束是其出点。持续时间是入点和出点之间的跨度，而从入点延伸到出点的条是图层持续时间条。双击打开“排列图层”合成，“时间轴”面板中有 5 层图片，持续时间均为 10 秒。将时间移至 2 秒处，选择“图片 1.jpg”，按 Alt+“]”键，出点为 2 秒，持续时间为 2 秒。选择“图片 2.jpg”，在 2 秒处按 Alt+“[”键，设置入点为 2 秒，在 4 秒处设置出点，如图 5.31 所示。

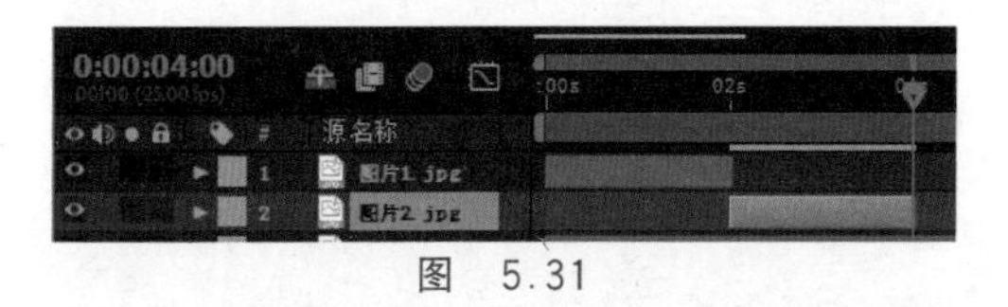

图　5.31

(2) 此时“图片 2.jpg”处于选择状态，在英文状态下按 I 键，“当前时间指示器”移动到入点即 2 秒处，按 O 键移动到了出点即 4 秒处。将时间移动到 6 秒处，按“[”键，图层的入点为第 6 秒，按“]”键，图层的出点为第 6 秒。

(3) 现在为“图片 2.jpg”添加一个淡入淡出的效果。按“[”键将入点改为 2 秒处，按 T 键展开“不透明度”属性，在 2 秒和 4 秒处设置不透明度为 0%，2 秒 10 帧和 3 秒 15 帧设置为 100%，如图 5.32 所示。

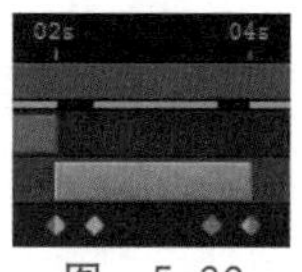

图　5.32

(4) 在时间轴上拖动图层持续时间条，所有关键帧也会跟随着一起移动，如图 5.33(a)所示。在 3 秒处剪切出点，关键帧仍然的原来的位置，如图 5.33(b)所示。如果仍然需要淡入淡出效果，需要手动框选两个关键帧，关键帧颜色由灰色变为蓝色，将其移动到如图 5.33(c)和图 5.33(d)所示位置，可根据需要修改关键帧的位置。

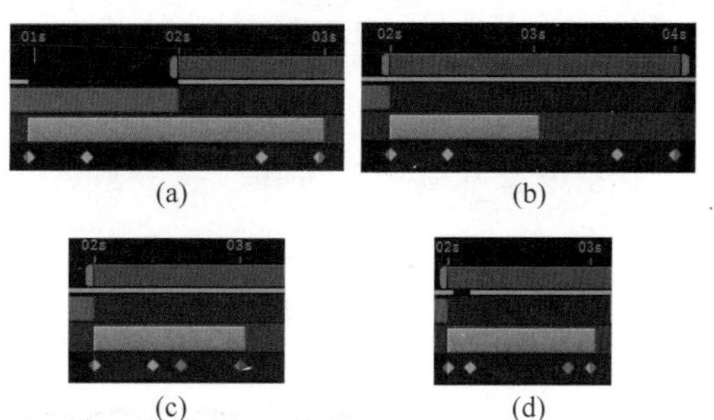

(a)　(b)

(c)　(d)

图　5.33

视频讲解

(5) 将“素材”文件夹下的“文字动画.mp4”拖动到“新建合成”按钮上建立一个新合成“文字动画”，想让视频在 4 秒处开始播放，需要将时间移动到 4 秒处按“[”键或者直接拖动时间条，将开头放在 4 秒处，视频的第 1 秒将在合成的 4 秒处开始播放。若在 4 秒处按 Alt+“[”键，则视频的前 4 秒被删除，视频不完整。

(6) 回到“排列图层”合成，选择“时间轴”面板底部的 3 个图层，出点均设为 2 秒。选择“图片 1.jpg”，按 Shift 键选择“图片 5.jpg”，在菜单栏中选择“动画”→“关键帧辅助”→“序列图层”，在弹出的“序列图层”对话框中单击“确定”按钮，图层依次排列，如图 5.34 所示。

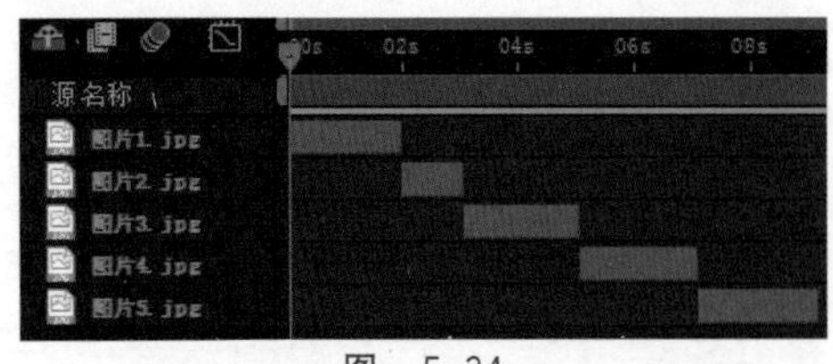

图　5.34

(7) 撤销上步操作,先选择“图片 1.jpg”,再按 Ctrl 键依次选择“图片 4.jpg”“图片 2.jpg”“图片 3.jpg”“图片 5.jpg”,添加“序列图层”操作。在添加“序列图层”操作时,所选的第一个图层保留在其初始时间,其他所选图层将根据选择顺序移动到“时间轴”面板中的新时间,如图 5.35 所示。

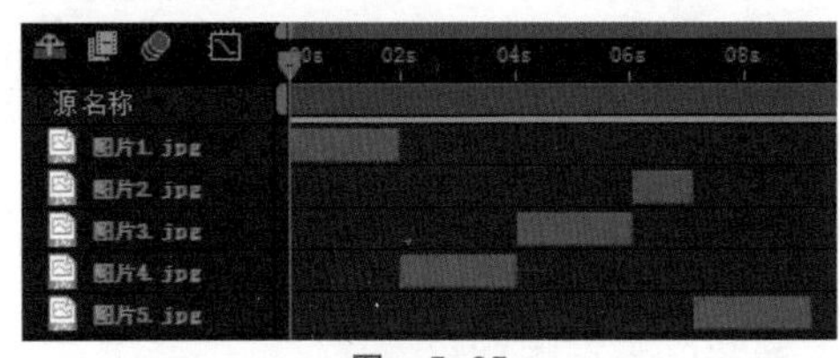

图　5.35

(8) 撤销上步操作,选择“图片 1.jpg”~“图片 5.jpg”,添加“序列图层”操作,在弹出的对话框中选中“重叠”复选框,将“持续时间”设置为 10 帧,“过渡”设置为“关”,单击“确定”按钮,可以看到每个图层之间都重叠了 10 帧,如图 5.36 所示。

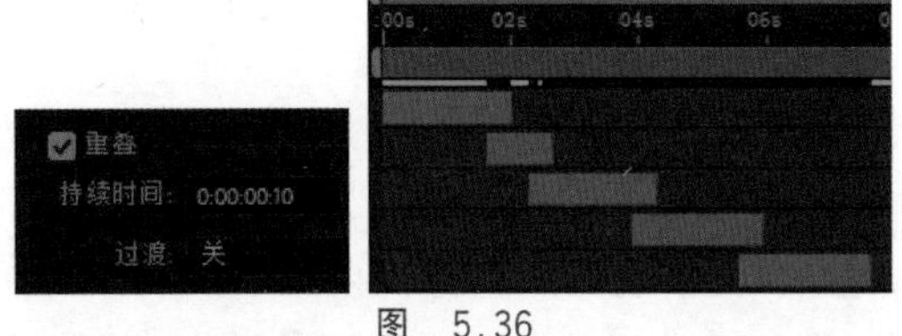

图　5.36

(9) 对图层进行拆分可以创建两个独立的图层。选择“图片 2.jpg”,将“当前时间指示器”放在时间条上的任意位置,在菜单栏中选择“编辑”→“拆分图层”或者按 Ctrl＋Shift＋D 键,创建了两个独立的图层,拆分图层之后,原始图层的持续时间将在拆分点结束,并且新图层从该时间点开始。按 U 键展开之前设置的关键帧,这两个图层包含原始图层中它们的原始位置处的所有关键帧,如图 5.37 所示。

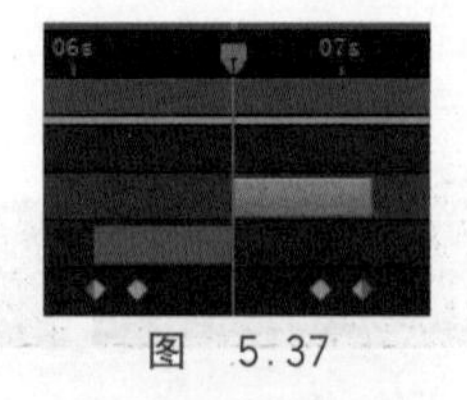

图　5.37

5.6　混合模式和图层样式

图层的混合模式控制每个图层如何与它下面的图层混合或交互。大多数混合模式仅修改源图层的颜色值。下面介绍几个常用的混合模式。

正常:当不透明度设置为 100%,此合成模式将根据 Alpha 通道正常显示当前层,并且此层的显示不受其他层的影响。当不透明设置小于 100%时,根据当前的不透明度值和其他层的色彩来确定显示的颜色。

变暗:以层颜色为准,比层颜色亮的像素被替换,而比层颜色暗的像素不改变。

相加:将底色与层颜色相加,得到更为明亮的颜色。层颜色为纯黑色或底色为纯白色时,均不发生变化。

屏幕:将层的颜色互补色与底色相乘,呈现出一种较亮的效果。

叠加:该模式将根据底层的颜色,将当前层的像素进行相乘或覆盖。使用该模式可以导致当前层变亮或变暗。该模式对于中间色较为明显,对于高亮区域或者较暗区域影响不大。

柔光:该模式创造一种柔和光线照射的效果,使亮度区域变得更亮,暗调区域变得更暗。如果层颜色比 50%灰色暗,则图像会变暗。柔光的效果取决于层颜色。用纯黑色或者纯白色作为层颜色时,会产生明显较暗或者较亮的区域,但不会产生纯黑色或纯白色。

差值:从底色中减去层颜色,或从层颜色中减去底色。这取决于哪个颜色的亮度较大(亮色减暗色)。与白色混合会使底色值反相,与黑色混合不产生变化。

5.6.1　混合模式

(1) 双击打开“5.6”文件夹下的“混合模

式 1”合成，在“时间轴”面板的名称上右击选择“列数”→“模式”，或者打开左下方的第二个按钮显示“模式”选项，如图 5.38 所示。单击名称右侧的“模式”选项，出现许多种混合模式，这些混合模式被分为 7 个区域，从上到下分别为“正常”类别、“变暗”类别、“变亮”类别、“饱和度”类别、“差值”类别、“HSL” 类别、“遮罩”类别，同一类别中的各个模式所应用出来的效果差别很小。

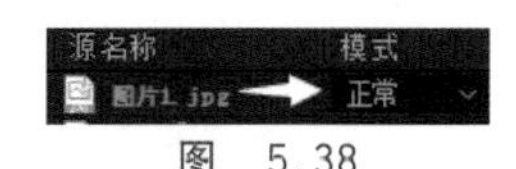

图　5.38

（2）将“素材”文件夹下的“光 1.jpg”拖动到“时间轴”面板最上方，此层覆盖了下层的“图片 5.jpg”，将“光 1.jpg”的“模式”修改为“变暗”，白色背景消失，只留下比下层颜色更深的紫色的光线，将“缩放”值调整为 35%，移动到合成右上角，如图 5.39 所示。

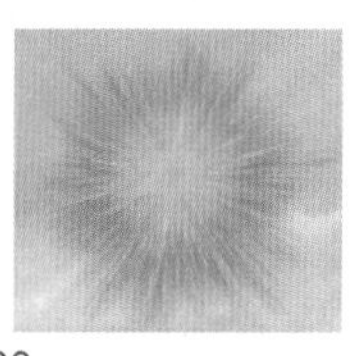
图　5.39

（3）选择“变暗”类别里的其他模式查看效果，因为同一类别里的各个模式所应用出来的效果差别较小，可以按 Shift 键并按“＝”键快速查看和比较各种混合模式所产生的效果。

（4）隐藏“光 1.jpg”层，将“光 2.png” 拖动到“时间轴”面板最上方，将模式选择为“相加”，黑色背景消失，只保留比下层颜色更亮的部分，如图 5.40 所示。切换不同的模式查看效果，“屏幕”模式更符合太阳光照耀的感觉。将“缩放”值调整为 50%，移动到合成右上角。

图　5.40

（5）双击打开“混合模式 2”合成，最上层为“光.mp4”，若想把它应用到下层的视频上，可选择“相加”模式，此时视频出现过曝，如图 5.41(a)所示，所以上一个类别不适合，修改为“叠加”后可以得到一个梦幻的效果。此时视频上保留的黄色较多，修改“不透明度”为 65%，如图 5.41(b)和图 5.41(c)所示。

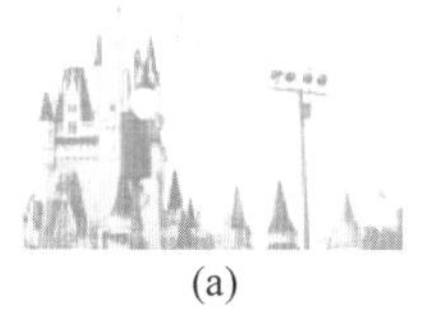
(a)

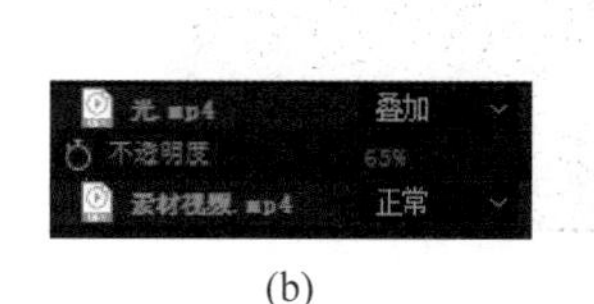

(b)

(c)

图　5.41

5.6.2　图层样式

（1）双击打开“5.6”文件夹下的“图层样式”合成，新建一个文本图层，输入“AE CC”，“字体”为“微软雅黑”，“字体样式”为“Bold”，“字体大小”为 240 像素，“颜色”为＃D0A4F6。在“时间轴”面板中右击文本层，选择“图层样式”→“投影”，增加了“图层样式”属性，继续添加一个“内发光”，“图层样式”下增加了“内发光”，如图 5.42 所示。单击选择“内发光”按 Delete 键可删除此效果。

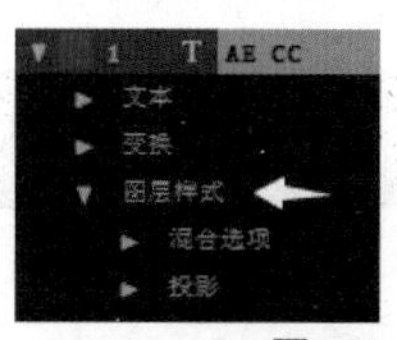

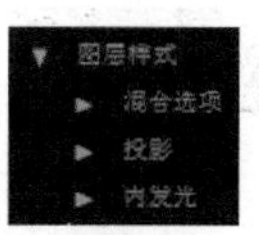

图　5.42

（2）展开“图层样式”下的“投影”，此时“混合模式”默认为“相乘”，可根据自己的需要调整不同的混合模式。将“颜色”更改为＃FE6001，投影的颜色变为橙色，“角度”为 120°，“距离”为 20，扩展为 20%，“大小”为 35，“杂色”为 20%，如图 5.43 所示，此时投影会有一些颗粒感。

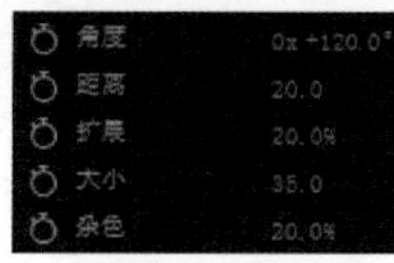

图　5.43

(3) 此时“图层镂空投影”默认为“开”，即被文字盖住的地方没有投影，将“图层样式”→“混合选项”→“高级混合”下的“填充不透明度”调整为 0%，可以看到有文字的地方均为背景色，即没有投影，如图 5.44(a)所示。将“图层镂空投影”更改为“关”，投影全部显示，如图 5.44(b)和图 5.44(c)所示。将“填充不透明度”改回 100%。

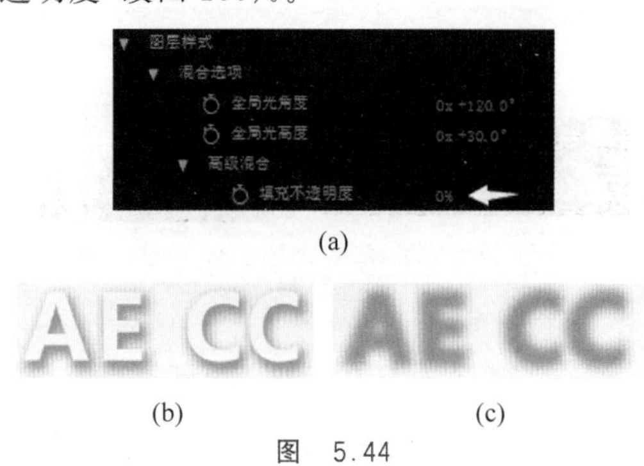

(a)

(b) (c)

图 5.44

(4) 为文字层再添加一个“斜面与浮雕”样式，将“角度”更改为-30°，若想要“斜面与浮雕”和“投影”这两个样式的角度值一直保持相同，可同时将这两个样式的“使用全局光”更改为“开”，此时这两个样式的角度值均由“混合选项”下的“全局光角度”控制，将其更改为 160°，此时各自的角度值暂时失效，如图 5.45 所示。

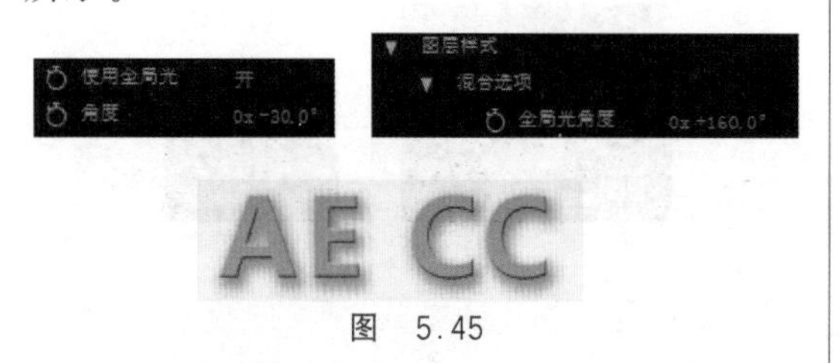

图 5.45

(5) 添加其他图层样式，调整各属性值查看变化。

5.7 范例制作

5.7.1 制作原理

此范例使用“3D 摄像机跟踪器”和“波纹”效果制作水中的文字；使用“分形杂色”和“色相/饱和度”效果并修改图层的混合模式，制作柔光；使用“亮度键”效果抠出树和草丛等比较亮的区域，制作文字被遮挡的效果；为图片添加蒙版并复制多层，添加摄像机并修改位置和缩放，将图片变成三维效果；为图片添加蒙版并复制多层，添加“蒙版路径”关键帧和“位置”关键帧，制作出拼贴效果；最后使用“动态拼贴”和“变换”效果制作画面间的转场。

5.7.2 制作“画面 1”合成

(1) 打开“lesson05/范例/start”文件夹下的“05 范例 start(CC 2018). aep”，另存为“05 范例 demo(CC 2018). aep”。新建一个“合成名称”为“画面 1”，“宽度”为 1920px，“高度”为 1080px，“持续时间”为 4 秒的合成，将素材文件夹下的“1. mov”拖动到“时间轴”面板中，将时间指示器移动到第 4 秒处，按 Ctrl+Shift+D 键分割两层，后半段在“时间轴”面板顶层，删除顶层。

(2) 制作电影中的黑边。在“时间轴”面板空白处右击新建一个纯色图层，“名称”为“黑边”，“宽度”为 1920px，“高度”为 1080px，“颜色”为黑色。选择“黑边”层，双击工具栏中的“矩形工具”，创建蒙版，在“时间轴”面板中单击选择“蒙版 1”，“合成”面板中的蒙版边缘颜色与“蒙版 1”前的颜色块的颜色相同，如图 5.46(a)所示。在“合成”面板中将鼠标指针靠近蒙版边缘，鼠标指针变为黑色箭头时双击，此时蒙版处于变换状态，如图 5.46(b)和图 5.46(c)所示。将鼠标指针放到上部中间位置，鼠标指针变成了双箭头，按 Ctrl+Shift 键拖动，将“蒙版 1”的“模式”更改为“相减”，如图 5.46(d)和图 5.46(e)所示。

(3) 将“合成”面板下方的分辨率调整为“完整”，在“效果和预设”面板中搜索“3D 摄像机跟踪器”，将其拖动到视频层上，将对视频进行后台分析，如图 5.47(a)～图 5.47(d)所示。“效果控件”面板显示分析的进度，如图 5.47(e)所示。

(4) 分析完毕之后，在如图 5.48(a)所示位置设置跟踪点，右击选择“创建空白和摄像机”，“时间轴面板”中会增加“跟踪为空 1”和

视频讲解

(a)　(b)

(c)　(d)

(e)

图　5.46

(a)　(b)

(c)　(d)

(e)

图　5.47

“3D跟踪器摄像机”两层，如图 5.48(b)和图 5.48(c)所示。

(5) 在“时间轴”面板空白处右击，新建文本图层，输入“Rocky Coast”，使用 Enter 键将文字分为两行，字体为 Comic Sans MS，大小为 210 像素，填充颜色为白色，无描边，行距为

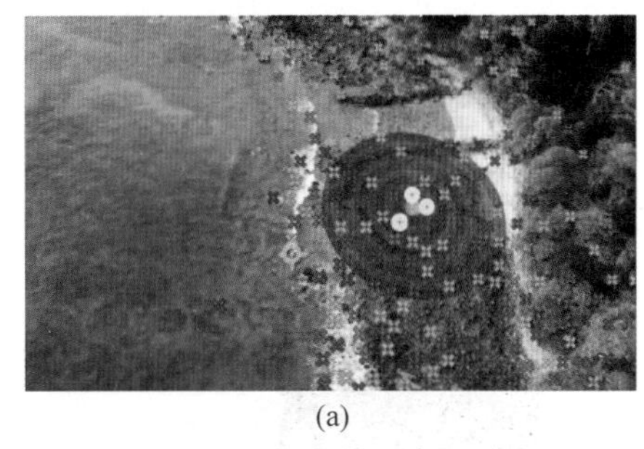

(a)

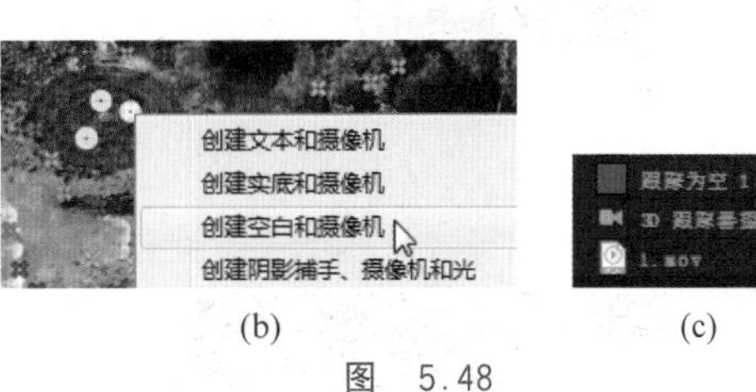

(b)　(c)

图　5.48

200，将“锚点”放至图层中央，如图 5.49(a)所示。在“时间轴”面板中选择文本层，右键预合成，新合成名称为“文字 1”，选中“将所有属性移动到新合成”单选按钮。将“文字 1”层移动到“黑边”层下方，如图 5.49(b)和图 5.49(c)所示。

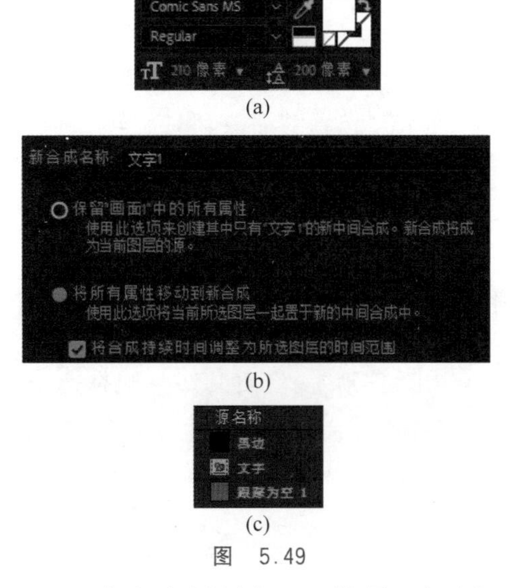

(a)

(b)

(c)

图　5.49

(6) 为文字层添加 3D 效果，需要打开“3D 图层”开关，此时“时间轴”面板名称栏中没有显示开关，在名称栏右击选择“列数”→“开关”或者单击左下角的第一个按钮，打开 3D 开关，如图 5.50(a)所示。同时选择“跟踪为空 1”和“文字 1”层，按 P 键展开“位置”属性，单击选择“跟踪为空 1”的“位置”属性，

按 Ctrl＋C 键进行复制，再单击选择“文字”层的“位置”属性，按 Ctrl＋V 键进行粘贴，如图 5.50(b)所示，此时“文字”层的锚点和“跟踪为空 1”的位置重合，播放视频，文字跟随跟踪点移动，如图 5.50(c)所示。

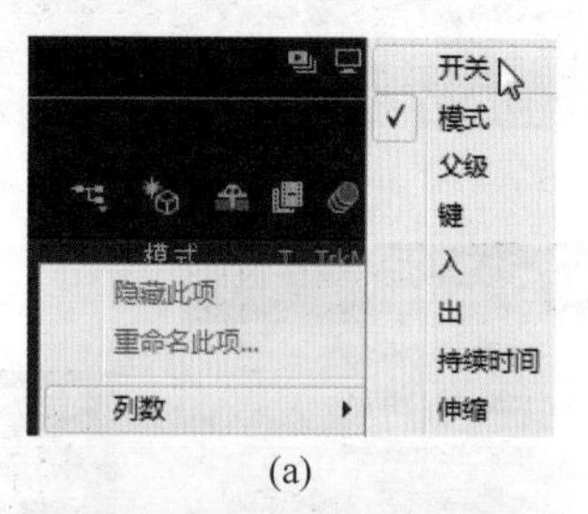

(a)

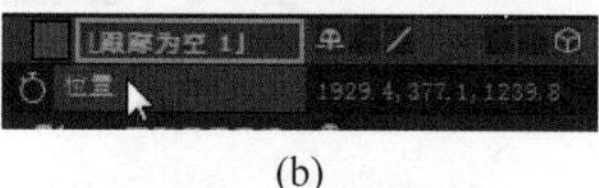

(b)

(c)

图 5.50

(7) 此时需要文字有漂浮在海面上的效果，需要调整“位置”“缩放”和“旋转”的数值。选择“文字 1”层，使用“移动工具”将其移动到海面上，按 S 键展开“缩放”属性，按 Shift＋R 展开“旋转”属性，调整“缩放”为 220%，X、Y、Z 轴旋转分别为－9°、－7°、－24°，使其贴合海面，如图 5.51(a)所示。将时间移动到 0 秒处，再使用“移动工具”将其调整到合适位置，使其在“画面 1”合成中的 4 秒内始终出现在画面内。将“模式”更改为“柔光”，如图 5.51(b)和图 5.51(c)所示。

(8) 在“效果与预设”面板中将“扭曲”→“波纹”运用到“文字 1”层，在“效果控件”面板中修改“半径”为 10，“转换类型”为“对称”，“波形速度”为 1，“波形宽度”和“波形高度”均为 25，如图 5.52(a)所示。将“波纹中心”移动到文字的中央，如图 5.52(b)所示。

(9) 在“时间轴”面板中选择“文字 1”层，创建副本，重命名为“文字影子”，在“效果与预

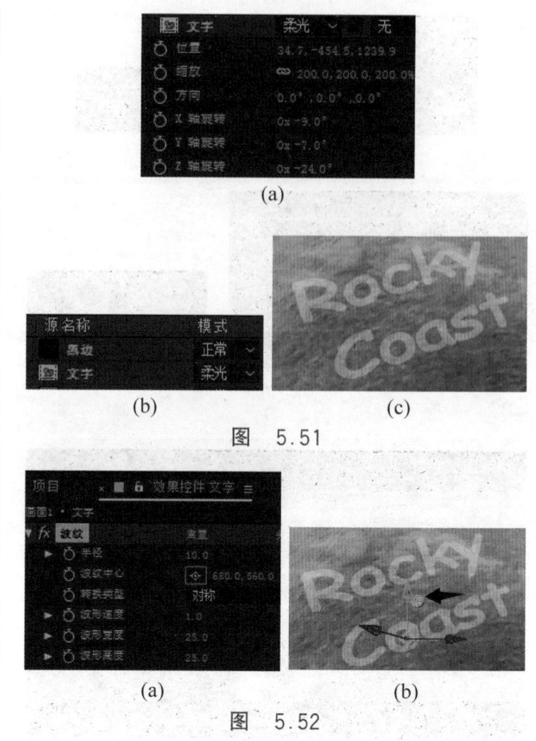

(a)

(b) (c)

图 5.51

(a) (b)

图 5.52

设”面板中将“模糊和锐化”→“CC Radial Fast Blur”拖动到“文字影子”层。在“效果控件”面板中将 Center 修改为(950,228)，Amount 修改为 55。将“文字影子”拖动到“文字 1”层下方，如图 5.53 所示。

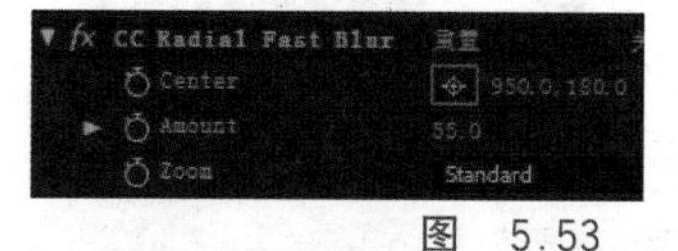

图 5.53

(10) 选择“文字 1”层，右击选择“图层样式”→“投影”，添加了“图层样式”属性，将“投影”下的“距离”更改为 1，“大小”更改为 8，如图 5.54 所示。

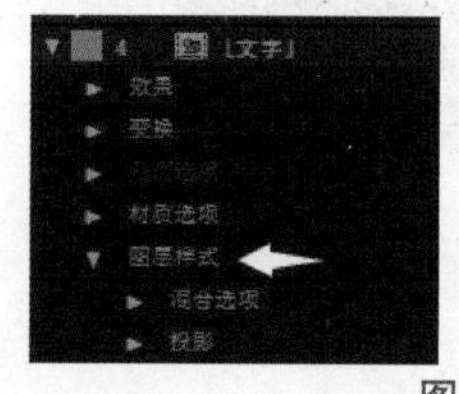

图 5.54

5.7.3 制作“柔光”

(1) 新建一个名称为“柔光”，“宽度”为 1920px，“高度”为 1080px，“帧速率”为 25 帧/秒，“持续时间”为 4 秒，“背景颜色”为黑色的合

成。在“时间轴”面板右击新建纯色层，“名称”为“光”，“颜色”为黑色。在“效果与预设”面板中将“分形杂色”运用到“光”层上。

(2) 在“效果控件”面板中将“分形类型”更改为“动态渐进”，“杂色类型”更改为“样条”，“对比度”调整为 300，“亮度”调整为 −110，将“复杂度”更改为 1。展开“变换”属性，将“缩放”更改为 500，因为文字在合成的左半部分，为了不遮挡文字，将偏移点向右移即将“偏移”设为(2030，540)，如图 5.55 所示。

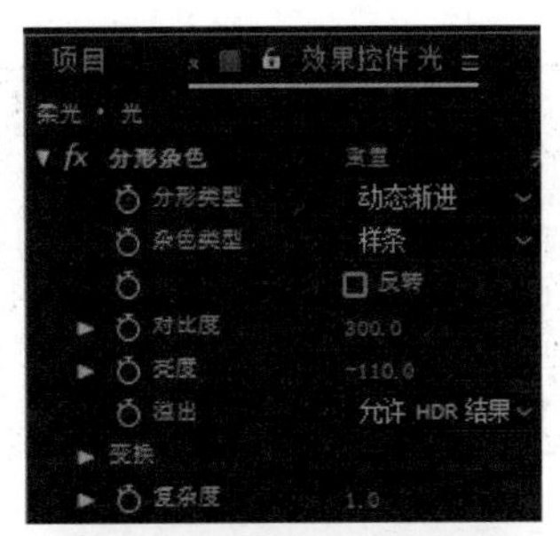

图　5.55

(3) 拖动“演化”的值可以看到光随着数值的变化而变化，按 Alt 键单击“演化”前面的秒表，属性值颜色变为红色，在“时间轴”面板中表达式输入框中显示的是默认表达式，删除默认表达式，输入“time * 200”，演化值会随着时间的变化而变化，如在 1 秒时演化值为 200°，如图 5.56 所示。

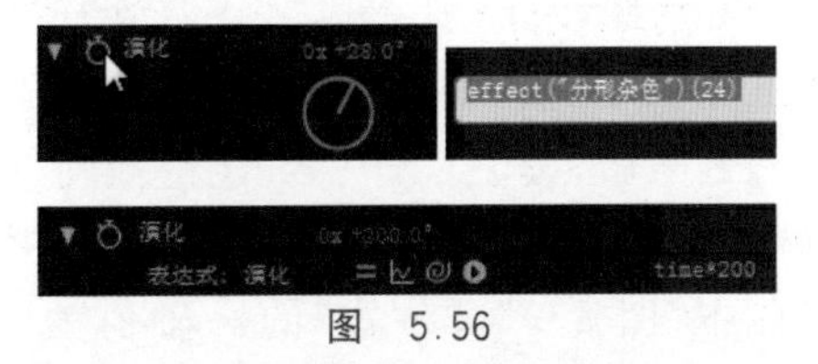

图　5.56

(4) 将“颜色校正”→“色相/饱和度”效果应用到“光”层，在“效果控件”面板中选中“彩色化”，将“着色色相”更改为 25°，“着色饱和度”更改为 60，“着色亮度”更改为 −27，如图 5.57 所示。

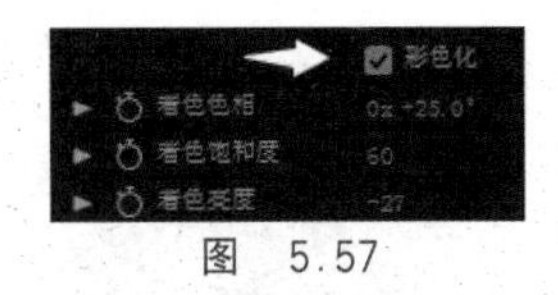

图　5.57

视频讲解

(5) 回到“项目”面板，双击打开“画面 1”合成，将“柔光”合成拖动到“黑边”下方，将模式更改为“相加”。播放查看效果。

5.7.4　制作“画面 2”合成

视频讲解

(1) 新建一个“合成名称”为“画面 2”，“持续时间”为 4 秒的合成，将素材文件夹下的“2. mp4”拖动到“时间轴”面板中，按 Ctrl + Shift + Alt + H 键使视频适合合成的宽度。播放视频，发现视频播放的速度较慢，单击“时间轴”面板左下方的第三个按钮，展开“持续时间”，“2. mp4”的持续时间为 8 秒 15 帧。右击“项目”面板中的“2. mp4”文件，选择“解释素材”→“主要”，在弹出的对话框中将“匹配帧速率”由 23.976 更改为 51 帧/秒，每秒播放的内容增多，速度加快，单击“确定”按钮，此时持续时间变为 4 秒 1 帧，如图 5.58 所示。

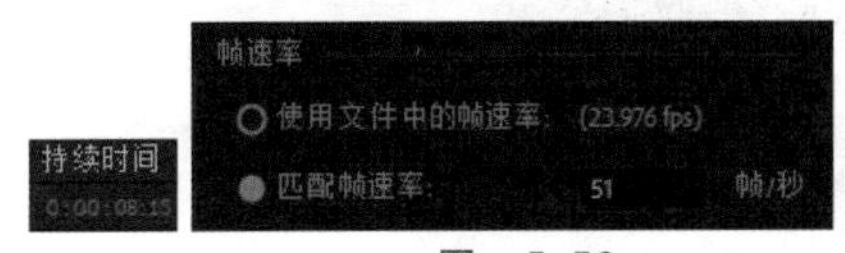

图　5.58

(2) 选择“2. mp4”层，创建副本，重命名为“2_副本. mp4”。在“效果和预设”面板中搜索“亮度键”应用到副本上。将“2. mp4”层隐藏，选择“2_副本. mp4”，在“效果控件”面板中将“键控类型”更改为“抠出较亮区域”，“阈值”更改为 112，“羽化边缘”为 3，此时抠出的是叶子等比较亮的区域，如图 5.59 所示。

(3) 取消“2. mp4”层的隐藏，新建文本图层，输入“View Of Sunset”，字体为“Comic Sans MS”，大小为 110 像素，填充颜色为白色，无描边，将“锚点”放至图层中央。将文本层移动到“2_副本. mp4”层下方，如图 5.60 所示。

(4) 添加文字的“位置”和“不透明度”关键帧。“不透明度”值在 10 帧时为 0%，16 帧时为 100%，“位置”值在 16 帧为(1510，350)，

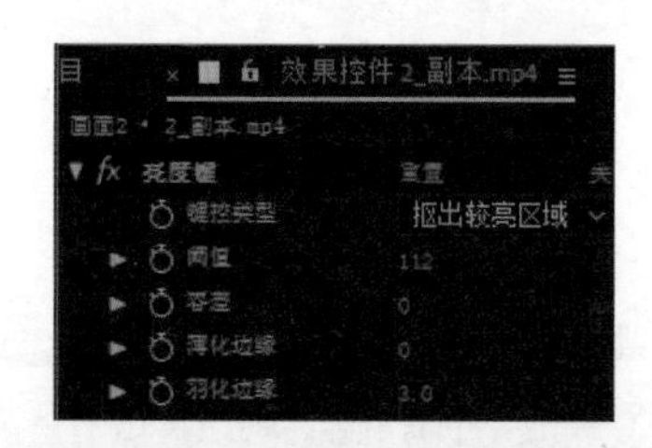

图 5.59

图 5.60

3 秒时为(1510,560),播放视频可以看到文字始终是被树叶和草丛遮挡的效果,如图 5.61 所示。

图 5.61

视频讲解

5.7.5 图片的三维效果

(1) 新建一个"合成名称"为"画面 3","持续时间"为 4 秒的合成,将素材文件夹下的"3.jpg"拖动到"时间轴"面板,将"缩放"值调整为 46%,将图片预合成,名称为"图片 1",选择预合成的第二个选项,单击"确定"按钮。

(2) 选择"图片 1"层,使用"矩形工具"在合成中绘制矩形,使用"选择工具"双击蒙版边缘可以修改蒙版的大小,移动蒙版位置使其距离合成边缘的位置差不多相同,将蒙版的"模式"修改为"相减",如图 5.62 所示。

(3) 打开"图片 1"层的"3D 图层"开关,新建一个摄像机,类型为"双节点摄像机",视角为 40°,如图 5.63(a)所示,单击"确定"按钮。选择"图片 1"层,创建副本,名为"图片 2",将"位置"值更改为(960,540,200)。在"合成"面

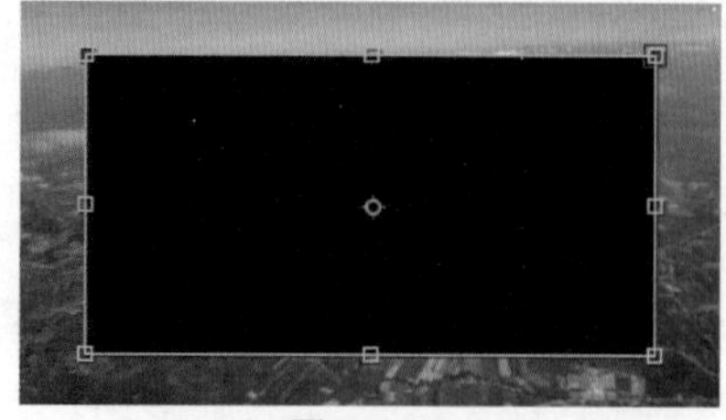

图 5.62

板下方将"活动摄像机"更改为"顶部",选择"图片 2"层可以看到"图片 2"距离摄像机远,回到"活动摄像机"状态,"图片 2"比"图片 1"要小,如图 5.63(b)～图 5.63(d)所示。

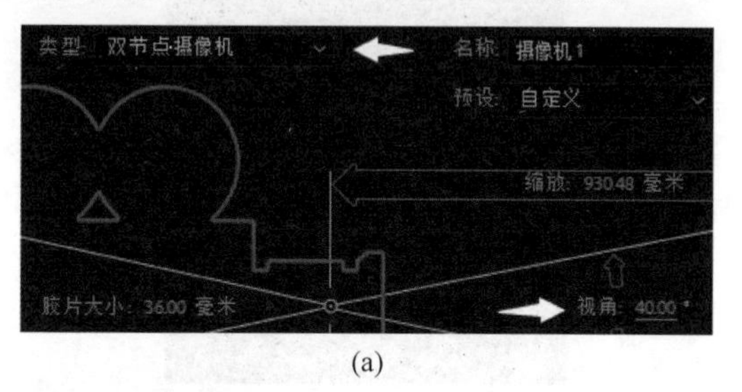

(a)

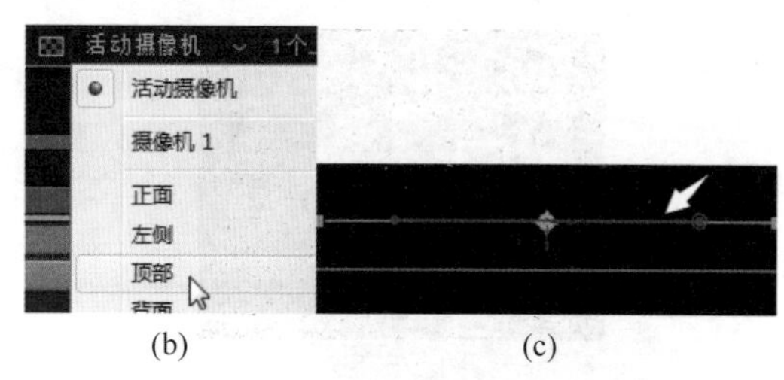

(b) (c)

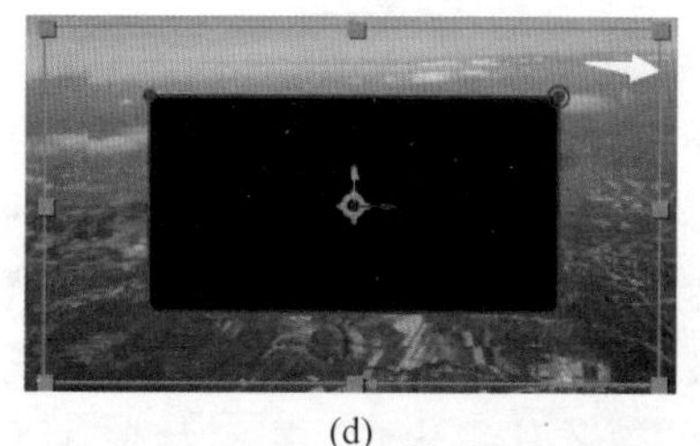

(d)

图 5.63

(4) 选择"图片 2"合成,将"缩放"值更改为 108%,使其与合成大小相同。在"合成"面板中双击蒙版,按住 Ctrl+Shift 键拖动,蒙版以"锚点"为中心等比例缩小。选择"图片 2"创建副本"图片 3","位置"的 Z 轴值为 400,"缩放"为 116%,并将蒙版等比例缩小。选择"图片 3"创建副本,以同样的方式将位置 Z 轴值递增 200,缩放与合成大小相同,蒙版都比前一个小,如图 5.64 所示,一直做到"图片 7"。最后将"图片 7"层中的"蒙版 1"删除。

图　5.64

(5) 新建一个空对象,将“摄像机 1”的父级选择为“空 1”,由空对象控制摄像机的位置。打开空对象的 3D 开关,设置“位置”关键帧,0 秒时为(960,540,0),4 秒时为(960,540,400),此时只有镜头推移的效果。设置“摄像机 1”的“位置”关键帧,0 秒时为(0,150,−2637.6),4 秒时为(0,−155,−2637.6)。播放视频,此时已有三维效果。

(6) 同时选择“图片 1”到“图片 7”层,单击“消隐”开关,再单击上方的“消隐”开关,图标颜色变为蓝色,此时这 7 层不在时间轴中显示,但“合成”面板中仍然显示此层的内容,如图 5.65 所示。

图　5.65

(7) 新建文本层,输入文字“view of clouds and field”,使用 Enter 键将文字分为两行,“字体”为“Comic Sans MS”,“字体大小”为 90 像素,填充颜色为黑色,无描边,“行距”为 70,将“锚点”放至图层中央,在“对齐”面板中使用“水平居中对齐”和“垂直居中对齐”按钮将文字层居中。将文字层预合成,命名为“文字 2”。背景图片已有三维的效果,打开“文字 2”层的 3D 开关,设置“位置”关键帧,让文字随着云一起移动,0 秒时为(1180,450,−5),4 秒时为(1190,365,135),如图 5.66 所示。

图　5.66

(8) 将素材文件夹中的“颗粒.mov”拖动到“时间轴”面板最上方,将“模式”更改为“屏幕”,修改“缩放”值为 400%。

5.7.6　制作“画面 4”合成

视频讲解

(1) 新建一个“合成名称”为“画面 4”,“持续时间”为 6 秒的合成,将素材文件夹下的“4.mp4”拖动到“画面 4”合成中,重命名为“星空”,使视频适合合成的宽度。将时间指示器移动到 2 秒处,按 Alt+“[”键剪切入点,再将其开头拖动到 0 秒处。创建副本,名称为“星空 2”,选择“星空 2”,使用“钢笔工具”勾出山的轮廓,展开“星空 2”的“蒙版”属性,将“模式”更改为“相加”,如图 5.67 所示。

图　5.67

(2) 新建文本层,输入文字“Stars In The Sky”,字体为“Comic Sans MS”,大小为 120 像素,填充颜色为白色,无描边,将“锚点”放至图层中央。为文字层添加“位置”关键帧,2 秒时为(960,720),3 秒时为(960,500)。将文字层移动到“星空 2”层下方。

(3) 新建一个空对象,名称为“空 2”,将其他 3 层的父级更改为“空 2”,由“空 2”控制它们的缩放。选择“空 2”,设置“缩放”关键帧,0 秒时为 200%,15 帧时为 122%,1 秒时为 140%。

(4) 新建一个“合成名称”为“转场”,“持续时间”为 6 秒的合成,将“画面 4”拖动到“转场”合成的“时间轴”面板中,重命名为“拼贴 1”,选择“拼贴 1”创建 7 个副本。将“画面 1”中的“黑边”层粘贴到合成中,锁定“拼贴 1”和“黑边”层,以防误选,如图 5.68 所示。

(5) 分别选择这 7 个副本使用“矩形工具”绘制矩形,按 Ctrl+A 键全选这 7 层,在菜单栏中选择“效果”→“生成”→“描边”,在“效果控件”面板中将“画笔大小”调整为 8,颜色

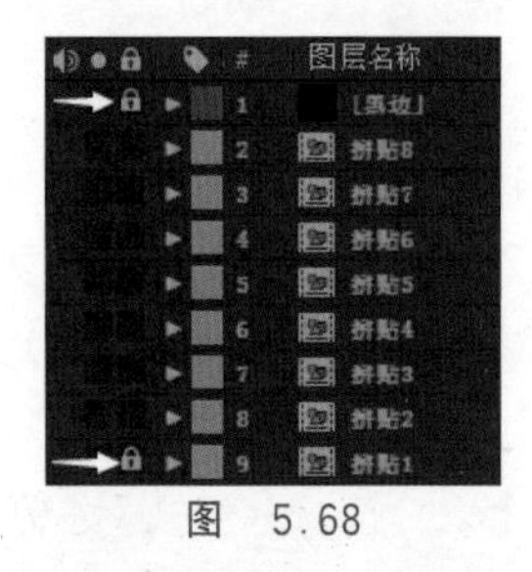

图 5.68

为白色。可以对这些蒙版的位置和大小进行调整,如图 5.69 所示。

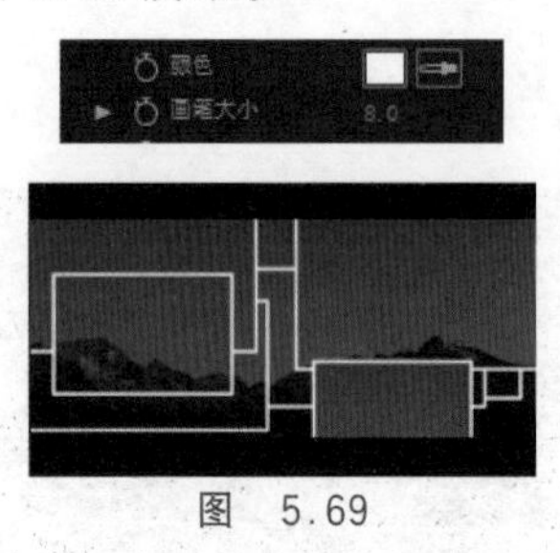

图 5.69

(6) 全选这 7 层,将时间指示器移动到 1 秒处,同时展开蒙版属性,依次为每层添加“蒙版路径”关键帧。将时间移动到 0 秒处,选择每层的拼贴合成,移动所绘制的矩形蒙版的 3 个角向一个角方向移动,设置关键帧,如图 5.70(a)和图 5.70(b)所示。播放视频,图 5.70(c)和图 5.70(d)为 5 帧和 20 帧的画面。对其他几层的蒙版进行相同的制作。

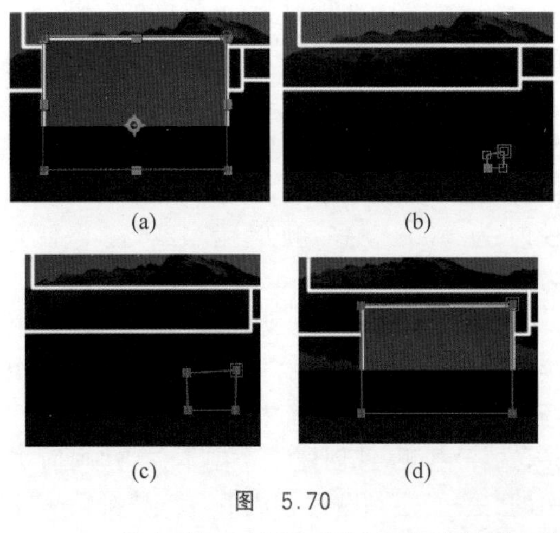
(a) (b) (c) (d)

图 5.70

(7) 全选,按 P 键展开“位置”关键帧,将时间移至 1 秒 4 帧处,添加“位置”关键帧,单击“合成”面板空白处,取消全选。将时间移至 2 秒处,分别选择各层,将其移出合成,将合成的移动路径调整为曲线,如图 5.71 所示。

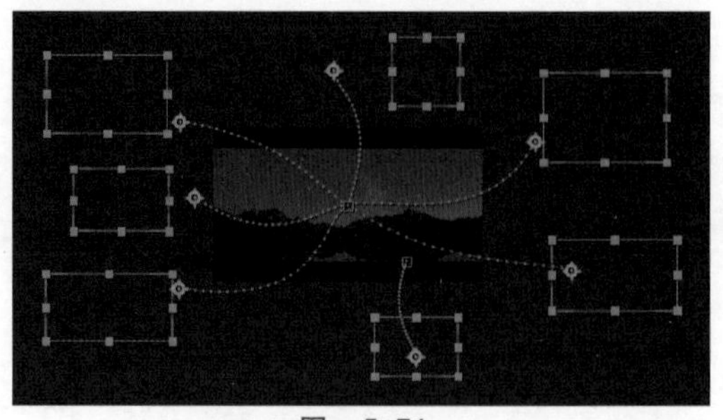
图 5.71

5.7.7 制作画面间的转场

(1) 回到“项目”面板,新建一个“合成名称”为“总画面”,“持续时间”为 17 秒的合成。在“项目”面板中将“画面 1”“画面 2”“画面 3”和“转场”拖动到“时间轴”面板中,其中“转场”位于最下层。同时选择这 4 层,在菜单栏中选择“动画”→“关键帧辅助”→“序列图层”,在弹出的“序列图层”对话框中单击“确定”按钮,4 层依次分布。将“转场”层的开头移到 11 秒 21 帧处,如图 5.72 所示。

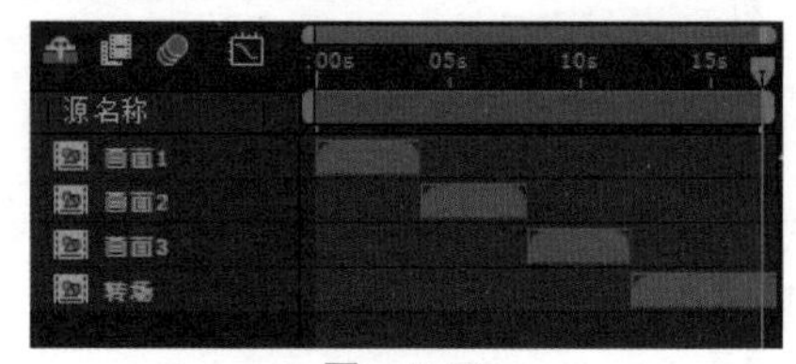

图 5.72

(2) 将“黑边”复制到“总画面”合成中,拉长到 17 秒,将“画面 1”和“转场”中的“黑边”层删除,将“效果和预设”面板中的“动态拼贴”分别拖动到“时间轴”面板中的“画面 1”“画面 2”“画面 3”层上。分别选择这 3 层,在“效果控件”面板中将“输出宽度”和“输出高度”修改为 300,选中“镜像边缘”,如图 5.73 所示。

图 5.73

(3) 设置“画面 1”和“画面 2”的缩放关键帧。“画面 1”在 3 秒 20 帧时为 100%,4 秒时为 50%,“画面 2”在 4 秒时为 200%,在 4 秒 5 帧时为 100%。框选“画面 1”的两个关键帧,按 F9 键添加缓动效果,打开“图表编辑器”,将曲线调整为如图 5.74(a)所示的样子。框选“画面 2”的两个关键帧，以同样的放置将曲线调整为如图 5.74(b)所示的样子。

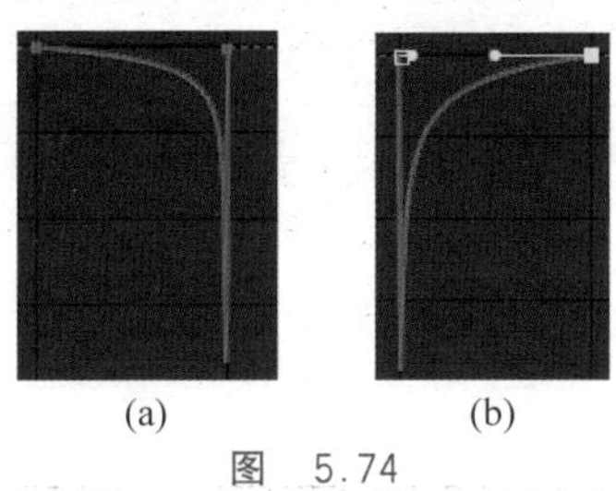

(a) (b)

图 5.74

(4) 在“效果和预设”面板中搜索“变换”，应用到“画面 2”层上，添加“倾斜”关键帧，在 7 秒 20 帧处设置为 0，8 秒时为 −45，框选这两个关键帧，按 F9 键添加缓动效果，打开“图表编辑器”，将曲线调整为如图 5.75 所示的样子。将“变换”应用到“画面 3”层上，添加“倾斜”关键帧，在 8 秒处设置为 45，8 秒 5 帧时为 0，框选这两个关键帧，按 F9 键添加缓动效果，打开“图表编辑器”，将曲线调整为如图 5.75 所示的样子。

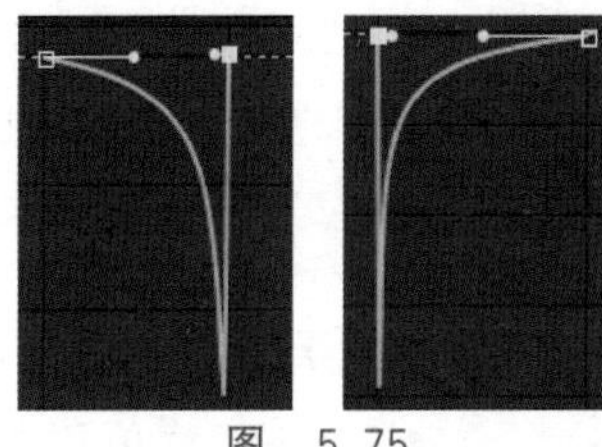

图 5.75

(5) 播放视频，发现在 8 秒 1 帧左右出现黑色边缘，如图 5.76 所示。回到“画面 3”合成，新建一个空对象，名称为“空 3”，将“图片 2”到“图片 7”这 6 层的“父级”选择为“空 3”，将“空 3”的“缩放”值修改为 105%。

图 5.76

视频讲解

(6) 将素材文件夹下的 Advertising. mp3 拖动到时间轴中，展开音频属性，如图 5.77 所示，设置“音频电平”关键帧，16 秒时为 0dB，17 秒时为 −20dB，背景音乐在结尾时音量逐渐变弱。

图 5.77

作业

一、模拟练习

打开“Lesson05 模拟/complete/05 模拟 complete(CC 2018). aep”进行浏览播放，根据上述知识点，参考完成案例，做出模拟场景。课件资料已完整提供，获取方式见前言。

要求 1：创建形状图层。

要求 2：使用遮罩。

要求 3：为形状图层修改属性。

二、自主创意

自主创造出一个场景，应用本章所学习知识，熟练掌握图层的基本操作，创作作品。

三、理论题

1. 在 After Effects 中可创建哪些图层？

2. 调整图层与其他图层的区别？

3. 图层中的“锚点”和“位置”的属性值代表着什么？

第6章 遮罩与蒙版

微课视频 56分钟(6个)

本章学习内容：

(1) 蒙版的基本操作；

(2) 蒙版的羽化与扩展；

(3) 蒙版之间的布尔运算；

(4) 轨道遮罩；

(5) 图层混合模式。

完成本章的学习需要大约2小时，相关资源获取方式见本书前言。

知识点

钢笔工具的使用　形状工具的使用　蒙版的整体羽化　蒙版的部分羽化　蒙版的拓展　布尔运算　亮度遮罩的使用　Alpha遮罩的使用　图层的混合模式

本章案例介绍

范例：

本章范例视频是关于风景浏览的视频，采用水墨水彩晕染遮罩效果。通过这个范例进一步了解和掌握遮罩与蒙版的使用方法，如图6.1所示。

图　6.1

模拟案例：

本章模拟案例是关于科技素材的蒙版遮罩的视频，如图6.2所示。

图　6.2

6.1　预览范例视频

(1) 右击“lesson06/范例/complete”文件夹的“06 范例 complete(CC 2018).mp4”，播放视频，可以看到优美的风景。

(2) 关闭播放器。

(3) 也可以用After Effects打开源文件进行预览，在After Effects菜单栏中选择“文件”→“打开项目”命令，再选择“lesson06/范例/complete”文件夹下的“06 范例 complete(CC 2018).aep”，单击“预览”面板的“播放/停止”按钮，预览视频。

6.2　蒙版工具的使用

蒙版可以是一个图形，也可以是一个路径绘制区域，蒙版创建后只有蒙版中的内容才会被显示出来，外面的物体就会被遮住，显示为黑色，如果下面还有另一个层，那么该层被蒙版部分就会显示出来。

在使用蒙版的过程中，由于经常根据实际来绘制蒙版，所以在工具栏中有两类共10种工具，分为“形状工具组”和“钢笔工具组”。

6.2.1　钢笔工具组的使用

（1）右击打开“lesson06/范例/start”文件夹中的“06 知识点 start(CC 2018).aep”，另存为“06 知识点 demo(CC 2018).aep”。

（2）在“项目”面板中双击打开“合成”文件夹下的“钢笔工具组的使用”合成，将在“项目”面板中将“素材”文件夹下的 BG.jpg 和“前景.jpg”两个素材拖动到“钢笔工具组的使用”合成中，如图 6.3 所示。

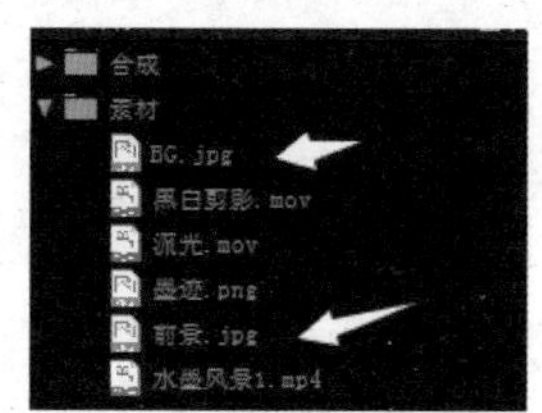

图　6.3

（3）将“前景.jpg”图片放在 BG.jpg 图片上，将它们调整到合适位置，如图 6.4 所示。

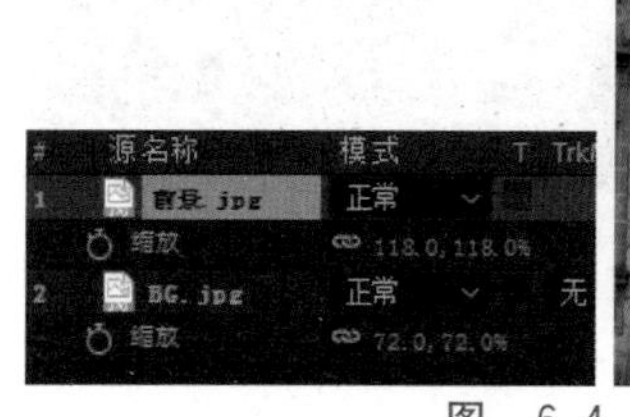

图　6.4

（4）选择“钢笔工具”，单击选中“前景.jpg”图片，沿着门窗勾画蒙版，并在“前景.jpg”图片层下“蒙版 1”中单击选中“反转”选项，如图 6.5 所示。

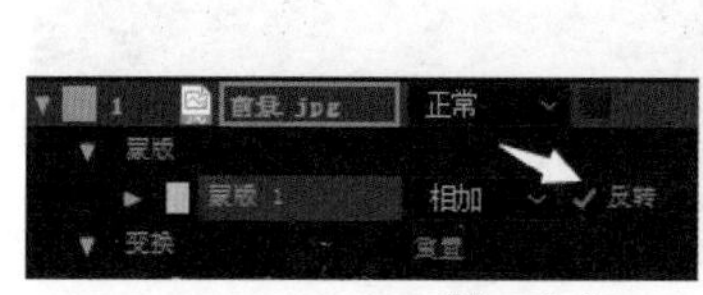

图　6.5

（5）在钢笔工具组中选择“转换‘顶点’工具”，并在合成窗口中调整蒙版曲线，将其完全贴合窗口，如图 6.6 所示。

（6）选中 BG.jpg 图片，在菜单栏中找到“效果”中的“颜色校正”中“黑色和白色”，并应用该效果，如图 6.7 所示。

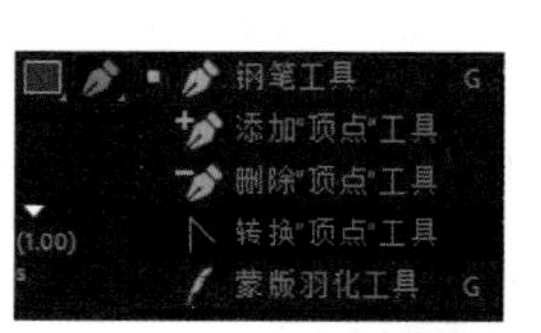

视频讲解

图　6.6

图　6.7

6.2.2　形状工具组的使用

（1）在“项目”面板中双击打开“合成”文件夹下的“形状工具组的使用”合成。

（2）在合成时间轴的空白处右击，在弹出的快捷菜单中选择“新建”→“纯色”命令，新建一个纯色层，使用“矩形工具”同组的形状工具，可以建立形状蒙版。

（3）在创建蒙版之前需要先选中图层，可以随意画取图形，如图 6.8 所示。

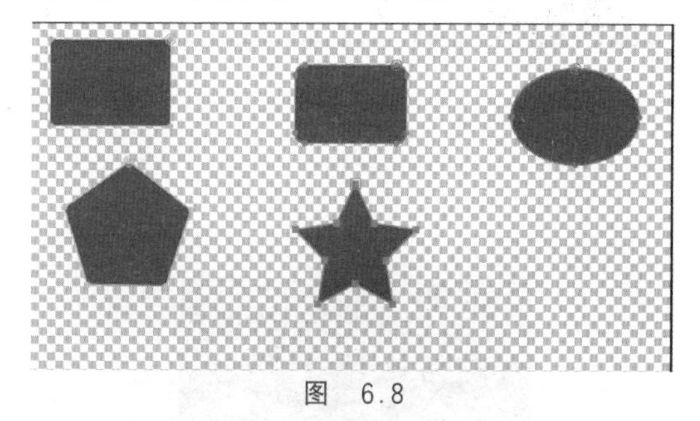

图　6.8

（4）按住 Shift 键可以创建正方形或正圆形的蒙版，如图 6.9 所示。

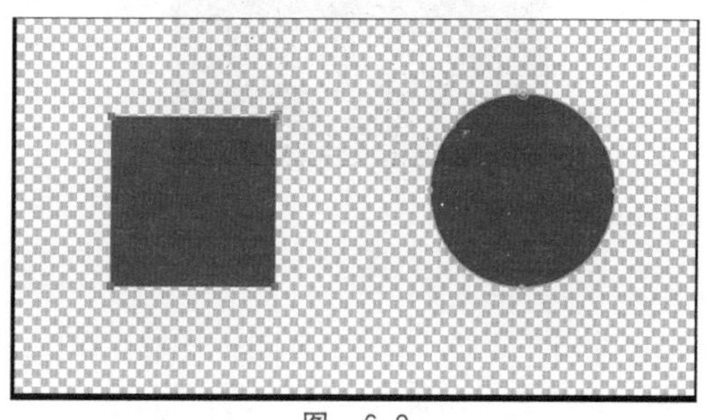

图　6.9

视频讲解

6.3　蒙版的羽化与扩展

蒙版的羽化在蒙版的使用过程中非常常见，它的使用可以图像产生虚化感，达到一种视觉上的特殊效果。

6.3.1　蒙版的整体羽化

(1) 在“项目”面板中双击打开“合成”文件夹下的“蒙版整体羽化”合成。

(2) 新建一个纯色层，并将“颜色”值设置为＃FA6432，如图 6.10 所示。

图　6.10

(3) 选择“形状”工具的“椭圆工具”，按 Shift 键勾画出一个圆形，并按 Ctrl＋C 键复制一个相同的圆形，按 Ctrl＋V 键粘贴这个圆形，如图 6.11 所示。

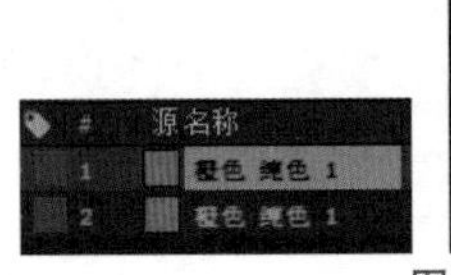

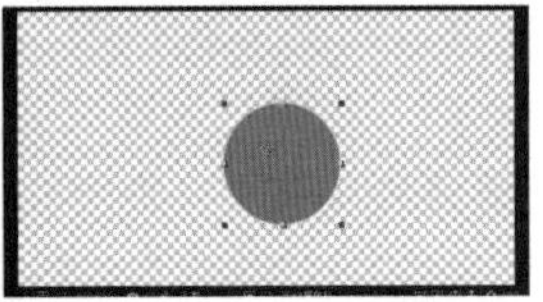

图　6.11

(4) 选择第二个纯色层，找到“蒙版羽化”选项，将“羽化”值设置为 150 像素，如图 6.12 所示。

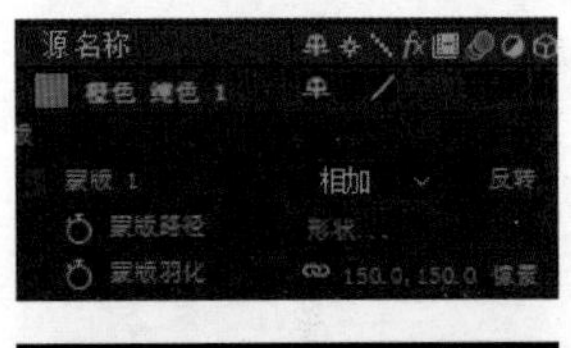

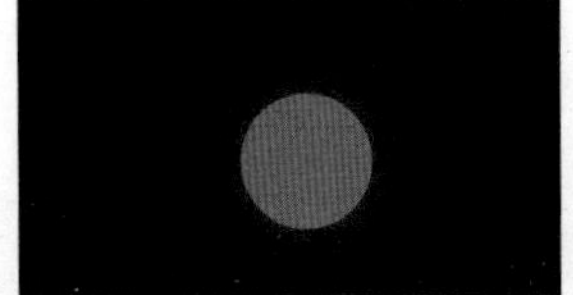

图　6.12

6.3.2　蒙版的局部羽化

(1) 在“项目”面板中双击打开“合成”文件夹下的“蒙版局部羽化”合成。新建一个纯色层，并将“颜色”值设置为＃FA6432。

(2) 选择“椭圆工具”，按 Shift 键勾画出一个圆形，在工具栏中选择“蒙版羽化”工具，在“蒙版路径”上单击，向右上方拖动，这样拉出羽化的范围虚线，然后在左下方的虚线上单击，并拉向蒙版的路径，减少左下方的羽化，如图 6.13 所示。

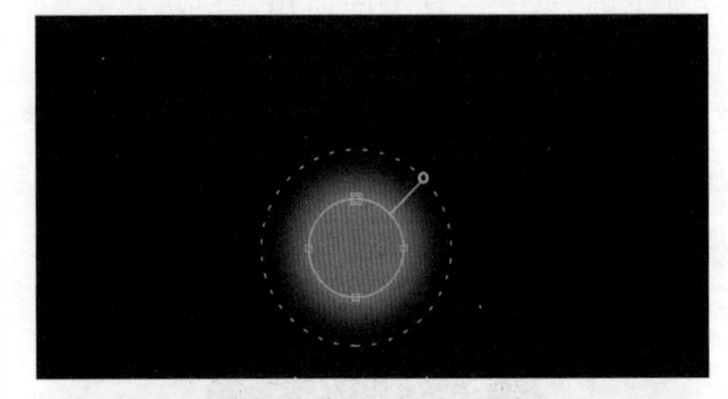

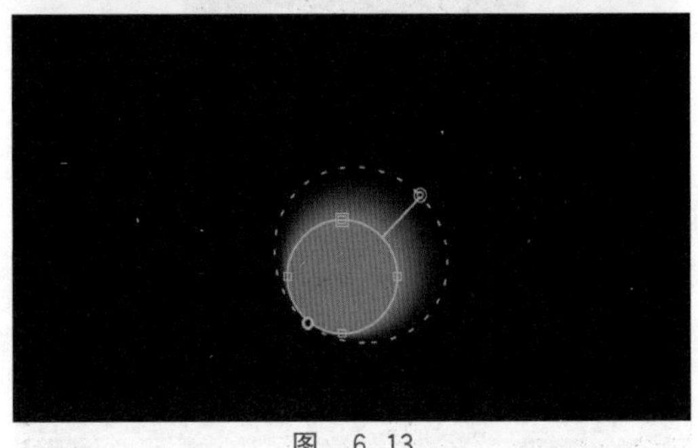

图　6.13

(3) 在羽化虚线的左右单击添加 4 个顶点，调整左右羽化顶点的位置，形成火球下降的效果，如图 6.14 所示。

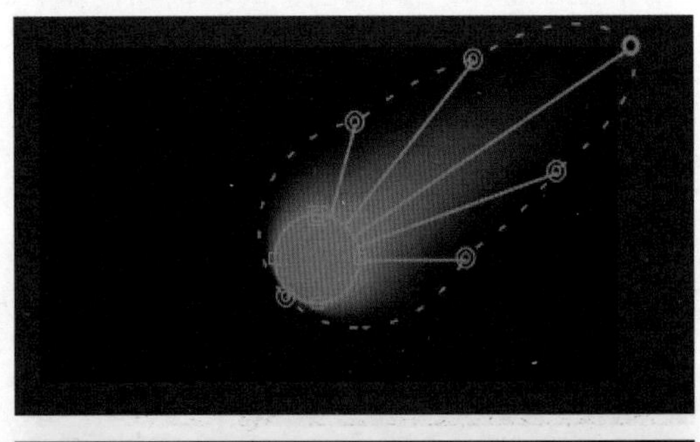

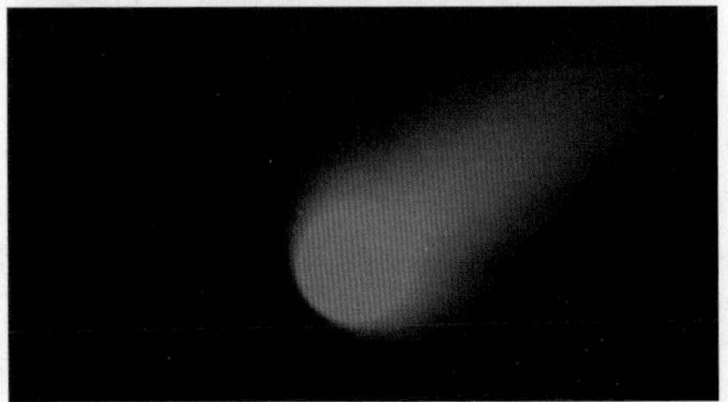

图　6.14

6.3.3　蒙版的扩展

蒙版的扩展则是指在蒙版现有的基础上扩展或收缩若干像素。

（1）在“项目”面板中双击打开“合成”文件夹下的“蒙版拓展”合成，在合成时间轴的空白处右击，新建一个纯色层，“颜色”为白色。

（2）选择“矩形工具”，在纯色层画一个矩形。

（3）找到“蒙版1”的“蒙版扩展”属性，将“蒙版扩展”值设置为50像素，观察效果，如图6.15所示。

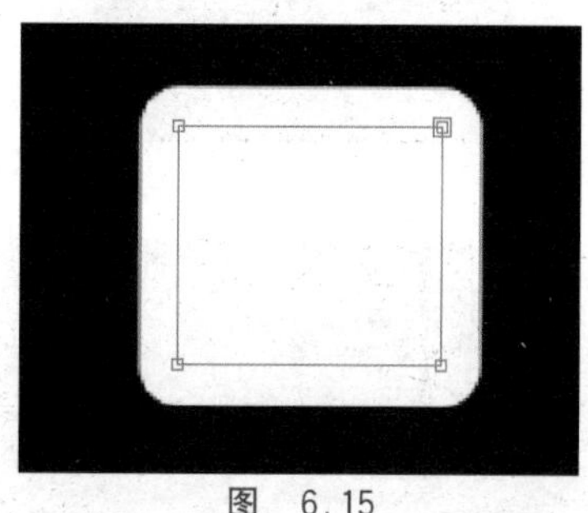

图　6.15

（4）通过观察发现，“蒙版扩展”效果，就是在原有的基础上扩展像素。

6.4　蒙版之间的布尔运算

6.4.1　蒙版相减

（1）在“项目”面板中双击打开“合成”文件夹下的“布尔运算”合成，新建一个纯色层，并将“颜色”设置为白色。

（2）选中纯色层，双击工具栏中的“椭圆工具”按钮，在其上建立一个正圆形的“蒙版1”，如图6.16所示。

图　6.16

视频讲解

（3）选中“蒙版1”，按Ctrl+D键，创建副本“蒙版2”，设置“蒙版2”的运算方式为“相减”，“蒙版扩展”值为－50像素，如图6.17所示。

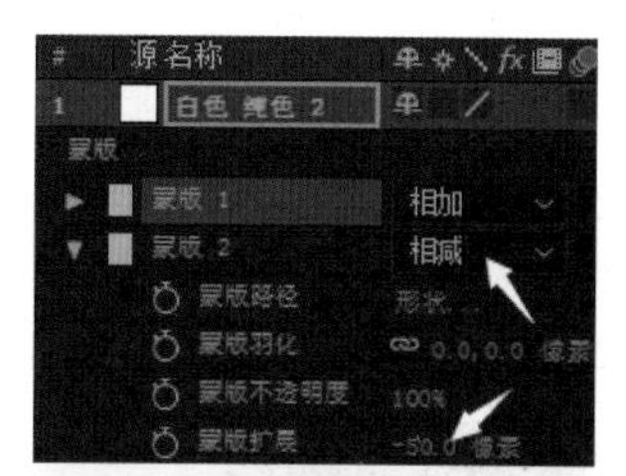

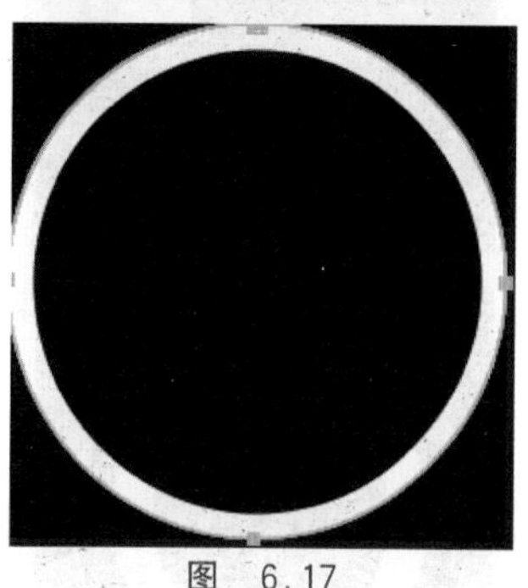

图　6.17

（4）通过“蒙版1”和“蒙版2”相减的效果可知，在布尔运算中，相减的结果是“蒙版1”减去“蒙版2”所剩下的部分。

6.4.2　蒙版交集

（1）在“蒙版2”中，将“蒙版扩展”值设置为－100像素，将“相减”更改为“交集”，观察效果，如图6.18所示。

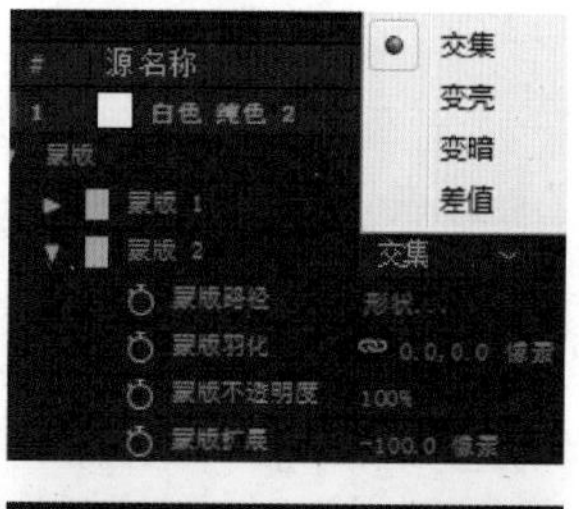

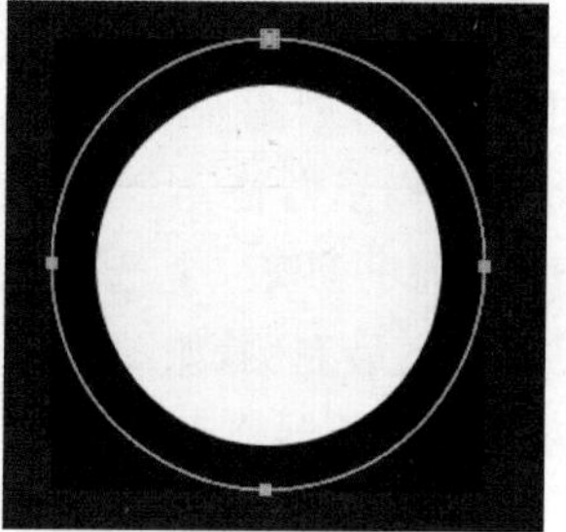

图　6.18

(2) 通过“蒙版 1”和“蒙版 2”交集的效果可知,在布尔运算中,交集的结果是保留两者共有的部分。

6.4.3 蒙版差值

(1) 在“蒙版 1”中,将“蒙版扩展”值设置为－200 像素,在“蒙版 2”中,将“相减”更改为“差值”,观察效果,如图 6.19 所示。

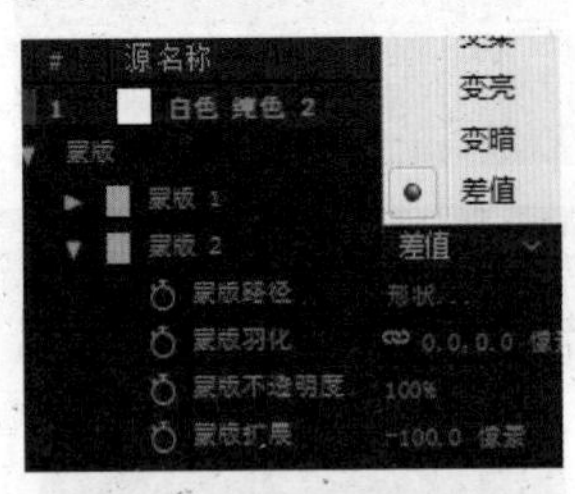

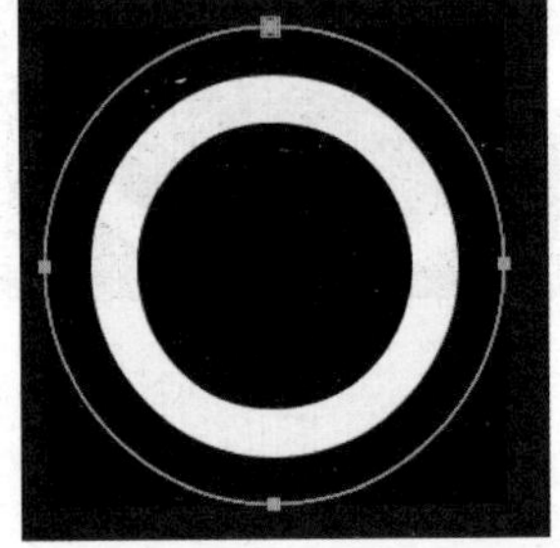

图 6.19

(2) 通过“蒙版 1”和“蒙版 2”差值的效果可知,在布尔运算中,差值的结果是“蒙版 1”和“蒙版 2”两者间较大者减去较小者剩下的部分。

视频讲解

6.5 蒙版的运动

(1) 在“项目”面板中双击打开“合成”文件夹下的“蒙版运动”合成,并将在“项目”面板中将“素材”文件夹下的“流光. mov”素材拖动到“蒙版运动”合成中。

(2) 选择“钢笔工具”,选中在“流光. mov”素材,绘制蒙版,如图 6.20 所示。

(3) 找到“蒙版羽化”值,将“蒙版羽化”值设置为 100 像素,如图 6.21 所示。

(4) 将时间指示器拖动到 0 秒处,单击打开“蒙版路径”前的秒表,全选右侧的所有顶点,并将其拖动到最左侧,如图 6.22 所示。

(5) 将时间指示器拖动到 2 秒处,并拖动右侧所有顶点到合成窗口的中间部分,如图 6.23 所示。

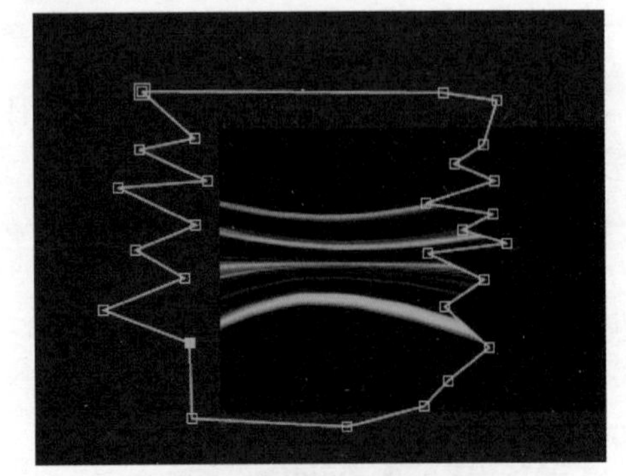

图 6.20

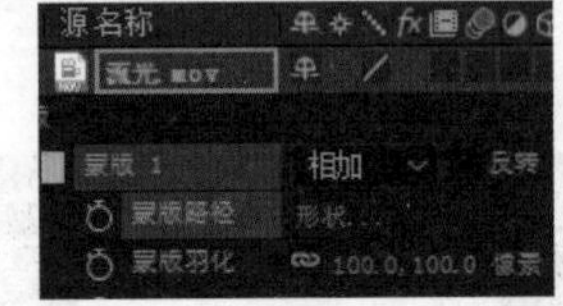

图 6.21

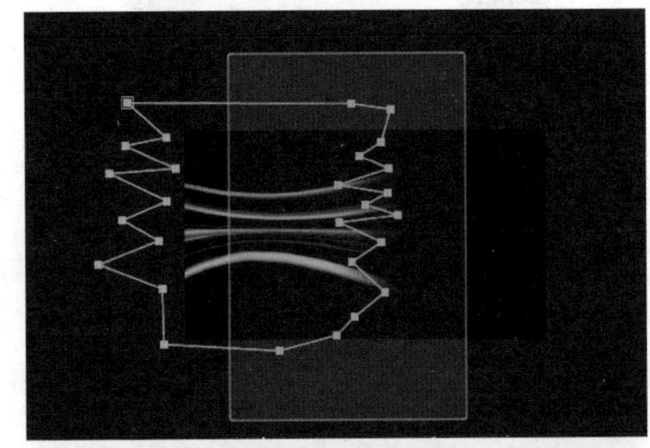

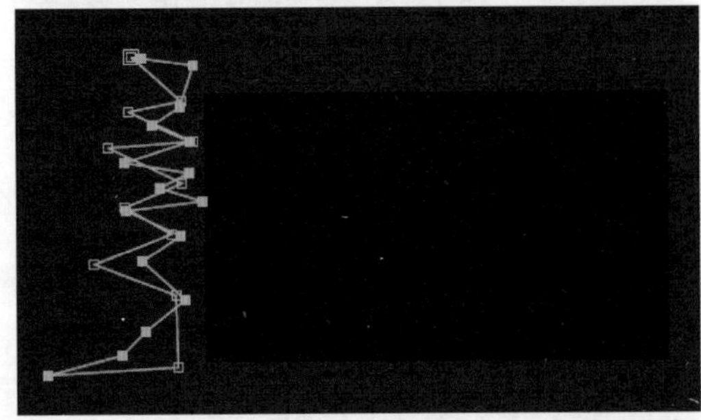

图 6.22

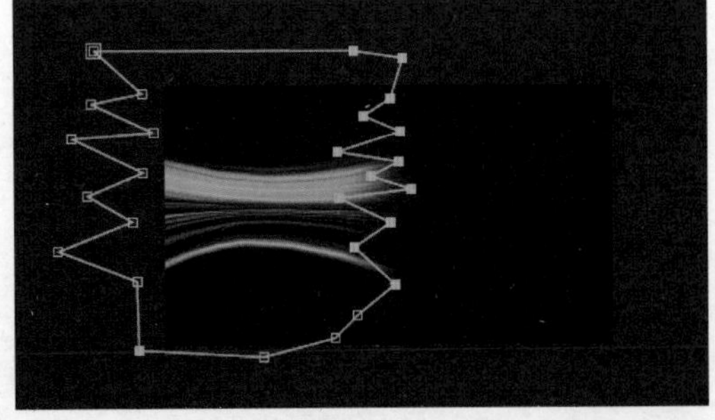

图 6.23

视频讲解

(6) 将时间指示器拖动到 4 秒处,并拖动右侧所有顶点到合成窗口的右侧部分,如图 6.24 所示。

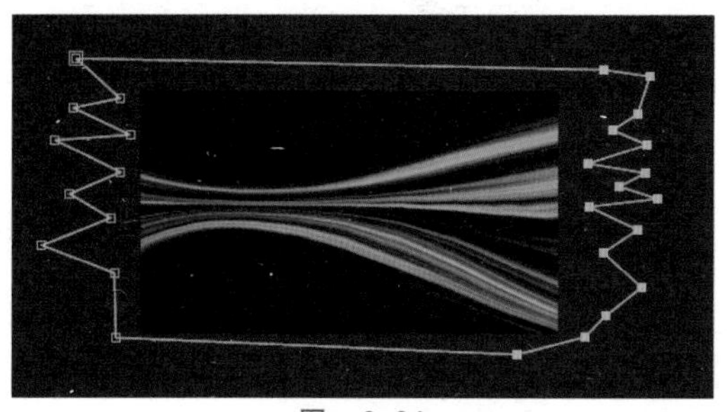

图 6.24

(7) 将时间指示器拖动到 8 秒处,单击打开"蒙版路径"前的关键帧。

(8) 将时间指示器拖动到 10 秒处,并拖动左侧所有顶点到合成窗口的右侧部分,如图 6.25 所示。

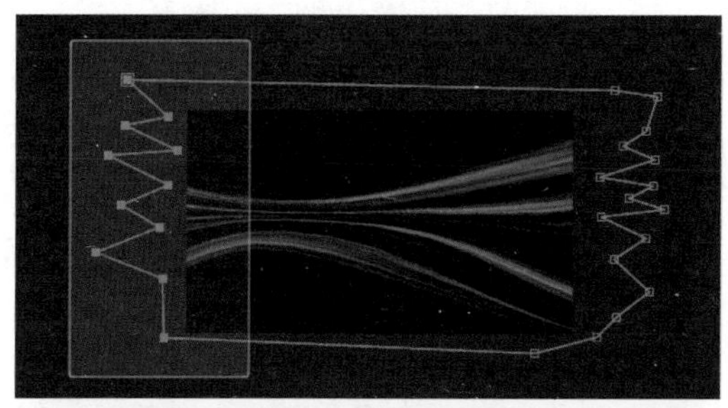

图 6.25

(9) 预览视频,观察效果。

6.6 轨道遮罩的使用

遮罩是一个选区的概念。至少要两个层才起作用。只能是下层去指定上层做遮罩。

6.6.1 轨道遮罩的使用方法

(1) 轨道遮罩至少需要两个层才可以使用,设置上层为下层的轨道蒙版。根据上层轮廓设置选区,在选区中显示下层的内容,如图 6.26 所示。

图 6.26

(2) 轨道遮罩可以根据一个层的亮度得到选区,还可以根据一个层的 Alpha(透明度)得到选区,如图 6.27 所示。

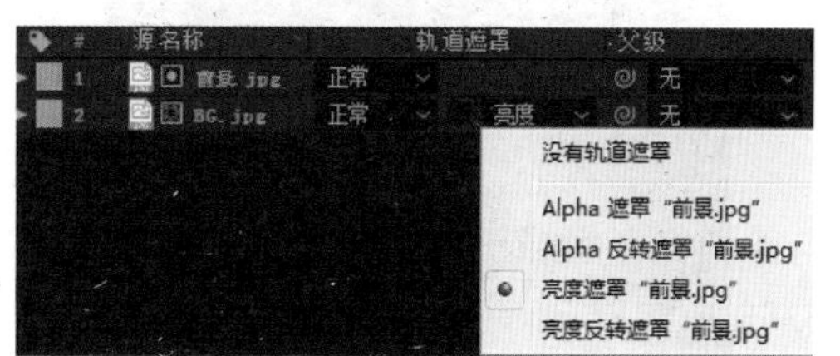

图 6.27

(3) 轨道遮罩的类型共有"Alpha 遮罩""Alpha 反转遮罩""亮度遮罩"和"亮度反转遮罩"4 种。

6.6.2 Alpha 遮罩

Alpha 遮罩记录图像中的透明度信息,可以记录透明、不透明和半透明区域,其中黑表示透明,白表示不透明,灰表示半透明。

(1) 在"项目"面板中双击打开"合成"文件夹下的"Alpha 遮罩"合成,并将在"项目"面板中将"素材"文件夹下的"水墨风景 1. mp4"和"墨迹. png"两个素材拖动到"Alpha 遮罩"合成中,将"墨迹. png"素材放在"水墨风景 1. mp4"素材上。

(2) 将"当前时间指示器"拖动到 0 秒处,单击打开"墨迹. png"素材的"缩放"属性前的秒表,并将"缩放"值设置为 0%。

(3) 将"当前时间指示器"拖动到 5 秒处,单击打开"墨迹. png"素材的"缩放"属性前的秒表,并将"缩放"值设置为 80%。

(4) 单击选择"水墨风景 1. mp4"的轨道遮罩设置,将其设置为"Alpha 遮罩'墨迹. png'",如图 6.28 所示。

图 6.28

(5) 预览视频,观察效果,如图 6.29 所示。

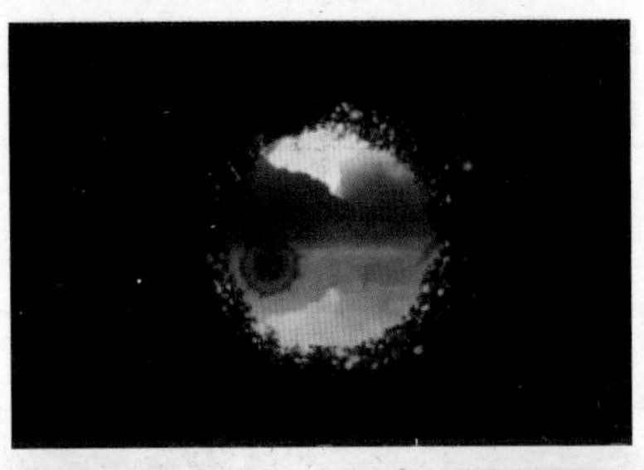

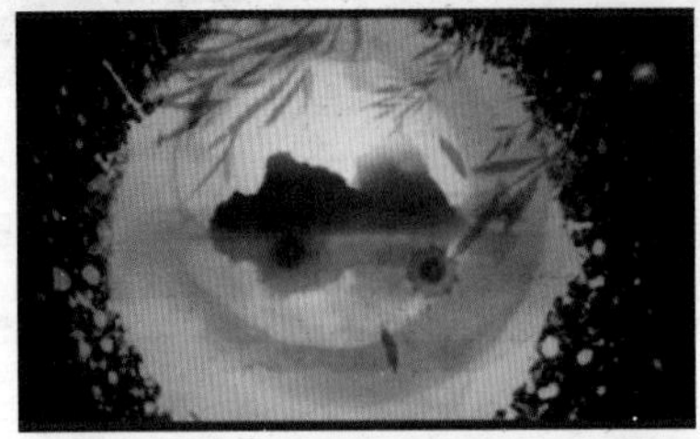

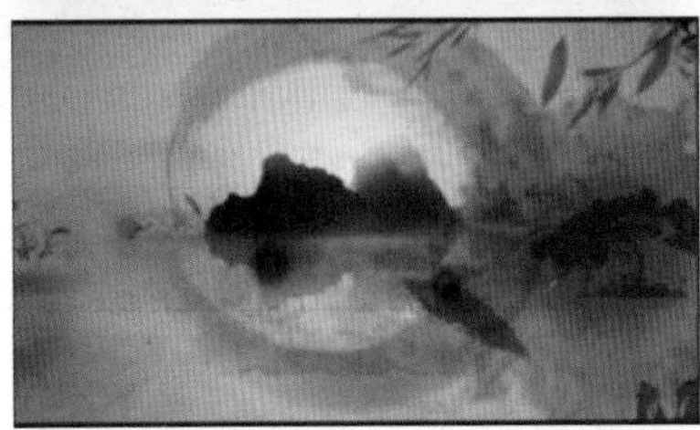

图 6.29

6.6.3 亮度遮罩

亮度遮罩则是根据上层的亮度显示下层,上层纯白色的地方下层不透明,上层纯黑色的地方下层透明。

(1) 在“项目”面板中双击打开“合成”文件夹下的“亮度遮罩”合成,并将在“项目”面板中将“素材”文件夹下的“黑白剪影. mov”素材拖动到“亮度遮罩”合成中,将素材的“缩放”值设置为 60%。

(2) 新建一个纯色层,将“颜色”设置为蓝色,并将其调整到“黑白剪影. mov”素材的下方,如图 6.30 所示。

图 6.30

(3) 单击选择纯色层的轨道遮罩设置,将其设置为“亮度遮罩‘黑白剪影. mov’”,如图 6.31 所示。

(4) 预览视频,观察效果。

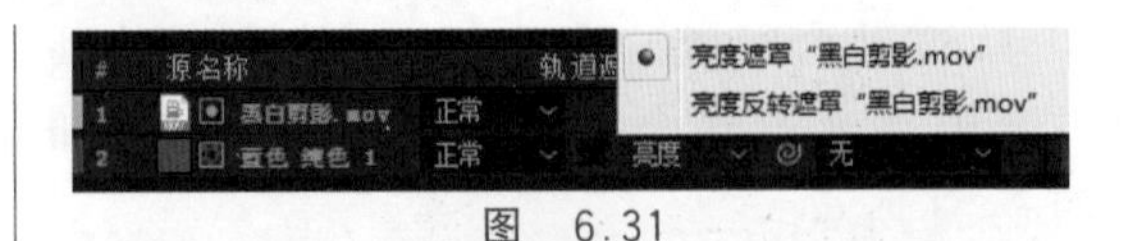

图 6.31

6.7 范例制作

6.7.1 工作原理介绍

本范例中,有多个合成的嵌套,在“总视频”合成中,包含 3 个“风景视频”合成,在“风景视频”合成中,通过对遮罩与蒙版的有关知识点的使用,来达到视频效果。

6.7.2 新建文件

(1) 打开“lesson10/范例/start”文件夹下的“06 范例 start(CC 2018). aeq”, 将文件另存为“06 范例 demo (CC 2018). aep”,所需素材已导入“项目”面板中的“范例素材”文件夹中。

(2) 新建合成,将新建合成命名为“总视频”,并将合成的“宽度”和“高度”设置为 1920px 和 1080px,“帧速率”为 25 帧/秒,“持续时间”为 14 秒。

(3) 选择“白色背景视频. mov”和“音乐. mp3”两个素材拖动到“总视频”合成的“时间轴”面板中并将“白色背景视频. mov”素材放在“音乐. mp3”素材之上,如图 6.32 所示。

图 6.32

(4) 新建合成,将新建合成命名为“风景视频 1”,将合成的“宽度”和“高度”设置为 1920px 和 1080px, “帧速率”为 25 帧/秒,“持续时间”为 4 秒,并将“风景视频 1”拖动到“总视频”合成的“时间轴”面板中,如图 6.33 所示。

6.7.3 创建“缩放属性”纯色层

(1) 单击选择“风景视频 1”合成,在“风景视频 1”合成中选择新建纯色层,并将其命名

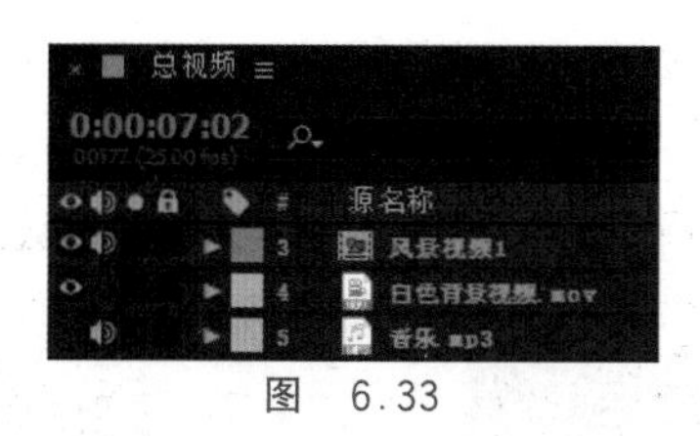

图　6.33

为“缩放属性”,“颜色”任意,如图 6.34 所示。

图　6.34

(2) 将“当前时间指示器”拖动到 0 秒处,单击打开纯色层的“缩放”属性前的秒表,将时间轴拖动到 2 秒处,将缩放值设置为 90%,如图 6.35 所示。

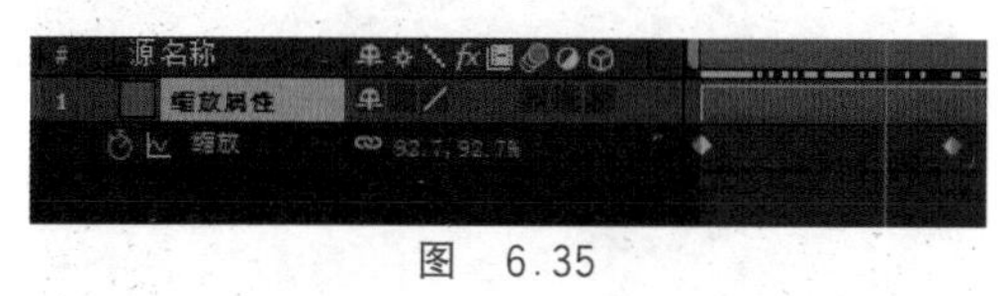

图　6.35

(3) 找到“缩放属性”纯色层的不透明度属性,将不透明度设置为 0%。

6.7.4　创建“位置与旋转”纯色层

(1) 在“风景视频 1”合成中选择新建纯色层,并将其命名为“位置与旋转”,并将其放在“缩放属性”图层下方,如图 6.36 所示。

图　6.36

(2) 将“当前时间指示器”拖动到 0 秒处,单击打开纯色层的“位置”属性前的秒表,将“位置”值设置为(−920,540),并将鼠标指针放在 0 秒处的关键帧上,右击,在弹出的快捷菜单中选择“关键帧插值”命令,将“临时插值”设置为“贝塞尔曲线”,“空间插值”设置为“自动贝塞尔曲线”,如图 6.37 所示。

(3) 将“当前时间指示器”拖动到 2 秒处,将“位置”值设置为(960,540),如图 6.38 所示。

视频讲解

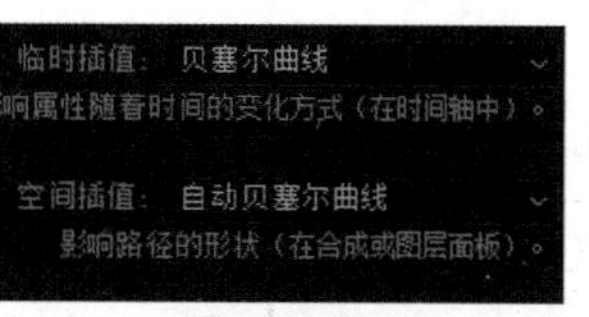

图　6.37

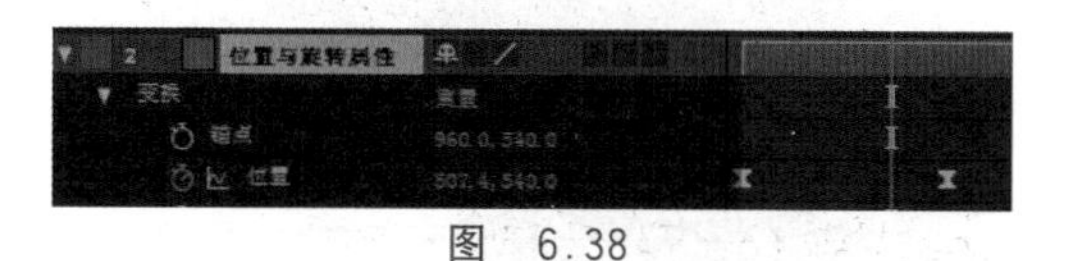

图　6.38

(4) 将“当前时间指示器”拖动到 0 秒处,单击打开纯色层的旋转属性前的秒表,将旋转值设置为−11°,将“当前时间指示器”拖动到 2 秒处,将旋转值设置为 0°,如图 6.39 所示。

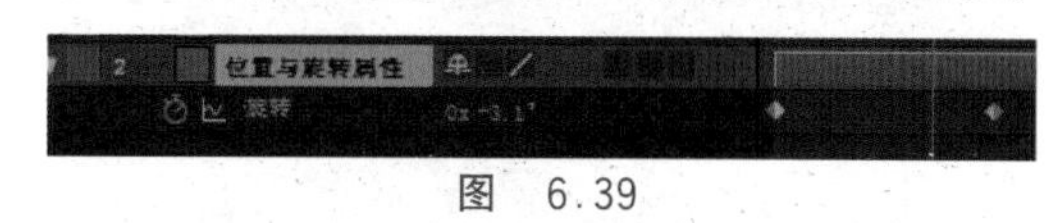

图　6.39

(5) 找到纯色层的缩放属性,将缩放值设置为 110%,找到纯色层的不透明度属性,将不透明度值设置为 0%。

6.7.5　使用亮度遮罩效果

(1) 新建合成,将合成命名为“水墨视频 1”,将合成的“宽度”和“高度”设置为 1920px 和 1080px,“帧速率”为 25 帧/秒,“持续时间”为 4 秒。

(2) 新建合成,将合成命名为“风景 1”,将合成的“宽度”和“高度”设置为 1920px 和 1080px,“帧速率”为 25 帧/秒,“持续时间”为 4 秒。

(3) 将“水墨视频 1”合成和“风景 1”合成拖动到“风景视频 1”合成中,并将“水墨视频 1”合成放在“风景 1”合成上方,如图 6.40 所示。

图　6.40

(4) 单击进入“水墨视频 1”合成中,将“水墨.mov”拖动到合成的“时间轴”面板中,单击进入“风景 1”合成中,将“风景 1.jpg”拖动到合成的"时间轴"面板中。

(5) 在"风景视频 1"合成中,选择"风景1"合成,将其轨道遮罩设置为"亮度遮罩'水墨视频 1'",如图 6.41 所示。

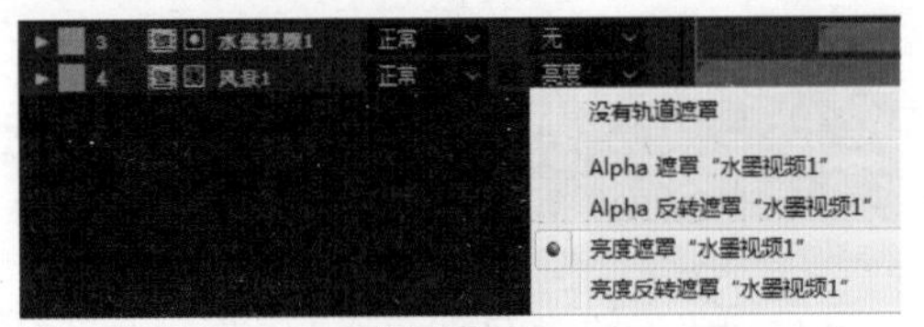

图 6.41

(6) 选择"水墨视频 1"合成,将时间条拖动到第 1 秒 13 帧处,如图 6.42 所示。

图 6.42

(7) 分别选择"水墨视频 1"合成和"风景1"合成中的"位置"属性,将其设置为(−920,540),并分别选择"旋转"属性,将其值设置为−11°。

6.7.6 设置边角颜色填充

(1) 选择新建 4 个合成,分别将合成命名为"左上边角 1""右上边角 1""左下边角 1"和"右下边角 1",将合成的"宽度"和"高度"设置为 1920px 和 1080px,"帧速率"为 25 帧/秒,"持续时间"为 4 秒。

(2) 将新建的 4 个合成拖动到"风景视频 1"合成中,并按如图 6.43 所示的顺序排列。

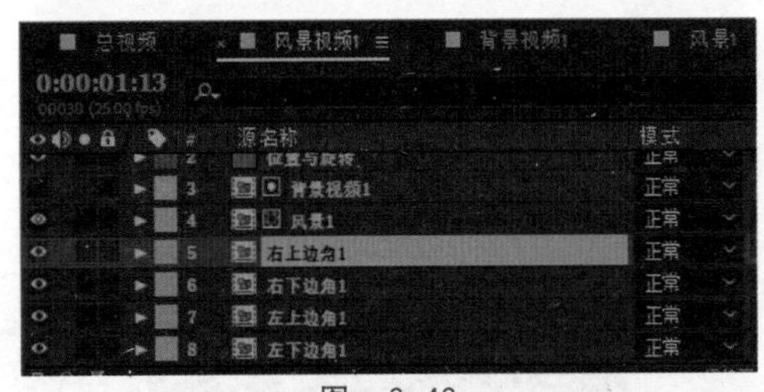

图 6.43

(3) 单击进入"右上边角 1"合成中,将"项目"面板中的"墨色 2.png"素材拖到"时间轴"面板中,并将其"缩放"值设置为 55%。

(4) 在"效果和预设"面板中,搜索"填充"特效并应用于"墨色 2.png",在"效果控件"面板将"颜色"修改为#56822A,如图 6.44 所示。

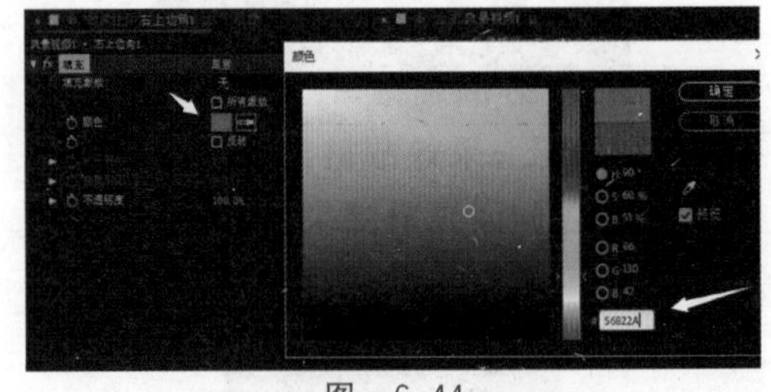

图 6.44

(5) 单击进入"右下边角 1"合成中,将"项目"面板中的"墨色 1.png"素材拖到"时间轴"面板中,并将其"缩放"值设置为 45%。

(6) 在"效果和预设"面板中,搜索"填充"特效并应用于"墨色 1.png",并在"效果控件"面板将颜色修改为#822A2A,如图 6.45 所示。

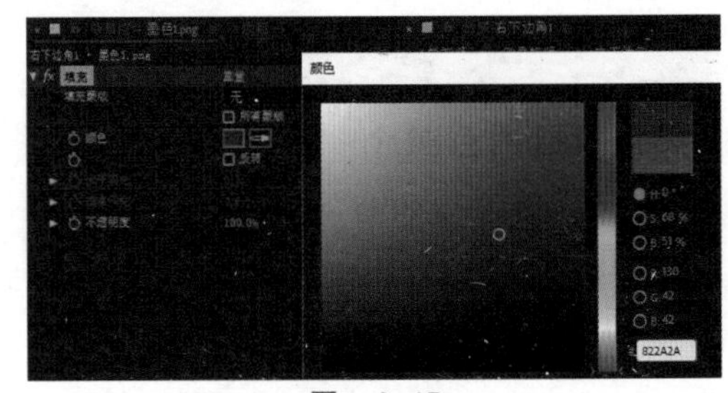

图 6.45

(7) 单击进入"左上边角 1"合成中,将"项目"面板中的"墨色 3.png"素材拖到"时间轴"面板中,并将其"缩放"值设置为 70%。

(8) 在"效果和预设"面板中,搜索"填充"特效,并在"效果控件"面板将"颜色"修改为#2A6C82,如图 6.46 所示。

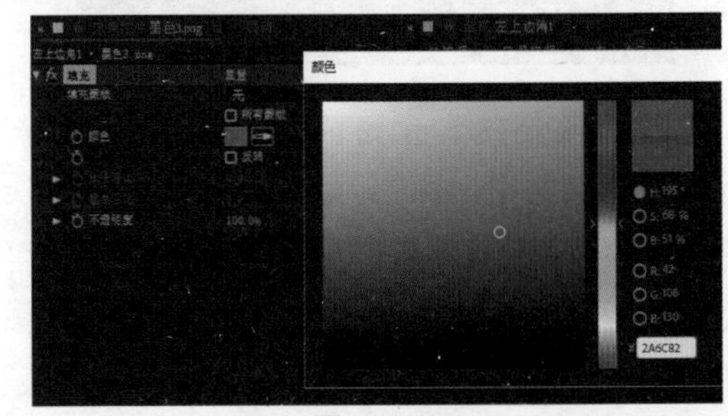

图 6.46

(9) 单击进入"左下边角 1"合成中,将"项目"面板中的"墨色 2.png"素材拖到"时间轴"面板中,并将其"缩放"值设置为 70%。

(10) 在“效果和预设”面板中,搜索“填充”特效,并在“效果控件”面板将“颜色”修改为#583C5A,如图6.47所示。

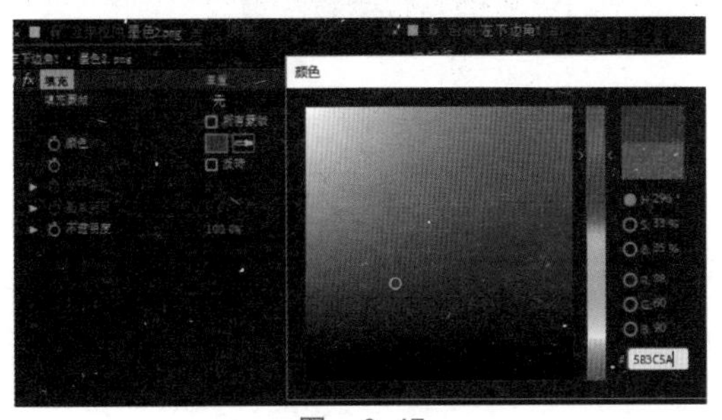

图　6.47

(11) 在“风景视频1”中,将“右上边角1”合成的“缩放”值设置为23%,“位置”值设置为(−720,90),“旋转”值设置为110°;将“右下边角1”合成的“缩放”值设置为37%,“位置”值设置为(−370,850);将“左上边角1”合成的“缩放”值设置为30%,“位置”值设置为(−1425,200);将“左下边角1”合成的“缩放”值设置为37%,“位置”值设置为(−1165,990)。

(12) 将“当前时间指示器”拖动到0秒处,找到4个合成的“不透明度”属性,打开“不透明度”属性的秒表,将4个合成的“不透明度”都设置为0%;将“当前时间指示器”拖动到2秒处,将4个合成的“不透明度”都设置为50%;将“当前时间指示器”拖动到3秒处,将4个合成的“不透明度”都设置为100%。

6.7.7　使用Alpha遮罩

(1) 新建合成,并将合成命名为“边框上1”,将持续时间调整为4秒。

(2) 单击进入“边框上1”合成中,新建纯色层,并将“颜色”设置为白色,如图6.48所示。

(3) 新建合成,并将合成命名为“边框下1”,将持续时间调整为4秒。

(4) 单击进入“边框下1”合成中,将“项目”面板中的“边框.jpg”拖入合成中。

(5) 将“边框上1”合成和“边框下1”合成拖入“风景视频1”合成中,并将“边框上1”合成放在“边框下1”合成上方。

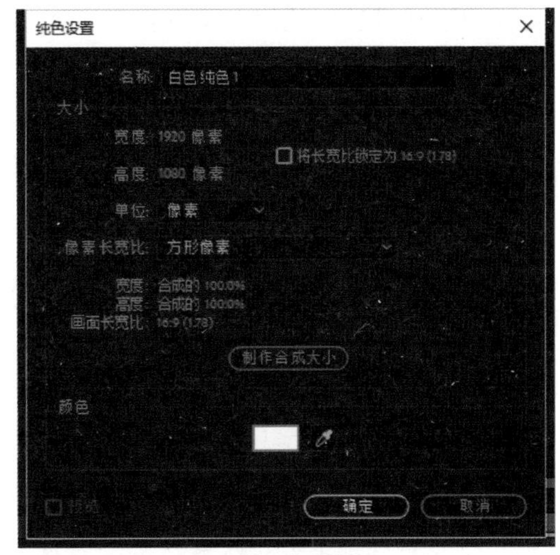

图　6.48

(6) 在“风景视频1”合成中,选择“边框下1”合成,将其轨道遮罩设置为“Alpha遮罩‘边框上1’”,如图6.49所示。

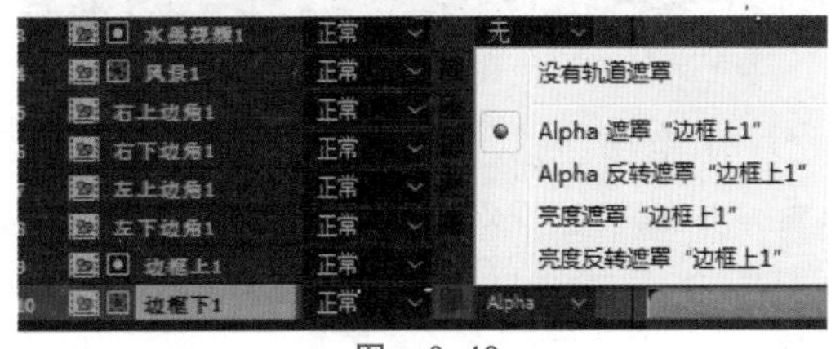

图　6.49

(7) 调整“边框上1”合成和“边框下1”合成的“位置”值为(−920,540),“旋转”值为−11°。

6.7.8　“父子关系”与“背景视频”的使用

(1) 找到“位置与旋转”图层的“父级关系”选项,选择“缩放属性”图层为其父级。

(2) 在“风景视频1”合成中,将其中所有合成的父级关系都设为“位置与旋转属性”图层。

(3) 在“项目”面板中,将命名为“背景视频1.mp4”素材拖入“风景视频1”合成中,并将其放在“边框下1”合成下方。

6.7.9　“风景视频2”合成和“风景视频3”合成的制作

“风景视频2”合成和“风景视频3”合成的制作内容与“风景视频1”合成基本一致,所以此处不再赘述,只将两者与“风景视频 1”合成的不同之处讲解一下。

(1) 在“风景视频 2”合成和“风景视频 3”合成中,将“风景 2”合成和“风景 3”合成中的图片分别为“风景 2.jpg”和“风景 3.jpg”。

(2) 在“风景视频 2”合成和“风景视频 3”合成中,将背景视频分别换为“背景视频 2.mp4”和“背景视频 3.mp4”。

6.7.10 “总视频”合成设置

(1) 调整“风景视频 1”合成、“风景视频 2”合成和“风景视频 3”合成的顺序,将“风景视频 3”合成放在最上方,“风景视频 2”合成其次,“风景视频 1”合成在最后,如图 6.50 所示。

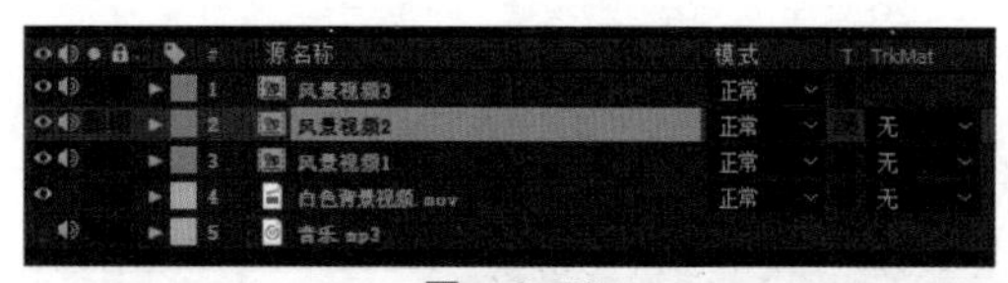

图 6.50

(2) 拖动“风景视频 1”合成的时间条,将其起点设置为 2 秒处,拖动“风景视频 2”合成的时间条,将其起点设置为 6 秒处,拖动“风景视频 3”合成的时间条,将其起点设置为 10 秒处,如图 6.51 所示。

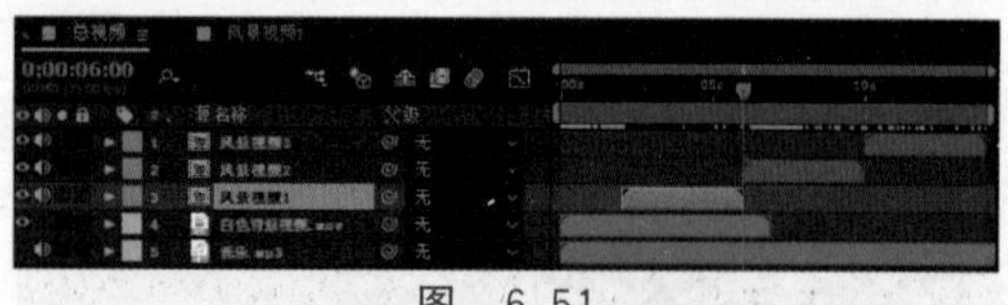

图 6.51

作业

一、模拟练习

打开“Lesson06/模拟/complete/06 模拟 complete(CC 2018).aep”进行浏览播放,参考完成案例,根据本章所学知识内容,完成项目制作。课件资料已完整提供,获取方式见本书前言。

模拟练习作品是关于科技背景的蒙版遮罩视频,视频通过使用钢笔工具等遮罩与蒙版的有关知识点进行制作,来达到视频效果。

二、自主创意

应用本章学习的关键帧知识和其他知识点,自主设计一个 After Effects 作品,也可以把自己完成的作品上传到课程网站进行交流。

三、理论题

1. 简述蒙版的有关理论与概念。
2. 简述遮罩发有关理论与概念。
3. 简述蒙版的有关用途。

第7章 形状动画

▶微课视频 78分钟(8个)

本章学习内容：

(1) 使用形状工具创建形状图层；

(2) 设置形状图层的属性；

(3) 使用钢笔工具绘制图形；

(4) 形状图层中合并路径的使用。

完成本章的学习需要大约3小时，相关资源获取方式见本书前言。

知识点

创建形状图层　形状工具的使用　钢笔工具的使用　修改形状图层属性　形状图层下的“添加”按钮　合并路径

本章案例介绍

范例：

本章范例制作的是一个水果动画，动画由4个画面组成，使用形状工具对4个画面的切换添加效果，从而熟练掌握形状工具的使用，了解形状图层，如图7.1所示。

图 7.1

模拟案例：

本章模拟案例运用本章所学习的形状图层的相关知识，参照已完成的模拟案例进行制作，熟练掌握形状图层，如图7.2所示。

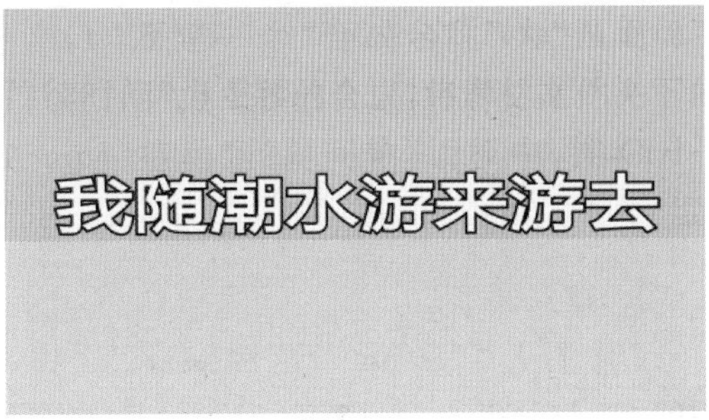

图 7.2

7.1 预览范例视频

(1) 右击“lesson07/范例/complete”文件夹的“07 范例 complete(CC 2018).mp4”，播放视频。

(2) 关闭播放器。

(3) 也可以用 After Effects 打开源文件进行预览，在 After Effects 菜单栏中选择“文件”→“打开项目”命令，再选择“lesson07/范例/complete”文件夹的“07 范例 complete(CC 2018).aep”，单击“预览”面板的“播放/停止”按钮，预览视频。

7.2 创建形状图层

7.2.1 关于形状图层

形状图层是矢量图层，由矢量图形对象组成，其特点是无论放大、缩小或旋转等都不会失真。一般情况下，形状包括路径、描边和填充。可以使用形状工具或钢笔工具在“合成”面板中进行绘制和编辑形状路径，创建形状图层。

形状路径包括段和顶点，段是连接顶点的直线或曲线，顶点表示路径各段开始和结束的位置。通过拖动路径顶点、每个顶点的方向线(或切线)末端的方向手柄,或路径段本身,可更改路径的形状。

形状路径有两种:参数形状路径和贝塞尔曲线形状路径。绘制形状路径后可以在“时间轴”面板中修改图层的属性,用数值定义参数形状路径。可以在“合成”面板中修改的顶点(路径点)和段的集合定义贝塞尔曲线的形状路径。可以使用蒙版路径相同的方式使用贝塞尔曲线形状路径,所有蒙版路径都是贝塞尔曲线路径。

视频讲解

7.2.2 使用形状工具创建形状图层

1. 建立圆形

(1) 打开“ lesson07/范例/start”文件夹下的“07 知识点 start(CC 2018). aep”,将文件另存为“07 知识点 demo(CC 2018). aep”。在“项目”面板中双击打开“7. 2. 2”文件夹下的“椭圆工具的使用”合成,双击工具栏中的“椭圆工具”,会在合成里建立一个最大尺寸的椭圆形,在“时间轴”面板中自动生成形状图层,如图 7. 3 所示。

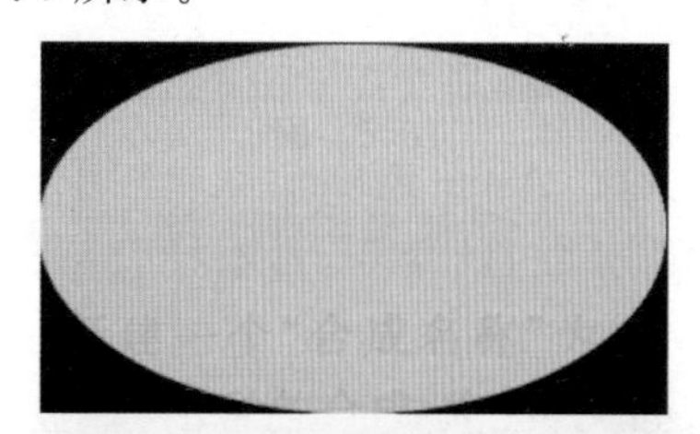

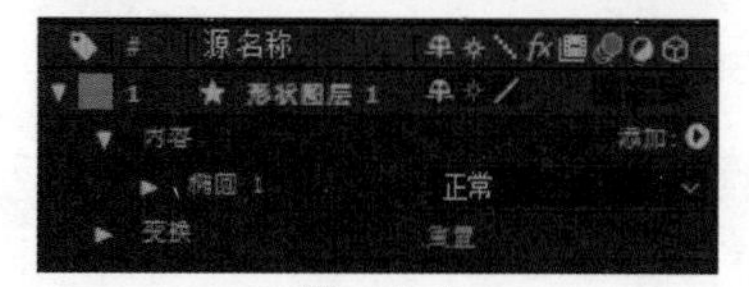

图 7.3

(2) 展开图层,可以看到椭圆的大小和合成的宽度、高度保持一致,宽度为 1920px,高度为 1080px。取消“大小”数值前面的约束比例,将(1920,1080)更改为(1080,1080),如图 7. 4(a)所示。图形变成了在合成里最大尺寸的正圆形,如图 7. 4(b)所示。

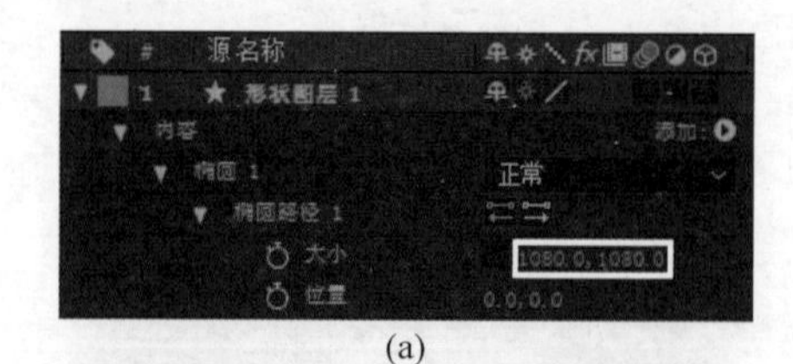

(a)

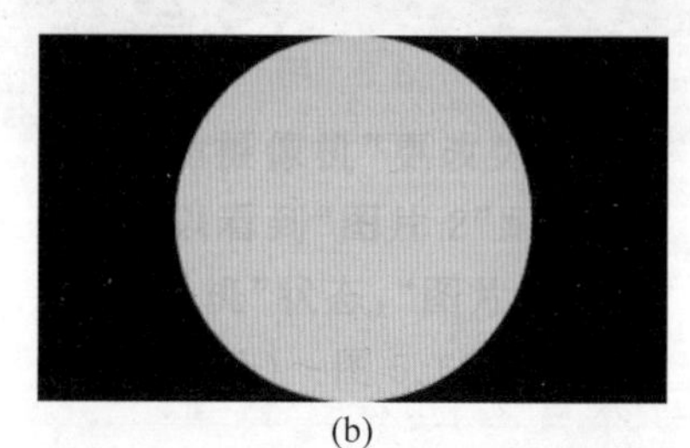

(b)

图 7.4

2. 建立圆角矩形

(1) 打开“圆角矩形工具的使用”的合成,在工具栏中选择“圆角矩形工具”,在“合成”面板中绘制一个圆角矩形,如图 7. 5(a)所示。展开“矩形路径 1”属性,调整圆角矩形的“圆度”为 120,如图 7. 5(b)和图 7. 5(c)所示。

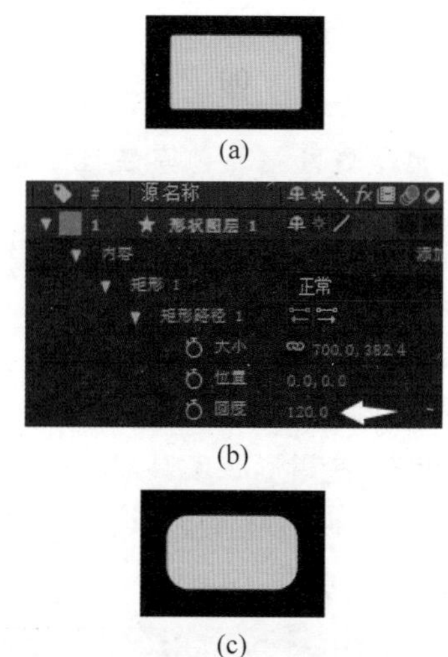

图 7.5

(2) 在工具栏或“时间轴”面板中调整圆角矩形的填充、描边颜色或描边宽度,如图 7. 6 所示。

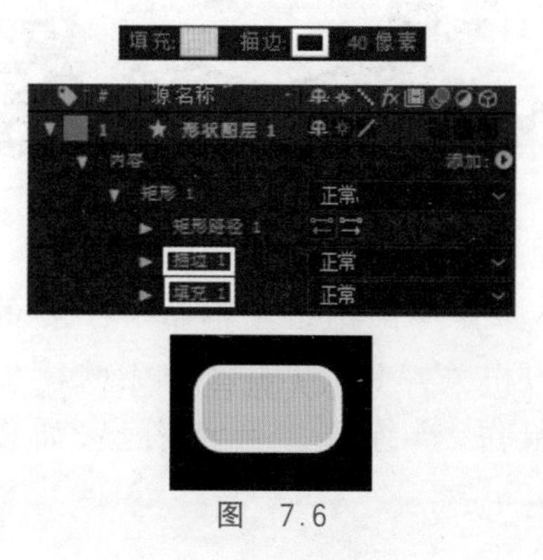

图 7.6

(3) 若不填充颜色可隐藏填充或者将“不透明度”改为0%,如图7.7所示。

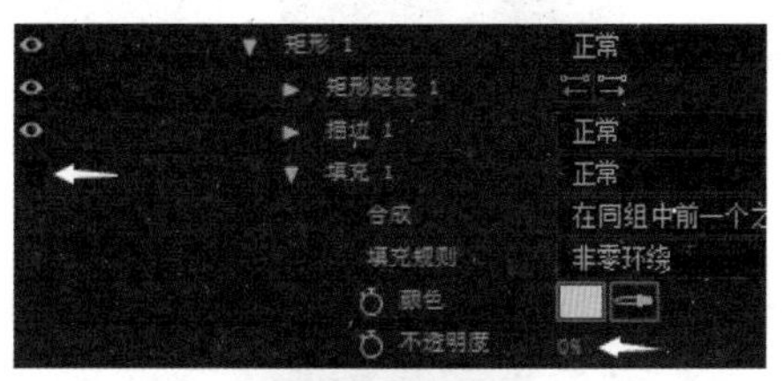

图　7.7

3. 建立和修改图形

(1) 打开“建立和修改图形”的合成,在工具栏中选择“多边形工具”按钮,在“合成”面板中绘制一个五边形,填充颜色为#F9B3AA、描边颜色为白色、描边宽度为15像素,如图7.8(a)所示。在“多边星形路径1”下调整五边形的“外圆度”为−290%,得到另一种图形,如图7.8(b)所示。

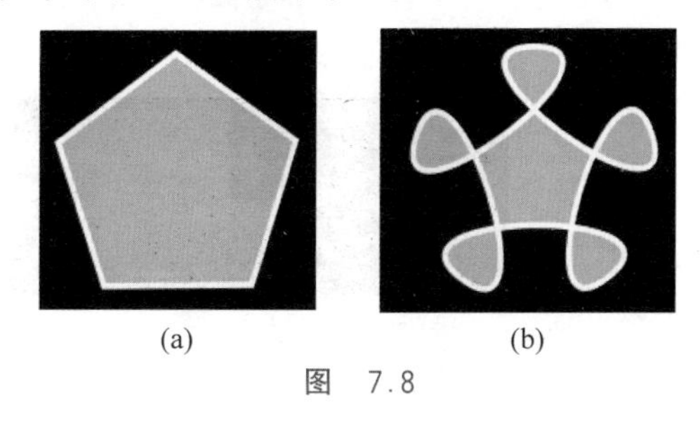

(a)　(b)

图　7.8

(2) 单击“内容”右侧的“添加”按钮,单击“Z字形”,形状图层添加了“锯齿1”属性,如图7.9所示。

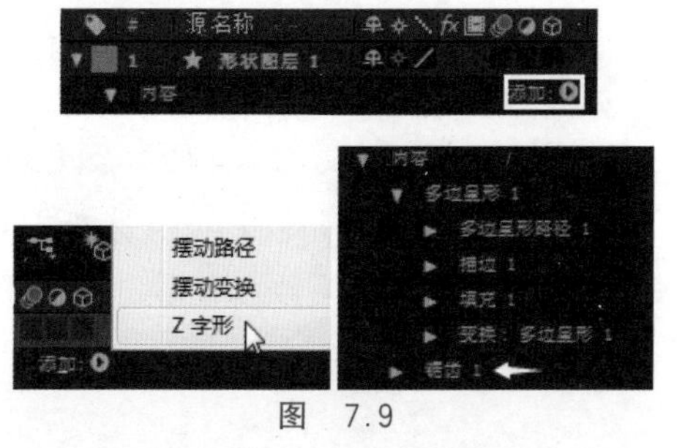

图　7.9

(3) 展开“锯齿1”属性,设置“大小”值为30,“每段的脊背”为13,“点”为平滑,效果如图7.10所示。添加属性,调整数值,可显示出不同的形状。

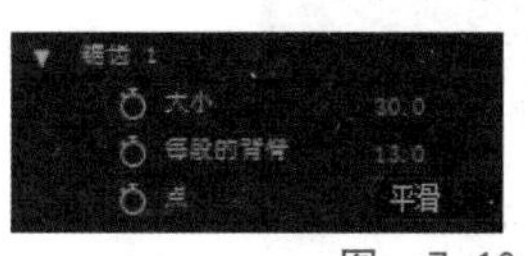

图　7.10

4. 制作太阳

(1) 打开“太阳”合成,在工具栏中选择“椭圆工具”按钮,按住Shift键在“合成”面板中拖动,创建一个圆,展开“椭圆路径1”修改“大小”为(400,400),填充颜色为#FFC80A,描边为0像素,如图7.11所示。使用“水平居中对齐”和“垂直居中对齐”按钮将图形位于合成正中央。

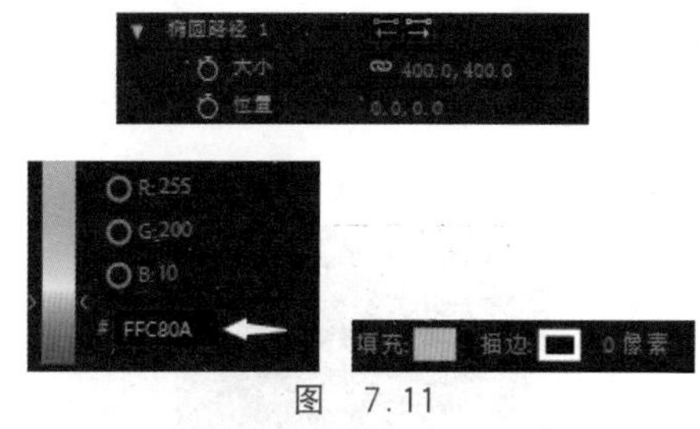

图　7.11

(2) 在“时间轴”面板空白处单击,取消选择的图层,选择“圆角矩形工具”,创建圆角矩形,在“矩形路径1”下修改“大小”为(20,110)。选择“合成”面板下方的“选择网格和参考线选项”下的“标题/动作安全”,如图7.12(a)所示,分别使用“选取工具”和“锚点工具”将圆角矩形及其“锚点”移动到如图7.12(b)所示位置。

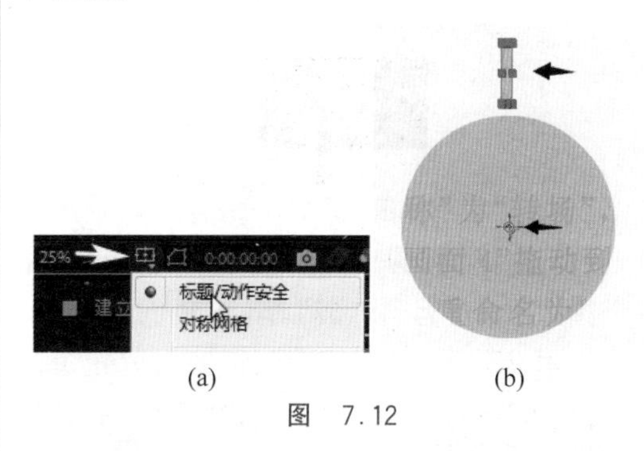

(a)　(b)

图　7.12

(3) 在“时间轴”面板中选择“形状图层2”,按Ctrl+D键创建11个副本,创建的副本自动按顺序命名,如图7.13所示。

(4) 选择“形状图层2”,按Shift键选择“形状图层13”,同时选择这12层,展开“旋

图 7.13

转"属性。在空白处单击,取消全选,更改"形状图层 13"的"旋转"数值为 30°,下一个形状图层的"旋转"数值为 60°,剩下的形状图层"旋转"数值都递增 30°,效果如图 7.14(a)和图 7.14(b)所示。再次选择"形状图层 2"到"形状图层 13"层,右击选择"预合成",设置名称为"光芒",如图 7.14(c)所示。

(a)

(b)

(c)

图 7.14

(5) 选择"椭圆工具",按住 Shift 键创建一个圆,"大小"为(55,55),填充颜色为白色。创建副本,将"大小"更改为(22,22),填充颜色为黑色,如图 7.15(a)所示。将"形状图层 2"和"形状图层 3"预合成,设置名称为"左眼"。对"左眼"层创建副本,重命名为"右眼",如图 7.15(b)所示,将两个眼睛放在如图 7.15(c)所示位置。

(6) 创建一个椭圆形,重命名为"嘴巴",设置"大小"为(130,240),在"形状图层 18"处于选择状态时绘制如图 7.16(a)所示的矩形,此图层下有"椭圆 1"和"矩形 1"两个形状,如图 7.16(b)所示。

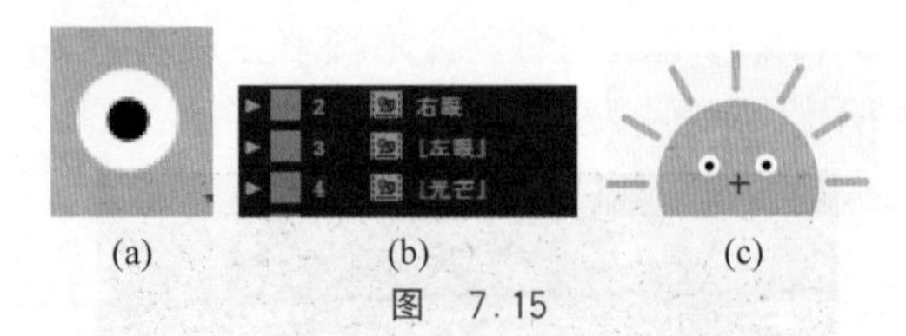

(a) (b) (c)

图 7.15

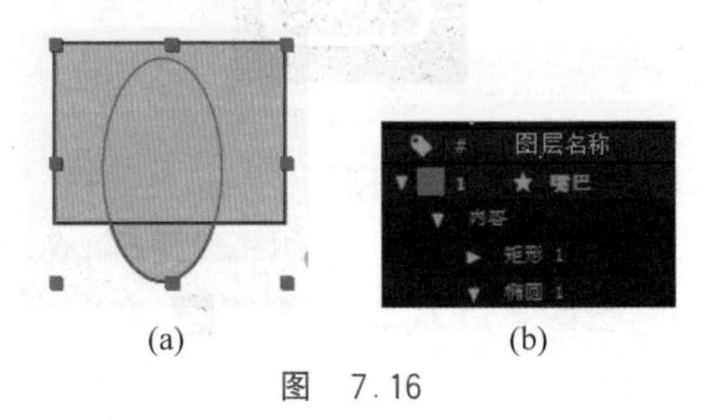

(a) (b)

图 7.16

(7) 单击"内容"右侧的"添加"按钮,选择"合并路径",如图 7.17(a)所示,为图层添加"合并路径 1"属性,将"椭圆 1"移动到"矩形 1"上方,在"合并路径 1"的"模式"下选择"相减",如图 7.17(b)和图 7.17(c)所示。

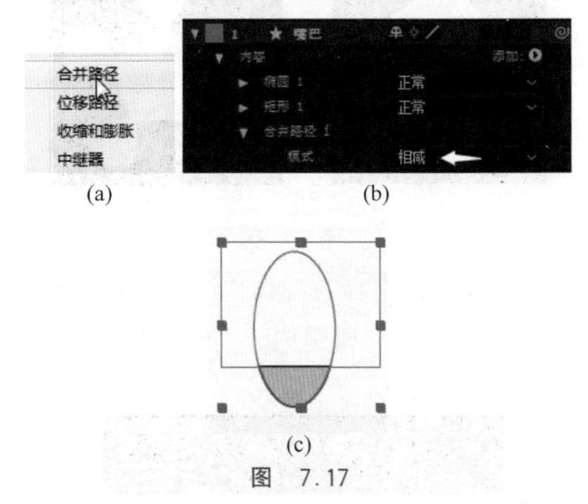

(a) (b)

(c)

图 7.17

(8) 更改描边宽度为 8 像素,颜色为黑色,"缩放"为 60%,放到如图 7.18 所示位置。

图 7.18

7.2.3 使用钢笔工具创建形状图层

(1) 使用"钢笔工具"绘制头发。打开"钢

笔工具的使用”合成，使用钢笔工具绘制如图 7.19(a)所示的线条。选择“转换顶点工具”，单击锚点，出现手柄，如图 7.19(b)所示，通过调整手柄的角度和长短将线条调整到如图 7.19(c)所示的样子。当熟练使用钢笔工具后可边绘制边调整手柄。将颜色填充为黑色，描边为 0 像素，如图 7.19(d)所示，更改图层名称为“头发”。

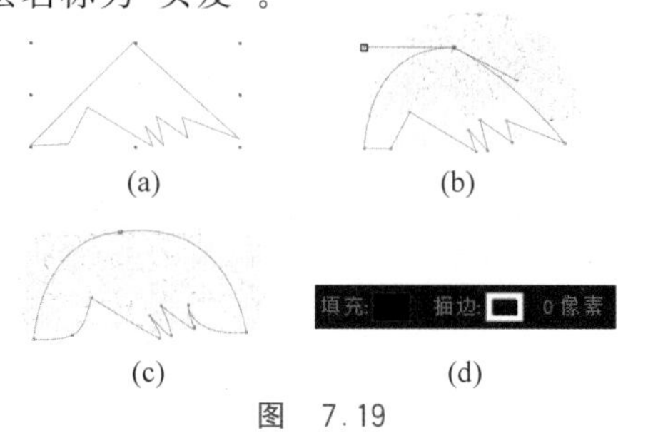

(a)　(b)　(c)　(d)

图　7.19

注意：当创建路径时出现边绘制边填充的情况，如图 7.20 所示，可关闭填充的显示。

图　7.20

(2) 隐藏“头发”层，在“时间轴”面板空白处单击，取消选择图层，创建一个新的形状图层。以相同的方式绘制如图 7.21(a)所示线条，修改填充颜色为＃FAD2BE，如图 7.21(b)所示，更改名称为“面部”。

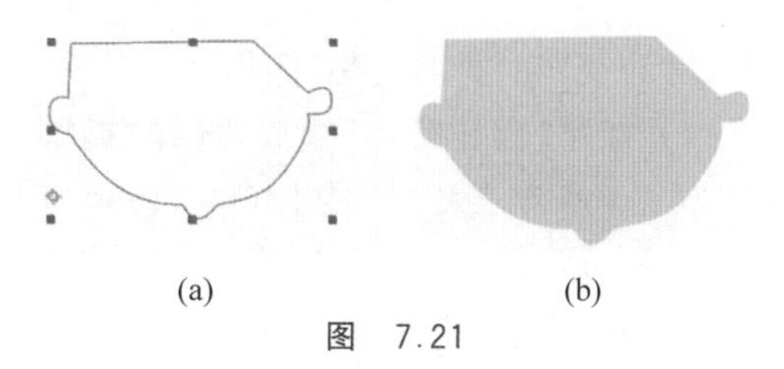

(a)　(b)

图　7.21

(3) 绘制眼睛。隐藏“面部”层，在同一图层中创建如图 7.22 所示的 3 个圆形，“大小”分别为(4,4)、(21,21)、(50,50)。

图　7.22

(4) 在“时间轴”面板中选择“椭圆 1”“椭圆 2”“椭圆 3”，在“合成”面板中按 Alt 键向右拖曳，复制这 3 个圆，“形状图层 3”图层中自动添加 3 个椭圆层，如图 7.23 所示。

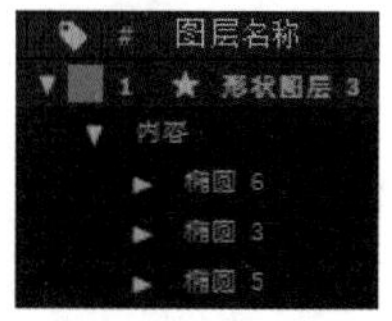

图　7.23

(5) 使用钢笔工具在两个眼镜框之间绘制一条如图 7.24 所示弯曲的线，无填充，描边为 4 像素，更改名称为“眼睛＋眼镜”。

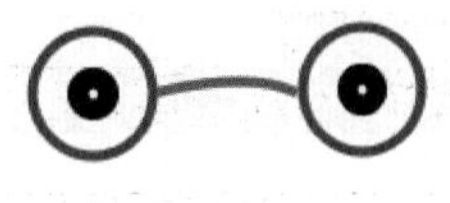

图　7.24

(6) 在面板空白处单击，取消对图层的选择，使用“钢笔工具”在下图 7.25 所示位置绘制鼻子和嘴巴，分别命名为“鼻子”和“嘴巴”。鼻子无填充，描边为 2 像素；嘴巴填充颜色为＃F57D96，描边为 0 像素。

图　7.25

(7) 取消所有图层的隐藏属性，将鼻子、嘴巴放到合适位置，如图 7.26 所示。

图　7.26

(8) 使用钢笔工具绘制如图 7.27(a)所示的衣服，更改名称为“衣服”。单击“内容”右侧的“添加”按钮，单击“渐变填充”，如图 7.27(b)所示，形状图层添加了“渐变填充 1”属性。

(9) 单击“渐变填充 1”下的“颜色编辑”按钮，如图 7.28(a)所示，在弹出的“渐变编辑

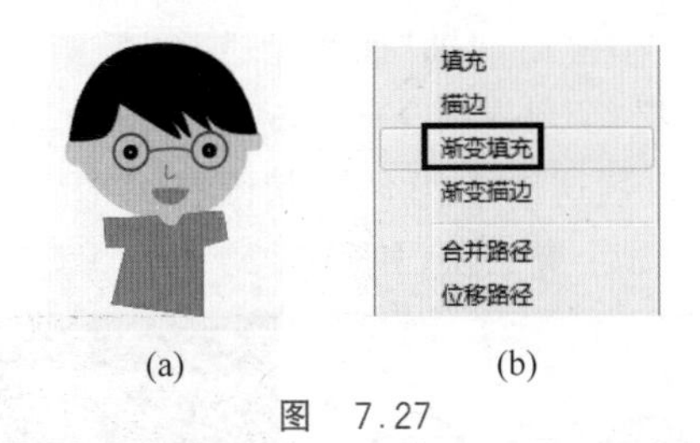

(a) (b)

图 7.27

器”中修改渐变颜色。单击色块下方的两个色标按钮,如图 7.28(b)所示,分别设置填充颜色为#82AED2、#82AED2。

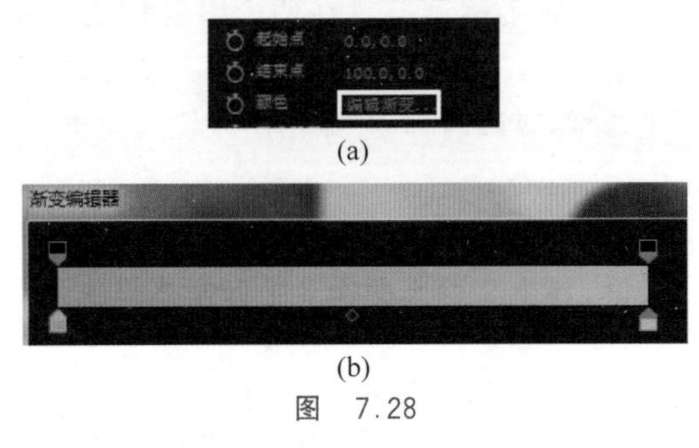

(a)

(b)

图 7.28

(10) 关闭“衣服”的“填充”显示,设置为无填充。将“渐变填充 1”下的“起始点”数值设置为(0,100),如图 7.29 所示。

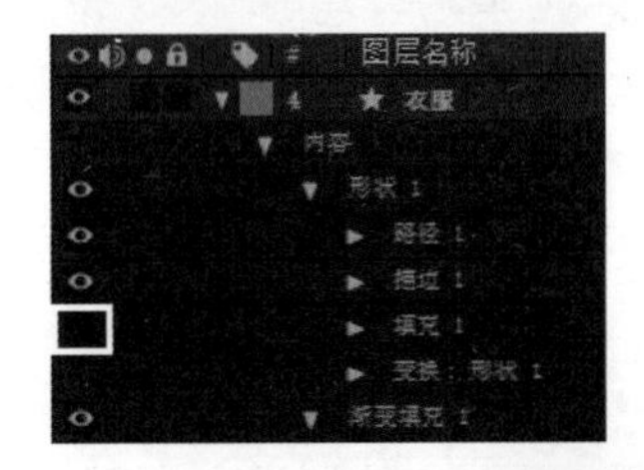

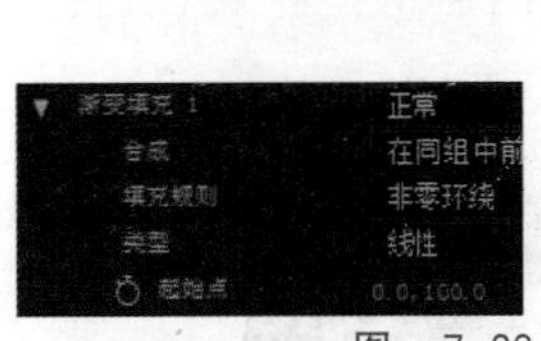

图 7.29

(11) 绘制左侧胳膊的线条,使用填充里的“吸管”吸取面部皮肤的颜色,命名为“左胳膊”。创建“左胳膊”副本,更改名称为“右胳膊”,在菜单栏中选择“图层”→“变换”→“水平翻转”,如图 7.30(a)所示。再选择工具栏的“旋转工具”,将另一只手旋转至合适位置,如图 7.30(b)所示。在“时间轴”面板中将“左胳膊”和“右胳膊”移动到“衣服”图层下方,如图 7.30(c)所示。

视频讲解

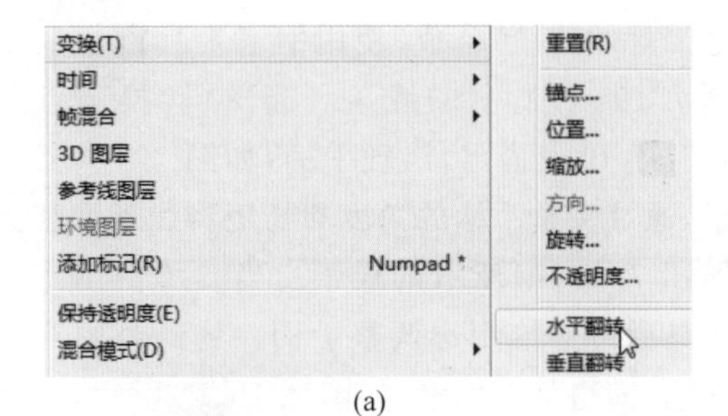

(a)

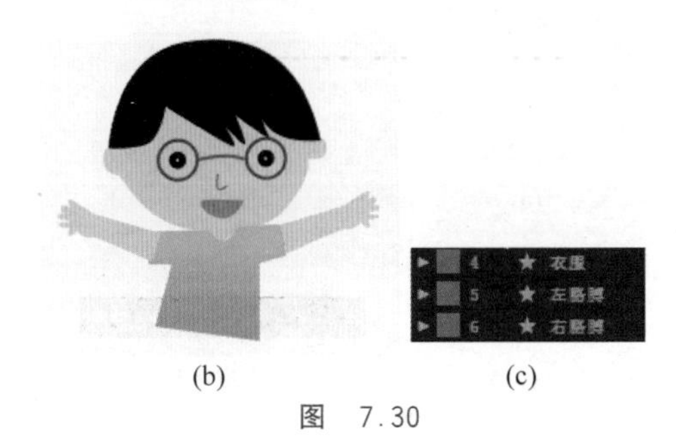

(b) (c)

图 7.30

(12) 绘制裤子和鞋子。裤子填充颜色为#320000,鞋子填充颜色为#DCDCC8。最终效果如图 7.31 所示。

图 7.31

7.3 合并路径

形状图层的合并路径和蒙版的布尔运算一样,可以为多个形状路径进行“合并”“相加”“相减”“相交”和“排除交集”操作。

(1) 打开“合并路径”合成,选择“椭圆工具”,双击,修改“大小”为(1080,1080),如图 7.32 所示,显示为正圆,将填充颜色为#DE8FF8。

图 7.32

(2) 单击“内容”右侧的“添加”按钮,单击“多边星形”,图层中添加了“多边星形路径”属性,设置“内径”为 270,“外径”为 540,如

图 7.33 所示。

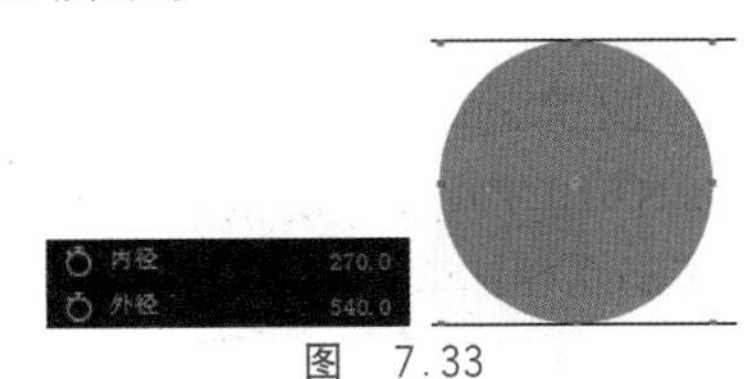

图　7.33

(3) 单击“内容”右侧的“添加”按钮，选择“合并路径”。设置“合并路径 1”的“模式”为“相减”，如图 7.34 所示。

图　7.34

(4) 修改“模式”为“合并”和“相交”时的效果如图 7.35 所示。

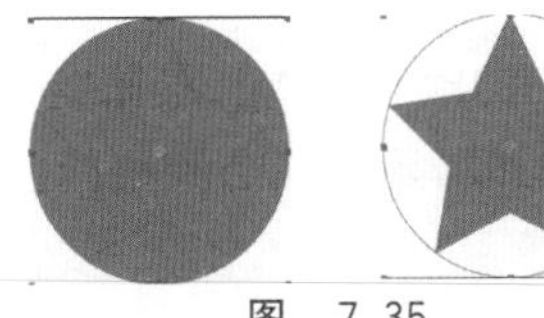

图　7.35

7.4　范例制作

7.4.1　制作原理

此范例使用椭圆工具，矩形工具创建形状，对创建的形状设置位置、缩放、旋转、大小等关键帧，并使用轨道遮罩、径向擦除、中继器等为动画增添效果。

7.4.2　制作“画面 1”合成

1. “合成 1”的显现

(1) 打开“ lesson07/范例/start”文件夹下的“07 范例 start(CC 2018). aep”，将文件另存为“04 范例 demo(CC 2018). aep”。新建合成，“合成名称”为“画面 1”，“持续时间”为 6 秒，“背景颜色”为黑色。

(2) 将“素材”→“图片合成”→“合成 1”拖动到“画面 1”合成中，单击“时间轴”面板的空白处，使“合成 1”处于未被选择的状态，在工具栏中双击“椭圆工具”，在“合成 1”上方新建了“形状图层 1”图层。在“椭圆 1”下的“椭圆路径 1”中添加“大小”关键帧，在 0 秒处设置“大小”为(0,0)，在 1 秒处设置“大小”为(2400,2400)，如图 7.36 所示。

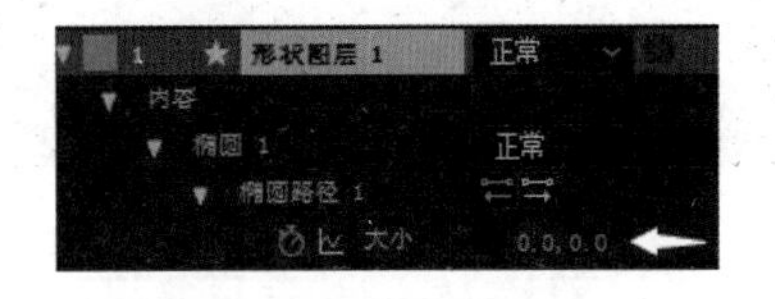

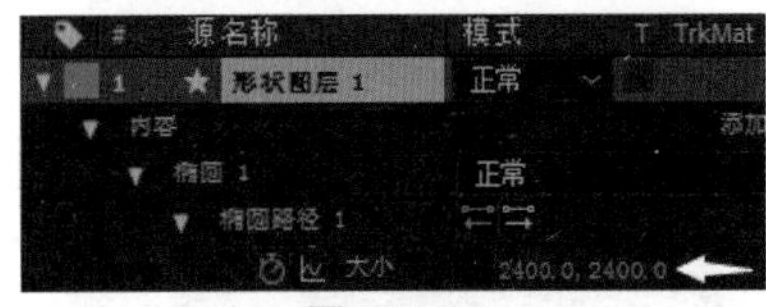

图　7.36

(3) 将“合成 1”的“轨道遮罩”选项设置为“Alpha 遮罩‘形状图层 1’”，查看效果，如图 7.37 所示。

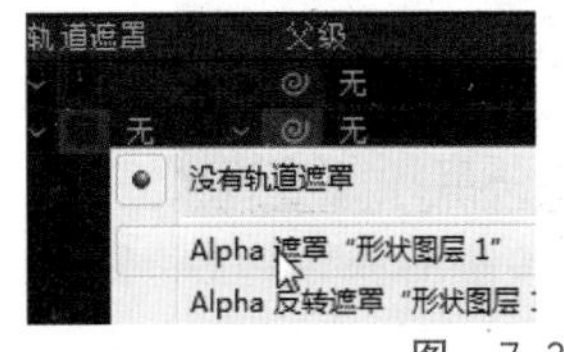

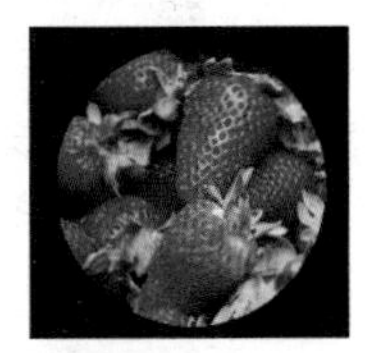

图　7.37

(4) 再次将“合成 1”拖动到“画面 1”合成中，放在“形状图层 1”的上方，如图 7.38 所示。选择最上层的“合成 1”，展开“缩放”属性，修改“缩放”值为 125%。

图　7.38

视频讲解

(5) 单击“时间轴”面板的空白处，双击“椭圆工具”，新建“形状图层 2”图层，如图 7.39 所示。

#	源名称
1	形状图层 2
2	合成 1
3	形状图层 1
4	合成 1

图　7.39

(6) 关闭“填充 1”的显示按钮，在“描边 1”下设置“描边宽度”为 90，如图 7.40 所示。在 11 帧处添加关键帧设置椭圆路径“大小”为(0,0)，在 1 秒 11 帧处添加关键帧设置“大小”为(2400,2400)。

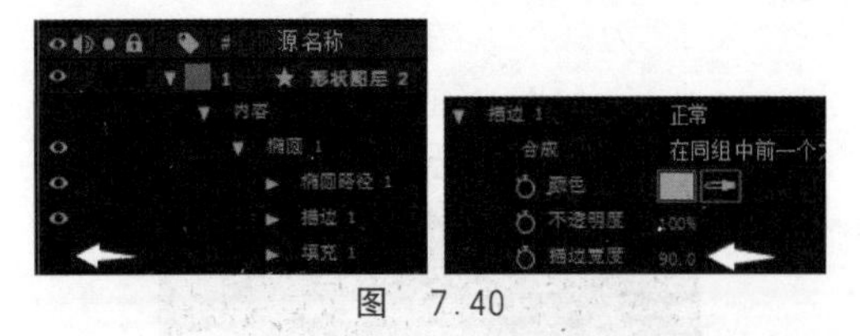

图 7.40

(7) 将序列号为 2 的“合成 1”的轨道遮罩选项设置为“Alpha 遮罩‘形状图层 2’”，如图 7.41 所示。

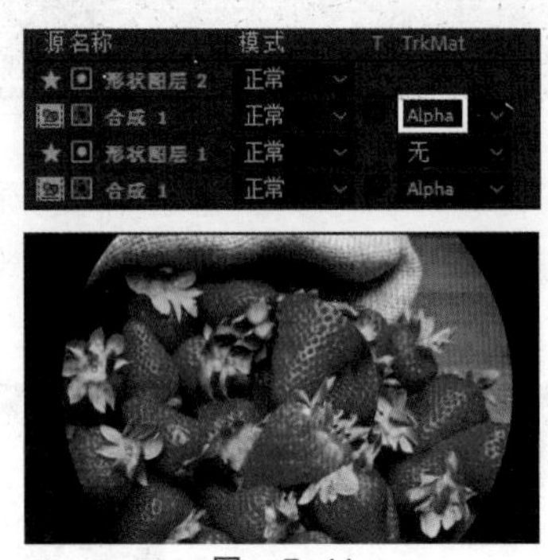

图 7.41

2. 制作“珍珠环”

(1) 新建椭圆形状图层，修改名称为“珍珠环”。展开图层，在“椭圆路径 1”下修改“大小”，在 18 帧处设置关键帧，“大小”为(240，240)，在 1 秒 7 帧处设置关键帧，“大小”为(1000，1000)。

(2) 关闭“填充 1”的显示按钮，展开“描边 1”，设置颜色为白色，“描边宽度”为 23，“线段端点”设为“圆头端点”，如图 7.42(a)所示。单击“虚线”后的加号按钮，添加一个“虚线”属性和一个“偏移”属性，再单击一下“虚线”后的加号按钮添加一个“间隙”属性，如图 7.42(b)所示。将“虚线”设为 0，在 18 帧处添加“间隙”关键帧，设为 60，在 1 秒 7 帧设为 230，“偏移”设为 18。

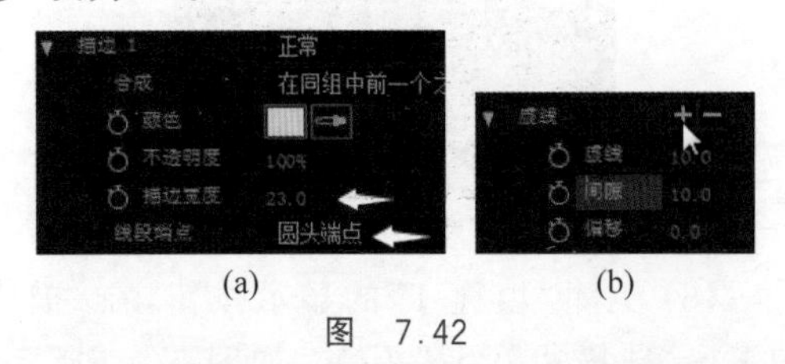

(a) (b)

图 7.42

(3) 在“描边 1”下设置“不透明度”，使“珍珠环”的颜色从出现到结束逐渐减淡直到消失。在 18 帧处设置“不透明度”为 100%，在 1 秒 7 帧处设置“不透明度”为 0%。将时间移动到 18 帧处，按 Alt+“[”键剪切入点，如图 7.43 所示，“珍珠环”图层从 18 帧处出现。

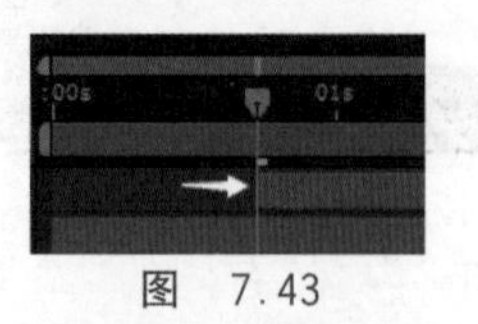

图 7.43

(4) 打开“珍珠环”图层的“独奏”开关，播放动画，如图 7.44 所示。

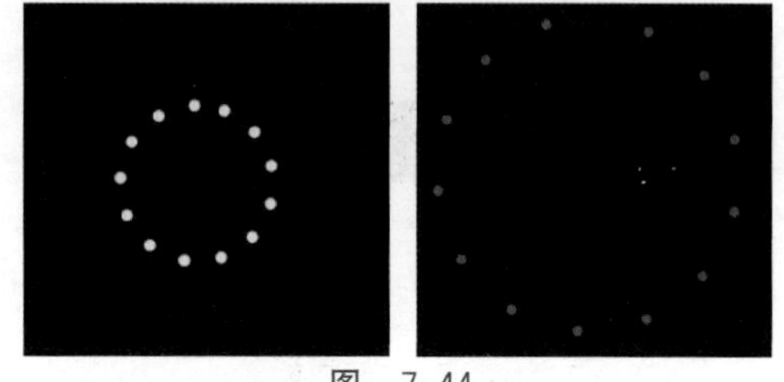
图 7.44

说明：制作“珍珠环”时均在大小、不透明度和间隙这 3 个属性的 18 帧和 1 秒 7 帧处添加了关键帧。

3. 制作“合成 2”擦除时的文字效果

(1) 关闭“珍珠环”图层的“独奏”开关，新建一个名称为“圆形”的椭圆形状图层，入点为 11 帧，颜色为白色，“不透明度”为 70%。“圆形”随着“珍珠环”的变化而变化，在“珍珠环”出现前，即 11 帧处添加“大小”关键帧，设置为(0，0)；在“珍珠环”出现时，即 18 帧处设置“大小”为(200，200)，圆形刚好被珍珠环包围；在“珍珠环”消失后即 1 秒 8 帧处设置“大小”为(500，500)。

(2) 将“合成 2”拖动到“圆形”图层下方，设置入点为 1 秒 19 帧。

(3) 选择“合成 2”，在菜单栏中选择“效果”→“过渡”→“径向擦除”，展开“效果”下的“径向擦除”属性，如图 7.45 所示，在 1 秒 19 帧处添加“过渡完成”关键帧，设置为 100%，在 2 秒 9 帧处添加关键帧为 0%。

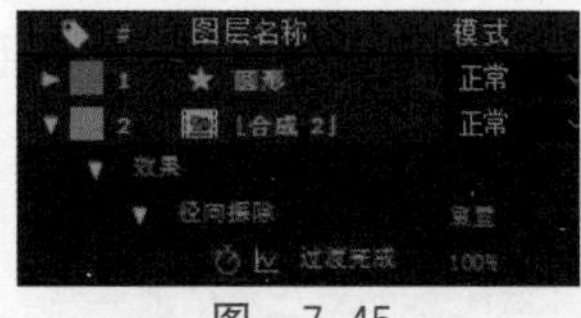

图 7.45

(4) 接下来在“圆形”图层上方添加“新鲜红嫩”和“鲜嫩水灵”两个四字词语,这两个词语跟着“合成 2”的径向擦除一起旋转,“新鲜红嫩”在“合成 2”擦除到一半时消失,“鲜嫩水灵”接着旋转,慢慢显现。

(5) 新建文本图层,命名为“文字 1”。输入“新鲜红嫩”四字,调整字体为“微软雅黑”,“字体样式”为 Regular,“字体大小”为 92 像素,填充颜色为 # 817EEB,描边为无,将“锚点”放至文字层中央。使用“对齐”面板中的“水平居中对齐”按钮和“垂直居中对齐”按钮将文字放在中央。选择“文字 1”图层创建副本,名称为“文字 2”,双击“文字 2”层,将文字改为“鲜嫩水灵”,如图 7.46 所示。

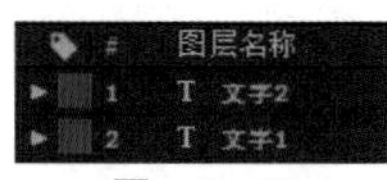

图 7.46

说明:此处的字体可选择自己喜欢的样式,调整字体大小时可在鼠标指针接近数值出现两个箭头时按住左右拖动调整数值至合适,如图 7.47 所示,以上数据仅供参考。

图 7.47

(6) 设置“文字 1”层慢慢显现,旋转然后慢慢消失。隐藏“文字 2”图层,在“文字 1”层的 1 秒 6 帧、1 秒 17 帧和 2 秒 1 帧处添加“不透明度”关键帧,数值分别是 0%、100%、0%。在 1 秒 17 帧和 2 秒 1 帧处设置“旋转”关键帧,分别为 0°和 -190°。1 秒 21 帧处的效果如图 7.48 所示。

图 7.48

(7) 设置“文字 2”层的显现和旋转。取消“文字 2”图层的“隐藏”开关,“新鲜红嫩”在 2 秒 1 帧处消失,“鲜嫩水灵”在 2 秒 1 帧处开始。在 2 秒 1 帧和 2 秒 10 帧处设置“不透明度”分别为 0%、100%,设置“旋转”为 -160°、-360°。2 秒 6 帧处的效果如图 7.49 所示。

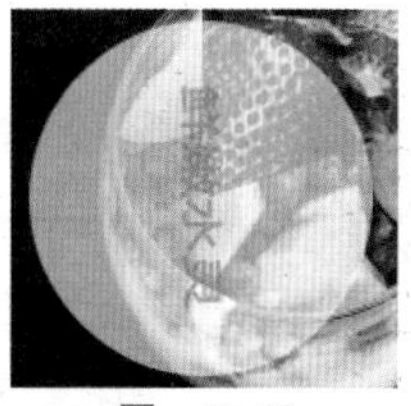

图 7.49

(8) 2 秒 3 帧到 2 秒 15 帧处“圆形”变大,分别设置“大小”关键帧为(500,500),(1040,1040)。

(9) 建立环形。新建“大小”为(1000,1000)的椭圆形状图层,命名为“环形”。关闭“填充 1”的显示按钮,设置描边颜色为白色,“不透明度”为 70%,“描边宽度”为 26,如图 7.50 所示。在 3 秒和 3 秒 15 帧处添加“缩放”关键帧,分别为(100,100%)、(230,230%),设置入点为 3 秒。

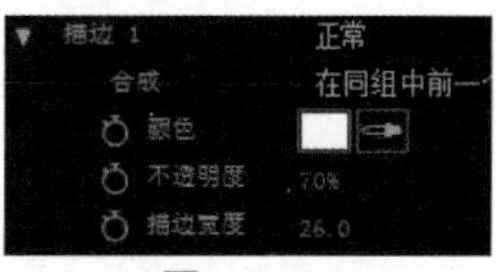

图 7.50

(10) 将时间移动到 3 秒处,将“文字 2”层的“父级”设置为“1. 环形”,如图 7.51 所示,这样文字会与环形有相同数值的缩放。

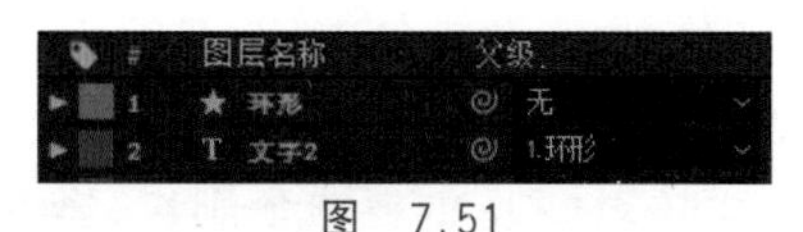

图 7.51

4. 两横幅进入合成

(1) 双击工具栏中的“矩形工具”,设置入点为 3 秒 18 帧,在“内容”→“矩形 1”→“变换:矩形 1”下设置“比例”为(100,24%)或直接使用“移动工具”进行收缩,设置填充颜色为 # 817EEB,“不透明度”为 40%。

(2) 按 Ctrl+D 键创建矩形副本,在“对齐”面板中使用“垂直靠上对齐”和“垂直靠下对齐”按钮将两个矩形放在“合成”面板的最上面和最下面,如图 7.52(a)所示。两矩形都在 3 秒 18 帧时分别从左右两边进入,分别设置“位置”关键帧数值为(-1000,130)、(2900,

950),位置如图 7.52(b)所示,在 4 秒 2 帧处设置为(960,130)、(960,950),位置如图 7.52(c)所示。

(a)

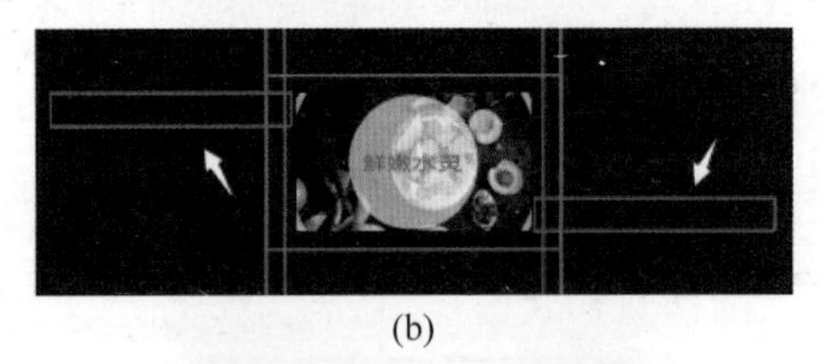

(b)

(c)

图 7.52

视频讲解

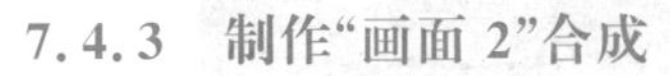

7.4.3 制作“画面 2”合成

1. 制作两个画面过渡的效果

(1) 新建“画面 2”合成,“持续时间”为 8 秒。在工具栏中双击“矩形工具”,新建一个矩形,命名为“矩形 1”,颜色为#CABBE9,设置“位置”关键帧,在 0 秒处为(2884,540),在 20 帧处为(960,540)。

(2) 对“矩形 1”创建两个副本,修改颜色为#A1EAFB、#FFDEF7,将“矩形 2”和“矩形 3”的时间条开头分别移动到 8 帧和 16 帧处,打开“运动模糊”开关,如图 7.53 所示。

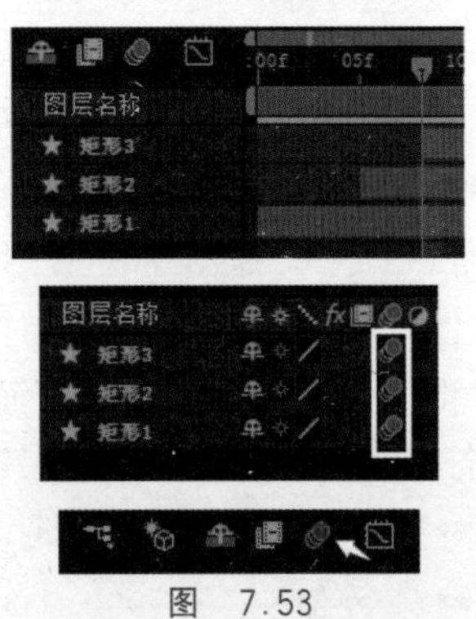

图 7.53

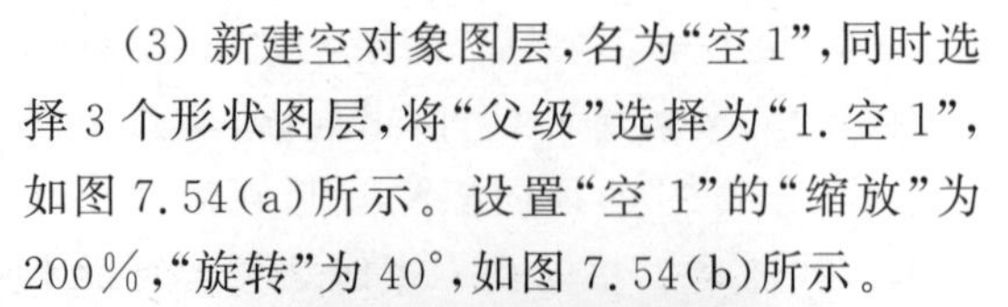

(3) 新建空对象图层,名为“空 1”,同时选择 3 个形状图层,将“父级”选择为“1. 空 1”,如图 7.54(a)所示。设置“空 1”的“缩放”为 200%,“旋转”为 40°,如图 7.54(b)所示。

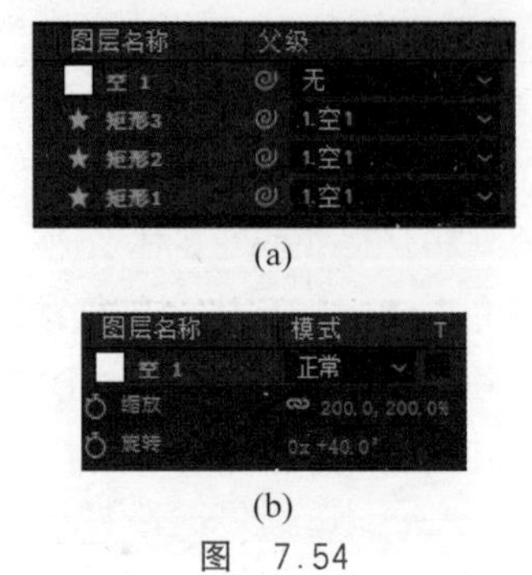

(a)

(b)

图 7.54

(4) 将“合成 3”拖动到“时间轴”面板最上方,设置入点为 1 秒。设置“旋转”为 40°,“缩放”为 200%,如图 7.55(a)所示。设置“位置”关键帧,1 秒时为(3400,2320),此时在合成的右下角,2 秒时为(960,540),位于合成中央。设置“缩放”和“旋转”关键帧,2 秒时为“200%,40°”,2 秒 21 帧时为“100%,0°”,如图 7.55(b)所示。打开“运动模糊”开关。

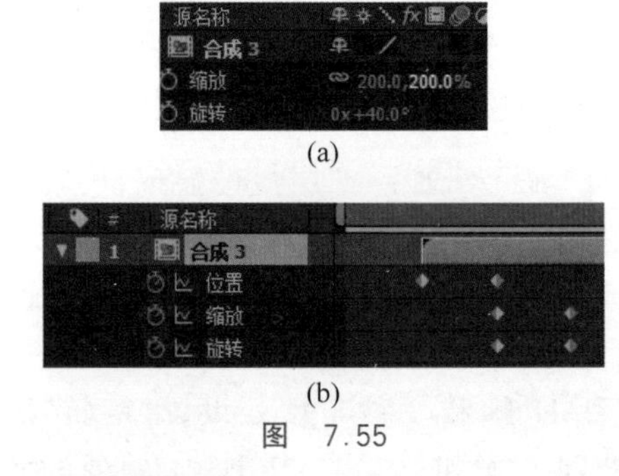

(a)

(b)

图 7.55

2. 制作圆环

(1) 新建一个名称为“圆环”,“持续时间”为 1 秒的合成,建立一个椭圆形状图层,颜色为#CABBE9,0 秒时“大小”为(0,0),15 帧时为(2200,2200)。创建一个副本,将其开头拖动到第 8 帧处。将“形状图层 1”的“轨道遮罩”设置为“Alpha 反转遮罩‘形状图层 2’”,如图 7.56 所示。

(2) 同时选择“形状图层 1”和“形状图层 2”,创建副本,拖动创建的副本将“形状图层 3”的开头位于 4 帧处,将“形状图层 3”的颜色更

图　7.56

改为＃FFCEF3。再次创建副本，拖动到8帧处，"形状图层5"的颜色更改为＃A1EAFB，如图7.57(a)所示，图7.57(b)为17帧的画面。

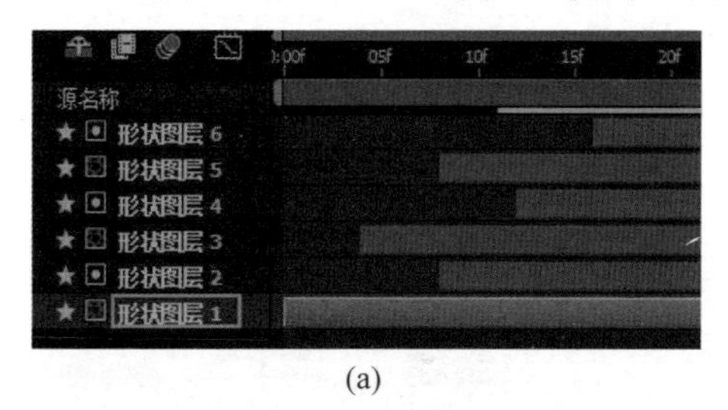

(a)

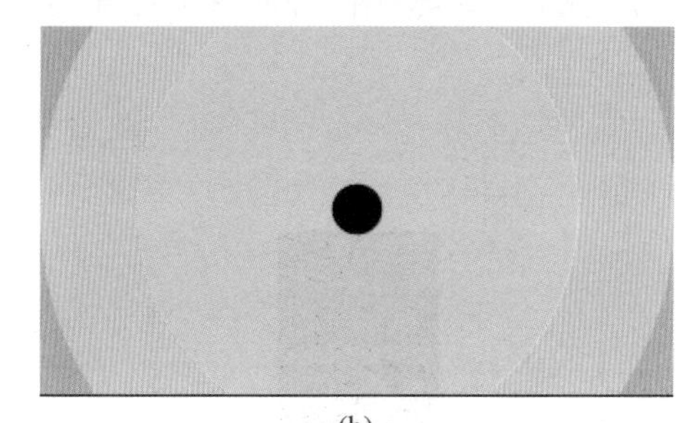

(b)

图　7.57

(3) 新建一个空对象名为"空2"，将6个形状图层的父级选择为"1.空2"。回到"画面2"合成，将"圆环"合成拖动到"画面2"合成"时间轴"面板的最上端，拖动到3秒4帧处。此时需要圆环的中心在左上角，双击进入圆环合成，将"空2"的"位置"调整为(0,0)，"缩放"为200%，这样圆环能够从左上角铺满整个合成，如图7.58所示。

(4) 回到"画面2"合成，建立一个椭圆形状图层，描边颜色为白色，"不透明度"为70%，描边宽度为30，填充颜色吸取西瓜的颜色，"不透明度"为40%，如图7.59所示。剪切入点为4秒。

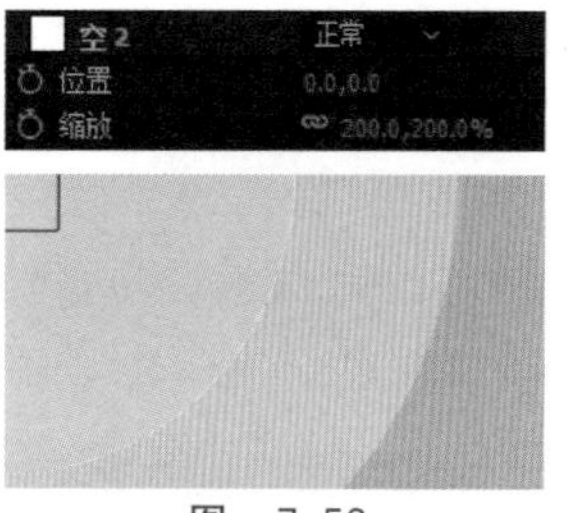

图　7.58

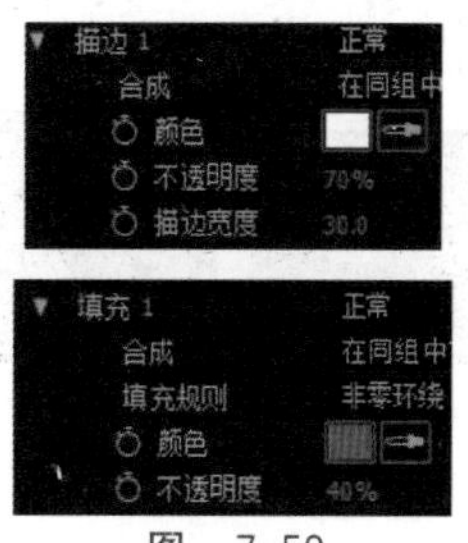

图　7.59

(5) 将"锚点"放于图层中央，"位置"调整为(0,0)，设置"大小"关键帧，4秒时为(0,0)，5秒时为(1100,1100)。

(6) 新建文本层，输入文字"汁甜肉脆"，"大小"为170像素，无描边。使用Enter键将文字分为两行，双击选择文字层，调整行距到合适位置，将文字移动到左上角处，如图7.60所示。设置"不透明度"关键帧，4秒20帧为0%，5秒10帧为100%。

图　7.60

7.4.4　制作"画面3"合成

(1) 新建一个名称为"画面3"，"持续时间"为6秒的合成，在"项目"面板中创建"圆环"副本，名称为"圆环2"，将其拖动到新建的合成中。双击进入"圆环2"合成，将"位置"修改为(960,1080)，圆环的中心位于合成的底部，如图7.61所示。

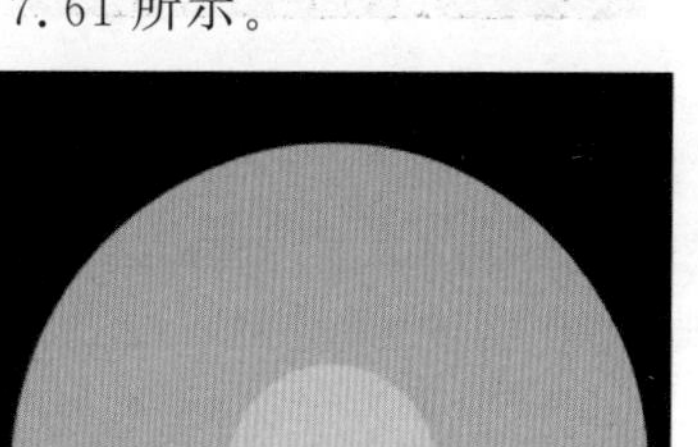

图　7.61

(2) 回到"画面3"合成,将"合成4"拖动到"时间轴"面板最底部,剪切入点为第16帧。新建椭圆形状图层,命名为"文字圆"。在"描边1"下,将颜色设为白色,描边宽度设为30。在"填充1"下将颜色设为白色,"不透明度"设为80%,如图7.62所示。设置"文字圆"的大小。在1秒、1秒12帧、2秒7帧处分别设置"大小"关键帧为(0,0)、(580,580)、(650,650)。

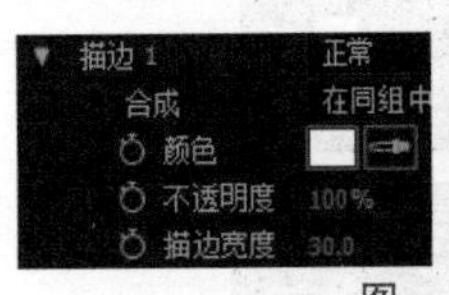

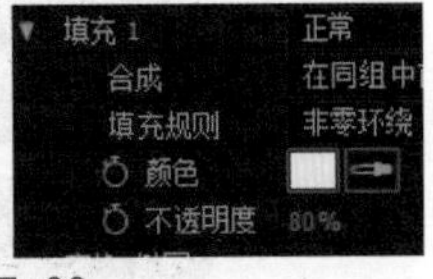

图 7.62

(3) 新建文本图层,输入文字"清爽可口",分为两行,"字体"为"微软雅黑","字体样式"为Regular,"字体大小"为200像素,设置行距,将文字层放至合成中央。在"文字圆"层设置"轨道遮罩"为"Alpha反转遮罩'清爽可口'",如图7.63所示。

图 7.63

(4) 将"合成5"拖动到"文字圆"下方,选择"合成5",在菜单栏中选择"效果"→"过渡"→"径向擦除"。展开"径向擦除"属性,设置"起始角度"为90度,"擦除"为逆时针,如图7.64所示。在2秒7帧处添加"过渡完成"关键帧,设置为100%,在3秒18帧处添加关键帧为0%。

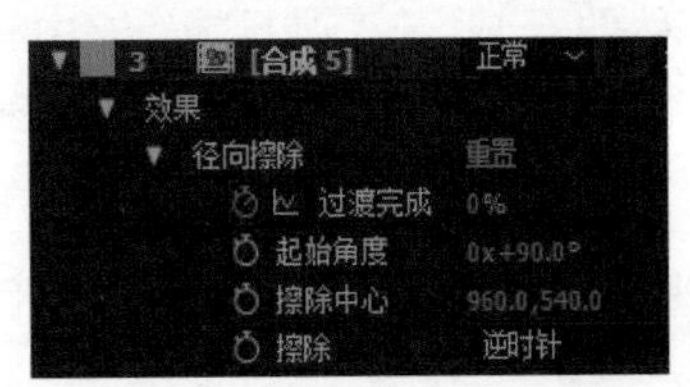

图 7.64

(5) 将时间移动到3秒处即擦除到一半的时候,选择钢笔工具在如图所示位置从左至右添加3个顶点,使用手柄将线条变得圆润,如图7.65所示。更改名称为"半环"。

(6) 关闭"填充1"的显示,展开"描边1",

图 7.65

设置颜色为白色,描边宽度为20,"线段端点"设为"圆头端点"。单击一下"虚线"后的按钮,添加一个"虚线"属性和一个"偏移"属性,再单击一下"虚线"后的按钮添加一个"间隙"属性。将"虚线"设为0,"间隙"设为50,"偏移"设为0,如图7.66所示。

图 7.66

(7) 选择"半环"图层,创建8个副本,依次自动命名为"半环2"到"半环9",如图7.67所示。隐藏"半环2"到"半环9",在后面将用到。

图 7.67

(8) 设置"半环"随着"合成5"的擦除依次出现。展开"半环"图层,单击"内容"右侧的"添加"按钮,单击"修剪路径",为图层添加了"修剪路径1"的属性,如图7.68(a)和图7.68(b)所示。"合成5"在2秒7帧时开始擦除,在3秒时擦除到一半,因此在2秒7帧设置"修剪路径"的"开始"关键帧为100%,在3秒帧设置"开始"关键帧为0%,2秒12帧的效果如图7.68(c)所示。

(9) 选择"半环2"到"半环9",取消隐藏,展开"缩放"属性,设置"半环2"为115%,"半

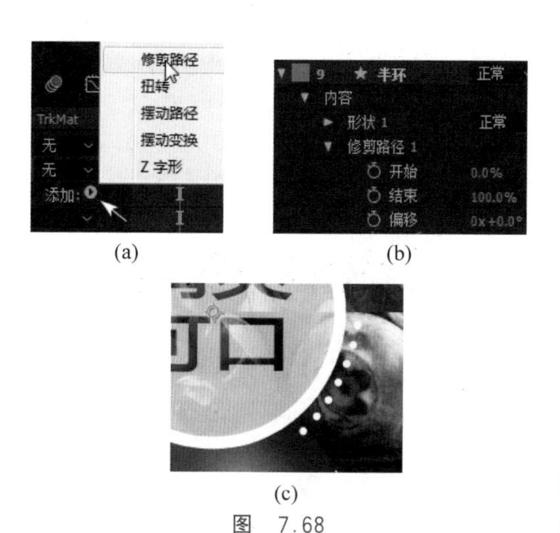

(a)　　(b)

(c)

图　7.68

环 3”为 130%,“半环 4”为 145%,以此类推,每一个半环增加 15%,如图 7.69 所示。

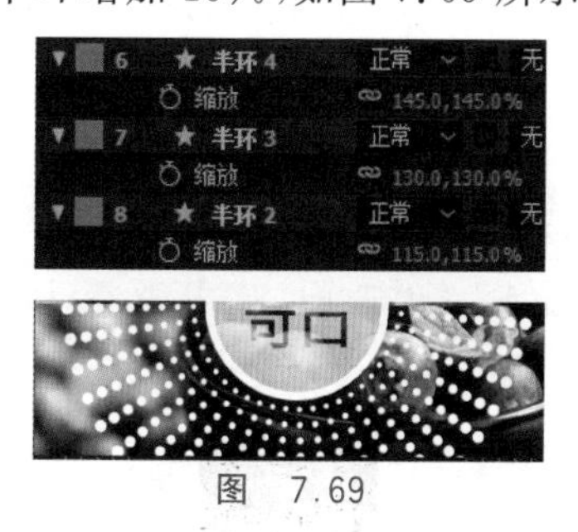

图　7.69

(10) 接下来设置“合成 5”擦除完毕后“半环 2”到“半环 9”每隔 2 帧依次出现一层的画面。同时选择“半环 2”到“半环 9”,剪切入点为 3 秒 18 帧,出点为 4 秒 9 帧,每层的持续时间为 16 帧。在菜单栏中选择“动画”→“关键帧辅助”→“序列图层”,选中“重叠”选项,重叠的“持续时间”设置为 14 帧,“过渡”选择“关”,如图 7.70 所示。单击“确定”按钮。

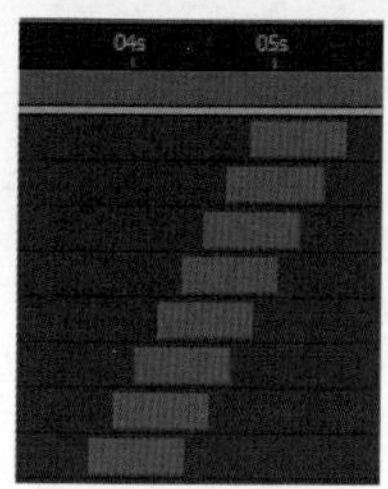

图　7.70

(11) 选择“半环”到“半环 9”9 个图层,通过右键快捷菜单预合成,命名为“半环”,如图 7.71 所示。

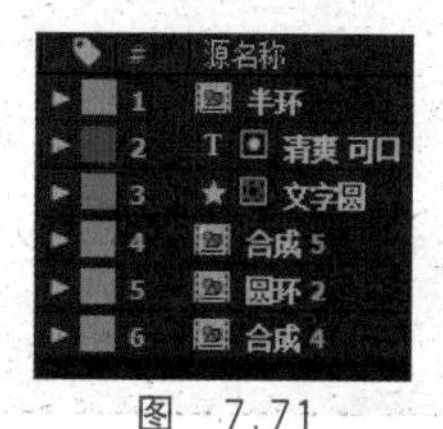

图　7.71

7.4.5　制作“画面 4”合成

视频讲解

1. 制作“圆圈”

(1) 新建“画面 4”合成,“持续时间”为 5 秒,背景颜色为 # A1EAFB。创建一个名为“圆圈”的形状图层,“大小”为(20,20),填充颜色为白色,无描边。单击“内容”右侧的“添加”按钮,选择“中继器”,在“椭圆 1”下添加了“中继器 1”属性,如图 7.72 所示。

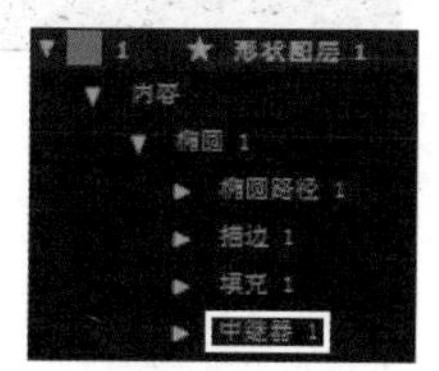

图　7.72

(2) 展开“中继器 1”,在 22 帧处添加“副本”关键帧,值为 7,在 1 秒 22 帧处值为 0,圆圈由 7 个慢慢消失。展开“变换：中继器 1”,设置“位置”值为(80,12),此操作修改圆圈之间的密度和朝向。设置“起始点不透明度”为 30%,“结束点不透明度”为 100%,“比例”为(113,113%),从起始点到结束点的圆圈“不透明度”由 30%向 100%过渡,大小向 113%的比例过渡,如图 7.73 所示。

(3) 选择“中继器 1”,单击“添加”按钮,再次选择“中继器”,“椭圆 1”下添加了“中继器 2”,如图 7.74(a)所示。展开“中继器 2”,修改“副本”为 10,在“变换：中继器 2”下修改“位置”为(0,0)。一共有 10 个副本,所以“旋转”角度为 36°,如图 7.74(b)和图 7.74(c)所示。

在“中继器 1”下设置“偏移”为 1,如图 7.75 所示。

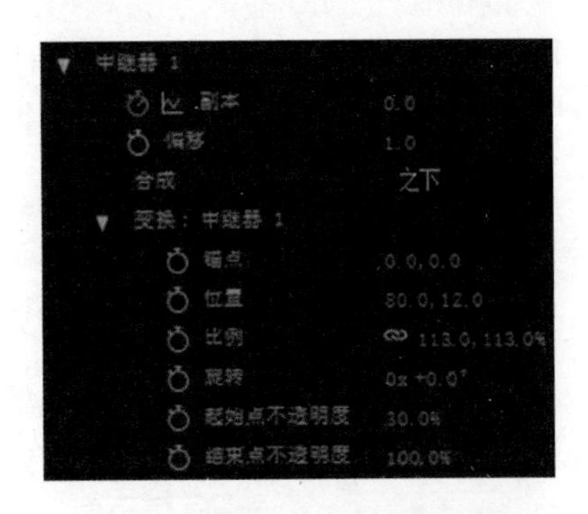

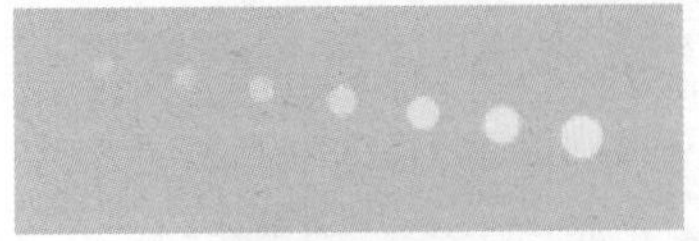

图 7.73

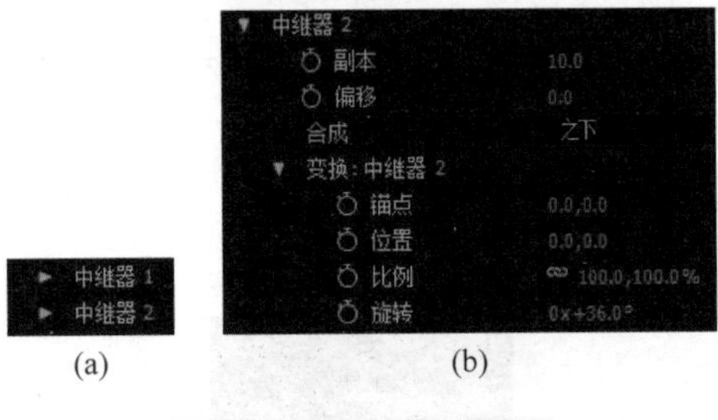

(a) (b)

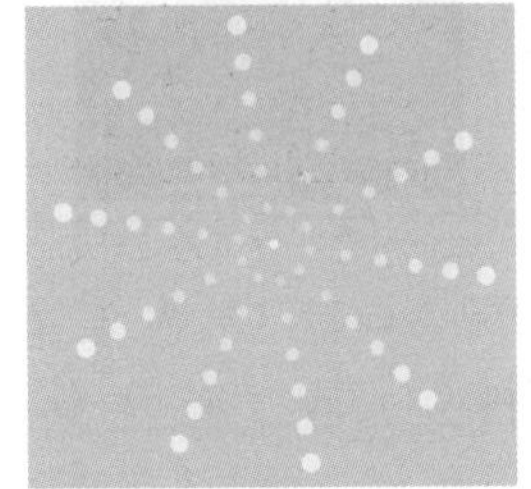

(c)

图 7.74

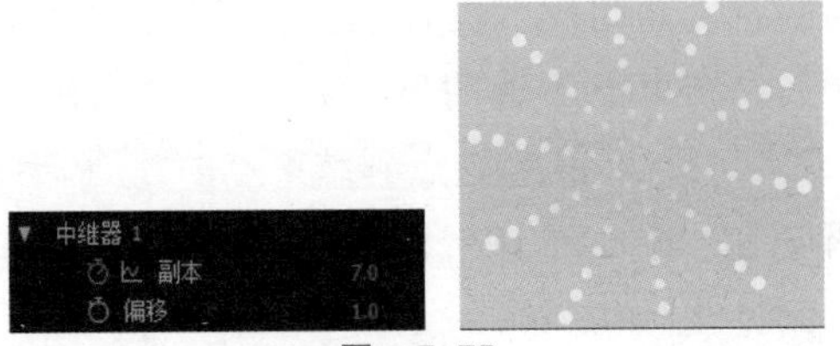

图 7.75

(4) 播放合成，此时发现圆圈是由外而内消失，但需要由内而外消失。在"椭圆路径 1"下添加"位置"关键帧，22 帧处设置为(0,0)，1 秒 22 帧处设置为(300,0)。

(5) 剪切"圆圈"的入点为 21 帧。

视频讲解

2. 制作"画面 4"动画

(1) 在"项目"面板中创建"圆环"合成的

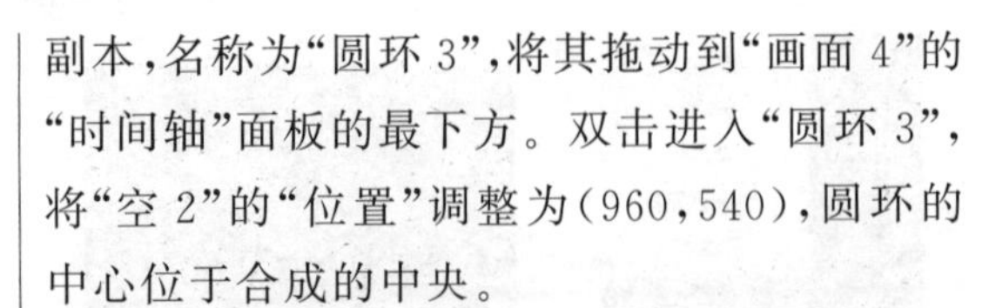

副本，名称为"圆环 3"，将其拖动到"画面 4"的"时间轴"面板的最下方。双击进入"圆环 3"，将"空 2"的"位置"调整为(960,540)，圆环的中心位于合成的中央。

(2) 回到"画面 4"，新建文本图层，输入文字"水果"，入点为 21 帧，大小为 220 像素，将"锚点"移至图层中央，文字移至合成中央。"水果"随着"圆圈"的变化而变化，设置"水果"的"缩放"关键帧，"圆圈"刚出现即 21 帧时"缩放"值为 0%，在"圆圈"完全消失之前即 1 秒 15 帧处设置"缩放"值为 100%

7.4.6 制作"水果动画"合成

(1) 新建一个"合成名称"为"水果动画"，"持续时间"为 20 秒，"背景颜色"为 #FCC8C8 的合成。在"项目"面板中选择"画面 4"，按 Shift 键选择"画面 1"，拖动到"时间轴"面板中，"画面 1"到"画面 4"由下至上放置，如图 7.76 所示。

图 7.76

(2) 将"画面 1"到"画面 4"分别拖动到 0 秒、4 秒 17 帧、10 秒 22 帧、16 秒 23 帧。4 个画面都有重叠的部分，如图 7.77 所示，这样是为了让 4 个画面切换得更自然。

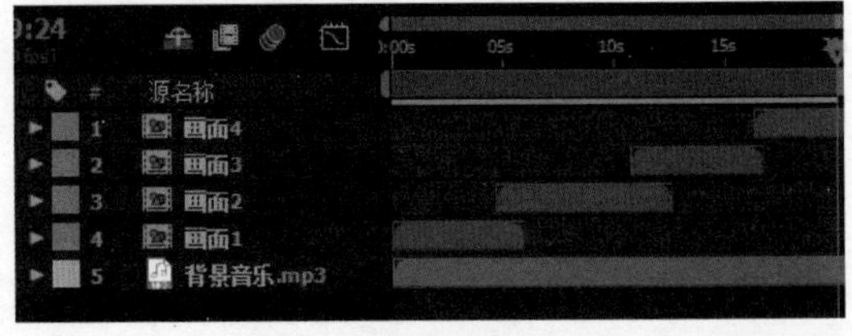

图 7.77

(3) 在"项目"面板中将"素材"文件夹中的"背景音乐.mp3"拖动到"时间轴"面板中，设置"音频电平"关键帧，18 秒 12 帧时为 0dB，20 秒时为 -25dB。播放动画，查看效果。

作业

一、模拟练习

打开“lesson07/模拟/complete/07 模拟 complete(CC 2018).aep”进行浏览播放，根据上述知识点，参考完成案例，做出模拟场景。课件资料已完整提供，获取方式见本书前言。

要求 1：使用中继器制作动画。

要求 2：使用“径向擦除”为形状添加动画效果。

要求 3：把握好每个动画出现和结束的时间。

二、自主创意

自主创造出一个场景，应用本章所学习知识，熟练掌握形状工具的使用，创作作品。

三、理论题

1. 形状图层具有什么特点？

2. 怎样在形状图层中使用“中继器”“合并路径”等属性？

3. 对于重复出现的形状可以怎么做？

第8章 文本动画

微课视频 70分钟(10个)

本章学习内容:

(1) 创建文本图层;

(2) 点文本和段落文本的特点;

(3) 文本动画制作工具与变换动画的区别;

(4) 制作文本路径动画;

(5) 制作3D文本动画。

完成本章的学习需要大约2小时,相关资源获取方式见本书前言。

知识点

建立文本图层　点文本和段落文本　文本动画制作工具　文本选择器　文本路径动画　文本动画预设　3D文本动画

本章案例介绍

范例:

本章范例制作的是一个文本动画,动画由4个画面组成,使用文本动画制作工具与变换动画为文字添加效果,从而熟练掌握文本工具的使用,如图8.1所示。

图　8.1

模拟案例:

本章模拟案例是关于文字动画的设计,使用变换动画和文本动画制作工具为文字添加效果,其中文字分别使用动画预设添加效果,可以根据自己的喜好使用不同的动画预设。如图8.2所示。

图　8.2

8.1 预览范例视频

(1) 右击"lesson08/范例/complete"文件夹的"08范例complete(CC 2018).mov",播放视频。

(2) 关闭播放器。

(3) 也可以用After Effects打开源文件进行预览,在After Effects菜单栏中选择"文件"→"打开项目"命令,再选择"lesson08/范例/complete"文件夹的"08范例complete(CC 2018).aep",单击"预览"面板的"播放/停止"按钮,预览视频。

8.2 创建文本

8.2.1 关于文本图层

文本图层是合成图层,不使用素材项目作为其来源,但可以将来自某些素材项目的信息转换为文本图层。文本图层也是矢量图层,与形状图层和其他矢量图层一样,在缩放图层或改变文本大小时,他会保持清晰。文本图层可以在"合成"面板中进行操作,不存在于"项目"

面板，不能在“图层”面板中将其打开。

在 After Effects 中可以为整个文本图层的属性或单个字符的属性（如颜色、大小和位置）设置动画。可以使用文本动画器属性和选择器创建文本动画。3D 文本图层还可以包含 3D 子图层，每个字符一个子图层。

8.2.2 创建点文本

After Effects 使用两种类型文本：点文本和段落文本。点文本的每行文本都是独立的，在编辑文本时，行的长度会随之增加或减少，但不会换到下一行，适用于输入单词或一行字符。段落文本中的文本基于定界框的尺寸换行，可以随时调整定界框的大小，同时文本在调整后的矩形内重排，可以输入多个段落并对不同段落应用不同的段落格式。

(1) 打开“lesson08/范例/start”文件夹的“08 范例 start(CC 2018).aep”，将文件另存为“08 知识点 demo(CC 2018).aep”。在“项目”面板中双击打开“8.2”文件夹下的“创建点文本”合成，将“项目”面板中素材文件夹下的 background1.jpg 拖动到“时间轴”面板。

(2) 在“时间轴”面板空白处右击，选择“新建”→“文本”，“时间轴”面板中新建了一个文本图层，如图 8.3(a)和图 8.3(b)所示，此时“合成”面板中出现一个输入状态的光标，如图 8.3(c)所示。

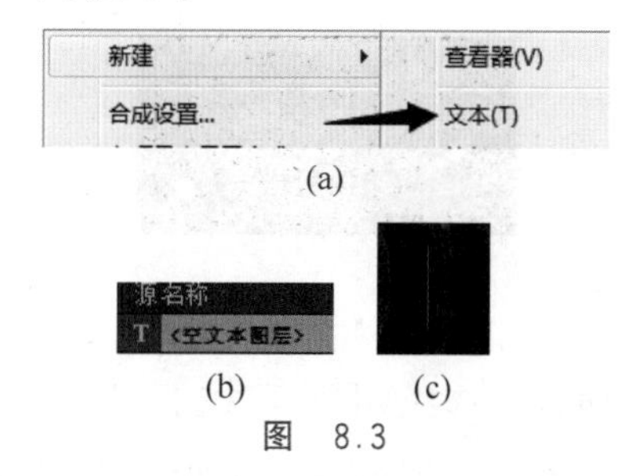

(a)
(b) (c)
图 8.3

(3) 输入文字 Adobe，此文本图层中包含刚输入的文字，图层自动命名为 Adobe，如图 8.4 所示。

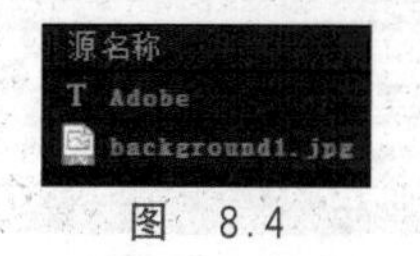

图 8.4

视频讲解

(4) 选择 Adobe 层，在“字符”面板中设置“字体”为 Arial，“字体样式”为 Bold，大小为 260 像素，“填充颜色”为白色，“描边颜色”为无，如图 8.5(a)所示。图层在选择状态下按 Ctrl＋Alt＋Home 键，将“锚点”放到图层中央，在“对齐”面板中使用“水平居中对齐”按钮和“垂直居中对齐”按钮将文字放在合成中央，如图 8.5(b)所示。

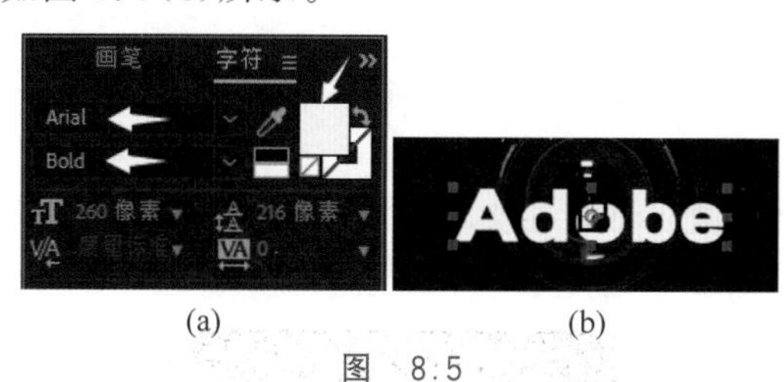

(a) (b)
图 8.5

(5) 选择 Adobe 层，展开“缩放”属性，在 0 秒处设置“缩放”值为 500%，在 1 秒处设置“缩放”值为 100%。展开“不透明度”属性，0 秒时为 0%，1 秒时为 100%，1 秒 6 帧为 100%，1 秒 12 帧时为 0%。图 8.6 为 20 帧和 1 秒 10 帧的画面。

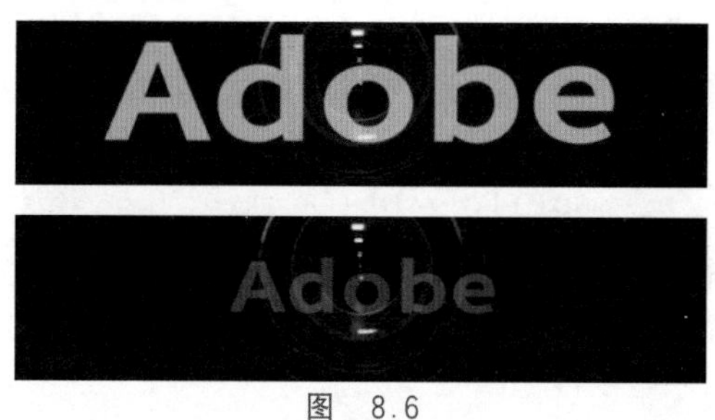

图 8.6

(6) 在工具栏中选择“文字工具”按钮 T，在“合成”面板中 Adobe 以外的任意位置单击，自动“时间轴”面板中新建了一个文本图层，输入文字“After Effects CC”，文本图层的名称以输入的内容命名，如图 8.7 所示。

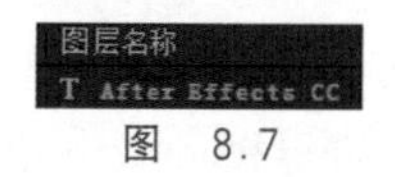

图 8.7

(7) 选择“After Effects CC”层，在“字符”面板中设置“字体”为 Arial，“字体大小”为 200 像素，“填充颜色”为白色，“描边颜色”为无，此时在“字符”面板中所做的更改是下次文本输入时的默认设置。将“锚点”放到图层中央，在“对齐”面板中使用“水平居中对齐”按钮和“垂直居中对齐”按钮将文字放在合成中央。

(8) 在 1 秒 13 帧和 2 秒 3 帧处设置“不透明度”关键帧,数值分别为 0%、100%。按空格键查看动画效果。

8.2.3 创建段落文本

(1) 打开“创建段落文本”合成,将“项目”面板中素材文件夹下的 background2. png 拖动到“时间轴”面板。

(2) 选择“文字工具”,在合成视图中按住鼠标拖动,建立一个文本框,如图 8.8 所示,输入的文字都将在文本框内显示,它将开始一个新行而不是开始一个新段落。

图 8.8

(3) 复制“范例/素材/知识点素材/文字.txt”中的文字,选择“编辑”→“粘贴”,文字输入到文本框内,如图 8.9(a)所示。此时的字符格式默认为上次的字符格式,“字体大小”为 200 像素,“行距”为 160 像素,显然太大,在“字符”面板中将“字体大小”调整为 80 像素,“行距”调整为 95 像素,如图 8.9(b)所示。字符格式可以在复制文字之前调整,也可以在复制文字之后调整。

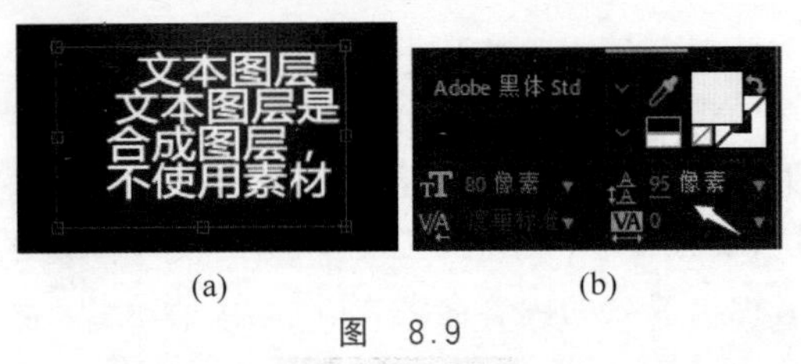

(a) (b)

图 8.9

(4) 此时输入的文本超出了定界框所能容纳的大小,则定界框的右下角出现一个溢出图标,如图 8.10(a)所示。在“时间轴”面板中双击文本层,激活文本,在合成视图中将指针放置在某个手柄上,指针将变成一个双箭头,如图 8.10(b)所示,拖动以沿一个方向调整大小,按住 Shift 键拖动可保持定界框的比例,调整至合适大小,如图 8.10(c)所示。

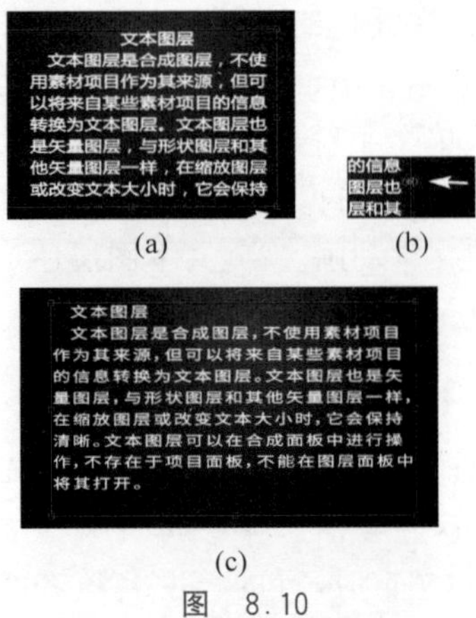

(a) (b)

(c)

图 8.10

(5) 在文本框内分别调整文字。先双击文本层,或者使用“文字工具”在文本框单击,使文本框中的文字处于可修改状态。选择“文本图层”这几个字,在“字符”面板中设置“字体”为“微软雅黑”,“字体样式”为 Bold,“字体大小”为 140 像素,“填充颜色”为白色,如图 8.11 所示。在“段落”面板中选择“居中对齐文本”按钮。

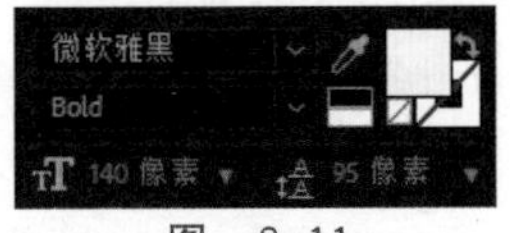

图 8.11

(6) 选择剩下的文字,设置“字体”为“微软雅黑”,“字体样式”为 Regular。在“段落”面板中选择“左对齐文本”按钮,在“段落”面板中将“首行缩进”设置为 80 像素,如图 8.12 所示。

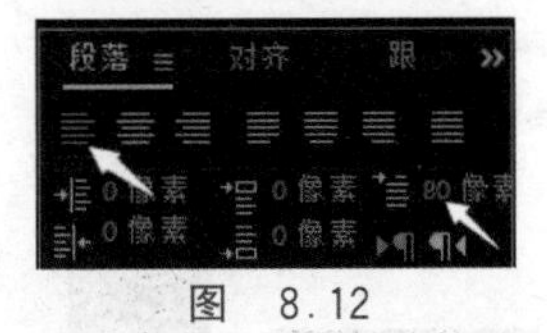

图 8.12

(7) 在“时间轴”面板中选择文本层,在“对齐”面板中选择“水平居中对齐”按钮和“垂直居中对齐”按钮,使文本放在合成中心,如图 8.13 所示。

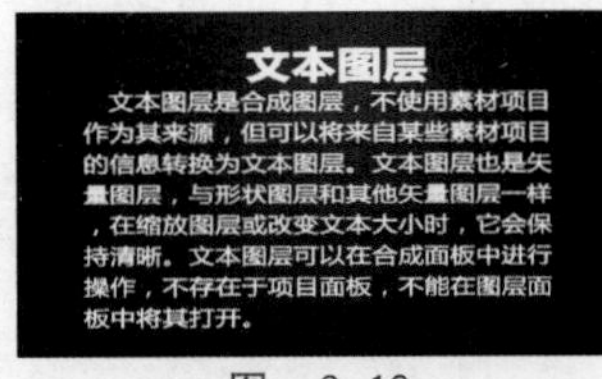

图 8.13

8.2.4　点文本和段落文本的转换

After Effects 使用两种类型的文本：点文本和段落文本。点文本适用于输入单个词或一行字符，段落文本适用于将文本输入和格式化为一个或多个段落。

(1) 在“项目”面板中选择“创建段落文本”合成，创建副本，重命名为“点文本和段落文本的转换”，双击打开合成。

(2) 选择“文字工具”，在文本框内的任意位置右击，选择“转换为点文本”，如图 8.14(a)所示，这样可将有文本框的段落文本转换为无文本框的点文本状态，相当于每个文本行的末尾都会添加一个回车符，转换为下一行，对齐方式也发生了变化，如图 8.14(b)所示。

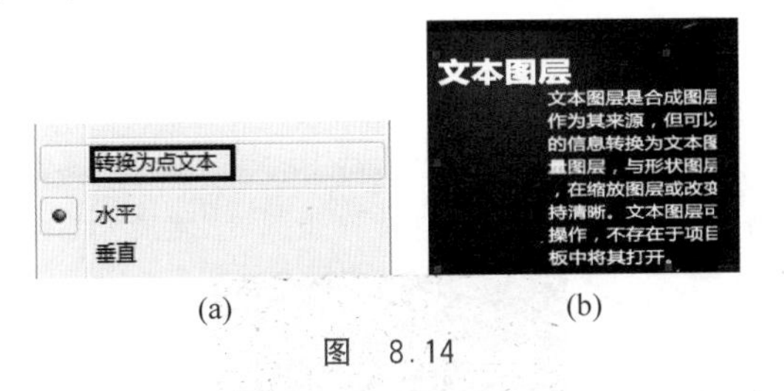

(a)　　(b)

图　8.14

(3) 在“时间轴”面板中选择文本层，在“段落”面板中选择“左对齐文本”按钮，将文本左对齐，如图 8.15 所示。

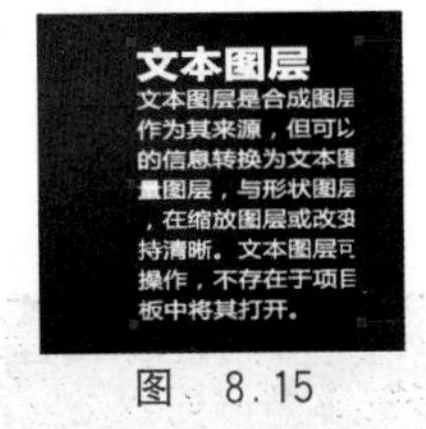

图　8.15

(4) 在“对齐”面板中选择“水平居中对齐”按钮和“垂直居中对齐”按钮，使文本放在合成中心，如图 8.16 所示。

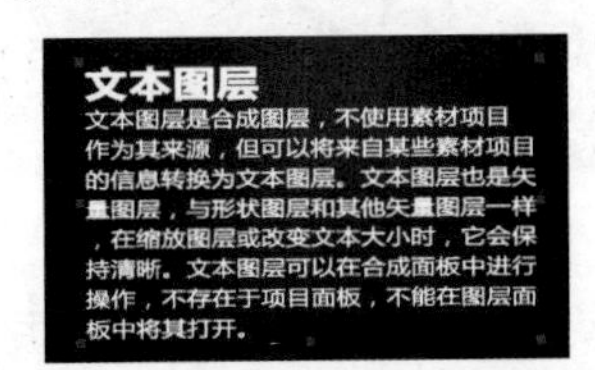

图　8.16

(5) 双击文本层，并将光标移至标题行最左侧，在“段落”面板中将“首行缩进”设置为 550 像素。将光标移至内容第一行文字的最左侧，在“段落”面板中将“首行缩进”设置为 170 像素。如图 8.17 所示。

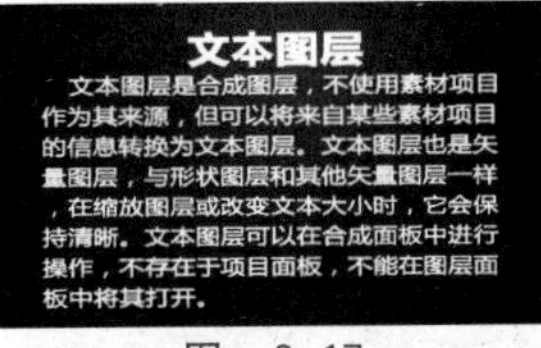

图　8.17

8.3　设置字符格式

视频讲解

(1) 打开“设置字符格式”合成，将“项目”面板中素材文件夹下的“background3. png”拖动到“时间轴”面板，调整“缩放”值为 70%，将图片调整至合适大小。

(2) 在“时间轴”面板空白处右击，选择“新建”→“纯色”，“颜色”为黑色。选择纯色层，调整“不透明度”为 60%。

(3) 选择工具栏的“文字工具”按钮，在“合成”面板上单击，“合成”面板中出现一个输入状态的光标，输入文字“更快、更高、更强”，在“字符”面板中调设置“字体”为“微软雅黑”，“字体样式”为 Regular，“字体大小”为 210 像素，“填充颜色”为白色，“描边颜色”为 #F49A30，选择“在描边上填充”，设置“描边宽度”为 30 像素，如图 8.18 所示。

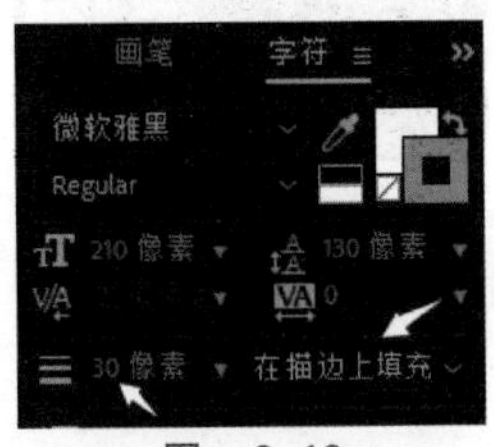

图　8.18

(4) 把“锚点”放到图层中央，将“位置”调整为(960,400)，将文字层重命名为“文字 1”。

(5) 新建文本层，输入文字“奥林匹克格言”，在“字符”面板中调设置“字体”为“微软雅黑”，“字体大小”为 80 像素，“填充颜色”为白色，“描边颜色”为无，如图 8.19 所示。

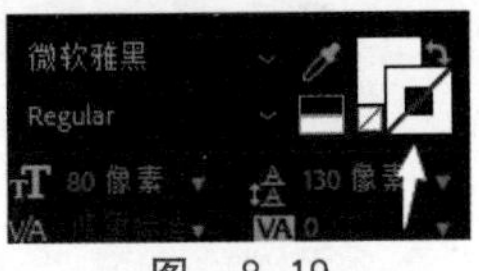

图　8.19

(6) 将“锚点”放到图层中央,“位置”调整为(1540,630),重命名为“文字 2”,如图 8.20 所示。

图 8.20

视频讲解

8.4 制作文本动画

8.4.1 动画制作工具与变换动画的区别

(1) 打开“8.4”文件夹下的“文本动画制作工具与变换动画”合成,将“项目”面板中素材文件夹下的 background4.jpg 拖动到“时间轴”面板。

(2) 使用“文字工具”在“合成”面板上输入文字“同一个世界,同一个梦想”,选择文字层,在“字符”面板中设置“字体”为“微软雅黑”,“字体样式”为 Regular,“字体大小”为 160 像素,“填充颜色”填为白色,“描边颜色”为无,如图 8.21 所示。

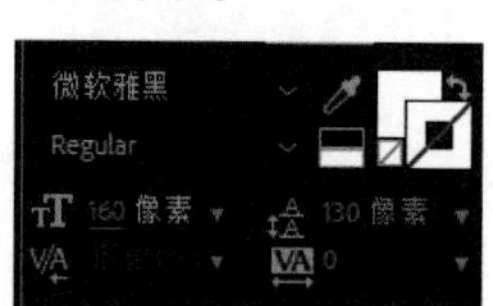

图 8.21

(3) 文字从右侧进入合成,添加“位置”关键帧,因为是将所有字符一起移动到合成内,所以使用变换下的“位置”属性。选择文字层,将“锚点”放到图层中央。展开“位置”属性,0 秒时为(2900,350),20 帧为(960,350)。

(4) 新建文本图层,输入文字“One World, One Dream”,“字体”为 Arial,“字体样式”为 Narrow,“字体大小”为 120 像素,“填充颜色”为白色,“描边颜色”为无。图层在选择状态下将“锚点”放到图层中央,在“对齐”面板中使用“水平居中对齐”按钮将文字水平居中,如图 8.22 所示。

(5) 展开文本图层,单击“文本”右侧的

图 8.22

“动画”按钮,单击“位置”,添加了“动画制作工具 1”属性,如图 8.23 所示。

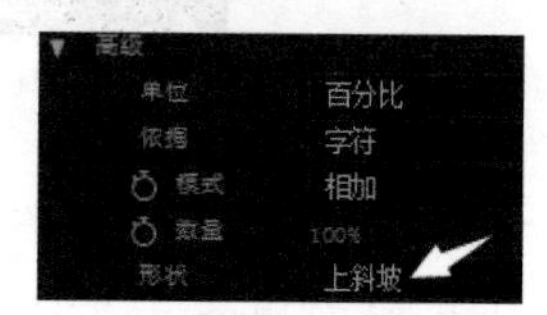

图 8.23

(6) 修改“位置”值,在 1 秒 1 帧处设置“位置”关键帧(1700,0),文字移出画面,2 秒处设置“位置”关键帧为(0,0),文字出现在合成中央。

(7) 展开“范围选择器 1”下的“高级”属性,将“形状”修改为“上斜坡”,如图 8.24 所示。

图 8.24

(8) 在“范围选择器 1”下设置“偏移”关键帧,21 帧时为−100%,2 秒时为 100%。

(9) 查看动画效果。图 8.25 为 1 秒 13 帧的画面。

图 8.25

8.4.2 使用动画制作工具制作动画

(1) 在“项目”面板中选择“设置字符格式”合成,创建副本,将名称更改为“使用动画制作工具制作动画”,将其拖动放至“8.4”文件夹中。双击打开“使用动画制作工具制作动画”合成,

在“时间轴”面板中展开“文字 1”层，单击“文本”右侧的“动画”按钮，选择“描边颜色”→“不透明度”，添加“动画制作工具 1”属性，将“描边不透明度”设置为 0%。展开“范围选择器 1”，设置“偏移”关键帧，如图 8.26(a)所示，0 秒时为 0%，1 秒 5 帧时为 100%，每隔 5 帧一个字的描边出现。图 8.26(b)为 1 秒时的效果。

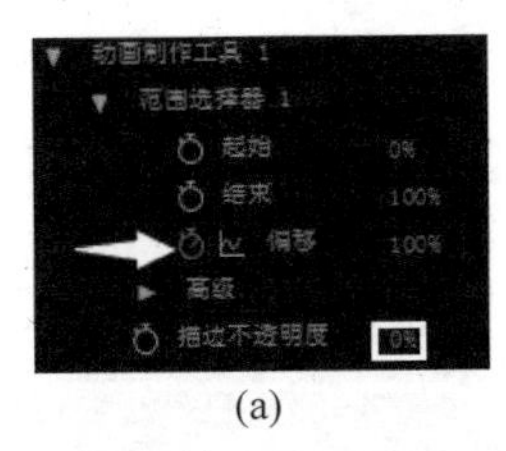

(a)

(b)

图　8.26

(2) 选择“文字 2”，在 1 秒 10 帧处剪切入点。展开“文字 2”层，单击“文本”右侧的“动画”按钮，选择“倾斜”，添加“动画制作工具 1”属性。设置“倾斜”和“倾斜轴”关键帧，1 秒 10 帧时“倾斜”为 60，“倾斜轴”为 25°，1 秒 20 帧时“倾斜”和“倾斜轴”分别为 0，0°。图 8.27 为 1 秒 12 帧和 1 秒 20 帧的画面。

图　8.27

8.4.3　使用文本选择器制作动画

(1) 在“项目”面板中选择“使用动画制作工具制作动画”合成，创建副本，将名称更改为“文本选择器动画”。双击打开“文本选择器动画”合成，在“时间轴”面板中展开“文字 1”层，单击“文本”右侧的“动画”按钮，选择“缩放”，在原来的基础上添加“动画制作工具 2”，如图 8.28 所示。

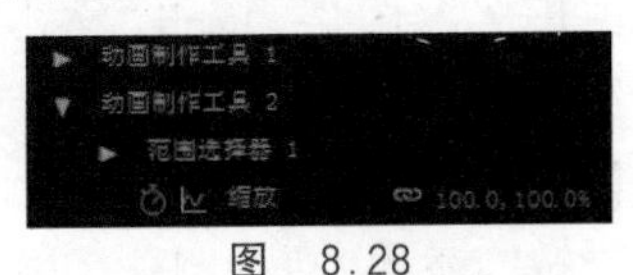

图　8.28

(2) 在“文字 2”动画播放完毕，即 1 秒 20 帧时设置“缩放”关键帧，值为 100%，在 2 秒 3 帧时为 150%。

(3) 单击“动画制作工具 2”右侧的“添加”按钮，选择“选择器”→“摆动”，在“动画制作工具 2”内添加了“摆动选择器 1”属性，展开“摆动选择器 1”，设置“摇摆/秒”为 2，如图 8.29(a)和图 8.29(b)所示。图 8.29(c)为 2 秒时的效果。

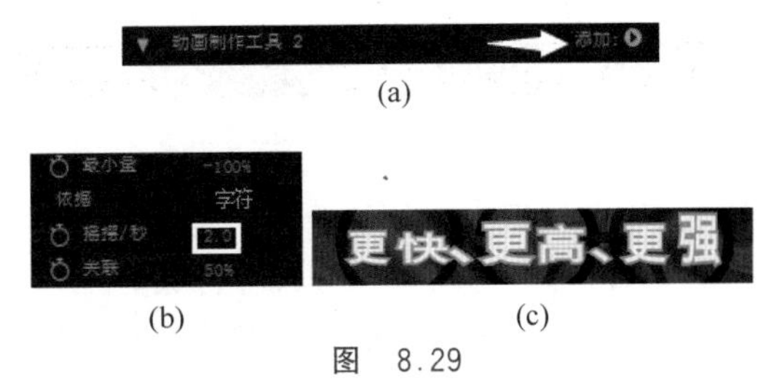

(a)

(b)　(c)

图　8.29

8.4.4　制作文本路径动画

(1) 打开“文本路径动画”合成，将“项目”面板中素材文件夹下的 background5.jpg 拖动到“时间轴”面板，调整图片的“缩放”值为(54,54%)，以适应合成。

(2) 新建文本图层，输入文字“同一个世界，同一个梦想”，“字体”为“微软雅黑”，“字体样式”为 Regular，“字体大小”为 120 像素。选择文字层，在“工具”面板中选择“钢笔工具”，沿着鸟巢的轮廓和倒影绘制如图 8.30(a)所示的路径。文本层添加了“蒙版 1”属性，如图 8.30(b)所示。

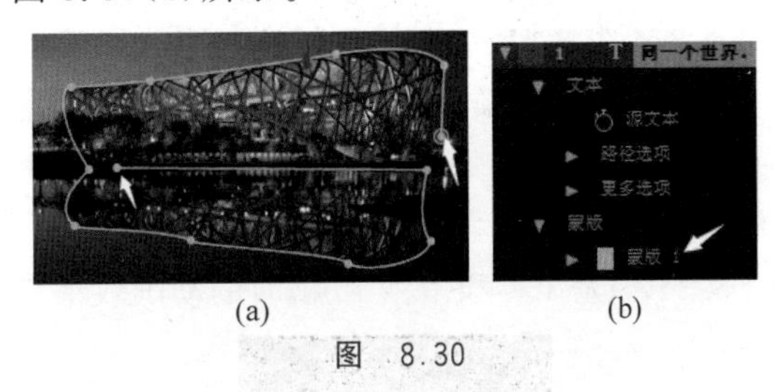

(a)　(b)

图　8.30

(3) 展开“文本”，在“路径选项”下将“路径”选择为“蒙版 1”，“反转路径”为“开”，“垂直于路径”为“关”，“强制对齐”为“关”，如图 8.31 所示。

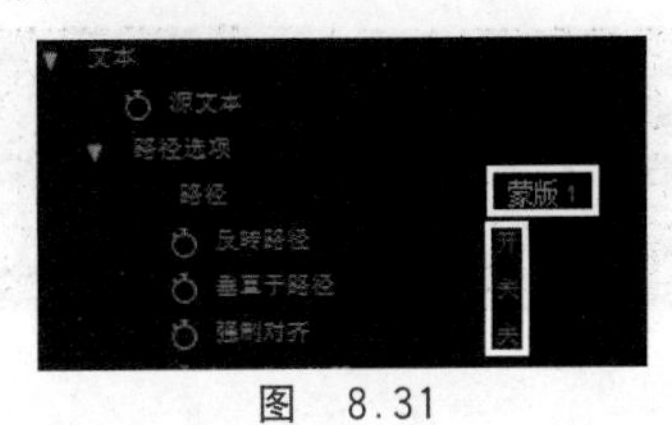

图　8.31

（4）设置“首字边距”关键帧，在0秒处为5270，在6秒处为−370，如图8.32所示。

图　8.32

视频讲解

8.5　文本动画预设

（1）在“项目”面板中选择“设置字符格式”合成，创建副本，将名称更改为“文本动画预设”，双击打开“文本动画预设”合成。

（2）在“时间轴”面板中选择“文字1”层，在菜单栏中选择“动画”→“将动画预设应用于”，弹出“打开”对话框，在“Support Files\Presets\Text”文件夹下有3D文本、动画进入、动画离开、曲线和旋转、表达式、填充和描边等动画预设，打开文件夹可以看到动画预设的文件扩展名是.ffx，如图8.33所示。

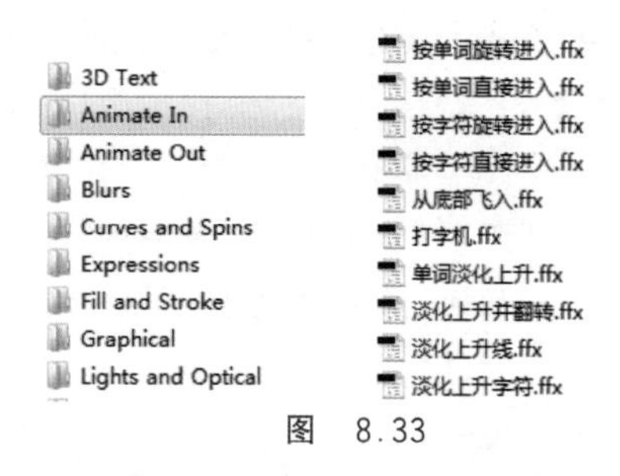

图　8.33

（3）选择“Presets\Text\3D Text”下的“3D随机下飞和旋转Y.ffx”，单击“打开”按钮，“文字1”层下添加了“Animator 1”属性，如图8.34(a)所示。播放动画，图8.34(b)和图8.34(c)是1秒和1秒15帧时的动画效果。

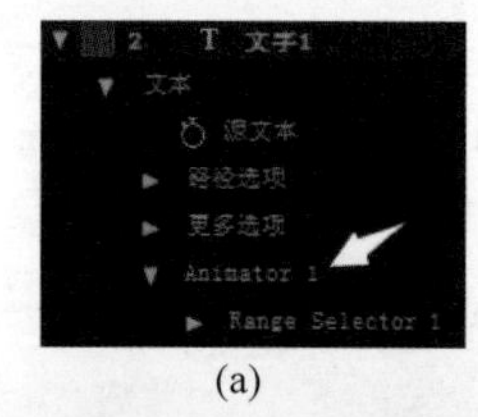

(a)

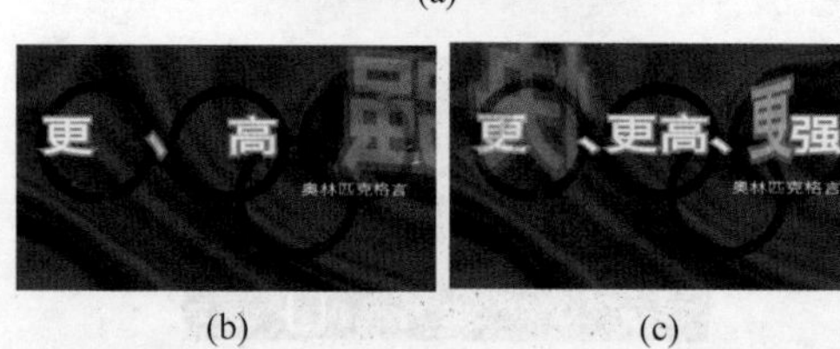

(b)　(c)

图　8.34

视频讲解

（4）对于添加的预设，通常都会按需要进行修改，比如此案例中想要“文字1”层中文字的动画时间缩短，则展开“Animator 1”下的“Range Selector 1”，移动“偏移”关键帧即可。

8.6　制作3D文本动画

（1）打开“3D文本动画”合成，将“项目”面板中素材文件夹下的background6.jpg拖动到“时间轴”面板，调整图片的“缩放”值为60%，以适应合成。打开background6.jpg层的“3D图层”开关，展开“旋转”属性，将“X轴旋转”修改为270°。将“合成”面板下方的“3D视图弹出式菜单”选择为“自定义视图3”，如图8.35所示。

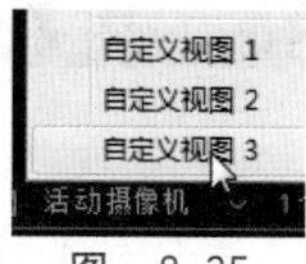

图　8.35

（2）新建文本层，输入文字“OLYMPIC”，在“字符”面板中设置“字体”为Calibri，“字体样式”为Bold，“字体大小”为391像素，“填充颜色”为白色，“描边颜色”为黑色，“描边宽度”为34像素，如图8.36所示。

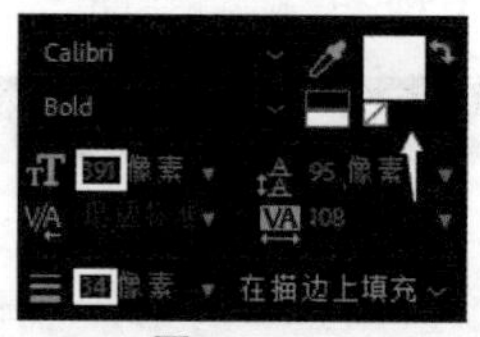

图　8.36

（3）选择文字层，将“锚点”放到图层中央。展开“位置”属性，更改“位置”值为(960，420)，打开文本层的“3D图层”开关，如图8.37所示。

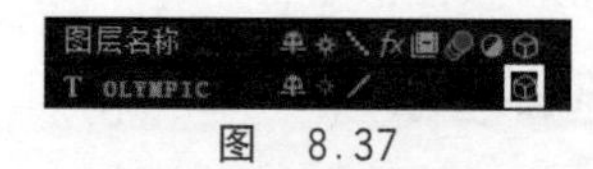

图　8.37

（4）展开文本图层，单击“文本”右侧的“动画”按钮，选择“启用逐字3D化”，三维图层开关由■变为了■。再次单击“动画”按钮，选择“旋转”，添加“动画制作工具1”属性，如图8.38所示。

（5）将“动画制作工具1”下的“X轴旋转”

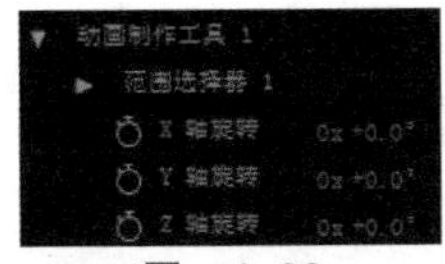

图　8.38

设为－90°，“Y 轴旋转”设为 90°。单击“动画制作工具 1”右侧的“添加”按钮，选择“属性”→“不透明度”，将“不透明度”设为 0%。展开“范围选择器 1”，设置“偏移”关键帧，0 秒时为 0%，1 秒 5 帧时为 100%。

(6) 选择文本层，单击“动画”按钮，选择“旋转”，添加“动画制作工具 2”，添加“Y 轴旋转”关键帧，1 秒 5 帧时为 0°，1 秒 16 帧为 90°，3 秒 11 帧为 90°，4 秒 1 帧为 180°。20 帧的画面如图 8.39 所示。

图　8.39

(7) 将“自定义视图 3”调回“活动摄像机”。新建摄像机，类型为“双节点摄像机”，“预设”为 35 毫米。展开“变换”属性，添加“位置”关键帧，0 秒时为(960,180,－1845)，19 帧时为(1966,180,－1750)，1 秒 10 帧为(2772,180,－1500)，2 秒 10 帧为(3528,180,40)，3 秒 10 帧为(960,180,1862.5)。

(8) 查看动画效果，如图 8.40 所示。

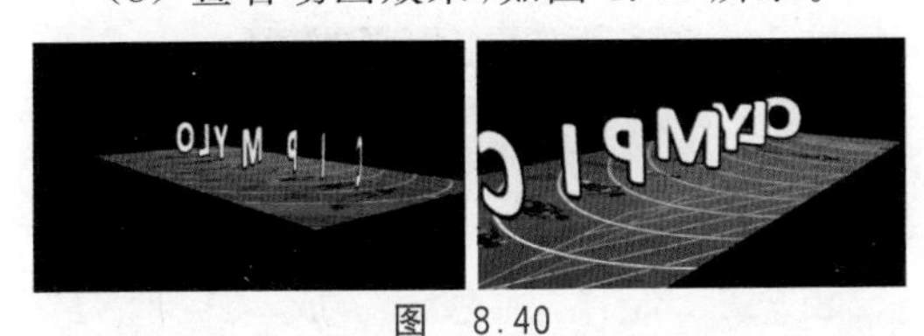

图　8.40

8.7　范例制作

8.7.1　制作原理

创建文本图层，设置字符格式，使用动画制作工具和变换动画为文本调整或添加偏移、结束、位置、不透明度、字符间距、填充颜色等关键帧，并使用动画预设为文本动画添加效果。

视频讲解

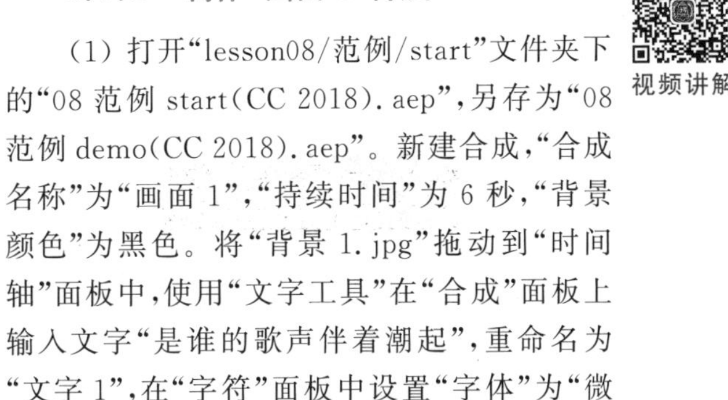

8.7.2　制作“画面 1”合成

(1) 打开“lesson08/范例/start”文件夹下的“08 范例 start(CC 2018).aep”，另存为“08 范例 demo(CC 2018).aep”。新建合成，“合成名称”为“画面 1”，“持续时间”为 6 秒，“背景颜色”为黑色。将“背景 1.jpg”拖动到“时间轴”面板中，使用“文字工具”在“合成”面板上输入文字“是谁的歌声伴着潮起”，重命名为“文字 1”，在“字符”面板中设置“字体”为“微软雅黑”，“字体样式”为 Regular，“字体大小”为 132 像素，“填充颜色”为白色，“描边颜色”为无，如图 8.41 所示。

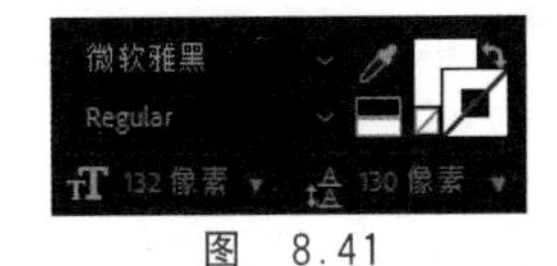

图　8.41

选择“文字 1”层，将“锚点”放到图层中央。展开“位置”属性，更改“位置”值为(960,400)，如图 8.42 所示。打开“3D 图层”开关按钮。

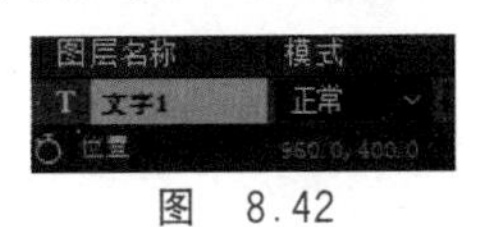

图　8.42

(2) 展开“文字 1”层，单击“动画”按钮，选择“启用逐字 3D 化”，添加了“几何选项”和“材质选项”属性。再次单击“动画”按钮，选择“位置”“旋转”“不透明度”，添加了“动画制作工具 1”。将“位置”值更改为(0,150,0)，“X 轴旋转”为－150°，“Y 轴旋转”为 40°，“不透明度”为 0%，如图 8.43(a)所示。展开“范围选择器 1”，设置“偏移”关键帧，1 秒时为 0%，2 秒 14 帧时为 100%。在 4 秒处剪切出点。2 秒时的画面如图 8.43(b)所示。

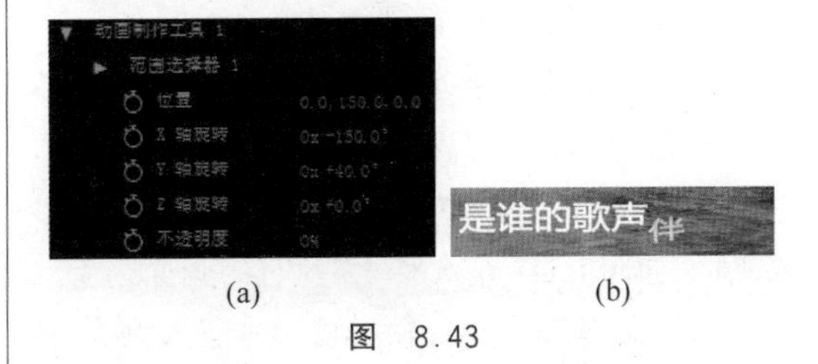

(a)　(b)

图　8.43

(3) 选择“文字 1”层，单击“文本”右侧的“动画”按钮，选择“位置”，在原来的基础上添加“动画制作工具 2”，如图 8.44 所示，设置“位置”关键帧，2 秒 20 帧时为(0,0,0)，3 秒 10 帧时为(0,150,0)，文字从 2 秒 20 帧向下移动。

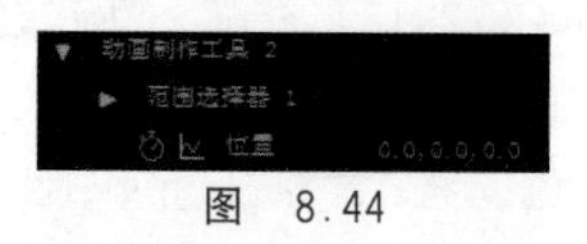

图 8.44

(4) 单击“时间轴”面板空白处，双击“矩形工具”，创建矩形，修改“大小”为(1440,20)，颜色为白色，重命名为“条块”，如图 8.45 所示。

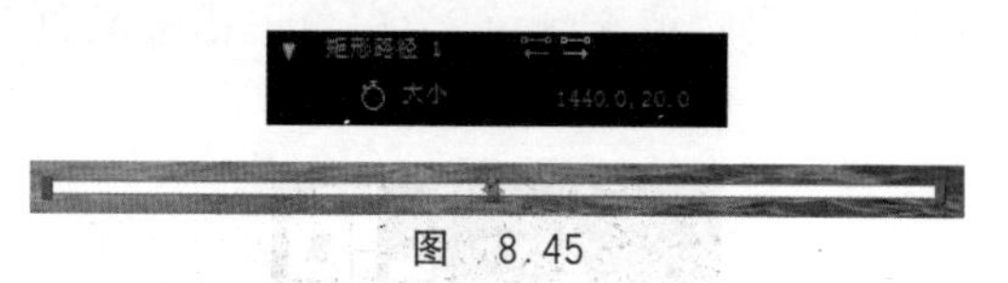

图 8.45

(5) 使用“锚点工具”，将矩形的“锚点”移动到“条块”的最左端，如图 8.46(a)所示。修改“位置”值为(360,480)。在“变换”下设置“缩放”关键帧，取消选中“约束比例”，1 秒时“缩放”值为(0,100%)，2 秒 12 帧时为(100,100%)，“条块”比文字运动得快一些。图 8.46(b)为 1 秒 22 帧时的画面。

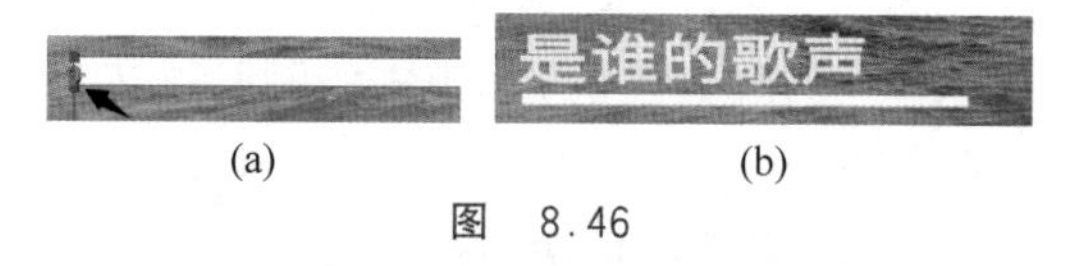

(a) (b)

图 8.46

(6) 新建文本图层，输入文字“哪一朵浪花”，重命名为“文字 2”，“字体”为“微软雅黑”，“字体大小”为 132 像素，“填充颜色”为白色，“描边颜色”为无。将“锚点”放到图层中央，展开“位置”属性，更改“位置”值(960,400)。打开“3D 图层”开关按钮。

(7) 展开图层，单击“动画”按钮，选择“启用逐字 3D 化”和“位置”，添加“动画制作工具 1”，设置“位置”值为(0,26,－2386)。展开“范围选择器 1”，设置“偏移”关键帧，3 秒时为 0%，4 秒时为 100%，剪切“文字 2”层的出点为 3 秒 22 帧。如图 8.47 是 3 秒 12 帧时的画面。

(8) 新建文本层，输入文字“涌入我的心底”，重命名为“文字 3”，将“锚点”放到图层中央，修改“位置”值为(960,400)。添加“缩放”

图 8.47

关键帧，3 秒 22 帧为(0,0%)，4 秒 7 帧为(472,472%)，4 秒 23 帧为(100,100%)。

(9) 选择“条块”层，展开“变换”属性，设置“旋转”关键帧，5 秒 1 帧时为 0°，5 秒 6 帧时为 6°，5 秒 16 帧时为 6°，6 秒时为 45°。设置“位置”关键帧，5 秒 21 帧时为(360,480)，6 秒时为(360,1300)。如图 8.48 所示。

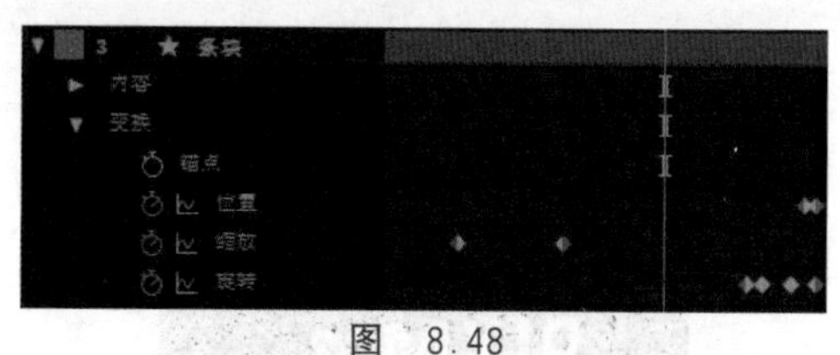

图 8.48

(10) 将“当前时间指示器”移动到 4 秒处，将“文字 3”的“父级”设为“2. 条块”，如图 8.49 所示，“文字 3”将随着条块一起倾斜。

图 8.49

(11) “条块”在 5 秒 6 帧到 5 秒 16 帧旋转角度保持为 6°，在此期间“文字 3”顺着“条块”滑出画面，即“文字 3”在 5 秒 6 帧时的位置为(－120,－78)，5 秒 16 帧为(1363,－78)，图 8.50 为 5 秒 9 帧的画面。

图 8.50

8.7.3 制作“画面 2”合成

(1) 新建合成，“合成名称”为“画面 2”，“持续时间”为 5 秒，“背景颜色”为黑色。将“背景 2.jpg”拖动到“时间轴”面板中，使图片宽度适合复合宽度。新建文本层，输入文字“潮汐还未把脚印掩埋”，重命名为“文字 4”。在“字符”面板中设置“字体”为“微软雅黑”，“字体大小”为 160 像素，“填充颜色”为白色，“描边颜色”为白色，“描边宽度”为 3 像素，如

图 8.51 所示。将“锚点”放到图层中央，“位置”值修改为(960,400)。

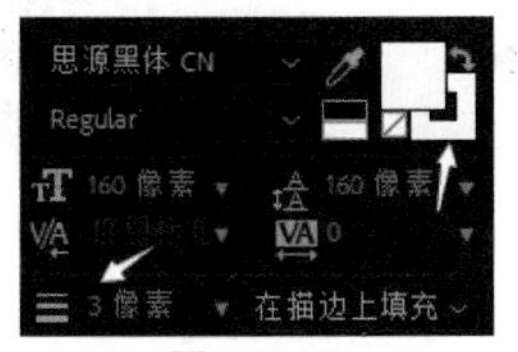

图　8.51

(2) 选择“文字 4”层，单击 “动画”按钮，选择“缩放”“不透明度”“模糊”，添加“动画制作工具 1”，设置“缩放”值为 100%，“不透明度”为 0%，“模糊”为(200,50)。设置“偏移”关键帧，0 秒时为 0%，1 秒 22 帧时为 100%。

(3) 选择“文字 4”层，单击 “动画”按钮，选择“填充颜色”→“不透明度”，添加“动画制作工具 2”，设置“填充不透明度”关键帧，1 秒 22 帧时为 100%，2 秒 8 帧时为 0%。在 2 秒 14 帧处按 Alt+“]”键剪切出点，2 秒 8 帧的画面如图 8.52 所示。

图　8.52

(4) 新建文本层，输入文字“而你”，默认名称为“而你”，将“锚点”放到图层中央，打开“3D 图层”开关按钮。展开“位置”属性，设置“位置”值为(990,296,0)。展开“而你”层，单击“动画”按钮，选择“启用逐字 3D 化”，再次单击“动画”按钮，选择“位置”“旋转”“不透明度”，添加“动画制作工具 1”。设置“位置”值为(0,0,663)，“X 轴旋转”为 360°，“不透明度”为 0%。展开“范围选择器 1”，设置“偏移”关键帧，2 秒 14 帧时为 0%，3 秒 4 帧时为 100%。剪切入点为 2 秒 14 帧，出点为 5 秒，图 8.53 为 3 秒时的画面。

图　8.53

(5) 选择“而你”层，创建副本，在时间轴中双击“而你”层，将文字内容更改为“已然”。将“位置”值修改为(990,480,0)，将“动画制作工具 1”下的“位置”值修改为(−390,0,0)。以相同方式创建“离去”层，将“位置”值修改为(990,650,0)，将“动画制作工具 1”下的“位置”值修改为(0,255,0)。

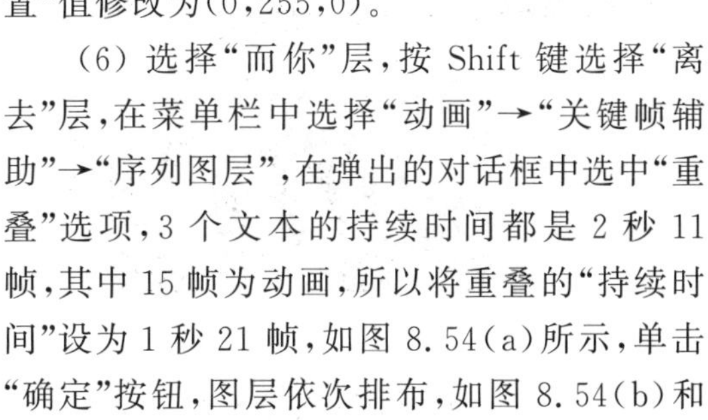

(6) 选择“而你”层，按 Shift 键选择“离去”层，在菜单栏中选择“动画”→“关键帧辅助”→“序列图层”，在弹出的对话框中选中“重叠”选项，3 个文本的持续时间都是 2 秒 11 帧，其中 15 帧为动画，所以将重叠的“持续时间”设为 1 秒 21 帧，如图 8.54(a)所示，单击“确定”按钮，图层依次排布，如图 8.54(b)和图 8.54(c)所示。

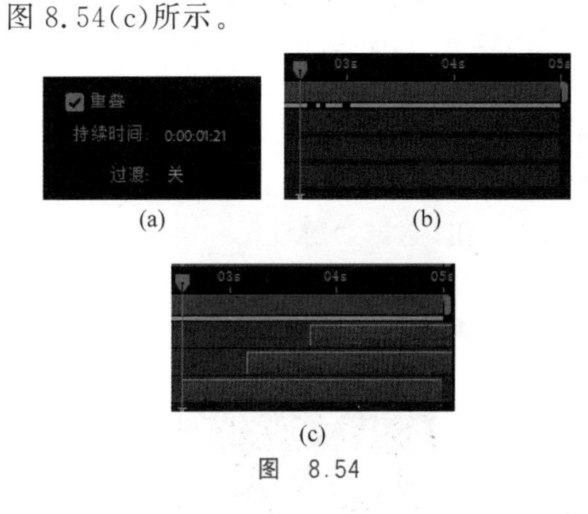

(a)　(b)　(c)

图　8.54

8.7.4　制作“画面 3”合成

(1) 新建合成，“合成名称”为“画面 3”，“持续时间”为 4 秒，“背景颜色”为黑色。将“背景 3.jpg”拖动到“时间轴”面板中，使图片宽度适合复合宽度。为“背景 3.jpg”设置缩放动画，0 秒时为(185,185%)，4 秒时为(205,205%)。

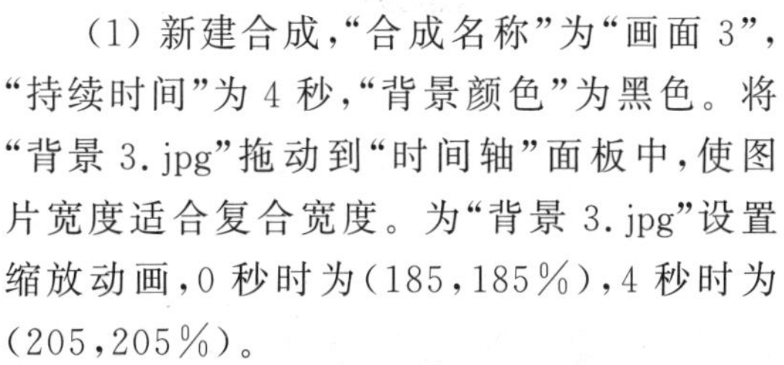

(2) 新建文本层，输入文字“都说鱼只有七秒记忆”，重命名为“文字 5”，在“字符”面板中修改“字体”为“微软雅黑”，“字体大小”为 160 像素，“填充颜色”为白色，“描边颜色”为无。按空格键将文字分行，如图 8.55(a)所示，修改“行距”为 160 像素。选择“文字 5”层，在“段落”面板中使用“右对齐文本”按钮▤，在“对齐”面板中使用“水平靠右对齐”按钮和“垂直居中对齐”按钮，如图 8.55(b)和图 8.55(c)所示。

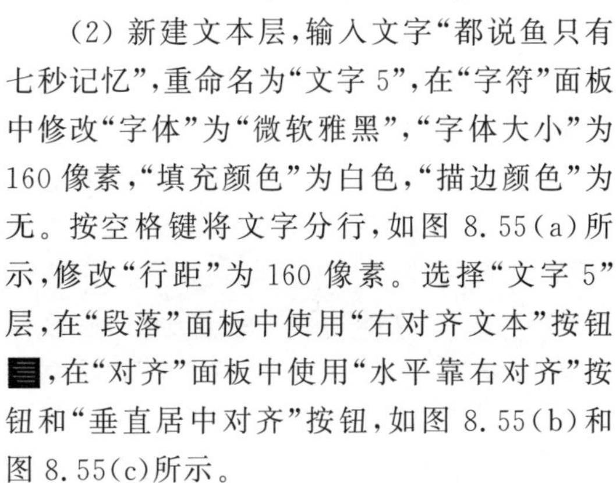

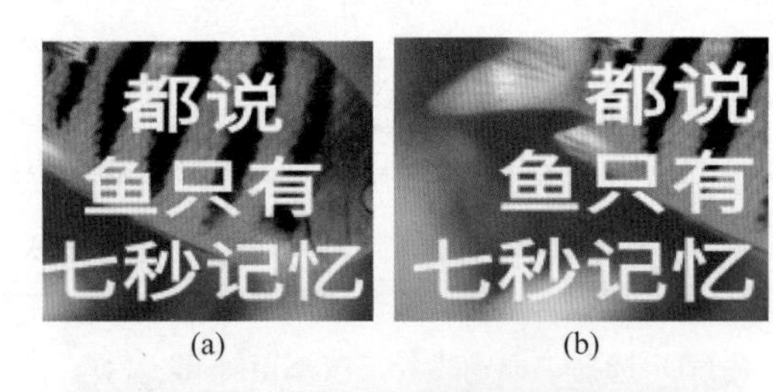

(a)　　(b)

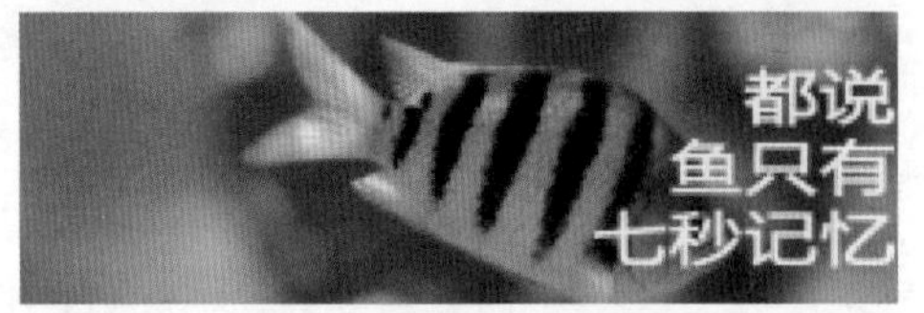

(c)

图　8.55

(3) 选择"文字 5",单击"动画"按钮,选择"位置",设置"位置"关键帧,0 秒时为(−188,0),1 秒 10 帧时为(0,0)。展开"范围选择器 1",设置"结束"关键帧,0 秒时为 0%,1 秒 10 帧时为 100%。"单击动画制作工具 1"右侧的"添加"按钮,选择"属性"→"填充颜色"→"RGB",将"填充颜色"设为＃F6E16F。图 8.56 为 15 帧的画面。

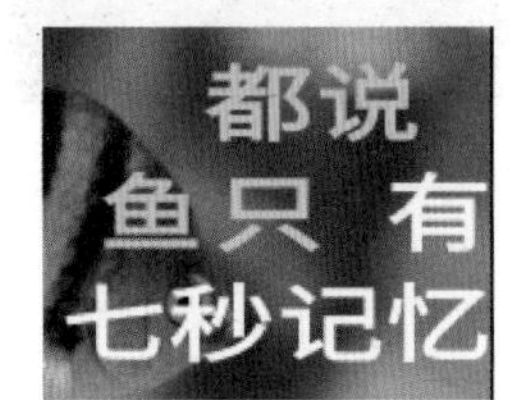

图　8.56

(4) 展开"不透明度"属性,1 秒 16 帧时"不透明度"值为 100%,1 秒 24 帧时为 0%。

(5) 新建文本层,输入文字"为何我无法忘却你"。"字体大小"为 160 像素,"基线偏移"为 0 像素。将"锚点"放到图层中央,重命名为"文字 6"。

(6) 将网格和参考线选项选择为"标题/动作安全"和"网格",如图 8.57(a)所示。选择"文字 6"层,在"工具"面板中选择"钢笔工具",画出如图 8.57(b)所示"W"形线条,添加"蒙版 1"属性。

(7) 展开"文本"下的"路径选项",将路径选择为"蒙版 1","反转路径"为"关","垂直于路径"为"关","强制对齐"为"开"。由于每个人画的"W"形线条不同,可根据自己的画面调整首字边距,使文字相对平衡。此处调整"首字边距"为−16,关闭"标题/动作安全"和"网格"的显示,如图 8.58 所示。

视频讲解

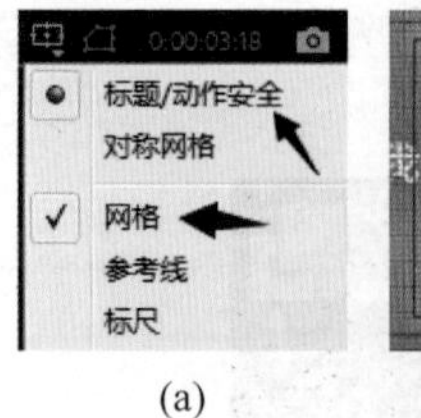

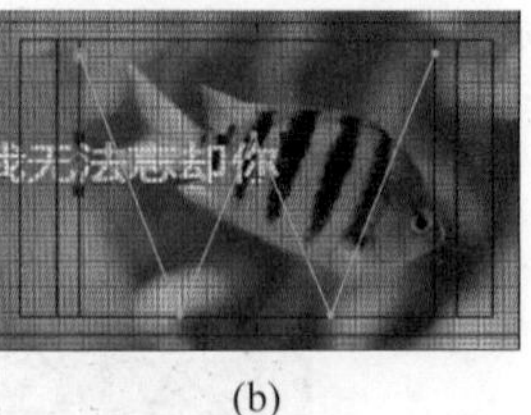

(a)　　(b)

图　8.57

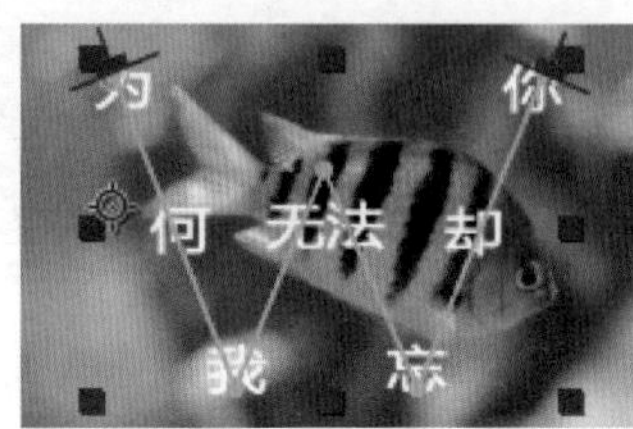

图　8.58

(8) 选择"文字 6",单击"动画"按钮,选择"不透明度",设置"不透明度"值为 0%,设置"偏移"关键帧,1 秒 23 帧时为 0%,3 秒 20 帧为 100%。图 8.59 为 2 秒 22 帧的画面。

图　8.59

8.7.5　制作"画面 4"合成

(1) 新建合成,"合成名称"为"画面 4","持续时间"为 4 秒,"背景颜色"为黑色。将"背景 4.jpg"拖动到"时间轴"面板中。为"背景 4.jpg"设置不透明度动画,0 秒时为 30%,3 秒时为 100%。

(2) 新建文本层,输入文字"还念着那一场相遇",重命名为"文字 7"。在"段落"面板中选择"居中对齐文本"。将"锚点"放到图层中央,"位置"值修改为(960,400)。

(3) 选择文字层,单击"动画"按钮,选择"字符间距",添加"动画制作工具 1",设置"字符间距大小"关键帧,0 秒时为−166,15 帧时为 1229,19 帧时为−166,23 帧时为 0,在 1 秒

6 帧处剪切出点，图 8.60 为 18 帧的画面。

念 着 那 一 场 相

图 8.60

(4) 新建文本层，输入文字“浪潮把我高高举起”，重命名为“文字 8”，在 1 秒 6 帧处剪切入点。将“锚点”放到图层中央，“位置”值修改为(960,400)。在菜单栏中选择“动画”→“将动画预设应用于”，弹出“打开”对话框，选择“Presets\Text\3D Text”下的“3D 居中反弹.ffx”，单击“打开”按钮，为文字添加了反弹的动画效果。

(5) 展开图层，将第二个“偏移”关键帧移动到 2 秒 15 帧处。图 8.61 为 1 秒 20 帧的画面。

图 8.61

8.7.6 制作“总画面”合成

(1) 新建合成，“合成名称”为“总画面”，“宽度”为 1920px，“高度”为 1080px，“持续时间”为 19 秒。在“项目”面板中选择“画面 4”合成，再按 Shift 键选择“画面 1”合成，选中 4 个合成，将它们拖动到“时间轴”面板，在菜单栏中选择“动画”→“关键帧辅助”→“序列图层”，在弹出的对话框中取消“重叠”选项，单击“确定”按钮，图层依次排布。

视频讲解

(2) 将“项目”面板中的“背景音乐.mp3”拖动到时间轴中，设置“音频电平”关键帧，18 秒时为 0dB，19 秒为－17dB。播放动画，查看效果。

作业

一、模拟练习

打开“Lesson08/模拟/complete/08 模拟 complete(CC 2018).aep”进行浏览播放，根据上述知识点，参考完成案例，做出模拟场景。课件资料已完整提供，获取方式见本书前言。

要求 1：创建文本图层。

要求 2：使用文本动画制作工具与变换动画制作动画。

要求 3：会使用文本动画制作工具为文本添加效果。

二、自主创意

自主创造出一个场景，应用本章所学知识，熟练掌握文本动画，创作作品。

三、理论题

1. After Effects 中文本图层和其他类型图层有什么相似和不同之处？

2. After Effects 中有哪几种类型的文本？分别有什么特点？

3. 怎样创建段落文本？

4. 文本动画制作工具与变换动画的区别是什么？

第9章 三维图层

微课视频 40分钟(5个)

本章学习内容：

(1) 三维图层的合成原理；

(2) 三维图层的基本操作；

(3) 三维视图的多种形态；

(4) 三维图层的轴模式。

完成本章的学习需要大约2小时，相关资源获取方式见本书前言。

知识点

合成原理　三维图层转换　方向轴的显示隐藏　三维图层的移动　三维图层的旋转　多种三维视图　本地轴模式　世界轴模式　视图轴模式

本章案例介绍

范例：

本章范例视频是关于手机展示介绍的视频，采用图片滑动动作效果。通过这个范例进一步了解和掌握三维图层的使用方法，如图9.1所示。

图 9.1

模拟案例：

视频讲解

本章模拟案例是关于手机图片滑动的视频，如图9.2所示。

图 9.2

9.1 预览范例视频

(1) 右击"Lesson09/范例/complete"文件夹的"09范例complete(CC 2018).mov"，播放视频，该视频是手机展示介绍的视频。

(2) 关闭播放器。

(3) 也可以用After Effects打开源文件进行预览，在After Effects菜单栏中选择"文件"→"打开项目"命令，再选择"Lesson09/范例/complete"文件夹的"09范例complete(CC 2018).aep"，单击"预览"面板的"播放/停止"按钮，预览视频。

9.2 三维图层的介绍

9.2.1 三维图层的合成原理

(1) After Effects中的三维空间以片状的图层为基础，如果要制作一个立方体，需要6个面来组成，而制作立体的圆球就难以实现，需要使用插件来制作。

(2) 在三维图层中，有X、Y和Z 3个轴向，X轴和Y轴形成一个平面，Z轴是与这个平面垂直的轴向。

(3) Z轴在大多情况下并不能定义图像

的厚度，三维图层仍然是一个没有厚度的平面，不过 Z 轴可以使这个平面图像在深度的空间中移动位置，也可以使这个平面图像在三维的空间中旋转任意的角度。

9.2.2　三维图层的转换

（1）在“时间轴”面板中，选择需要转换为三维图层的图层，单击打开图层的“3D 图层”开关，就可以将二维图层转换为三维图层，再次单击又会将三维图层转换为二维图层。

（2）除了音频图层之外，任何图层都可以转换为三维图层。文本图层中的各个字符可以是三维子图层，每个子图层都配有各自的三维属性。

（3）将图层转换为三维图层时，该图层仍是平的，但将获得附加属性：位置（z）、锚点（z）、缩放（z）、方向、x 旋转、y 旋转、z 旋转以及材质选项属性。

9.3　三维图层的基本操作

9.3.1　显示或隐藏三维图层方向轴

（1）三维图层上的方向轴是用不同颜色的箭头来标志的，其中红色标志的为 X 轴、绿色标志的为 Y 轴、蓝色标志的为 Z 轴。

（2）单击选择“视图”按钮，找到“显示图层控件”选项，通过选择或取消选择操作，来达到显示或隐藏三维图层方向轴的效果，如图 9.3 所示。

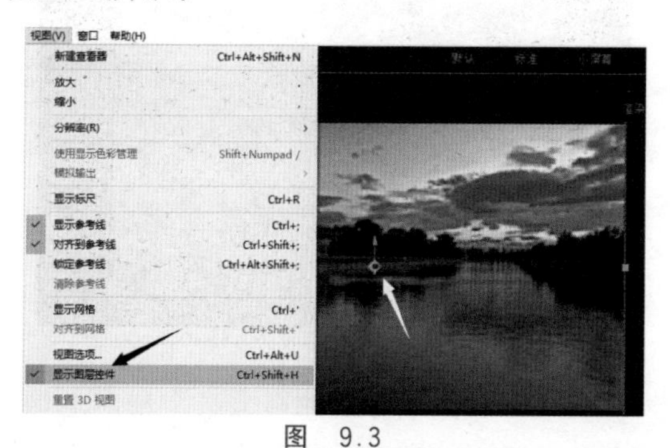

图　9.3

9.3.2　三维图层的移动

（1）选择要移动的三维图层，在“合成”面板中，使用“选择”工具，拖动要移动图层的方

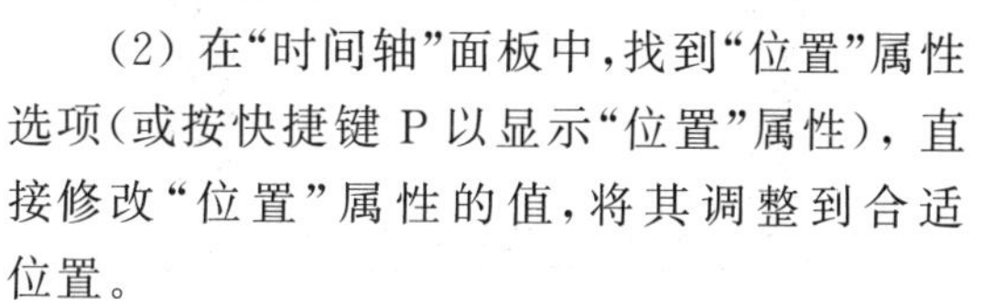

向轴的箭头。或者按住 Shift 键拖动可更快速地移动图层。

视频讲解

（2）在“时间轴”面板中，找到“位置”属性选项（或按快捷键 P 以显示“位置”属性），直接修改“位置”属性的值，将其调整到合适位置。

9.3.3　三维图层的旋转

（1）在“时间轴”面板中，找到“方向”属性选项，通过调整 3 个方向上的属性值来达到效果。

（2）在“时间轴”面板中，共有“X 轴旋转”“Y 轴旋转”“Z 轴旋转”3 个旋转属性值，通过设置 3 个旋转属性值的数值，实现环绕不同方向轴的旋转效果。

（3）在工具栏中选择“旋转工具”，在“合成”面板中，拖动三维方向轴的箭头，与围绕转动图层的轴一致。

9.4　多种三维视图

视频讲解

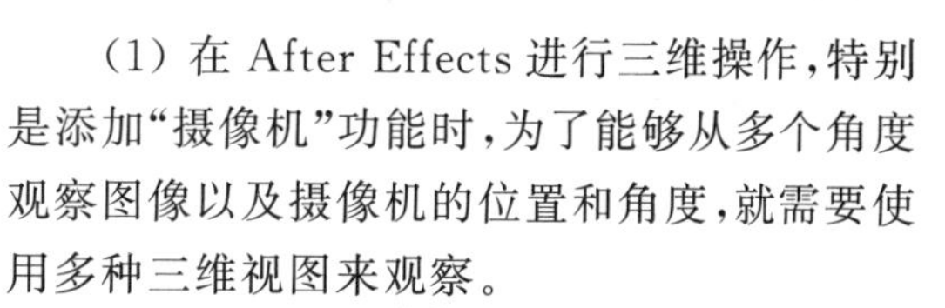

（1）在 After Effects 进行三维操作，特别是添加“摄像机”功能时，为了能够从多个角度观察图像以及摄像机的位置和角度，就需要使用多种三维视图来观察。

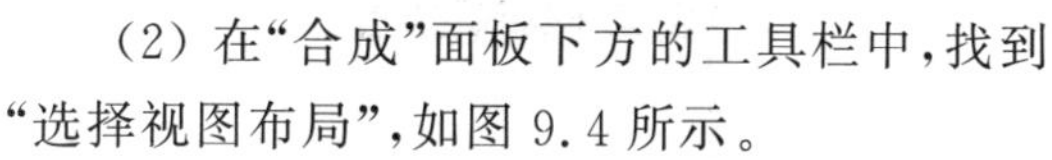

（2）在“合成”面板下方的工具栏中，找到“选择视图布局”，如图 9.4 所示。

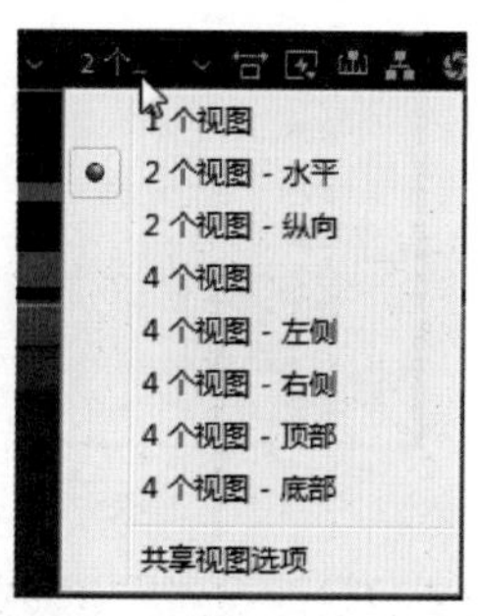

图　9.4

（3）在“选择视图布局”中分别有 1 个视图、2 个视图和 4 个视图 3 类选项，每类分别代表在“合成”面板中视图出现的个数，图 9.5 所示的是 4 个视图。

（4）在 4 个视图中，每个视图所代表的方向面也是不同的，如果想要改变所在视图的方

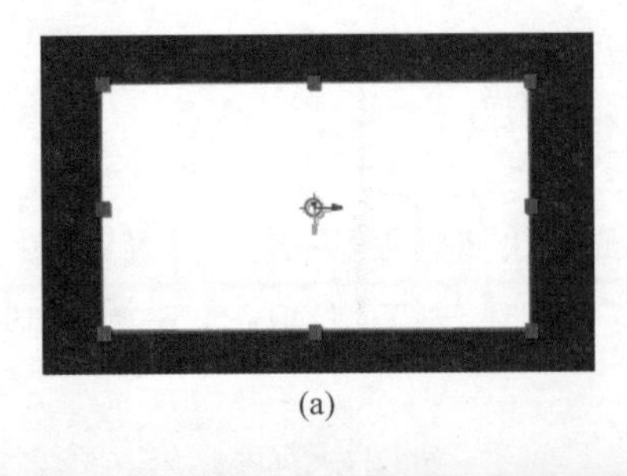

(a)

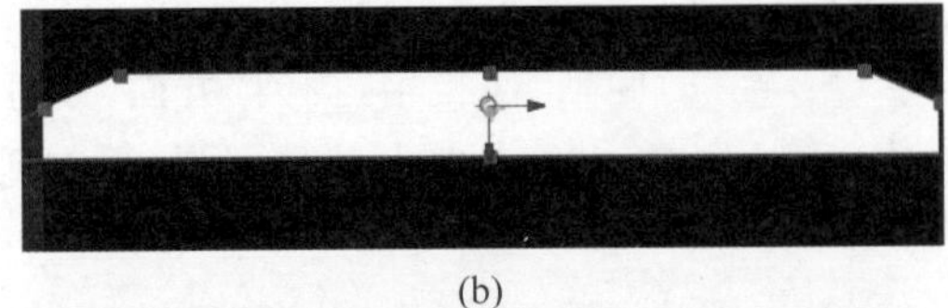

(b)

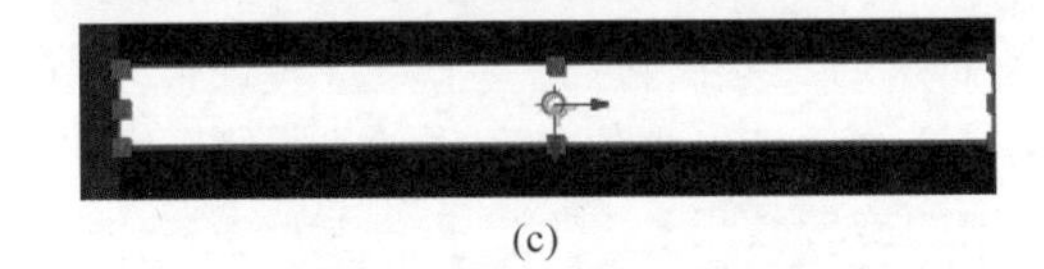

(c)

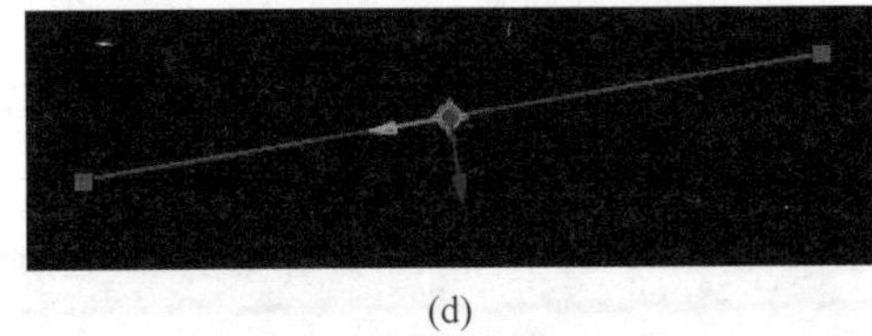

(d)

图 9.5

向面，单击选择“选择视图布局”旁的“三维视图弹出式菜单”，就可选择多种视图角度，如图 9.6 所示。

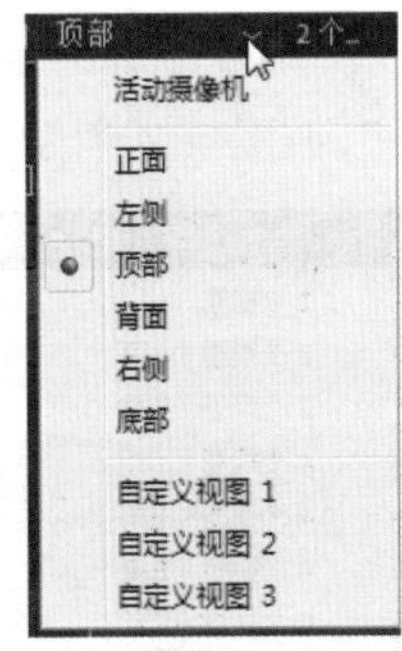

图 9.6

视频讲解

9.5 三维图层的轴模式

在合成中如果存在三维图层、摄像机或者灯光这些具有三维属性的图层时，在工具栏中的 (本地轴模式)、 (世界轴模式)、 (视图轴模式)3 种坐标轴模式图标将被激活，这 3 个模式对三维图层的变换操作提供了很大的便利。

9.5.1 本地轴模式

(1) 右击打开“lesson09/范例/start”文件夹中的“09 知识点 start(CC 2018).aep”，另存为“10 知识点 demo(CC 2018).aep”。

(2) 在项目面板中双击打开 “合成”文件夹下 “轴模式”合成，将“图片 1”拖动到“时间轴”面板中，调整合适大小，单击打开“三维图层”按钮，如图 9.7 所示。

图 9.7

(3) 在“时间轴”面板的空白处右击，选择“新建”→“摄像机”，将名称命名为“摄像机 1”，类型为“双节点摄像机”，“预设”设置为“50 毫米”，如图 9.8 所示。

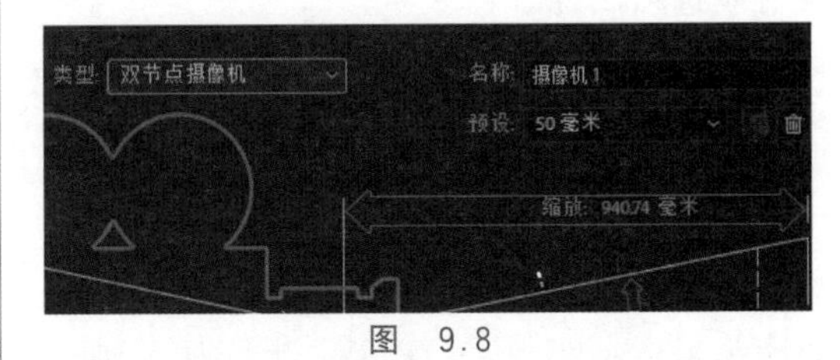

图 9.8

(4) 使用“统一摄像机”工具 ，调整“图片 1”素材的角度，如图 9.9 所示。

图 9.9

(5) 可以将鼠标指针移至某个轴向上，约束为按某个轴向的方向移动图层，例如，这里将鼠标指针移至 Z 轴处，鼠标指针提示已约束为 Z 轴方向时，按住鼠标拖动，即可沿 Z 轴方向前后移动图像，查看时间轴中只有 Z 轴方向的数值发生变化，如图 9.10 所示。

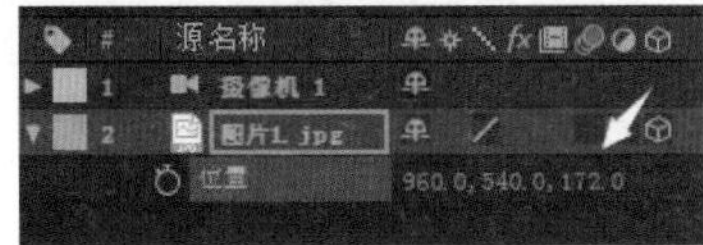

图　9.10

选择“图片 1.jpg”，将图片绕“X 轴旋转”50°，观察此时的图片效果，方向轴 Z 轴也随着图片的旋转而改变了方向，如图 9.11 所示。

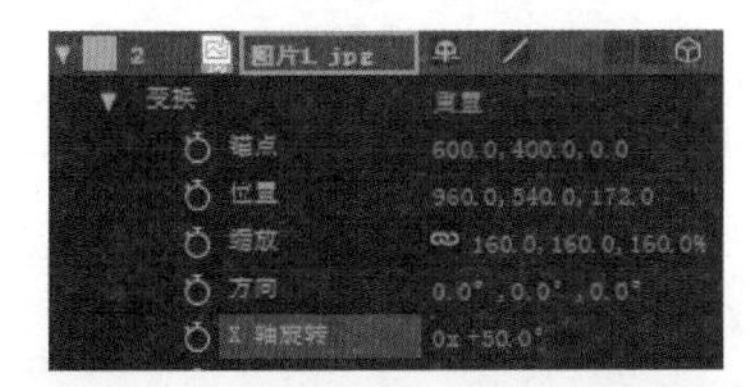

图　9.11

(6) 由此可知，在本地轴模式中，轴与三维图层的表面对齐。三维图层旋转时，轴也会跟着旋转。

9.5.2　世界轴模式

(1) 在工具栏中，直接将模式切换为世界轴模式。此时就会发现，方向轴的方向立即变换为正方向，如图 9.12 所示。

(2) 选择调节“图片 1.jpg”的“X 轴旋转”

图　9.12

“Y 轴旋转”“Z 轴旋转”的值，就会发现无论值为多少，方向轴的方向始终不变。

(3) 在工具栏中，单击选择“统一摄像机”工具，在“合成”面板中旋转摄像机，此时方向轴的方向随旋转的角度而改变，如图 9.13 所示。

图　9.13

(4) 由此可知，在世界轴模式中，轴与合成的绝对坐标对齐。无论对图层执行什么旋转，轴的方向都不变，但在旋转摄像机时轴的方向会改变。

9.5.3　视图轴模式

(1) 在工具栏中，直接将模式切换为视图轴模式。此时就会发现，Z 轴指向视图的正前方，Y 轴指向上方，X 轴指向右方，如图 9.14 所示。

图　9.14

(2) 对"图片 1.jpg"进行旋转,可以发现,图层的方向轴指向的方向保持不变。

(3) 由此可知,在视图轴模式中,不论旋转与否,所有图层只有一种视图视角的坐标指向。

视频讲解

9.6 范例制作

9.6.1 制作原理介绍

本案例采用三维视图的知识点,通过图片在三维空间的移动和摄像机效果的使用来达到案例效果。

9.6.2 新建"总视频"合成和"手机 1"合成

(1) 打开"lesson09/范例/start"文件夹下的"09 范例 start(CC 2018).aep",另存为"09 范例 demo(CC 2018).aep"。

(2) 新建合成,将新建合成命名为"总视频",并将合成的"宽度"和"高度"设置为 1920px 和 1080px,"帧速率"为 30 帧/秒,"持续时间"为 16 秒。

(3) 在"范例素材"文件夹中选择"背景视频.mov"和"背景音乐.mp3"两个素材拖动到"总视频"合成的"时间轴"面板中并将"背景视频.mov"素材放在"背景音乐.mp3"素材之上,如图 9.15 所示。

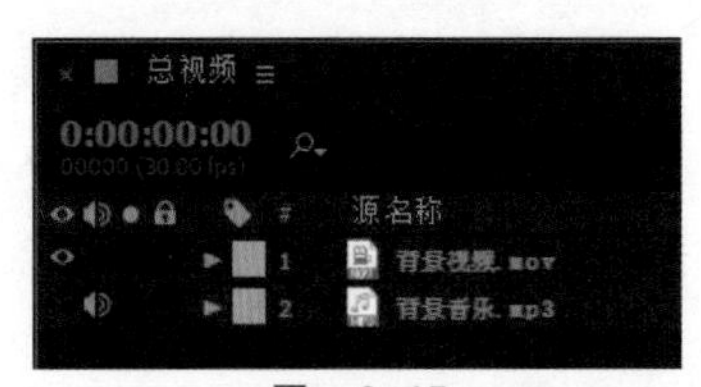

图 9.15

(4) 再次新建合成,将新建合成命名为"手机 1",并将合成的"宽度"和"高度"设置为 1920px 和 1080px,"帧速率"为 30 帧/秒,"持续时间"为 8 秒,并将"手机 1"合成拖动到"总视频"合成的"时间轴"面板中,如图 9.16 所示。

9.6.3 设置"星空图片 1"合成

(1) 单击进入"手机 1"合成中,将"范例素材"文件夹中"手机 1 黑色.mov"素材拖到合成中。

图 9.16

(2) 新建合成,将新建合成命名为"星空图片 1",并将合成的"宽度"和"高度"设置为 750px 和 1333px,"帧速率"为 30 帧/秒,"持续时间"为 8 秒,并将合成放在"手机 1 黑色.mov"视频上方,如图 9.17 所示。

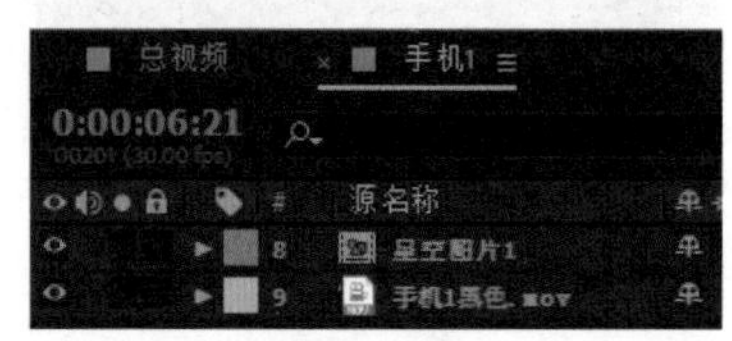

图 9.17

(3) 单击进入"星空图片 1"合成中,将"范例素材"文件夹中"手机图标.mov"和"星空 1.jpg"素材拖到合成中,并将"手机图标.mov"素材放在"星空 1.jpg"素材上方。

(4) 将"手机图标.mov"素材的位置值设置为(375,20),使其位于合成视图的上方,如图 9.18 所示。

图 9.18

(5) 回到"手机 1"合成中,单击打开"星空图片 1"合成的"三维图层"按钮,将合成调整到三维状态,并将合成的"缩放"值设置为 20%,"X 轴旋转"值设置为-90°。

(6) 从0秒处开始，为“星空图片1”合成的“位置”添加关键帧，为保证“星空图片1”合成运动情况真实自然，需要每隔2帧添加一个关键帧如图9.19所示。

图　9.19

关键帧个数比较多，详细情况如下：

0秒(1.7，－17，－7.1)，0秒2帧(1.7，－17，－7.1)，0秒4帧(0.3，－17.5，－5.7)，0秒6帧(0.3，－18.5，－5.7)，0秒8帧(0.3，－20.1，－5.7)，0秒10帧(0.3，－22.3，－5.7)，0秒12帧(0.3，－24.5，－5.7)，0秒14帧(0.3，－26.4，－5.7)，0秒16帧(0.3，－28，－5.7)，0秒18帧(0.3，－29.3，－5.7)，0秒20帧(0.3，－30.3，－5.7)，0秒22帧(0.3，－31.1，－5.7)，0秒24帧(0.3，－31.8，－5.7)，0秒26帧(0.3，－30，－5.7)，0秒28帧(0.3，－32.7，－5.7)，1秒0帧(0.3，－33，－5.7)，1秒2帧(0.3，－33.3，－5.7)，1秒4帧(0.3，－33.5，－5.7)，1秒6帧(0.3，－33.6，－5.7)，1秒8帧(0.3，－33.7，－5.7)，1秒10帧(0.3，－33.7，－5.7)。

9.6.4　设置“星空图片2”合成和“星空图片3”合成

(1) 在“手机1”合成中选择新建两个合成，分别将新建合成命名为“星空图片2”和“星空图片3”，将合成的“宽度”和“高度”设置为750px和1333px，“帧速率”为30帧/秒，“持续时间”为8秒，并将“星空图片2”合成放在“星空图片1”合成上方，“星空图片3”合成放在“星空图片2”合成上方，如图9.20所示。

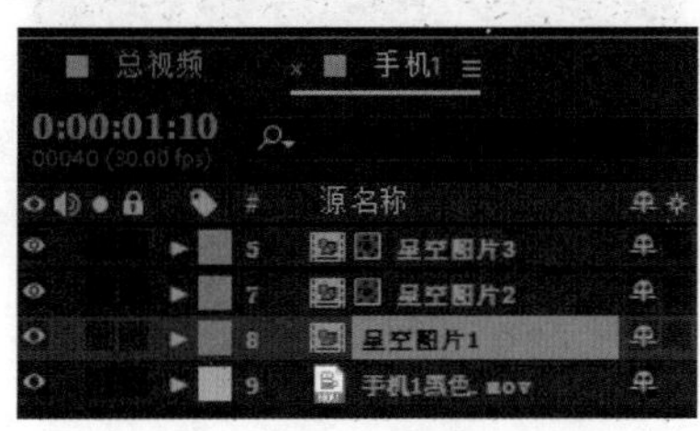

图　9.20

(2) 单击进入“星空图片2”合成中，将“范例素材”文件夹中的“星空2.jpg”素材拖到合成，进入“星空图片3”合成中，将“星空3.jpg”素材拖到合成。

(3) 同样回到“手机1”合成中，打开“星空图片2”和“星空图片3”合成的“三维图层”按钮，将两个合成的“缩放”值设置为18%，“X轴旋转”值设置为－90°。

(4) 从1秒10帧处开始，和“星空图片1”合成相似，“星空图片2”合成和“星空图片3”合成都需要每隔2帧添加一个关键帧，如图9.21所示。

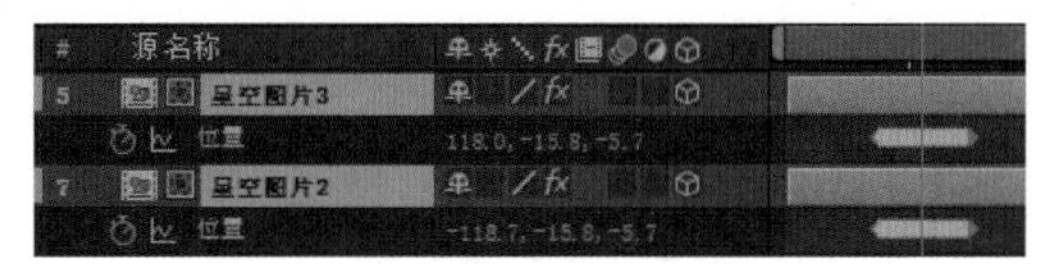

图　9.21

关键帧个数比较多，详细情况如下：

“星空图片2”合成——1秒10帧(0.3，－15.8，－5.7)，1秒12帧(－26.7，－15.8，－5.7)，1秒14帧(－45.2，－15.8，－5.7)，1秒16帧(－60.1，－15.8，－5.7)，1秒18帧(－72.6，－15.8，－5.7)，1秒20帧(－83.2，－15.8，－5.7)，1秒22帧(－92.4，－15.8，－5.7)，1秒24帧(－100.4，－15.8，－5.7)，1秒26帧(－107.4，－15.8，－5.7)，1秒28帧(－113.4，－15.8，－5.7)，2秒0帧(－118.7，－15.8，－5.7)，2秒2帧(－123.2，－15.8，－5.7)，2秒4帧(－127，－15.8，－5.7)，2秒6帧(－130.3，－15.8，－5.7)，2秒8帧(－133.1，－15.8，－5.7)，2秒10帧(－135.3，－15.8，－5.7)，2秒12帧(－137，－15.8，－5.7)，2秒14帧(－138.4，－15.8，－5.7)，2秒16帧(－139.3，－15.8，－5.7)，2秒18帧(－139.8，－15.8，－5.7)，2秒20帧(－140，－15.8，－5.7)。

“星空图片3”合成——1秒10帧(0.3，－15.8，－5.7)，1秒12帧(24.9，－15.8，－5.7)，1秒14帧(43.3，－15.8，－5.7)，1秒16帧(58.3，－15.8，－5.7)，1秒18帧(71，－15.8，－5.7)，1秒20帧(81.8，－15.8，

−5.7),1 秒 22 帧(91.2,−15.8,−5.7),1 秒 24 帧(99.3,−15.8,−5.7),1 秒 26 帧(106.5,−15.8,−5.7),1 秒 28 帧(112.7,−15.8,−5.7),2 秒 0 帧(118,−15.8,−5.7),2 秒 2 帧(122.7,−15.8,−5.7),2 秒 4 帧(126.7,−15.8,−5.7),2 秒 6 帧(130,−15.8,−5.7),2 秒 8 帧(132.8,−15.8,−5.7),2 秒 10 帧(135.1,−15.8,−5.7),2 秒 12 帧(137,−15.8,−5.7),2 秒 14 帧(138.3,−15.8,−5.7),2 秒 16 帧(139.3,−15.8,−5.7),2 秒 18 帧(139.8,−15.8,−5.7),2 秒 20 帧(140,−15.8,−5.7)。

(5) 将“范例素材”文件夹中的“手机 1 白模.mov”素材拖到合成,分别放在“星空图片 2”合成和“星空图片 3”合成上方,如图 9.22 所示。

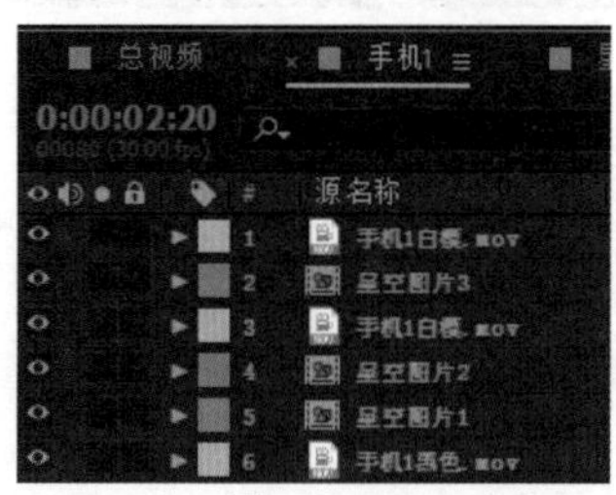

图 9.22

(6) 在两个合成中,分别将其遮罩设置为“亮度反转遮罩‘手机 1 白模.mov’”,如图 9.23 所示。

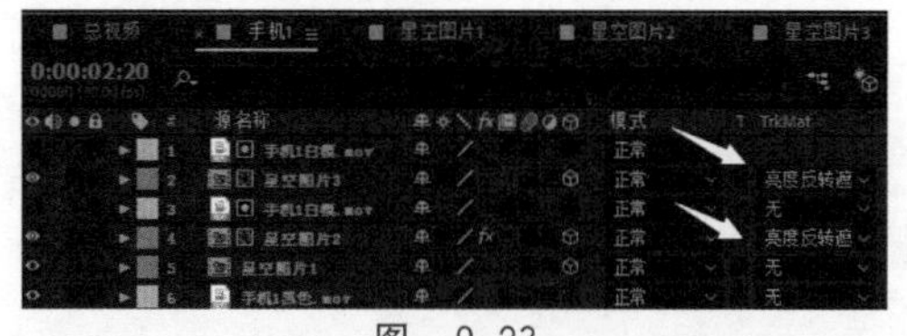

图 9.23

(7) 在“效果和预设”面板中,搜索“色调”特效,将特效拖动到两个合成上,如图 9.24 所示。

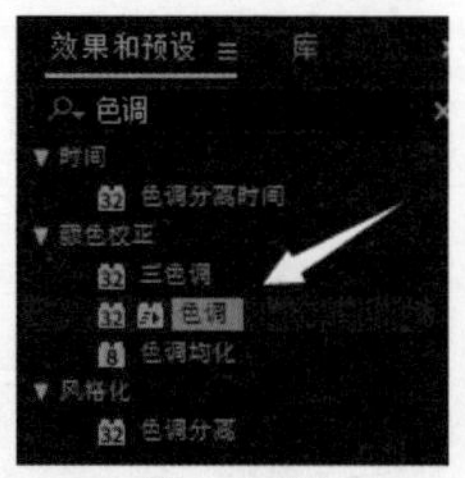

图 9.24

(8) 选中“星空图片 2”合成,在“效果控件”面板中,将“将黑色映射到”的“颜色”设置为＃0EC180,将“将白色映射到”的“颜色”设置为＃16C888,为“着色数量”的添加关键帧,在 2 秒 16 帧处将关键帧值设置为 100%,在 3 秒 16 帧处,将关键帧值设置为 0%,如图 9.25 所示。

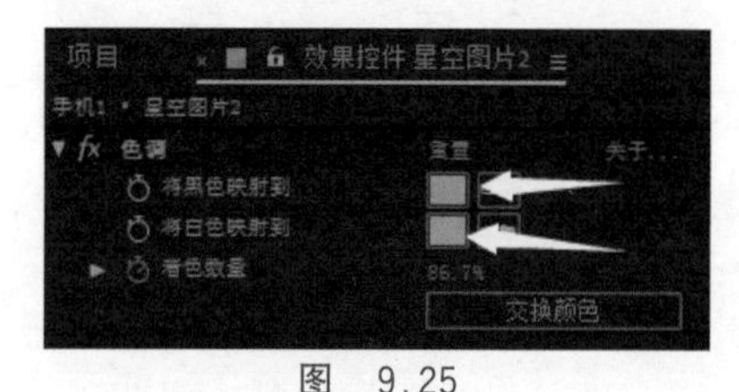

图 9.25

(9) 选中“星空图片 3”合成,对“星空图片 3”合成做同上操作步骤。

(10) 将“当前时间指示器”拖动到 1 秒 10 帧处,选中两个合成,按 Alt+“[”键剪切时间条的入点,如图 9.26 所示。

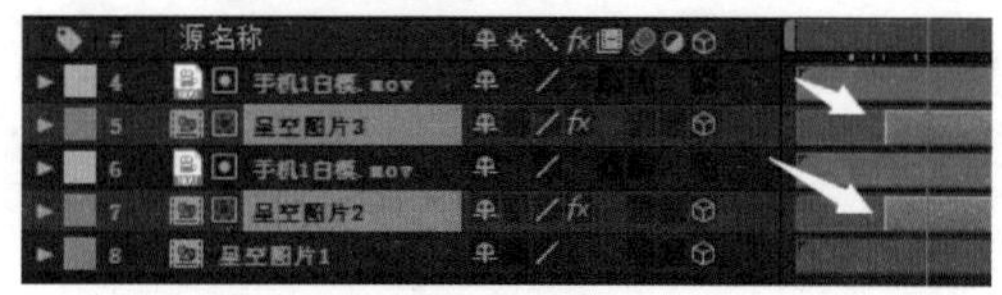

图 9.26

9.6.5 设置“星空图片 4”合成和“星空图片 5”合成

(1) 新建两个合成,分别将新建合成命名为“星空图片 4”和“星空图片 5”,将合成的“宽度”和“高度”设置为 750px,1333px,“帧速率”为 30 帧/秒,“持续时间”为 8 秒,将在“手机 1”合成中,并将“星空图片 5”合成放在“星空图片 4”合成上方,“星空图片 4”合成放在“星空图片 3”合成上方,如图 9.27 所示。

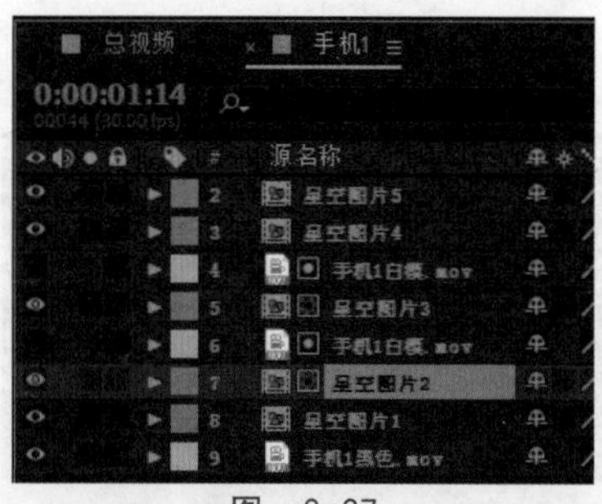

图 9.27

(2) 单击进入“星空图片 4”合成中，将“范例素材”文件夹中的“星空 4.jpg”素材拖到合成，进入“星空图片 5”合成中，将“星空 5.jpg”素材拖到合成。

(3) 同样回到“手机 1”合成中，打开两个合成的“3D 图层”按钮，将两个合成的“缩放”值设置为 16%，“X 轴旋转”值设置为−90°。

(4) 从 2 秒 2 帧处开始，同上述操作，两个合成也需要每隔 2 帧添加一个关键帧，如图 9.28 所示。

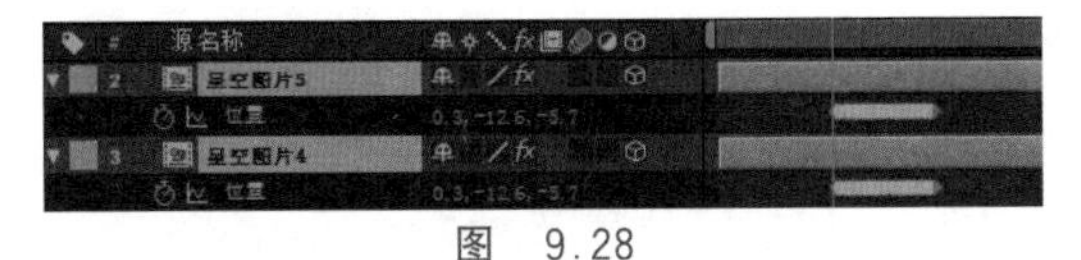

图　9.28

关键帧个数比较多，详细情况如下：

“星空图片 4”合成——2 秒 2 帧(0.3，−12.6，−5.7)，2 秒 4 帧(−31.6，−12.6，−5.7)，2 秒 6 帧(−57.5，−12.6，−5.7)，2 秒 8 帧(−80.2，−12.6，−5.7)，2 秒 10 帧(−100.4，−12.6，−5.7)，2 秒 12 帧(−118.7，−12.6，−5.7)，2 秒 14 帧(−135.3，−12.6，−5.7)，2 秒 16 帧(−150.4，−12.6，−5.7)，2 秒 18 帧(−164.1，−12.6，−5.7)，2 秒 20 帧(−176.6，−12.6，−5.7)，2 秒 22 帧(−188，−12.6，−5.7)，2 秒 24 帧(−198，−12.6，−5.7)，2 秒 26 帧(−207.6，−12.6，−5.7)，2 秒 28 帧(−216.1，−12.6，−5.7)，3 秒 0 帧(−223.6，−12.6，−5.7)，3 秒 2 帧(−230.4，−12.6，−5.7)，3 秒 4 帧(−236.3，−12.6，−5.7)，3 秒 6 帧(−241.5，−12.6，−5.7)，3 秒 8 帧(−246，−12.6，−5.7)，3 秒 10 帧(−249.9，−12.6，−5.7)，3 秒 12 帧(−253.1，−12.6，−5.7)，3 秒 14 帧(−255.6，−12.6，−5.7)，3 秒 16 帧(−257.6，−12.6，−5.7)，3 秒 18 帧(−258.9，−12.6，−5.7)，3 秒 20 帧(−259.7，−12.6，−5.7)，3 秒 22 帧(−260，−12.6，−5.7)。

“星空图片 5”合成——2 秒 2 帧(0.3，−12.6，−5.7)，2 秒 4 帧(30.1，−12.6，−5.7)，2 秒 6 帧(55.7，−12.6，−5.7)，2 秒 8 帧(78.3，−12.6，−5.7)，2 秒 10 帧(98.6，−12.6，−5.7)，2 秒 12 帧(117，−12.6，−5.7)，2 秒 14 帧(133.7，−12.6，−5.7)，2 秒 16 帧(148.9，−12.6，−5.7)，2 秒 18 帧(162.8，−12.6，−5.7)，2 秒 20 帧(175.4，−12.6，−5.7)，2 秒 22 帧(186.9，−12.6，−5.7)，2 秒 24 帧(197.4，−12.6，−5.7)，2 秒 26 帧(206.8，−12.6，−5.7)，2 秒 28 帧(215.4，−12.6，−5.7)，3 秒 0 帧(223，−12.6，−5.7)，3 秒 2 帧(229.9，−12.6，−5.7)，3 秒 4 帧(235.9，−12.6，−5.7)，3 秒 6 帧(241.2，−12.6，−5.7)，3 秒 8 帧(245.8，−12.6，−5.7)，3 秒 10 帧(249.7，−12.6，−5.7)，3 秒 12 帧(252.9，−12.6，−5.7)，3 秒 14 帧(255.5，−12.6，−5.7)，3 秒 16 帧(257.5，−12.6，−5.7)，3 秒 18 帧(258.9，−12.6，−5.7)，3 秒 20 帧(259.7，−12.6，−5.7)，3 秒 22 帧(260，−12.6，−5.7)。

(5) 将“色调”特效应用到两个合成上，选中“星空图片 4”合成，在“效果控件”面板中，将“将黑色映射到”的“颜色”设置为＃FFFFFF，将“将白色映射到”的颜色设置不变，在 2 秒 16 帧处，为“着色数量”添加关键帧，将关键帧值设置为 100%，在 3 秒 16 帧处，将关键帧值设置为 0%，如图 9.29 所示。

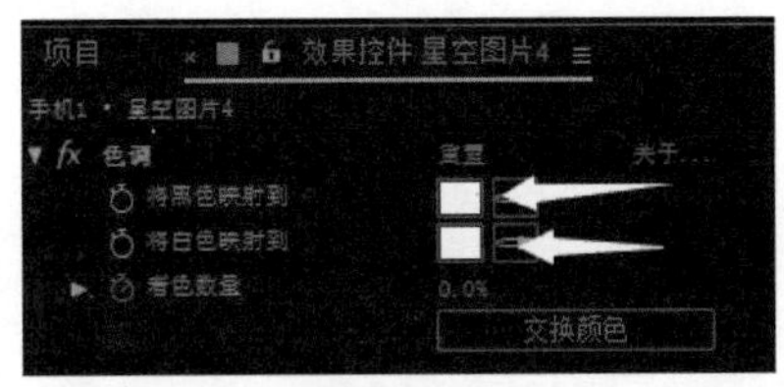

图　9.29

(6) 选中“星空图片 5”合成，对“星空图片 5”合成做同上操作步骤。

(7) 将“当前时间指示器”拖动到 2 秒 16 帧处，选中两个合成，按 Alt+“[”键剪切时间条的入点，如图 9.30 所示。

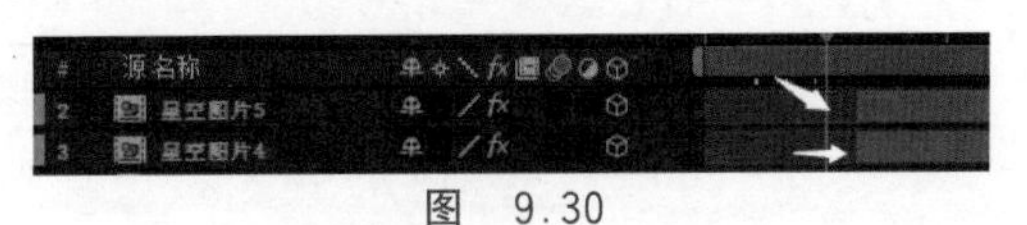

图　9.30

9.6.6　设置摄像机

(1) 在“手机 1”合成中新建摄像机，命名为“摄像机 1”，将“类型”设置为“单节点摄像机”，“预设”为“自定义”。

(2) 从 0 秒处开始，为摄像机的“位置”属性每隔 2 帧添加一个关键帧，如图 9.31 所示。

图 9.31

关键帧个数比较多，详细情况如下：

0 秒(−571.9，−163.2，−566.5)，0 秒 2 帧(−571.9，−163.2，−566.5)，0 秒 4 帧(−571.9，−185.7，−566.5)，0 秒 6 帧(−571.9，−206.5，−566.5)，0 秒 8 帧(−571.9，−225.9，−566.5)，0 秒 10 帧(−571.9，−244，−566.5)，0 秒 12 帧(−571.9，−261.1，−566.5)，0 秒 14 帧(−571.9，−277.2，−566.5)，0 秒 16 帧(−571.9，−292.4，−566.5)，0 秒 18 帧(−571.9，−306.7，−566.5)，0 秒 20 帧(−571.9，−320.2，−566.5)，0 秒 22 帧(−571.9，−332.9，−566.5)，0 秒 24 帧(−571.9，−344.8，−566.5)，0 秒 26 帧(−571.9，−356，−566.5)，0 秒 28 帧(−571.9，−366.5，−566.5)，1 秒(−571.9，−376.3，−566.5)，1 秒 2 帧(−571.9，−385.5，−566.5)，1 秒 4 帧(−571.9，−394，−566.5)，1 秒 6 帧(−571.9，−402，−566.5)，1 秒 8 帧(−569.4，−411.5，−566.5)，1 秒 10 帧(−566.2，−421，−566.5)，1 秒 12 帧(−561.9，−431.1，−567)，1 秒 14 帧(−556.3，−441.5，−567.2)，1 秒 16 帧(−549.6，−452.5，−567.2)，1 秒 18 帧(−541.8，−463.8，−567.5)，1 秒 20 帧(−532.9，−475.4，−567.5)，1 秒 22 帧(−522.9，−487.3，−567.2)，1 秒 24 帧(−511.8，−499.5，−566.8)，1 秒 26 帧(−499.8，−511.8，−566)，1 秒 28 帧(−486.8，−524.3，−564.9)，2 秒(−472.9，−536.9，−563.4)，2 秒 2 帧(−458.1，−549.4，−561.3)，2 秒 4 帧(−442.6，−561.9，−558.7)，2 秒 6 帧(−426.4，−574.5，−555.4)，2 秒 8 帧(−409.5，−587.4，−551.4)，2 秒 10 帧(−392，−600.5，−546.6)，2 秒 12 帧(−374.1，−613.7，−541)，2 秒 14 帧(−355.8，−626.9，−534.6)，2 秒 16 帧(−337.1，−640.1，−527.2)，2 秒 18 帧(−318.3，−653.2，−518.9)，2 秒 20 帧(−299.4，−666.1，−509.7)，2 秒 22 帧(−280.5，−678.6，−499.4)，2 秒 24 帧(−261.7，−690.8，−488.3)，2 秒 26 帧(−243.1，−702，−476.1)，2 秒 28 帧(−224.8，−713.5，−463.1)，3 秒(−206.9，−723.7，−449.2)，3 秒 2 帧(−189.6，−732.2，−434.4)，3 秒 4 帧(−172.7，−739.7，−418.8)，3 秒 6 帧(−156.6，−749.1，−402.6)，3 秒 8 帧(−141.2，−758.9，−385.6)，3 秒 10 帧(−126.5，−768.2，−368.2)，3 秒 12 帧(−112.7，−776.9，−350.3)，3 秒 14 帧(−99.7，−785，−332)，3 秒 16 帧(−87.7，−792.7，−313.4)，3 秒 18 帧(−76.5，−799.7，−294.8)，3 秒 20 帧(−66.3，−806.2，−276)，3 秒 22 帧(−56.9，−812.2，−257.4)，3 秒 24 帧(−48.5，−817.6，−238.9)，3 秒 26 帧(−41，−822.5，−220.7)，3 秒 28 帧(−34.2，−826.9，−202.9)，4 秒(−28.3，−830.8，−185.7)，4 秒 2 帧(−23.1，−834.4，−169)，4 秒 4 帧(−18.7，−837.5，−153)，4 秒 6 帧(−14.8，−840.3，−137.9)，4 秒 8 帧(−11.6，−842.8，−123.6)，4 秒 10 帧(−8.9，−845，−110.4)，4 秒 12 帧(−6.7，−847.1，−98.2)，4 秒 14 帧(−4.9，−848.9，−87)，4 秒 16 帧(−3.4，−850.7，−77.3)，4 秒 18 帧(−2.3，−852.4，−68.8)，4 秒 20 帧(−1.4，−854，−61.7)，4 秒 22 帧(−0.8，−855.7，−56)，4 秒 24 帧(−0.3，−857.4，−51.8)，4 秒 26 帧(−0.1，−859.1，−49.3)，4 秒 28 帧(0，−860.9，−48.4)，5 秒(0，−862.8，−48.4)，5 秒 2 帧(0，−864.8，−48.4)，5 秒 4 帧(0，−866.8，−48.4)，5 秒 6 帧(0，−866.8，−48.4)，5 秒 8 帧(0，−871，−48.4)，5 秒帧 10(0，−873.2，−48.4)，5 秒 12 帧(0，−875.4，−48.4)，5 秒 14 帧(0，−877.7，−48.4)，5 秒

16 帧(0,—880,—48.4),5 秒 18 帧(0,—882.4,—48.4),5 秒 20 帧(0,—884.9,—48.4),5 秒 22 帧(0,—887.4,—48.4),5 秒 24 帧(0,—889.9,—48.4),5 秒 26 帧(0,—892.5,—48.4),5 秒 28 帧(0,—895.2,—48.4),6 秒(0,—897.9,—48.4),6 秒 2 帧(0,—900.6,—48.4),6 秒 4 帧(0,—903.4,—48.4),6 秒 6 帧(0,—906.3,—48.4),6 秒 8 帧(0,—909.2,—48.4),6 秒 10 帧(0,—912.1,—48.4),6 秒 12 帧(0,—915.2,—48.4),6 秒 14 帧(0,—918.2,—48.4),6 秒 16 帧(0,—921.3,—48.4),6 秒 18 帧(0,—924.5,—48.4),6 秒 20 帧(0,—927.7,—48.4),6 秒 22 帧(0,—930.9,—48.4),6 秒 24 帧(0,—934.2,—47.9),6 秒 26 帧(0,—937.6,—46.1),6 秒 28 帧(0,—941,—43.1),7 秒(0,—944,—38.7),7 秒 2 帧(0,—947.9,—32.8),7 秒 4 帧(0,—951.5,—25.3),7 秒 6 帧(0,—955.1,—15.9),7 秒 8 帧(0,—958.7,—4.6),7 秒 10 帧(0,—962.5,18),7 秒 12 帧(0,—966.2,38),7 秒 14 帧(0,—970,58),7 秒 16 帧(0,—973.9,85),7 秒 18 帧(0,—977.9,120),7 秒 20 帧(0,—981.9,155),7 秒 22 帧(0,—985.9,205),7 秒 24 帧(0,—990,260),7 秒 26 帧(0,—994.3,245),7 秒 28 帧(0,—998.6,450),7 秒 29 帧(0,—1000.4,475)。

(3) 从 1 秒 4 帧处开始,为摄像机的“X 轴旋转”“Y 轴旋转”“Z 轴旋转”添加关键帧,如图 9.32 所示。

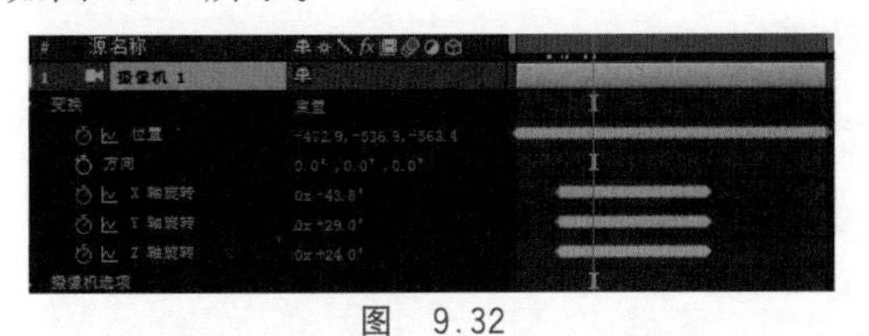

图 9.32

关键帧个数比较多,详细情况如下:

1 秒 4 帧(—38.3,36.2,25),1 秒 6 帧(—38.3,36.2,25),1 秒 8 帧(—38.4,36,25),1 秒 10 帧(—38.6,35.8,25),1 秒 12 帧(—38.9,35.4,25.1),1 秒 14 帧(—39.2,35,25.1),1 秒 16 帧(—39.6,34.5,25.1),1 秒 18 帧(—40,34,25.1),1 秒 20 帧(—40.6,33.3,25.2),1 秒 22 帧(—41.1,32.6,25.2),1 秒 24 帧(—41.7,31.8,25.1),1 秒 26 帧(—42.4,30.9,24.3),1 秒 28 帧(—43.1,30,24),2 秒(—43.8,29,24),2 秒 2 帧(—44.6,27.9,24),2 秒 4 帧(—45.5,26.9,23.8),2 秒 6 帧(—46.4,25.7,23.5),2 秒 8 帧(—47.3,24.6,23),2 秒 10 帧(—48.2,23.4,22.6),2 秒 12 帧(—49.2,22.2,22.3),2 秒 14 帧(—50.3,21,22),2 秒 16 帧(—51.3,19.7,21.5),2 秒 18 帧(—52.4,18.5,21),2 秒 20 帧(—53.6,17.3,20.3),2 秒 22 帧(—54.8,16.1,20),2 秒 24 帧(—56,14.9,19.4),2 秒 26 帧(—57.2,13.7,18.7),2 秒 28 帧(—58.5,12.5,18.3),3 秒(—59.8,11.4,17.5),3 秒 2 帧(—61.1,10.3,17),3 秒 4 帧(—62.5,9.3,16.3),3 秒 6 帧(—63.8,8.3,15.6),3 秒 8 帧(—65.2,7.4,14.8),3 秒 10 帧(—66.6,6.5,13.7),3 秒 12 帧(—68,5.7,12.8),3 秒 14 帧(—69.4,4.9,12),3 秒 16 帧(—70.9,4.2,11),3 秒 18 帧(—72.3,3.6,10.4),3 秒 20 帧(—73.7,3,9.5),3 秒 22 帧(—75,2.5,8.5),3 秒 24 帧(—76.4,2.1,7.5),3 秒 26 帧(—77.7,1.7,6.7),3 秒 28 帧(—79,1.3,6),4 秒(—80.2,1,5.4),4 秒 2 帧(—81.4,0.8,4.8),4 秒 4 帧(—82.6,0.6,4.2),4 秒 6 帧(—83.6,0.4,3.2),4 秒 8 帧(—84.7,0.3,2.5),4 秒 10 帧(—85.6,0.2,2.2),4 秒 12 帧(—86.5,0.1,1.8),4 秒 14 帧(—87.3,0.1,1.6),4 秒 16 帧(—88,0,1.2),4 秒 18 帧(—88.6,0,0.8),4 秒 20 帧(—89.1,0,0.5),4 秒 22 帧(—89.5,0,0.3),4 秒 24 帧(—89.8,0,0.1),4 秒 26 帧(—89.9,0,0),4 秒 28 帧(—89.9,0,0)。

9.6.7 设置“动作 1”合成和“图片”合成

(1) 新建合成,将合成命名为“手机 2”,并将合成的“宽度”和“高度”设置为 1920px,1080px,“帧速率”为 30 帧/秒,“持续时间”为 8 秒,将合成拖到“总视频”合成中,并放在“手机 1”合成上方,如图 9.33 所示。

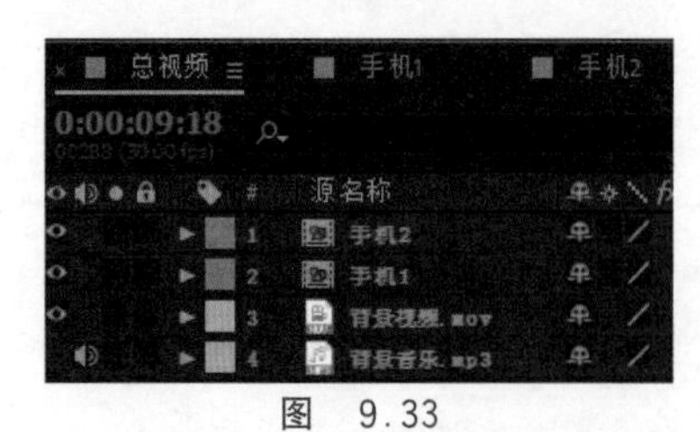

图 9.33

(2) 新建两个合成,将合成分别命名为“动作 1”和“图片”。将“动作 1”合成的“宽度”和“高度”设置为 1000px 和 1500px,“帧速率”为 30 帧/秒,“持续时间”为 8 秒;将“图片”合成的“宽度”和“高度”设置为 750px 和 1333px,“帧速率”为 30 帧/秒,“持续时间”为 8 秒。

(3) 将两个合成拖到“手机 2”合成内部,并将“图片”合成放在“动作 1”合成上方,如图 9.34 所示。

图 9.34

(4) 单击进入“动作 1”合成中,将“范例素材”文件夹中的“手机 2.png”素材拖动到合成中,并将其“缩放”值设置为 45%。

(5) 单击进入“图片”合成中,将“落叶 1.jpg”和“落叶 2.jpg”素材拖动到合成中,将“落叶 1.jpg”图片放在“落叶 2.jpg”图片上方。

(6) 将“当前时间指示器”拖动到 3 秒 5 帧处,选择“落叶 1.jpg”图片,按 Alt+“[”键剪切入点,将“当前时间指示器”拖动到 4 秒 5 帧处,选择“落叶 2.jpg”图片,按 Alt+“]”键剪切出点,如图 9.35 所示。

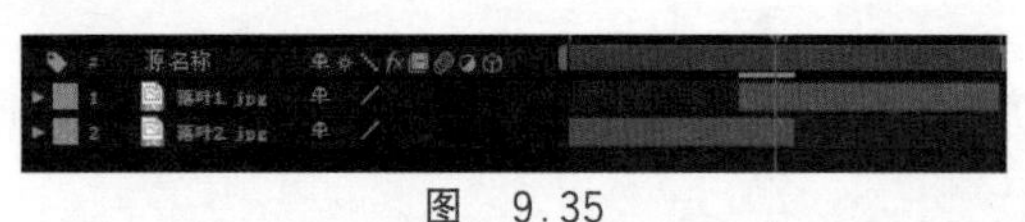

图 9.35

(7) 在 4 秒 5 帧处,为“落叶 1.jpg”图片的“缩放”值添加关键帧,并将其“缩放”值设置为 0%,在 5 秒 5 帧处,将其“缩放”值设置为 100%,如图 9.36 所示。

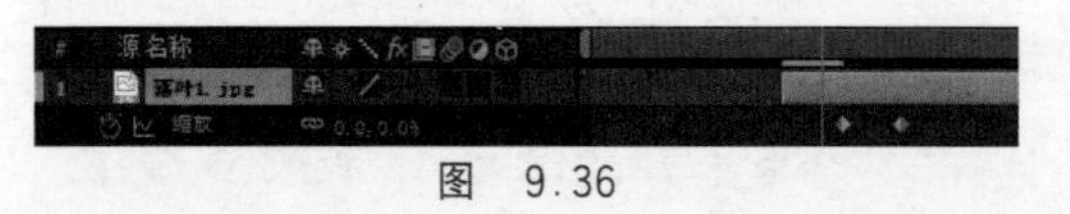

图 9.36

9.6.8 设置“手机 2”合成

(1) 回到“手机 2”合成中,打开两个合成的“3D 图层”按钮,在 0 秒处,为“动作 1”合成的添加“位置”关键帧,将“位置”值设置为(2150,540,0),在 3 秒设置为(950,540,0)。

(2) 在 0 秒处,为“动作 1”合成添加“方向”关键帧,将“方向”值设置为(0,90,0),在 3 秒 25 帧处设置为(0,0,0)。

(3) 在 0 秒处,为“图片”合成添加“位置”关键帧,将“位置”值设置为(2150,540,0),在 3 秒设置为(950,540,0)。

(4) 在 0 秒处,为“图片”合成的“方向”关键帧,将“方向”值设置为(0,90,0),在 3 秒 25 帧处设置为(0,0,0)。

(5) 将“范例素材”文件夹中的“手指.mov”素材拖动到“手机 1”合成中,并放在最上方,拖动“手指.mov”素材的时间条,将其入点拖动到 3 秒 10 帧处,如图 9.37 所示。

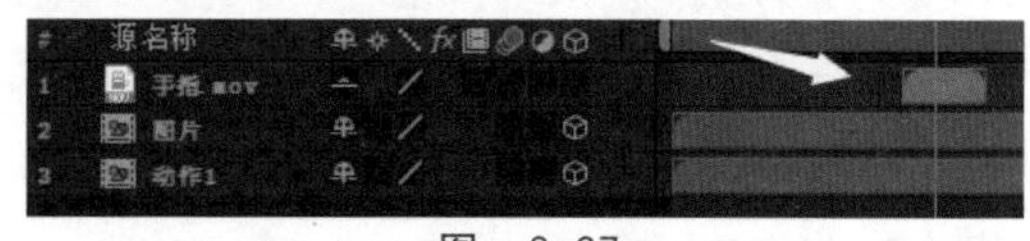

图 9.37

(6) 调整“手指.mov”素材的“位置”值,将其设置为(990,780)。调整“图片”合成的缩放值,将其设置为 49%。

9.6.9 设置“总视频”合成

拖动“手机 1”和“手机 2”合成的时间条,将“手机 2”合成的起点设置为 8 秒处,如图 9.38 所示。

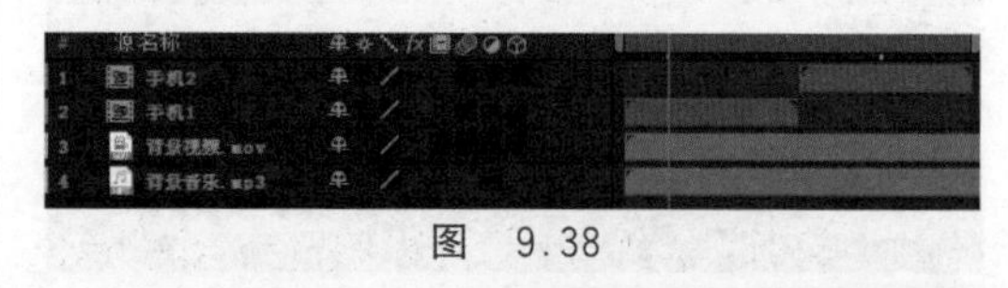

图 9.38

作业

一、模拟练习

用视频播放器打开“lesson09/模拟/09 模拟 complete(CC 2018).mov”文件,或在 After Effects 软件中打开“lesson09/模拟/09 模拟 complete(CC 2018).aep”文件进行浏

览，仿照做一个类似的视频动画。课件资料已完整提供，获取方式见本书前言。

二、自主创意

自主设计一个 After Effects 课件，应用本章学习导入和组织素材、创建合成图像和组织图层、编辑特效、对元素做动画处理、预览作品、渲染和输出最终合成图像等知识点。

三、理论题

1. 选取三维图层开关后，图层将发生什么变化？

2. 为什么说用多视图查看包含三维图层的合成图像非常重要？

3. 三维图层的轴模式有哪些？

第10章 三维图层的摄像机和光线

微课视频 30分钟(4个)

本章学习内容：

(1) 摄像机的焦段和类型；

(2) 摄像机的镜头效果；

(3) 灯光效果。

完成本章的学习需要大约2小时，相关资源获取方式见本书前言。

知识点

广角镜头　长焦镜头　单节点摄像机　双节点摄像机　景深开关　焦距和光圈　平行光　聚光灯　点光　环境光

本章案例介绍

范例：

本章范例视频是关于摄像机移动的视频，通过这个范例进一步了解和掌握摄像机知识点的使用方法，如图10.1所示。

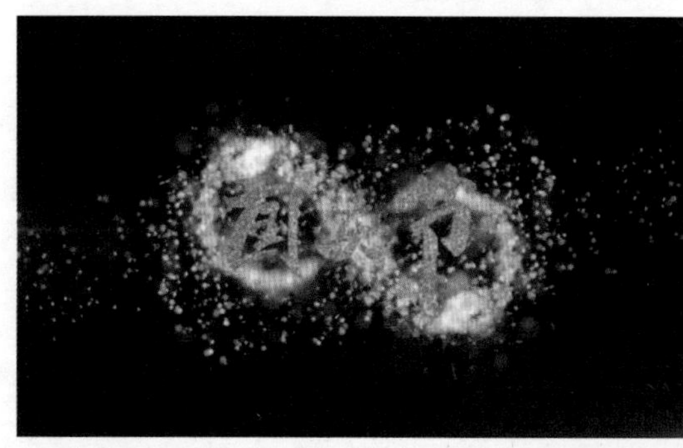

图 10.1

模拟案例：

本章模拟案例是关于灯光文字的视频，使用摄像机和灯光制作而成，通过调整摄像机的镜头来改变文字的位置，通过灯光来实现文字的阴影，如图10.2所示。

图 10.2

10.1 预览范例视频

(1) 右击“lesson10/范例/complete”文件夹中的“10 范例 complete(CC 2018). mp4”，播放视频。

(2) 关闭播放器。

(3) 也可以用 After Effects 打开源文件进行预览，在 After Effects 菜单栏中选择“文件”→“打开项目”命令，再选择“lesson10/范例/complete”文件夹中的“10 范例 complete (CC 2018). aep”，单击预览面板中的“播放/停止”按钮，预览视频。

10.2 摄影机介绍

10.2.1 摄像机设置

在合成中，新建一个摄像机，如果需要更改摄像机设置时，可以通过在“时间轴”面板中双击图层或选中图层，在右键快捷菜单中选择“图层”→“摄像机设置”。下面介绍部分摄像机设置属性。

类型：包括单节点摄像机或双节点摄像机。单节点摄像机围绕自身定向，而双节点摄像机具有目标点并围绕该点定向。要使摄像机成为双节点摄像机，可将摄像机的自动定向选项设置为“定向到目标点”。

名称：摄像机的名称。默认情况下，“摄像机 1”是在合成中创建的第一个摄像机的名称。

预设：要使用的摄像机设置的类型。根据焦距命名预设。每个预设都表示具有特定焦距的镜头的摄像机的行为。

模糊层次：图像中景深模糊的程度。100% 表示创建摄像机时的模糊度，降低值可减少模糊度。

胶片大小：胶片的曝光区域的大小，它直接与合成大小相关。在修改胶片大小时，“变焦”值会更改以匹配真实摄像机的透视性。

焦距：从胶片平面到摄像机镜头的距离。在 After Effects 中，摄像机的位置表示镜头的中心。修改焦距时，“变焦”值会更改以匹配真实摄像机的透视性。此外，“预设”“视角”和“光圈”值会相应更改。

单位：表示摄像机设置值所采用的测量单位。

量度胶片大小：用于描绘胶片大小的尺寸。

10.2.2　镜头设置

在新建摄像机时，“预设”选项中有多种镜头设置，包括从 15 毫米广角镜头到 200 毫米长焦镜头，不同的镜头设置会产生不同的动画效果。

(1) 右击打开“lesson10/范例/start”文件夹中的“10 知识点 start(CC 2018). aep”，另存为“10 知识点 demo(CC 2018). aep”。

(2) 在项目面板中双击打开 “合成”文件夹下 “镜头设置”合成。在“镜头设置”合成的时间轴面板中单击打开“图片 1. jpg”的“三维图层”开关，新建摄像机，在弹出的对话框中将“类型”设置为“单节点摄像机”，将“预设”设置为 35 毫米，单击“确定”按钮，并观察 “图片 1. jpg”在 35 毫米镜头下的大小，如图 10. 3 所示。

(3) 双击 “摄像机 1”图层，在弹出的对话框中将“预设”设置为 15 毫米，单击“确定”按钮，观察图片，会发现镜头已经远离图片，并且图片在窗口中所占比例减小，如图 10. 4 所示。

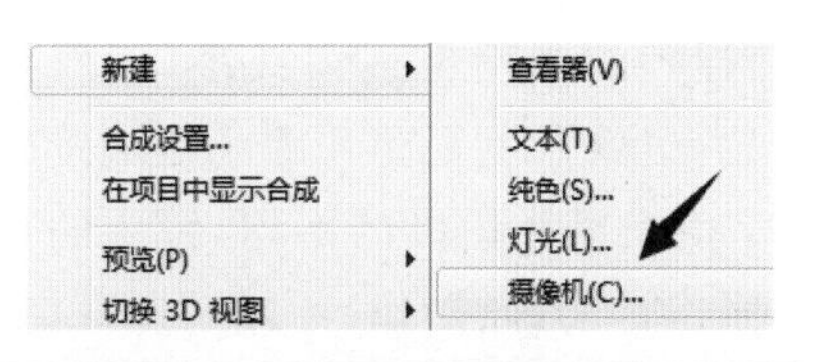

图　10.3

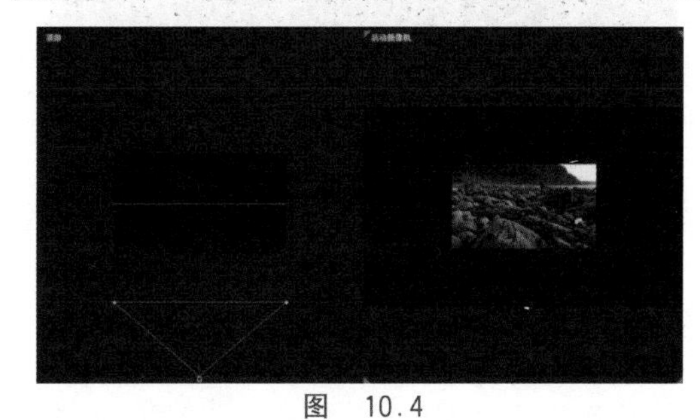

图　10.4

(4) 再次双击 “摄像机 1”图层，在弹出的对话框中将“预设”设置为 200 毫米，单击“确定”按钮，观察图片，会发现镜头已经越过图片拉长，并且图片在窗口只能显示部分大小，如图 10. 5 所示。

图　10.5

(5) 通过操作观察发现，在 15 毫米镜头下，摄像机的镜头角度更大，能捕捉到的画面更大，随着镜头焦段的增加，镜头角度逐渐减小,能捕捉到的画面也逐渐减小,随着焦段的大小变化,也就产生了图片缩小放大的效果。

(6) 由于镜头焦段的不同,镜头的焦距长短也不同,为了方便操作,一般情况下,镜头焦段的预设值为35毫米。

视频讲解

10.3 摄像机的类型

10.3.1 单节点与双节点摄像机区别

(1) 在项目面板中双击打开"合成"文件夹下的"单节点与双节点摄像机区别"合成,单击打开"图片2.jpg"的"三维图层"开关。新建摄像机,将"类型"设置为"单节点摄像机",将"预设"设置为35毫米,单击"确定"按钮。观察发现,摄像机只有一个改变位置方向的点,如图10.6所示。

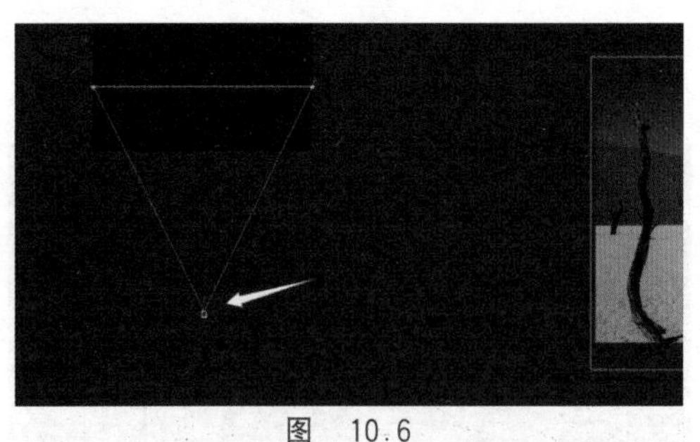
图 10.6

(2) 双击"摄像机1"图层,在弹出的对话框中将"类型"更改为"双节点摄像机",单击"确定"按钮,观察发现,摄像机出现了两个可以改变位置方向的点,并且在摄像机"变换"属性下,比单节点摄像机多出一个"目标点"属性,如图10.7所示。

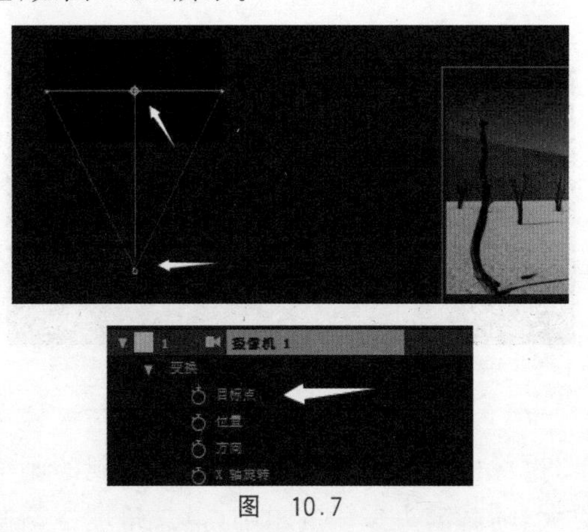

图 10.7

(3) 通过上述介绍,可知单节点摄像机只控制摄像机的位置,而双节点摄像机控制摄像机位置和被拍摄目标点的位置。

10.3.2 单节点摄像机的运动

(1) 在"项目"面板中双击打开"合成"文件夹下的"单节点摄像机的运动"合成,新建纯色层,颜色设置为#B7EBFF。

(2) 在"项目"面板中将"素材"文件夹下的"地面.jpg"图片拖到"时间轴"面板最上方,打开"地面.jpg"的"三维图层"开关,并将"合成"窗口调整为"2个视图_水平"和"自定义视图3",如图10.8所示。将"方向"的"X轴旋转"设置为270°,将"缩放"值设置为(100%,1000%,100%)。

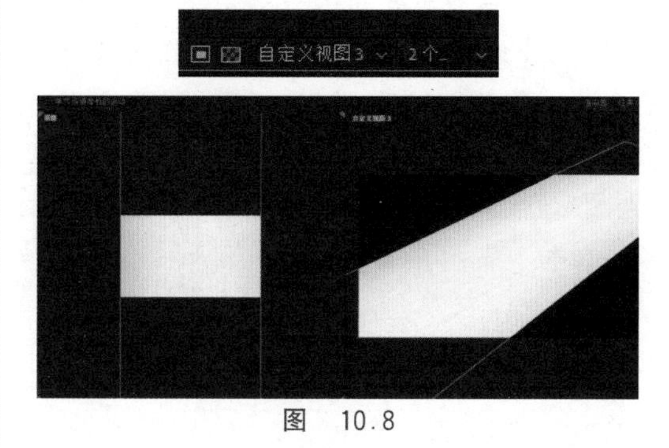

图 10.8

(3) 在"项目"面板中将"素材"文件夹下"人物1.png"到"人物4.png"图片拖到时间轴中,打开"人物1.png"到"人物4.png"图片的"三维图层"开关,并将缩放值设置为20%。

(4) 将图片"人物1.png"的位置设置为(1000,325,−1520),"人物2.png"的位置设置为(1000,325,−990),"人物3.png"的位置设置为(1000,325,−340),"人物4.png"的位置设置为(1000,325,600),如图10.9所示。

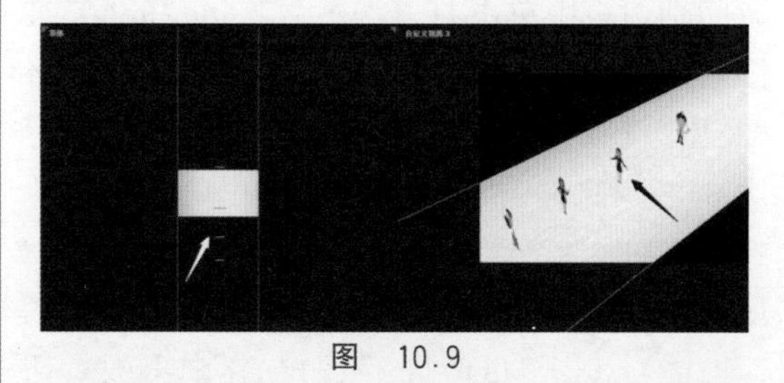
图 10.9

（5）新建摄像机，将“类型”设置为“单节点摄像机”，将“预设”设置为15毫米，单击“确定”按钮。在“摄像机1”层的0秒和4秒15帧处添加“位置”和“Y轴旋转”属性的关键帧，“位置”值分别为(1260,400,−2000)和(1030,410,160)，“Y轴旋转”值分别为−15°和0°，将“3D视图弹出式菜单”调整为“活动摄像机”，如图10.10所示。

图　10.10

（6）预览视频，观察效果，如图10.11所示。

图　10.11

10.3.3　双节点摄像机的运动

（1）在项目面板中双击打开“合成”文件夹下的“双节点摄像机的运动”合成，此合成已经完成和“单节点摄像机的运动”合成相同的设置。

（2）双击“摄像机1”图层，在弹出的对话框中将“类型”更改为“双节点摄像机”，单击“确定”按钮，观察发现，在运行过程中，摄像机的视角出现反转，如图10.12所示。

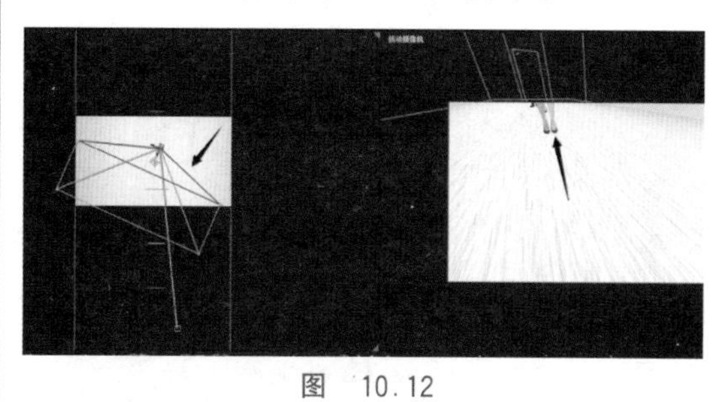

图　10.12

（3）出现视角反转的原因是因为双节点摄像机控制摄像机位置和被拍摄目标点的位置，被拍摄目标点默认为指向场景的中心点，如图10.13所示。

图　10.13

（4）调整“摄像机1”的“目标点”位置，将其位置值设置为(960,400,3000)，如图10.14所示。

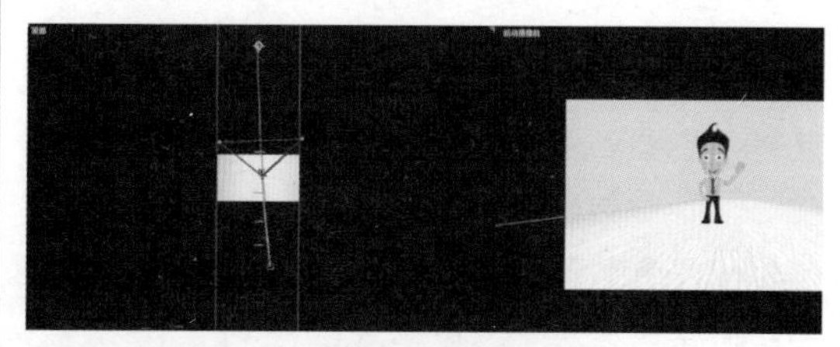

图　10.14

（5）预览视频，观察效果，如图10.15所示。

图 10.15

视频讲解

10.4 摄像机效果

After Effects 的摄像机效果同样可以做出很多特效效果，在“摄像机 1”图层下的“摄像机选项”有很多属性设置，调整属性就可以为视频做出“虚化效果”等。

(1) 在“项目”面板中双击打开“合成”文件夹下的“摄像机效果”合成，此合成已经完成和“单节点摄像机的运动”合成相同的设置。

(2) 在 0 秒处，单击打开“摄像机选项”下的“景深”开关，如图 10.16 所示。

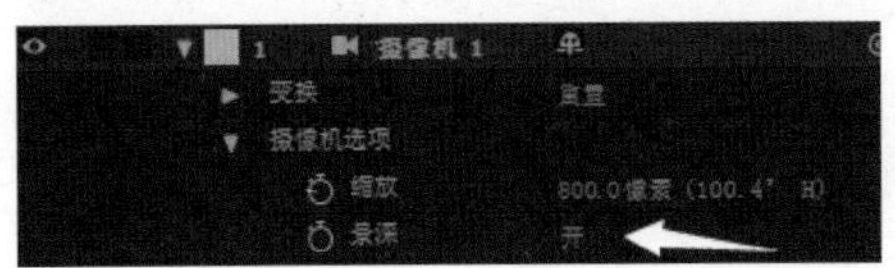

图 10.16

注意：影响景深的 3 个属性是焦距、光圈和焦点距离。浅(小)景深是长焦距、短焦点距离和较大光圈(较小 F-Stop)的结果。较浅的景深意味着较大的景深模糊效果。浅景深的对立面是深焦点，这意味着较小的景深模糊，因为更多处于焦点中。

(3) 将“焦距”值设置为 470 像素，“光圈”值设置为 50 像素，“模糊层次”值设置为 140%，如图 10.17 所示。

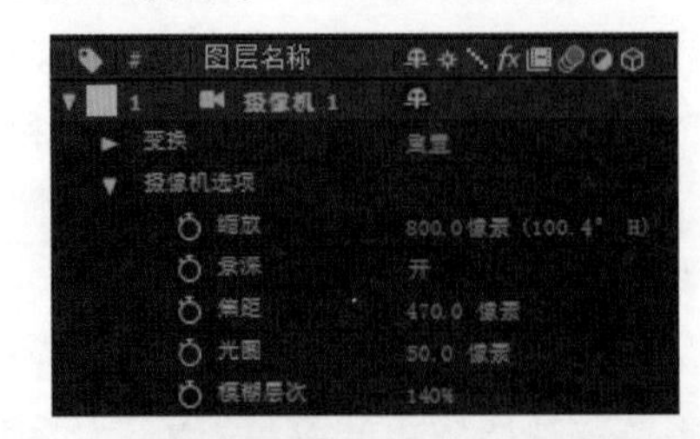

图 10.17

(4) 播放视频，观察效果，如图 10.18 所示。

图 10.18

10.5 灯光的类型

After Effects 的灯光是三维场景中的一个重要组成部分，灯光的类型分为“平行光”“聚光”“点光”和“环境光”，其中“平行”光从无限远的光源处发出无约束的定向光，接近来自太阳等光源的光照。“聚光”灯从受锥形物约束的光源发出光。“点光”发出无约束的全向光。“环境光”创建没有光源，但有助于提高场景的总体亮度且不投影的光照。因为“环境光”在空间中的位置不影响照明的变化，所以“环境”光在合成视图中没有图标显示。

10.5.1　光照设置

在新建的灯光设置窗口中，可以设置有关灯光效果的属性。

强度：光照的亮度。负值创建无光效果。无光照时将从图层中减去颜色。如果图层已照亮，使用负值创建时指向该图层的定向光会使图层上的区域变暗。

颜色：光照的颜色。

锥形角度：光源周围锥形的角度，确定远处光束的宽度。仅当选择“聚光”作为“灯光类型”时，此控制才处于活动状态。“聚光”光照的锥形角度由“合成”面板中光照图标的形状指示。

锥形羽化：“聚光”光照的边缘柔化。仅当选择“聚光”作为“灯光类型”时，此控制才处于活动状态。

衰减：“平行”光、“聚光”或“点”光的衰减类型。衰减描述光的强度如何随距离的增加而变小。

无：在图层和光照之间的距离增加时，光亮不减弱。

平滑：指示从“衰减开始”半径开始并扩展由“衰减距离”指定的长度的平滑线性衰减。

反向平方限制：指示从“衰减开始”半径开始并按比例减少到距离的准确的衰减。

半径：指定光照衰减的半径。在此距离内，光照是不变的。在此距离外，光照衰减。

衰减距离：指定光衰减的距离。

投影：指定光源是否导致图层投影。“接受阴影”材质选项必须为“打开”，图层才能接受阴影；该设置是默认设置。“投影”材质选项必须为“打开”，图层才能投影；该设置不是默认设置。

10.5.2　平行光

（1）在项目面板中双击打开“合成”文件夹下的“平行光”合成，打开“人物 1.png”“地板.png”和“墙面.jpg”图片的“三维图层”开关。

（2）选择“地板.jpg”图片，将其“缩放”值设置为 120%，“X 轴旋转”值设置为 90°。

（3）观察效果，发现合成窗口仅能看到一条线。调整图片 Y 轴方向上的位置，将其“位置”值设置为 920，使地板显现出来，如图 10.19 所示。

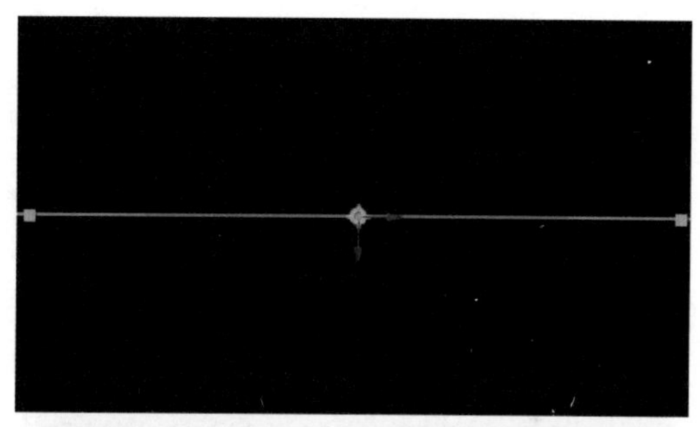

图　10.19

（4）选择“墙面.jpg”图片，将其“缩放”值设置为 135%，将其“位置”值设置为(960，415，560)，如图 10.20 所示。

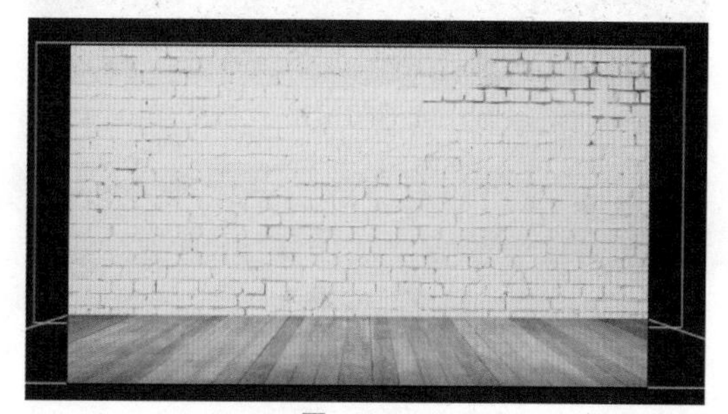

图　10.20

(5) 选择“人物 1.jpg”图片,将其“缩放”值设置为 34%,将其“位置”值设置为(940,570,0),如图 10.21 所示。

图 10.21

(6) 在“时间轴”面板中,新建灯光,将“灯光类型”设置为“平行”,“颜色”为白色,“强度”为 100%,单击“确定”按钮,如图 10.22 所示。

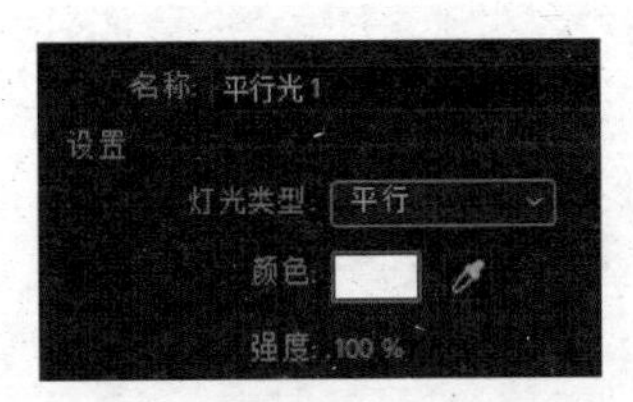

图 10.22

(7) 设置平行光的“目标点”,将其值设置为(940,938,-24),设置“位置”属性关键帧,0 秒时为(1920,130,-960),5 秒时为(0,130,-960)。

(8) 为了模仿太阳的运动,将灯光的运动路径调整为弧形,如图 10.23 所示。

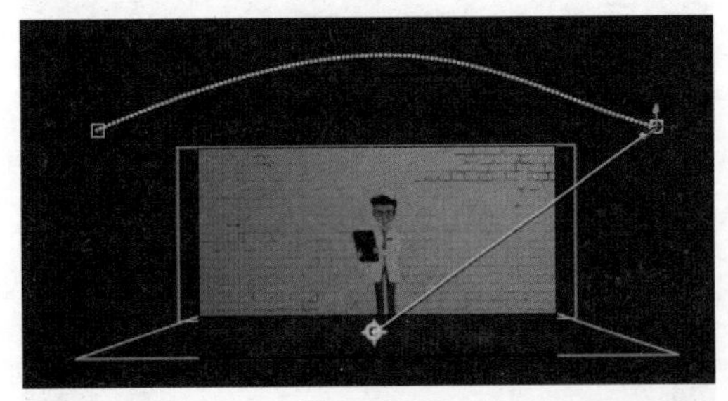

图 10.23

(9) 为了模仿太阳的亮度情况,设置“强度”关键帧,0 秒时将“强度”值设置为 100%,5 帧时为 160%,4 秒 20 帧时为 160%,5 秒时为 100%,如图 10.24 所示。

(10) 预览视频,观察效果。

图 10.24

10.5.3 聚光灯

(1) 在“项目”面板中双击打开“合成”文件夹下的“聚光灯”合成,本合成中图片设置已经完成,且与“平行光”合成中图片设置相同。

(2) 在“时间轴”面板中,新建灯光,将“灯光类型”设置为“聚光”,“颜色”为白色,“强度”为 100%,选中“投影”选项,单击“确定”按钮,如图 10.25 所示。

(3) 将“聚光 1”合成的“目标点”的值设置为(1020,590,-100),“位置”值设置为(1200,370,-800),如图 10.26 所示。

(4) 单击打开“人物 1.png”的“材质选项”下的“投影”开关,使人物能够接受投影效果,如图 10.27 所示。

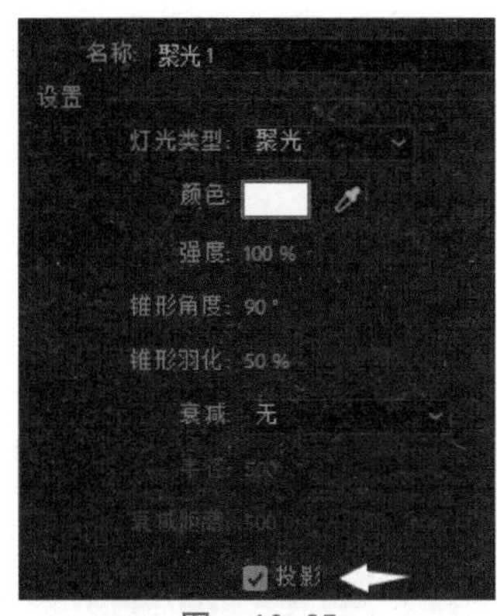

图　10.25

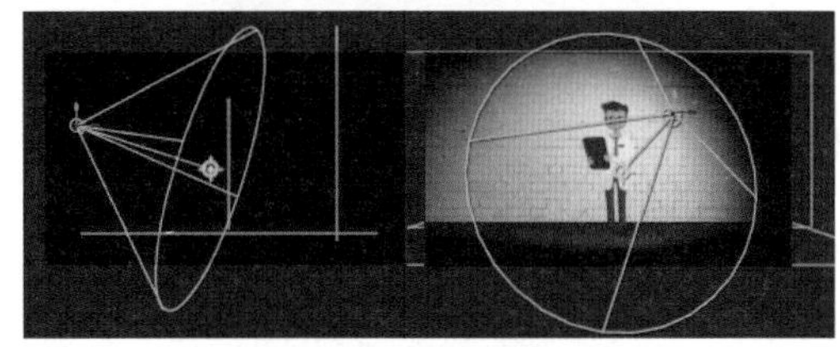

图　10.26

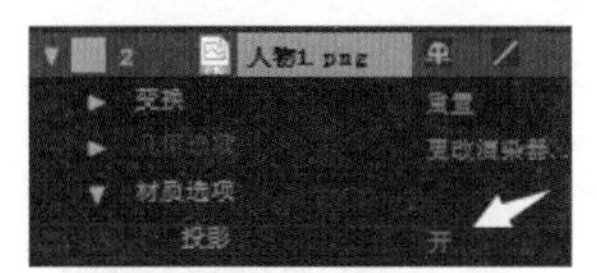

图　10.27

(5) 为灯光设置从打开到关闭的效果，为“聚光 1”合成“灯光选项”下的“强度”属性添加关键帧，在 0 秒时设置为 0，在 10 帧时设置为 100%。

(6) 预览视频，观察效果，如图 10.28 所示。

图　10.28

10.5.4　点光

(1) 在“项目”面板中双击打开 “合成”文件夹下的“点光源”合成，本合成中图片设置已经完成。

(2) 在“时间轴”面板中，新建灯光，将“灯光类型”设置为“点”，“颜色”为白色，“强度”为 100%，单击“确定”按钮。

(3) “点”光发出无约束的全向光，相当于一个电灯泡发出的光，可以使用“移动工具”移动 “点”光的位置来改变合成中的亮度情况，如图 10.29 所示。

图　10.29

10.5.5　环境光

(1) 在“项目”面板中双击打开“环境光”合成，本合成中图片设置已经完成。

(2) 在“时间轴”面板中，新建灯光，将“灯光类型”设置为“环境”，“颜色”为白色，“强度”为 100%，单击“确定”按钮。

(3) “环境”光创建没有光源，但有助于提高场景的总体亮度且不投影的光照，通过调整“环境”光的 “强度”设置，观察效果，如图 10.30 所示。

图　10.30

视频讲解

10.6　范例制作

10.6.1　制作原理介绍

本范例中，使用了灯光和三维摄像机等工具，在“项目”面板中创建文字合成，使用“分形杂色”和“色调”效果为文字添加特效，通过“碎片”效果来实现文字破碎，将文字合成放到总合成中，然后通过修改纯色层参数，父级关系链接摄像机和灯光来调整镜头和灯光运动，再对文字合成添加 CC Ball Action 效果、“线性擦除”效果和“发光”效果等来实现文字运动的协调，最终实现整体效果。

10.6.2　制作“文字 1”合成

(1) 打开“lesson10/范例/start”文件夹下的“10 范例 start(CC 2018). aeq”，将文件另存为“10 范例 demo (CC 2018). aep”。

(2) 新建合成，将合成命名为“文字 1”，“宽度”和“高度”分别设置为 1920px 和 1080px，“像素长宽比”为方形像素，“帧速率”为 25 帧/秒，“持续时间”为 6 秒，“背景颜色”为黑色。

(3) 将“文字. png”素材拖到“文字 1”合成中，使其复合合成宽度。选中“文字. png”层，按 Ctrl＋D 键复制 3 个相同图层，增加文字的亮度，使文字更清晰，如图 10.31 所示。

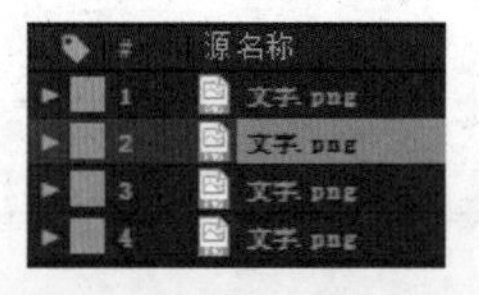

图　10.31

10.6.3　设置部分“总合成”

(1) 新建合成，将合成命名为“总合成”，“宽度”和“高度”分别设置为 1920px 和 1080px，“像素长宽比”为方形像素，“帧速率”为 25 帧/秒，“持续时间”为 10 秒，“背景颜色”为黑色。

(2) 将“背景. mp4”素材拖到“总合成”中。在“效果和预设”面板中搜索“色相/饱和度”效果，将其应用到“背景. mp4”图层中，将“主色相”的值设置为－40°，改变视频色相，将“主饱和度”的值设置为 40，提高视频饱和度，将“主亮度”的值设置为 5，提高视频亮度，如图 10.32 所示。

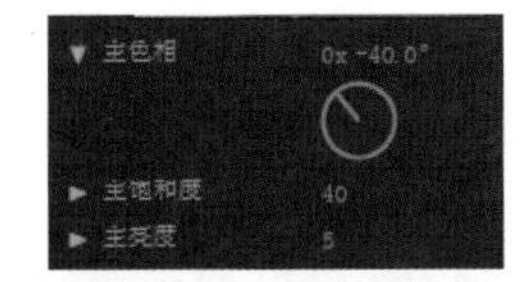

图　10.32

(3) 选中“背景.mp4”图层，创建副本，将位于上方的“背景.mp4”图层的“模式”设置为“叠加”，提高视频亮度，如图 10.33 所示。

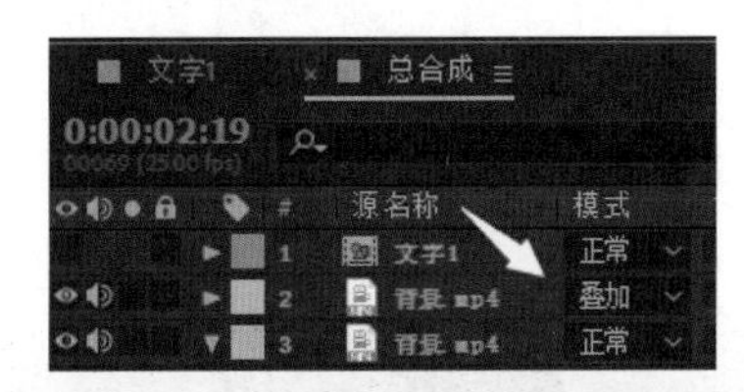

图　10.33

(4) 将“文字 1”合成拖动到“总合成”的时间轴最上方。添加“不透明度”关键帧，9 帧时为 0%，1 秒时为 100%，5 秒 15 帧时为 100%，6 秒时为 0%，如图 10.34 所示。

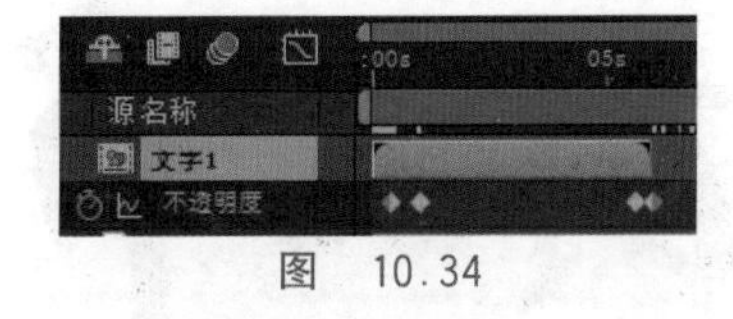

图　10.34

(5) 在“效果和预设”面板中搜索“光圈擦除”效果，将其应用到“文字 1”图层中，调整“光圈擦除”效果参数。

(6) 在效果控件中，将“光圈擦除”效果的“点光圈”值设置为 12，为“文字 1”图层添加“外径”关键帧，在 9 帧时将“外径”值设置为 1050，在 1 秒时将“外径”值设置为 0，如图 10.35 所示。

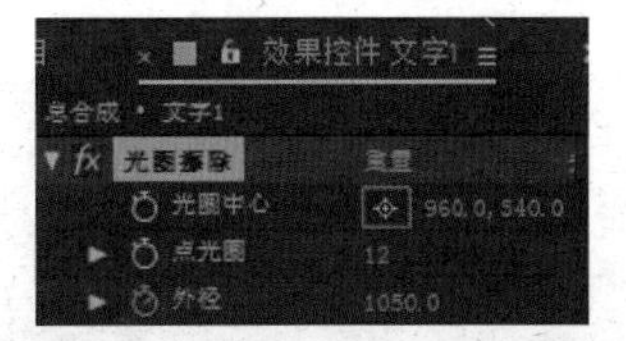

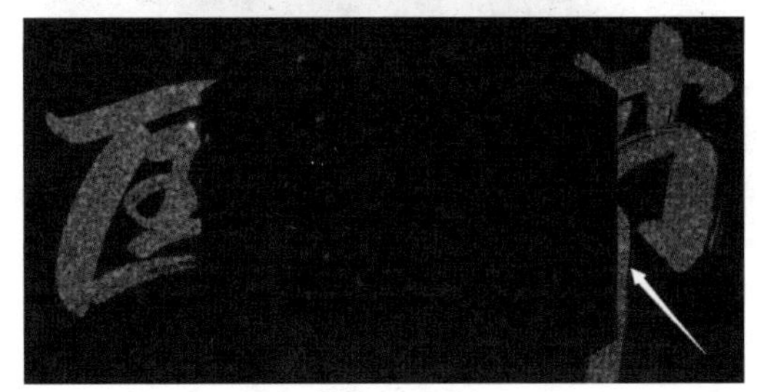

图　10.35

(7) 观察发现，文字出现时的效果太过生硬，所以将“光圈擦除”效果的“羽化”值设置为 900，使效果柔化，如图 10.36 所示。

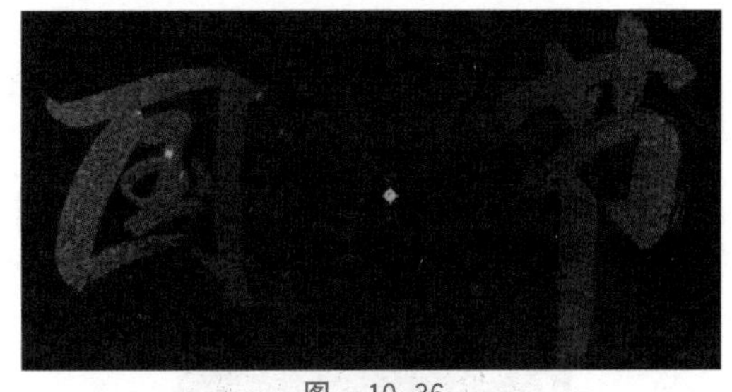

图　10.36

(8) 在“效果和预设”面板中搜索 CC Ball Action 效果，将其应用到“文字 1”图层中，调整 CC Ball Action 效果参数。

(9) 在效果控件中，将 CC Ball Action 效果的 grid spacing(网格间距)值设置为 2，Ball Size(球大小)设置为 60，如图 10.37 所示。

10.6.4　制作“黑金文字”合成

(1) 新建合成，将合成命名为“黑金文字”，“宽度”和“高度”分别设置为 1920px 和 1080px，“像素长宽比”为方形像素，“帧速率”为 25 帧/秒，“持续时间”为 4 秒，“背景颜色”为黑色。

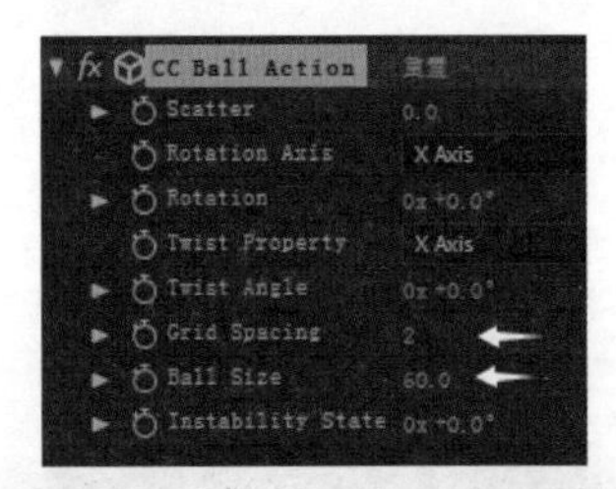

图　10.37

(2) 将"文字.png"素材拖到"黑金文字"合成中,新建纯色层,将颜色设置为黑色,并放在"文字.png"层下方。

(3) 在"效果和预设"面板中搜索"分形杂色"效果,将其应用到纯色层。

(4) 在"效果控件"面板中,将"杂色类型"设置为"块",使纯色层上呈现块状图案。将"对比度"设置为200,"亮度"设置为−106,来改变块状图显示效果。在"变换"属性下将"缩放"值设置为5,使块状图缩小。将"复杂度"设置为1,增加块状图的数量,如图10.38所示。

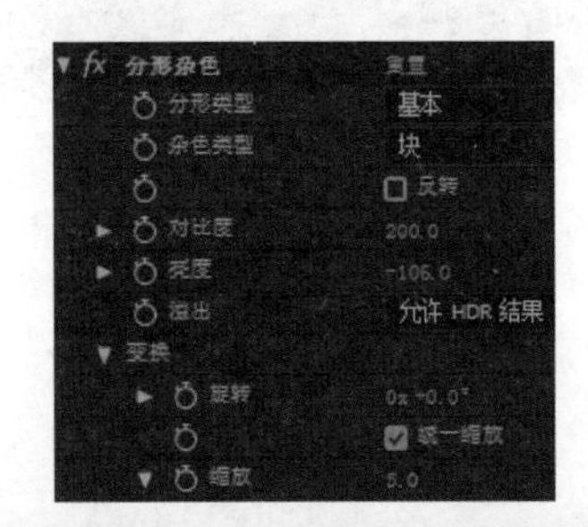

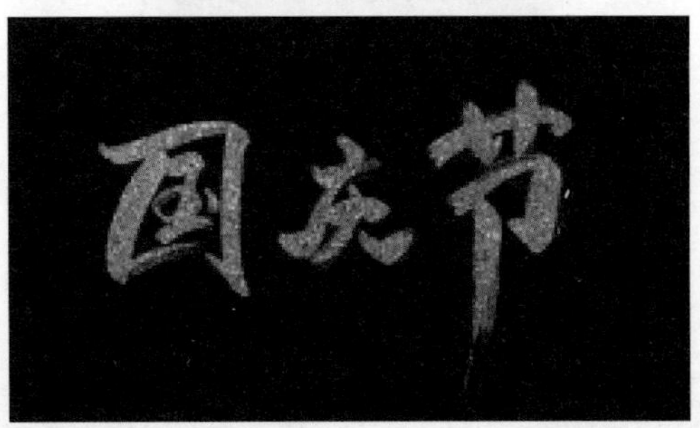

图　10.38

(5) 按住Alt键,单击"分形杂色"效果的"演化"属性前的秒表,为其添加表达式:time*500,使块状图在视图中不断变化,增加质感。

(6) 选中"文字.png"图层,将"模式"更改为"颜色",选中纯色层,将"遮罩"模式更改为"Alpha遮罩'文字.png'",单击"合成"面板下方的"切换透明网格"按钮,查看效果,如图10.39所示。

图　10.39

(7) 在"项目"面板中,选中"黑金文字"合成,按Ctrl+D键复制一份相同的合成"黑金文字2",如图10.40所示,双击进入"黑金文字2"内部。

图　10.40

(8) 选中纯色层,在"效果控件"面板中,将"分形杂色"效果的"对比度"值调整为300,"亮度"值设置为−80,并打开"文字.png"图层前的可视按钮,使文字的金色效果展现出来,如图10.41所示。

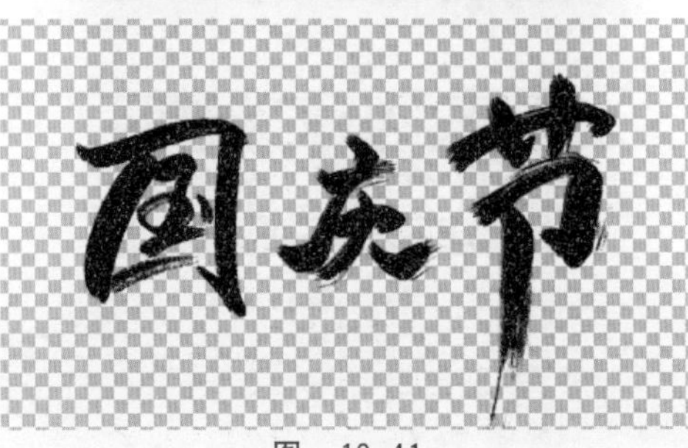

图　10.41

10.6.5 制作"闪光"合成

(1) 新建合成,将合成命名为"闪光",将"宽度"和"高度"分别设置为 1920px 和 1080px,"像素长宽比"为方形像素,"帧速率"为 25 帧/秒,"持续时间"为 4 秒,"背景颜色"为黑色。

(2) 将"文字. png"素材拖到"闪光"中,使其复合合成宽度,按 Ctrl+D 键复制一份相同的"文字. png"图层。

(3) 新建纯色层,将颜色设置为黑色,并放在两图层之间,如图 10.42 所示。

图 10.42

(4) 将"分形杂色"效果应用到纯色层,在"效果控件"面板中,将"杂色类型"设置为"块",使纯色层上呈现块状图案。将"对比度"设置为 220,"亮度"设置为 −120,来改变块状图显示效果。在"变换"属性下将"缩放"值设置为 5,使块状图缩小。将"复杂度"设置为 1,增加块状图的数量,如图 10.43 所示。

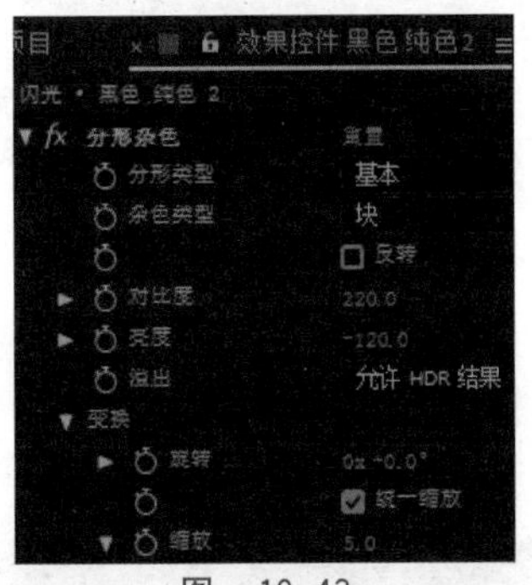

图 10.43

(5) 按住 Alt 键,单击"分形杂色"效果的"演化"属性前的秒表,为其添加表达式:time * 500,使块状图在视图中不断变化,增加质感。

(6) 选中纯色层,将"模式"更改为"相加",将"遮罩"模式更改为"Alpha 遮罩'文字. png'",如图 10.44 所示。

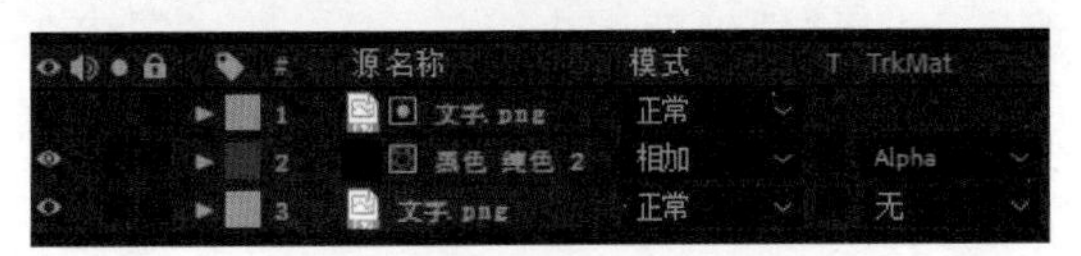

图 10.44

(7) 选中最下方的"文字. png"图层,在"效果控件"面板中搜索"色调",应用于图层,并在"效果控件"面板中将"着色数量"为 70%,如图 10.45 所示。

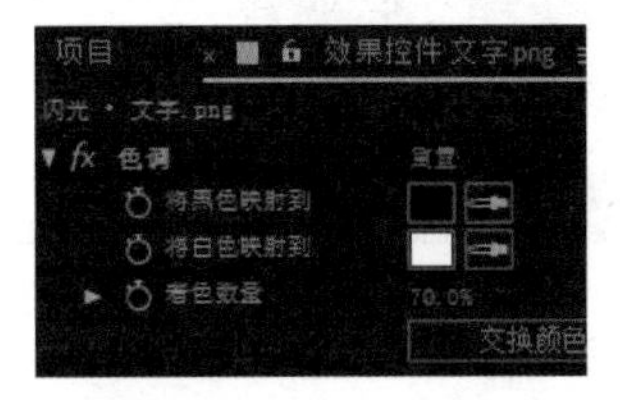

图 10.45

10.6.6 制作"大碎片"合成

(1) 新建合成,将合成命名为"大碎片",将"宽度"和"高度"分别设置为 1920px 和 1080px,"像素长宽比"为方形像素,"帧速率"为 25 帧/秒,"持续时间"为 4 秒,"背景颜色"为黑色。

(2) 将"文字. png"和"光点. jpg"素材拖到"大碎片"合成中,使"文字. png"复合合成宽度,将"光点. jpg"图层放到"文字. png"图层下方,隐藏"光点. jpg"层。

(3) 新建纯色层,颜色为白色,命名为"纯色层 1",并将其放在最上层,在"效果和预设"面板中搜索"碎片"效果,将其应用到纯色层。

(4) 在"效果控件"面板中,将"视图"设置为"已渲染",使合成窗口能实时观察效果,将"渲染"设置为"块",使合成窗口中显示块粒状效果,如图 10.46 所示。

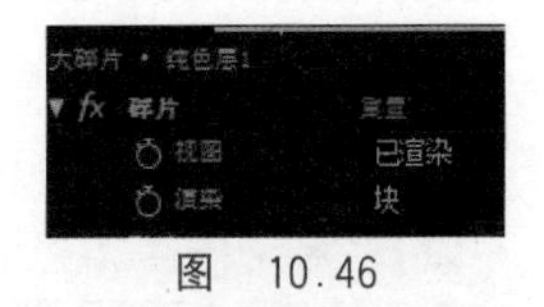

图 10.46

(5) 调整"碎片"效果的"形状"属性,将图案设置为"自定义",将"自定义碎片图"设置为"光点. jpg",使其在合成窗口中显示的图案与“光点.jpg”图案相似。将“重复”设置为200,增加碎片数量,如图10.47所示。

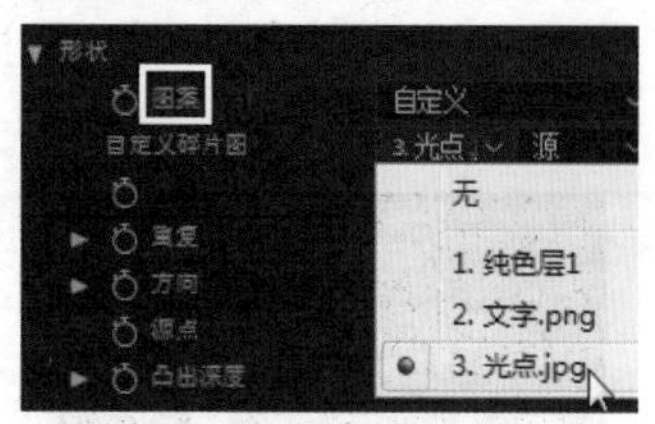

图 10.47

(6) 调整作用力,将“作用力1”的“位置”值设置为(960,540),“强度”设置为7.7,“深度”和“半径”都设置为0.1,将“作用力2”的“位置”值设置为(960,540),“强度”设置为−3.2,“深度”和“半径”都设置为0.1,以调整光点的数量,在“时间轴”面板中,将“纯色层1”图层的“调整图层”按钮打开,如图10.48所示。

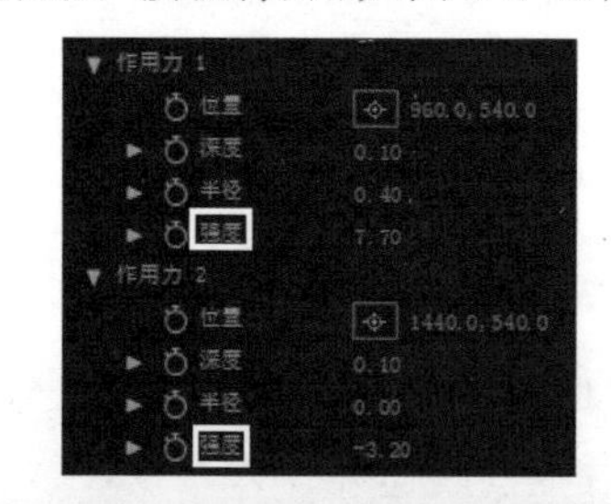

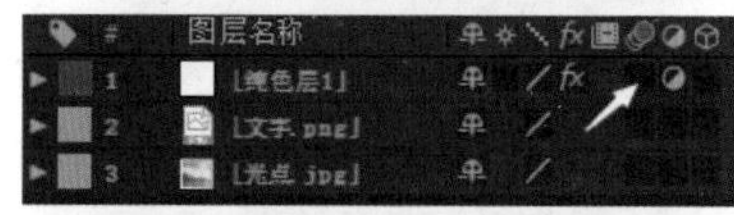

图 10.48

调整“碎片”效果的“物理学”属性,将“随机性”设置为1,使光点能随机运动,将“粘度”设置为1,拉近光点间的距离,将“重力方向”设置为−180°,改变光点的方向,如图10.49所示。

10.6.7 设置“摄像机”和灯光

(1) 单击进入“总合成”中,新建纯色层,命名为“总纯色层1”,将长宽均设置为100像素。打开其“三维图层”开关,调整“总纯色层1”图层的锚点,将其修改为(0,0,0),将“不透明度”设置为0%,如图10.50所示。

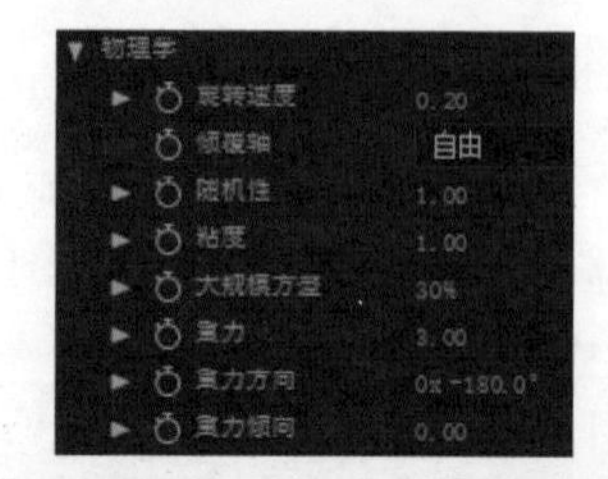

图 10.49

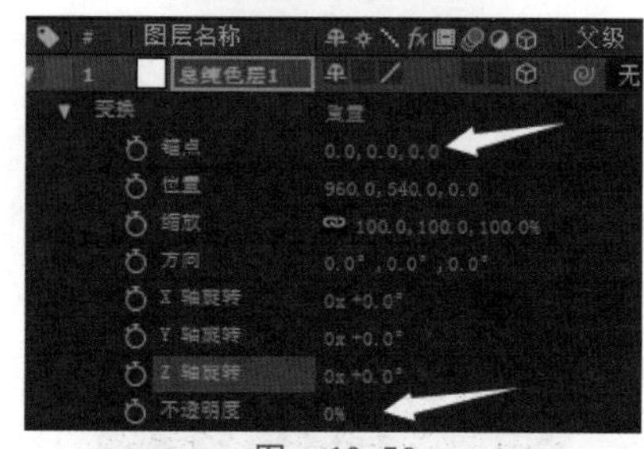

图 10.50

(2) 添加“旋转”关键帧,0秒时X、Y、Z轴的值分别为25°、−15°、5°,5秒20帧时X、Y、Z轴的值分别为0°、22°、9°,6秒10帧时Y、Z轴的值分别为0°、0°,如图10.51所示。

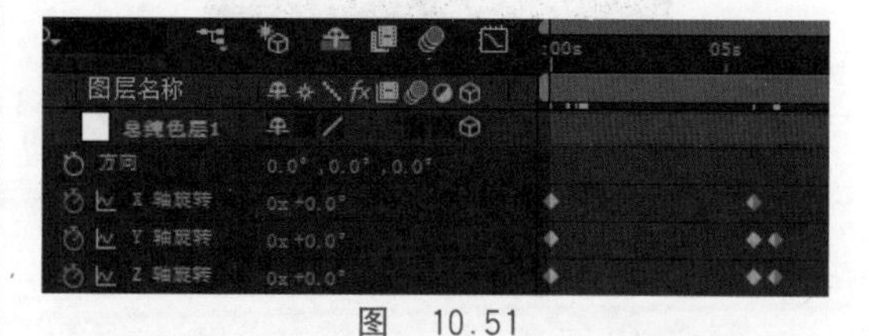

图 10.51

(3) 选中关键帧,单击“图标编辑器”,进入图标编辑界面,单击“选择图表类型和选项”按钮,选择“编辑值图表”复选框。选择图表下方的“将关键帧转为自动贝塞尔曲线”图标,调整曲线,如图10.52所示。

(4) 在“项目”面板中,将“纯色”文件夹下

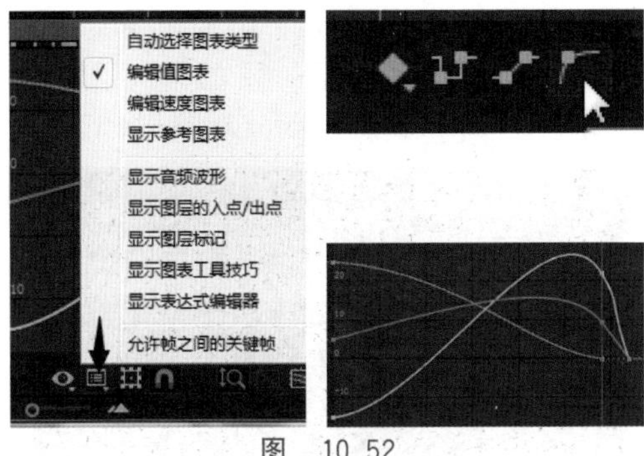

图　10.52

的“总纯色层 1”拖到“总合成”合成的“总纯色层 1”下方，重命名为“总纯色层 2”。它和“总纯色层 1”来自相同的纯色层，如图 10.53 所示。

图　10.53

（5）打开其“三维图层”开关，调整“总纯色层 2”图层的锚点，将其修改为(0,0,0)，将“不透明度”设置为 0%，为“总纯色层 2”添加“父级关系”，将“总纯色层 1”作为其父级，如图 10.54 所示。

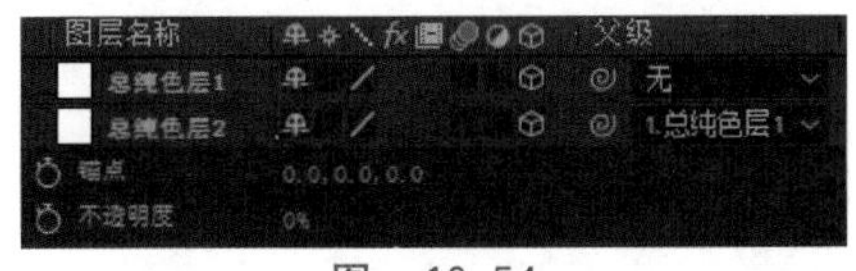

图　10.54

（6）选中“位置”属性，右击选择“单独尺”，将“位置”属性拆分为“X 位置”“Y 位置”和“Z 位置”，并将“X 位置”和“Y 位置”设置为 0，如图 10.55 所示。

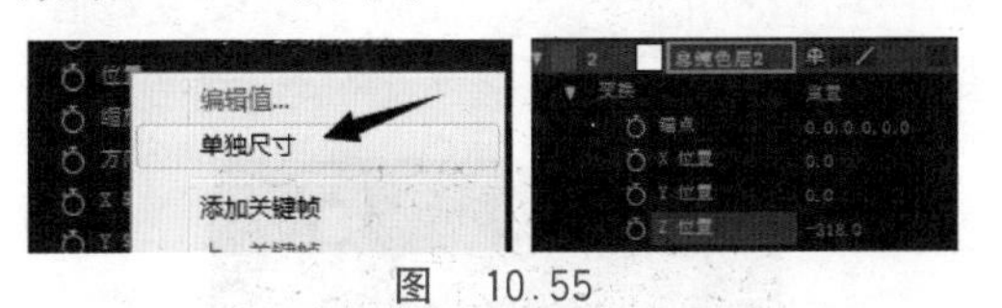

图　10.55

（7）为“总纯色层 2”的“Z 位置”属性添加关键帧，0 秒处为 −320，5 秒 20 帧时为 −1600，在 6 秒 10 帧时为 −2000，如图 10.56 所示。

（8）调整“总纯色层 2”的方向值，将其设置为(0°,0°,0°)。

（9）新建摄像机，将“类型”设置为单节点

图　10.56

摄像机，“预设”为 35 毫米。为“摄像机 1”添加“父级关系”，将“总纯色层 2”作为其父级，如图 10.57 所示。

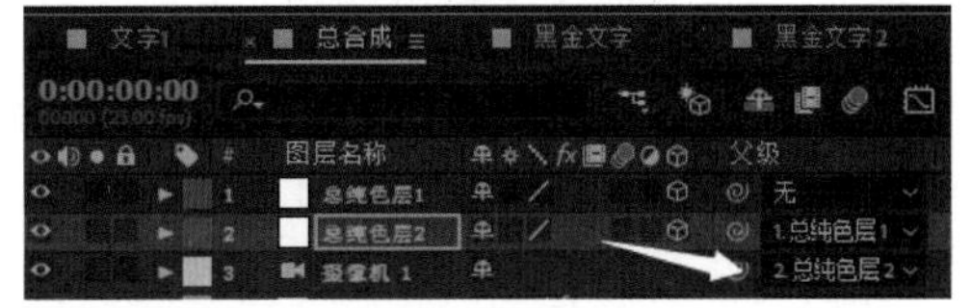

图　10.57

（10）按住 Alt 键，单击“摄像机 1”图层的方向属性前的秒表，为其添加表达式：

```
targL = thisComp.layer("总纯色层 1");
targLWSpace = targL.toWorld([0,0,0]);
targLCamSpace = thisLayer.fromWorld(targLWSpace);
lookAt([0,0,0], targLCamSpace);
```

并将“摄像机 1”的位置值设置为(0,0,0)，如图 10.58 所示。

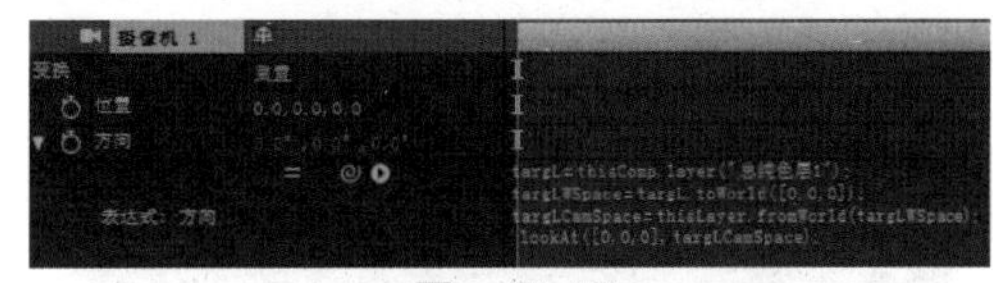

图　10.58

（11）新建灯光，将“灯光类型”设置为“聚光”，“强度”为 100%，“锥形角度”为 90°，“锥形羽化”为 50%，如图 10.59 所示。

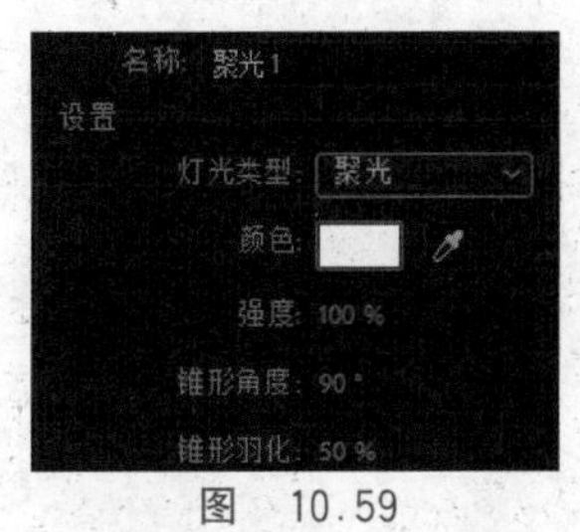

图　10.59

（12）为“聚光灯”添加“父级关系”，将“总纯色层 2”作为其父级。

10.6.8　设置完整“总合成”

（1）双击进入“总合成”，将“项目”面板中的“闪光”合成拖到“总合成”中，放在“文字 1”图层上方，将其时间条的开头拖动到 1 秒处。

(2) 在"效果和预设"面板中搜索 CC Ball Action 效果,将其应用到"闪光"图层中,将 CC Ball Action 效果的 grid spacing(网格间距)值设置为 2,Ball Size(球尺寸)设置为 60,如图 10.60 所示。

图 10.60

(3) 在"效果和预设"面板中搜索"线性擦除"效果,将其应用到"闪光"图层中,在 1 秒 15 帧处,打开"线性擦除"效果的"过渡完成"的关键帧,将"过渡完成"设置为 100%;在 4 秒 20 帧处,将"过渡完成"设置为 30%;在 5 秒处,将"过渡完成"设置为 0%,如图 10.61 所示。

图 10.61

(4) 调整"擦除角度"为 120°,并将"羽化"设置为 200,如图 10.62 所示。

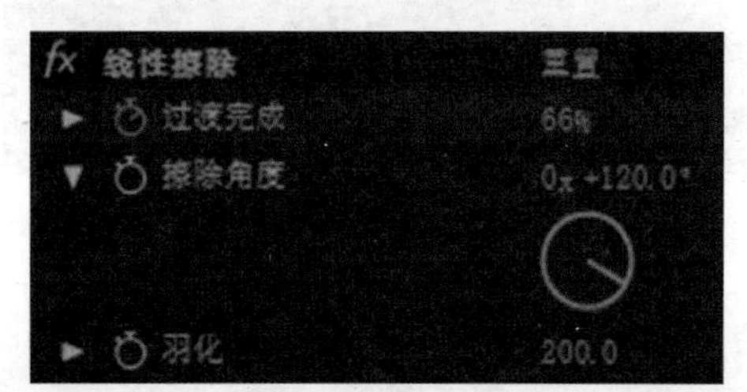

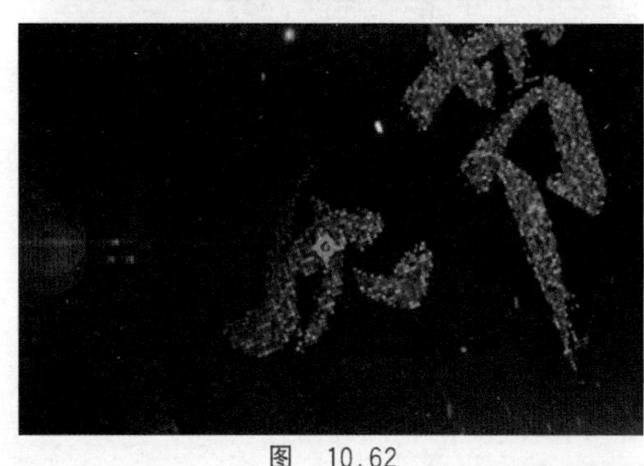
图 10.62

(5) 再次将"线性擦除"效果,将其应用到"闪光"图层中,为"过渡完成"添加表达式:

```
p = effect("ADBE Linear Wipe")("ADBE Linear
Wipe - 0001");
100 - p - 10
```

为 "擦除角度"添加表达式:

```
effect("ADBE Linear Wipe")("ADBE Linear Wipe -
0002") - 180
```

并将 "羽化"设置为 400,如图 10.63 所示。

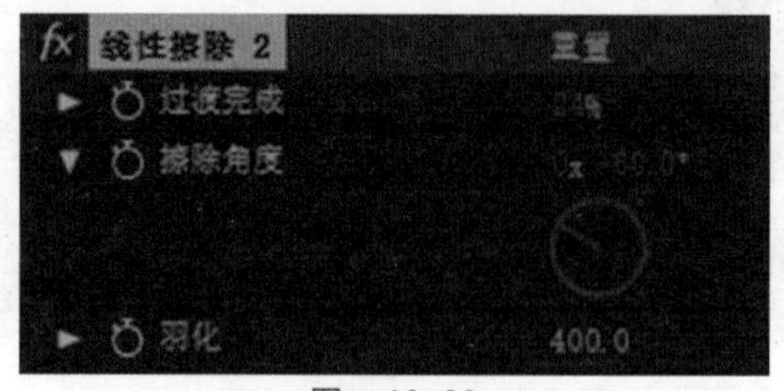

图 10.63

(6) 在"效果和预设"面板中搜索"发光"效果,将"风格化""发光"应用到"闪光"图层中,将"发光阈值"设置为 30%。

(7) 选中"文字 1"图层,创建副本,选中副本,将其放在"文字 1"图层下方,右击选择"重命名"命令,将其命名为"文字 2",并将"文字 1"图层的"模式"设置为"相加",如图 10.64 所示。

图 10.64

(8) 将"项目"面板中的"黑金文字"合成拖到"总合成"中,放在"文字 2"图层下方,将时间条开头拖动到 6 秒处。

(9) 将 CC Ball Action 效果应用到"黑金文字"图层中,将 CC Ball Action 效果的 Scatter(散点图)设置为 2,Grid spacing(网格间距)设置为 3,Ball Size(球大小)设置为 40。

(10) 在"效果和预设"面板中搜索"三色调"效果,将其应用到"黑金文字"图层中,将"高光"设置为 #FFFFFF,"中间调"设置为 #2476FF,"阴影"设置为 #000000,"与原始图像混合"值为 80%,如图 10.65 所示。

图 10.65

(11) 在"效果和预设"面板中搜索"发光"效果,将其应用到"黑金文字"图层中,将"发光阈值"设置为 30%。

(12) 将"项目"面板中的"黑金文字 2"合成拖到"总合成"中,放在"黑金文字"图层下方,调整其时间条位置为从 6 秒处开始。

(13) 将 CC Ball Action 效果应用到“黑金文字 2”图层中,将 CC Ball Action 效果的 Scatter(散点图)设置为 1,grid spacing(网格间距)设置为 6,Ball Size(球大小)设置为 20。

(14) 将“项目”面板中的“文字 1”合成拖到“总合成”中,放在“黑金文字 2”图层下方,重命名为“文字 3”,将时间条开头拖动到 5 秒 15 帧处,为其添加“不透明度”关键帧,在 5 秒 15 帧时为 0,6 秒时为 100%,创建副本,重命名为“文字 4”,将“文字 4”图层放在“文字 3”下方,打开二者的“3D 图层”开关。

(15) 将“项目”面板中的“大碎片”合成拖到“总合成”中,放在“文字 4”图层下方,打开其“3D 图层”开关,调整其时间条位置为从 6 秒处开始。

(16) 更改图层模式,将“黑金文字”图层和“黑金文字 2”图层的“模式”设置为“相加”,将“文字 3”图层的“模式”设置为“屏幕”,如图 10.66 所示。

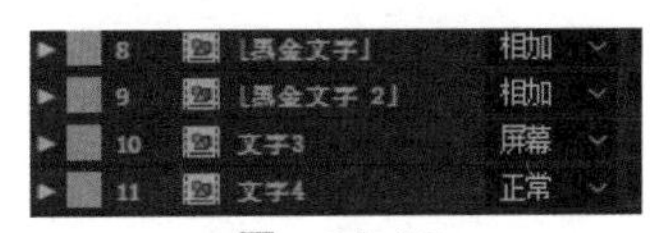

图 10.66

(17) 将“项目”面板中的“流光. mov”素材拖到“总合成”中,放在“大碎片”图层下方,调整其时间条位置为从 6 秒处开始。

(18) 在“效果和预设”面板中搜索“色相/饱和度”效果,将其应用到“流光. mov”图层中,将“主色相”的值设置为−130°,改变视频色相,将“主饱和度”的值设置为 50,提高视频饱和度,将“主亮度”的值设置为 10,提高视频亮度,如图 10.67 所示。

图 10.67

(19) 预览视频,观察效果,如图 10.68 所示。

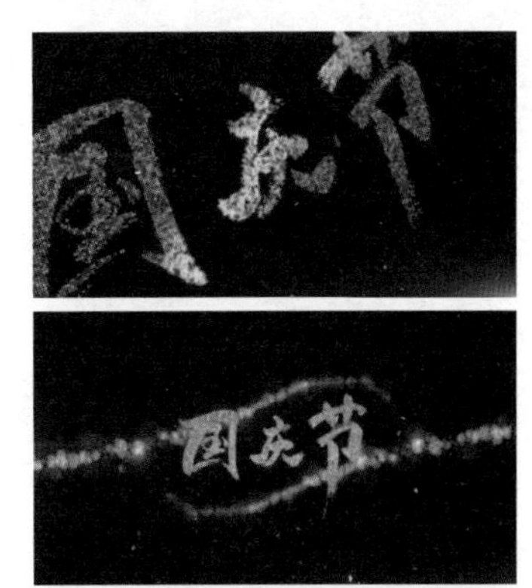

图 10.68

作业

一、模拟练习

打开“lesson10/模拟/complete/10 模拟 complete(CC 2018). aep”进行浏览播放,参考完成案例,根据本章所学知识内容,完成项目制作。课件资料已完整提供,获取方式见本书前言。

模拟练习作品是关于灯光文字的视频,使用摄像机和灯光制作而成,通过调整摄像机的镜头来改变文字的位置,通过灯光来实现文字的阴影。

二、自主创意

应用本章学习的关键帧知识和其他知识点,自主设计一个 After Effects 作品,也可以把自己完成的作品上传到课程网站进行交流。

三、理论题

1. 在 After Effects 中,摄像机的焦段范围是多少?最常用的焦距是多少?

2. 在 After Effects 中,单节点与双节点摄像机区别是什么?

3. 灯光类型有几类?不同类型的灯光都有什么特点?

第11章 使用操控点工具制作变形动画

微课视频 75分钟(9个)

本章学习内容:

(1) 使用操控点工具添加操控点;

(2) 使用操控叠加工具定义重叠区;

(3) 使用操控扑粉工具使部分图像变硬;

(4) 录制动画。

完成本章的学习需要大约3小时,相关资源获取方式见本书前言。

知识点

操控点工具　网格、扩展、三角形　操控叠加工具　操控扑粉工具　录制动画

本章案例介绍

范例:

本章范例制作的是在月球上外星人驾着飞船追赶宇航员的动画,通过对操控点工具、操控叠加工具、操控扑粉工具和录制动画的学习,熟练地使用操控工具制作变形动画,如图11.1所示。

图　11.1

模拟案例:

本模拟案例是一个关于人物变身的动画,使用操控工具添加操控点,移动操控点使人物在不同的场景中进行变身,如图11.2所示。

图　11.2

11.1 预览范例视频

(1) 右击“lesson011/范例/complete”文件夹的“11 范例 complete(CC 2018).mov”,播放视频。

(2) 关闭播放器。

(3) 也可以用After Effects打开源文件进行预览,在After Effects菜单栏中选择“文件”→“打开项目”命令,再选择“lesson11/范例/complete”文件夹的“11 范例 complete(CC 2018).aep”,单击“预览”面板的“播放/停止”按钮,预览视频。

11.2 操控工具

使用操控工具可以将自然运动快速添加到光栅图像和矢量图形中,包括静止图像、形状和文本字符,可以根据放置和移动的操控点位置对屏幕上的对象进行拉伸、挤压以及其他变形处理。在应用操控工具后,“时间轴”面板中图层里会增加操控效果,但“效果”菜单和“效果与预设”面板中没有该效果,需要在工具栏中选择操控工具,然后在“图层”面板或“合成”面板中应用和使用效果。

视频讲解

11.2.1　关于操控点工具

此工具可放置和移动操控点，根据放置和移动的控点位置来使图像的某些部分变形。

(1) 打开“lesson11/范例/start”文件夹的“11 知识点 start(CC 2018).aep”，将文件另存为“11 知识点 demo(CC 2018).aep”。打开“操控点工具”合成，在“时间轴”面板中将前 4 层隐藏，只显示“右胳膊”层。

(2) 在工具栏中选择“操控点工具”，图标看起来像一个小图钉，在图 11.3(a)所示位置单击，可以看到 3 个黄色的圆圈，叫作“操控点”，同时在时间轴的图层上会增加“操控”效果，在“变形”属性下有刚刚添加的 3 个操控点，如图 11.3(b)所示。分别选择这 3 个操控点，按 Enter 键修改名称，分别为“肩膀处”“手肘”“手掌”，展开这些操控点，有“位置”属性，如图 11.3(c)所示，可通过修改“位置”值或者在“合成”面板中移动操控点对图像进行动画处理。

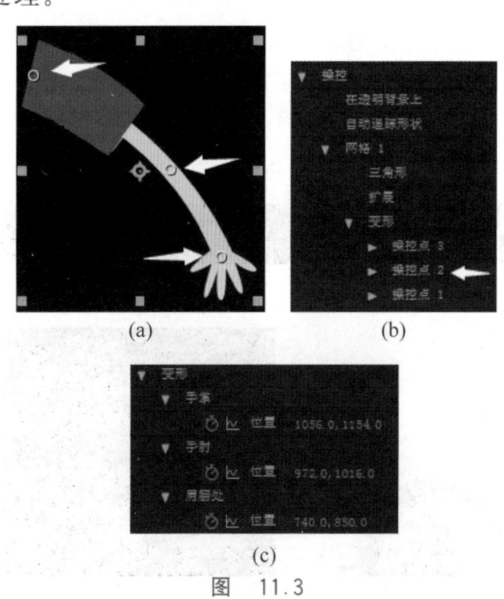

(a)　(b)

(c)

图　11.3

(3) 在“合成”面板中选择手掌上的操控点并进行移动，可以看到手臂正在弯曲，如图 11.4 所示。

图　11.4

(4) 在“合成”面板上方有“网格”“扩展”“三角形”这 3 个选项，如图 11.5 所示，选中“显示”框，发现“合成”面板中出现了网格，使用操控工具后会对这一层进行三角化，这个网格可以扭曲和变形这一层，让角色动起来成为可能。

图　11.5

(5) 将“扩展”设置为 0，可以看到网格吸附到图形的边缘，如图 11.6 所示，但通常情况下网格包含不完全，还会有一些像素在网格外面，这时可以增加扩展的数值，捕捉可能丢失的散点像素，确保所有的图像都包含在网格中。

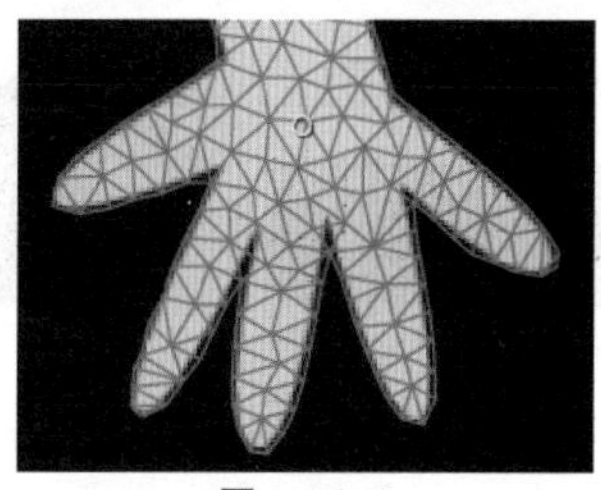

图　11.6

(6) “三角形”就是网格的分辨率，网格实际上是由一堆三角形组成的，如果把三角形的数值调到 50，网格中的三角形就会变大，在拖动操控点进行扭曲时会变形，不能产生好的效果，如图 11.7(a)所示。将“三角形”的数值调整到最大值 1500 时，网格中的三角形变得很小，同时胳膊弯曲得更顺滑些，效果较好，但运算速度会变慢，如图 11.7(b)所示。

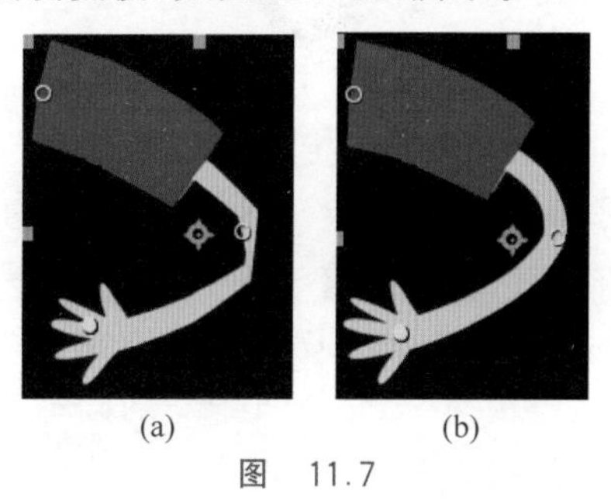

(a)　(b)

图　11.7

视频讲解

11.2.2 使用操控点工具制作动画

本案例将为图片里的人物添加眨眼效果。

(1) 打开"操控点工具 2"合成。因为是使图片动起来,就需要使用钢笔工具对睫毛和眼球进行抠像,使睫毛和眼球成为单独的一个图层。在"时间轴"面板中选择"素材 1.jpg"层,按 Ctrl+D 创建两个副本,分别命名为"睫毛""眼球"和"面部",如图 11.8 所示。接下来为这 3 层添加蒙版。

图 11.8

(2) 为避免选错图层,锁定后两层,选择"睫毛"层,在工具栏中选择钢笔工具沿着素材中左眼睫毛的轮廓进行抠像。"睫毛"层下添加了"蒙版 1",将"蒙版 1"右方的"模式"更改为"相加",如图 11.9 所示。

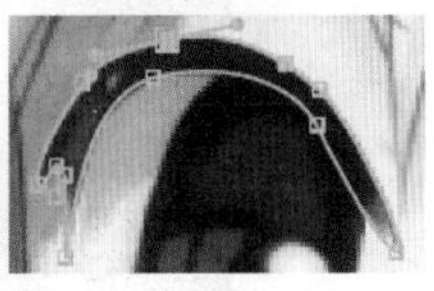

图 11.9

(3) 将"睫毛"层和"面部"层锁定,选择"眼球"层,使用"钢笔工具"对眼球进行抠像,如图 11.10 所示,"时间轴"面板中添加了"蒙版 2",将"蒙版 2"右方的"模式"更改为"相加"。

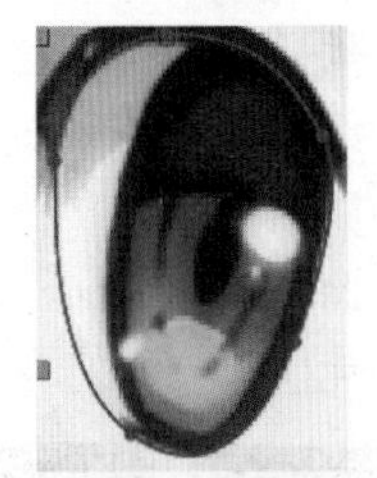

图 11.10

(4) 将前两层锁定,双击"面部"层,进入"图层"面板。将时间移动到 0 秒处,在工具栏中选择"画笔工具"■,按 Alt 键当鼠标指针变为吸管时吸取眼睛周围皮肤的颜色,在"画笔"面板中选择"柔角 35 像素"的画笔对眼睛部分进行涂抹,如图 11.11 所示。

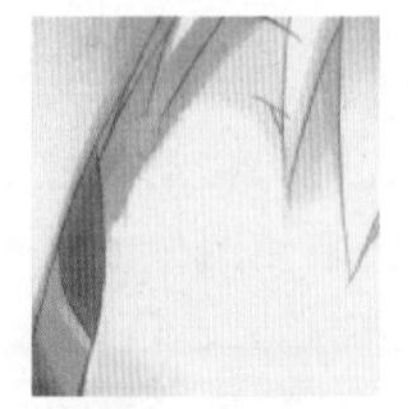

图 11.11

注意:部分睫毛处有头发的阴影,颜色较深,在进行涂抹时先吸取阴影的颜色,选择"尖角 5 像素"的画笔进行涂抹,如图 11.12 所示。

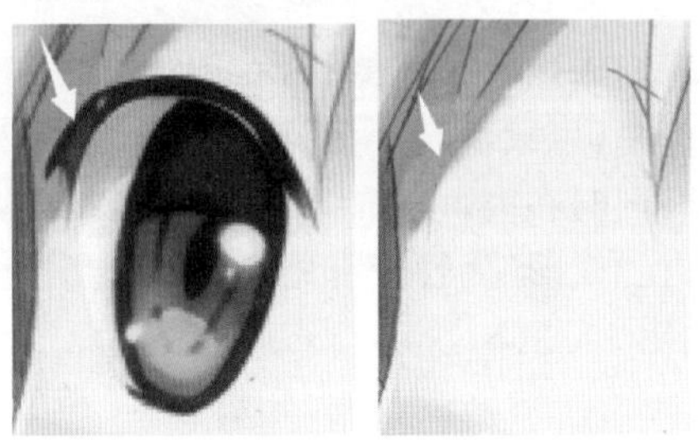

图 11.12

(5) 回到"合成"面板,如图 11.13(a)所示,将"当前时间指示器"移动到 0 秒处,选择"睫毛"层,解锁图层,在工具栏中选择"操控点工具",在睫毛上建立 3 个操控点,如图 11.13(b)所示,同时时间轴图层上会增加"操控"效果,在"当前时间指示器"所在的位置添加 3 个关键帧,如图 11.13(c)所示。

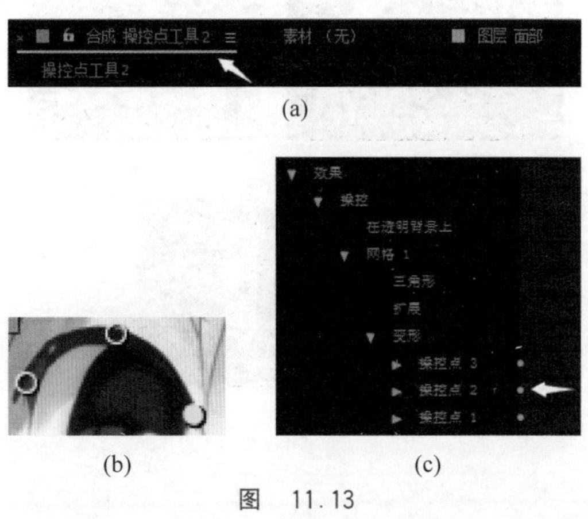

图 11.13

(6) 将"当前时间指示器"移动到 0 秒 7 帧处,移动 3 个操控点,将睫毛移动到如图 11.14 所示位置。移动后的睫毛需要适当变小,图中的两个睫毛是为了加强对比。将 0 秒的操控点关键帧复制到 14 帧处。

(7) 展开"眼球"层,在 0 秒处添加"蒙版

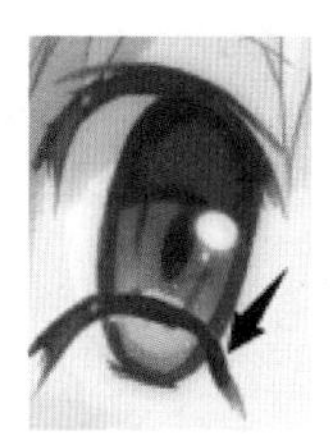

图 11.14

路径”关键帧，在 7 帧处单击“合成”面板中的眼球，使用“选取工具”将蒙版路径修改为如图 11.15(a)所示的样子，可以调整手柄使线条变得光滑。播放动画，发现在第 5 帧处出现如图 11.15(b)所示的情况，可在第 5 帧处修改蒙版路径，将残缺的部分补上，如图 11.15(c)和图 11.15(d)所示。将 0 秒时的“蒙版路径”关键帧复制到 14 帧处。

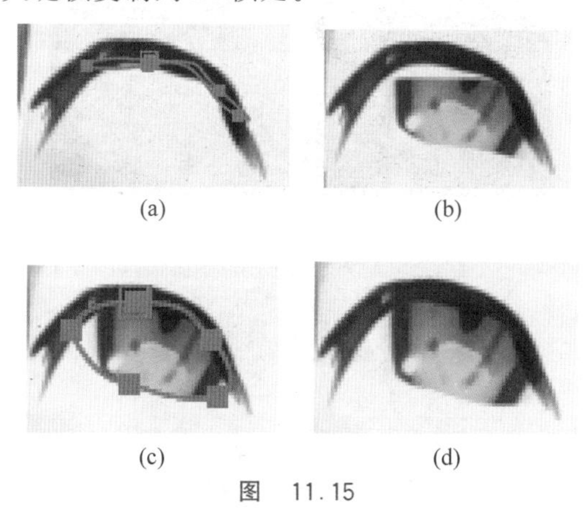

图 11.15

(8) 框选“时间轴”面板中的关键帧，按 F9 键添加缓动效果，使动画变得更加流畅，如图 11.16 所示。

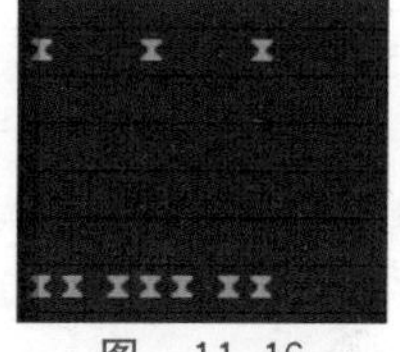

图 11.16

(9) 将“当前时间指示器”移动到 1 秒 24 帧处，分别选择“睫毛”层和“眼球”层，按 U 键展开所有关键帧，分别框选前面设置的所有的关键帧，按 Ctrl+C 键复制，按 Ctrl+V 键粘贴，做出多次眨眼的效果。

(10) 右眼眨眼的制作方式与左眼相同，第 10 帧的效果如图 11.17 所示。

图 11.17

11.2.3 操控叠加工具

视频讲解

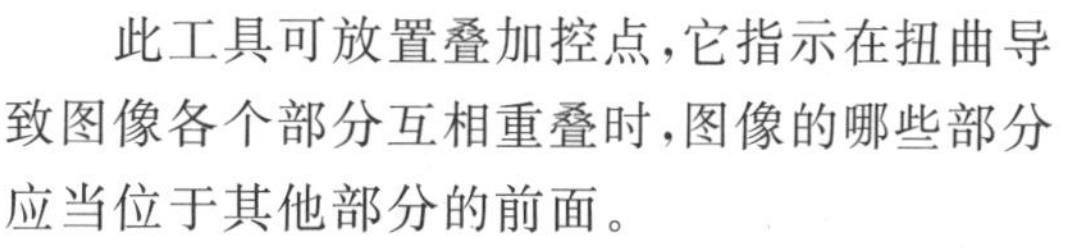

此工具可放置叠加控点，它指示在扭曲导致图像各个部分互相重叠时，图像的哪些部分应当位于其他部分的前面。

(1) 打开“操控叠加工具”合成，将“当前时间指示器”移动到 0 秒处，建立如图 11.18 所示的 5 个操控点。

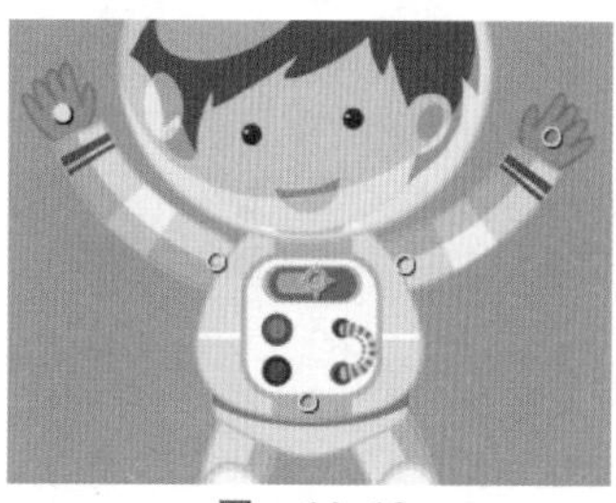

图 11.18

(2) 将时间移动到 15 帧处，将左手掌上的操控点移动到如图 11.19(a)所示位置，制作挥手的动作，此时可以看到手在头部后面，需要把它移至头部前面。在工具栏中选择“操控叠加工具”，在原手掌位置单击增加一个“重叠”点，在图层中增加了“重叠”属性，如图 11.19(b)～图 11.19(d)所示。

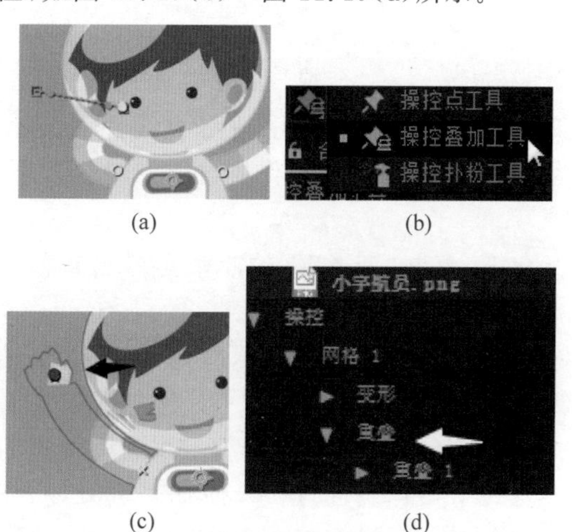

图 11.19

(3) 将"程度"设为50,在"合成"面板中可以看到重叠范围仅包括手掌部分,同时也只有手掌部分位于头部前面,如图 11.20(a)所示。将"程度"设为 400,重叠范围为整个胳膊,此时整个胳膊都位于头部前面,如图 11.20(b)和图 11.20(c)所示。

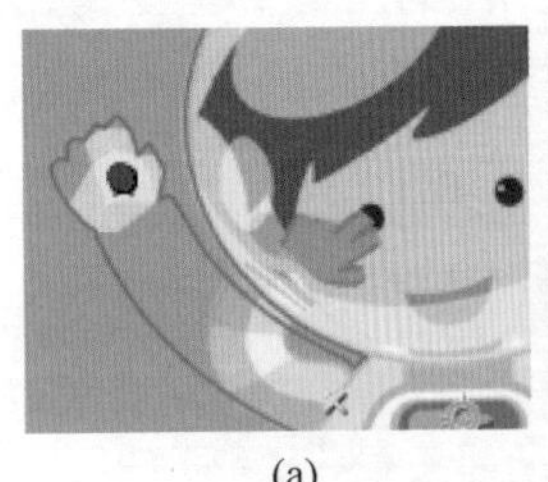

(a)

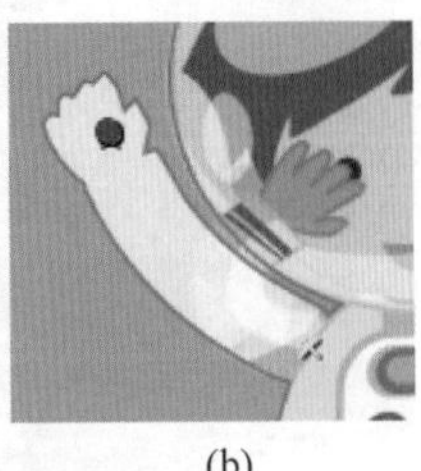

(b)

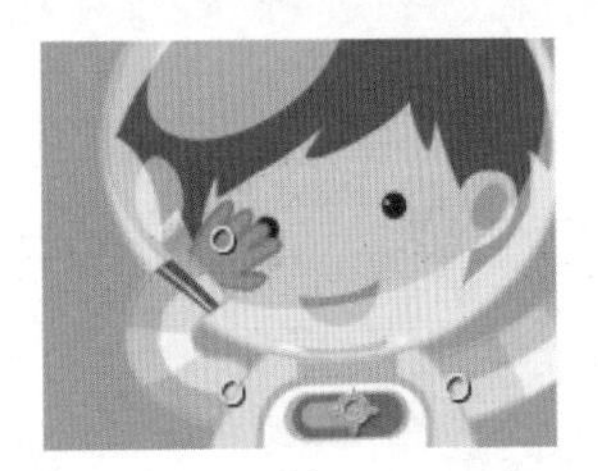

(c)

图 11.20

(4) 再使用"操控点工具"将手掌调整到合适位置,如图 11.21 所示。

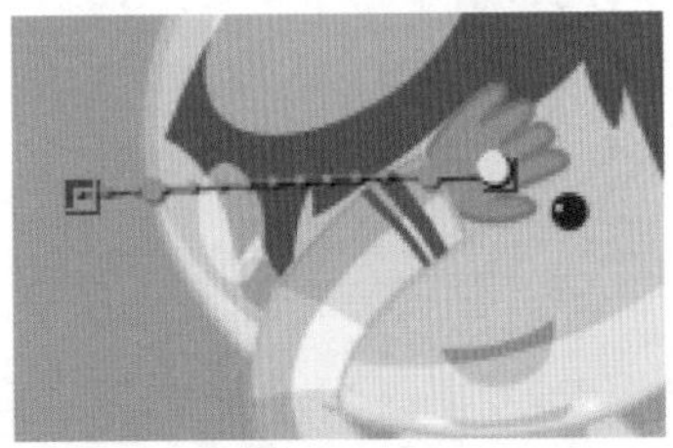

图 11.21

(5) 播放动画发现手随着直线路径移动,不自然。在"合成"面板中使用"选择工具"选择操控点,调整手柄将直线路径更改为抛物线,使挥手的动作更自然,如图 11.22 所示。

(6) 复制"变形"下的 5 个操控点 0 秒处的关键帧,将时间移至 1 秒 5 帧,按 Ctrl+V 键粘贴,在 1 秒 5 帧处再次修改路径为抛物线。

视频讲解

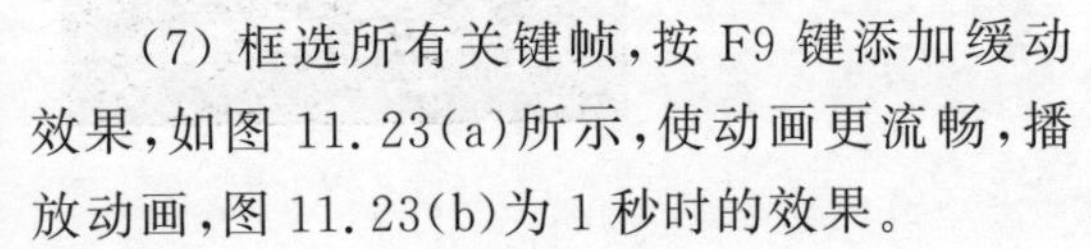

(7) 框选所有关键帧,按 F9 键添加缓动效果,如图 11.23(a)所示,使动画更流畅,播放动画,图 11.23(b)为 1 秒时的效果。

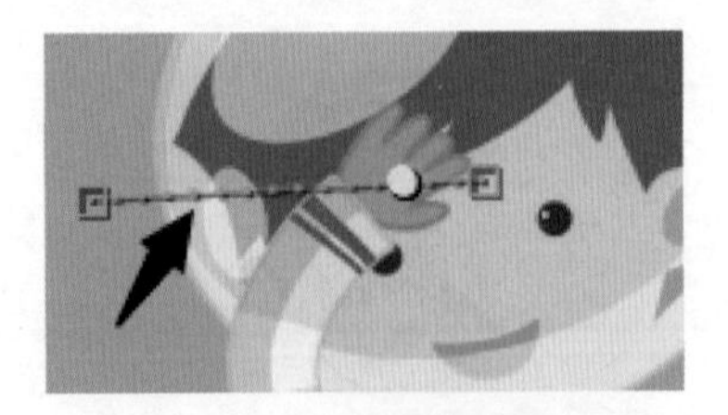

图 11.22

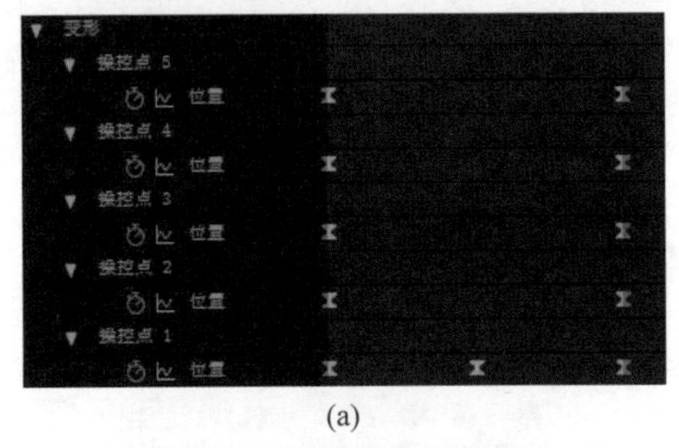

(a)

(b)

图 11.23

11.2.4 操控扑粉工具

移动操控点制作动画时周边的图像可能会受到影响,发生变形,对于有些部分不希望其发生扭曲,比如移动手掌以做出挥舞动作时,希望保持手臂的刚性,这时可以使用操控扑粉工具来指定范围,将扑粉控点应用于想要保持刚性的部分。

(1) 打开"操控扑粉工具"合成,将"当前时间指示器"移动到 0 秒处,建立如图 11.24 所示的 7 个操控点。

(2) 将"当前时间指示器"移动到 15 帧处,使用"移动工具"将右手臂上的 2 个操控点向下移动,如图 11.25(a)所示,制作出手放下

图　11.24

来的效果，可以看到移动操控点引起胳膊与身体连接部分的变形，如图 11.25(b)所示。在工具栏中选择"操控扑粉工具"，在图 11.25(c)所示位置单击增加一个扑粉点，此时图层中增加了"硬度"属性，将"扑粉 1"下的"程度"增大为 40，可以看到膊与身体连接部分恢复为原来的形状，如图 11.25(d)和图 11.25(e)所示，此后再对胳膊进行变形处理时此部分也不会变形。

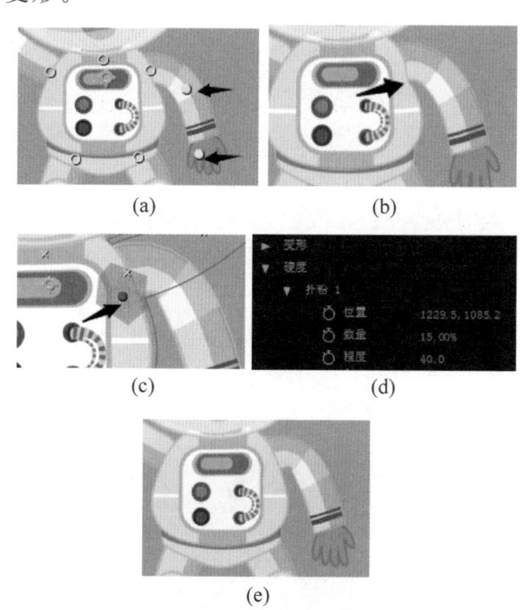

(a)　(b)　(c)　(d)　(e)

图　11.25

注意：因为每个人建立的操控点的位置和移动后位置的不同，所造成的变形也不相同，可根据实际情况调整合适的程度值。

11.2.5　录制动画

添加了操控点后可以修改每个操控点的"位置"属性，但这样处理速度很慢而且单调。如果创建的是一个更长的动画，为每个关键帧快速输入精确的数值任务量会很大，此时可以通过使用操控点工具绘制运动草图来记录动画，而不用手工对关键帧进行动画处理。在开始移动操控点时，After Effects 将开始录制移动过程。释放鼠标按钮时，将停止动画录制。移动操控点时，合成图像将随时间向前移动。而停止录制时，当前时间标识将返回录制的开始点，这样，就可以录制同一时间段内其他的操控点路径。

(1) 双击打开"录制动画"合成，展开"小宇航员"层的"效果"，单击"操控"属性，可以看到已添加了 8 个操控点。在开始记录运动之前，需要设置记录选项。在工具栏中选择"操控点工具"，单击右侧的"记录选项"，如图 11.26 所示。

图　11.26

速度：已记录的运动速度和播放速度的比率。如果速度是 100%，则以记录它时的速度回放；如果速度大于 100%，则运动的回放速度慢于其记录速度。

平滑：若将此值设置得较高，则可在绘制运动路径时移除其中额外的关键帧。创建更少的关键帧能使运动更平滑。

使用草图变形：在记录期间显示的扭曲轮廓不考虑扑粉控点。此选项可以改进复杂网格的性能。

(2) 将"当前时间指示器"移动到开始运动的时间即 0 秒处，单击选择左膝盖上的操控点，按住 Ctrl 键，发现指针箭头变成了小时钟，如图 11.27(a)所示，左右来回拖动控点，可以发现在拖动时，"当前时间指示器"自动往前走，记录运动；当释放鼠标按钮时，记录结束。此时"时间轴"面板中"操控点 4"层即左膝盖上的操控点层自动增加了 13 个关键帧，如图 11.27(c)所示，"合成"面板中的路径如图 11.27(b)所示。

视频讲解

(3) 单击选择左脚上的操控点，按住 Ctrl 键，向右来回拖动控点，路径如图 11.28 所示。右腿和右脚进行相同方式的操作。

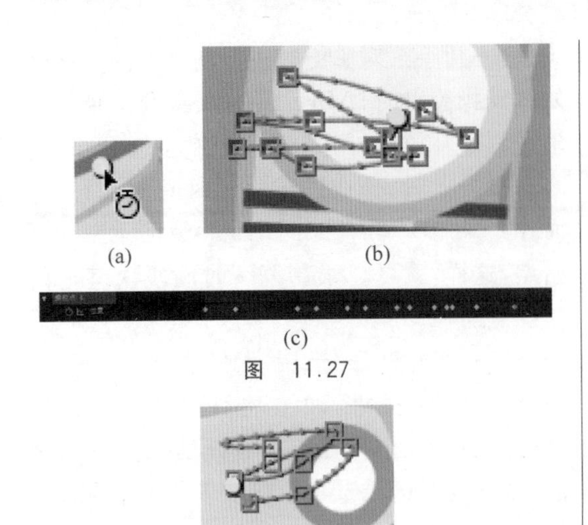

(a) (b)

(c)

图 11.27

图 11.28

(4) 播放动画,查看效果。在查看效果时可将“合成”面板下方的“分辨率/向下采样系数弹出式菜单”调整为“二分之一”,如图 11.29 所示,提高渲染的速度。

图 11.29

11.3 范例制作

11.3.1 制作原理

此范例使用“操控点工具”对宇航员、外星人、飞船设置操控点;使用“操控叠加工具”对宇航员的胳膊建立“重叠”点,使其位于身前;使用“操控扑粉工具”对宇航员的身体、头部和飞船的腿部进行刚性处理,使其在移动过程中不会变形;使用操控点工具绘制运动草图来记录动画来制作飞船走动和影子部分的动画;通过改变路径使图像运动更加流畅。

视频讲解

11.3.2 制作宇航员的蹲下和跳跃动作

(1) 打开“lesson11/范例/start”文件夹下的“11 范例 start(CC 2018). aep”,另存为“11 范例 demo(CC 2018). aep”,在“项目”面板中新建一个“合成名称”为“画面”、“宽度”为 1920px、“高度”为 1080px、“帧速率”为“25 帧/秒”、“持续时间”为 10 秒、“背景颜色”为浅灰色的合成。

(2) 将“素材”文件夹下的“小宇航员. png”拖动到“时间轴”面板,“缩放”值为 20%,将“合成”面板左下角的“放大率弹出式菜单”选择为 100%,如图 11.30 所示,使图像位于合成中央。

图 11.30

(3) 首先制作小宇航员蹲下跳起的动作,需要对胳膊和腿部进行变形处理,在 0 秒处使用“操控点工具”在胳膊和身体的连接处、手掌、膝盖、脚、头部建立如图 11.31 所示的 11 个操控点。

图 11.31

(4) 此时是跳起的动作,现在需要在 15 帧处做双手放下、双腿下蹲的动作。在移动操控点时难免会造成身体其他部位的变形,在这个范例中做蹲下的动作可能会造成头部和身体的变形,先使用“操控扑粉工具”在头部和身体部分建立两个扑粉点,如图 11.32 所示,在图层里的“硬度”属性下将“扑粉 1”下的“程度”值增大为 366,“扑粉 2”下的“程度”值增大为 256。

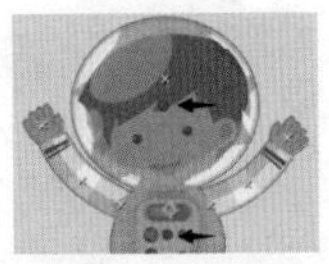

图 11.32

(5) 将时间移动到 15 帧处,选择“操控点工具”,在“合成”面板中框选上半部分的 7 个操控点或者在“时间轴”面板的“变形”属性下选择这 7 个操控点,如图 11.33(a)所示,向下移动,移动距离如图 11.33(b)所示。

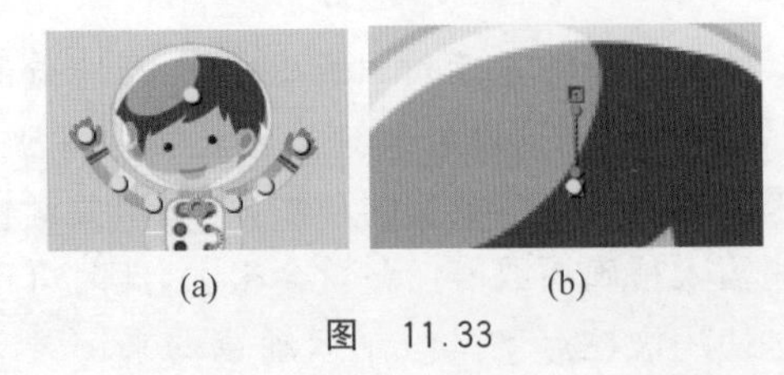

(a) (b)

图 11.33

(6) 接下来双手下放，在 15 帧处将左胳膊上的操控点移动到如图 11.34(a)所示的位置，移动“当前时间指示器”发现手是沿着图 11.34(b)所示的直线下放，动作过于僵硬，修改手掌和胳膊上两个操控点的运动路径，如图 11.34(c)和图 11.34(d)所示。右胳膊的操作方式与左胳膊相同，注意两边的对称性。

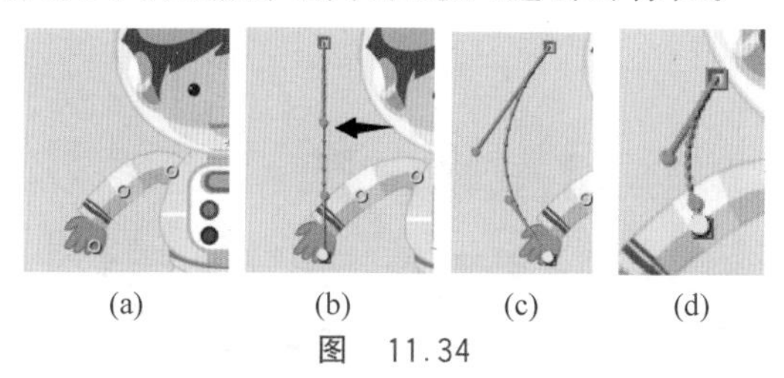

(a)　(b)　(c)　(d)

图　11.34

(7) 接下制作双腿下蹲的动作。此时双腿是变形的，如图 11.53 所示，将这 4 个操控点移动到图 11.35 所示位置。

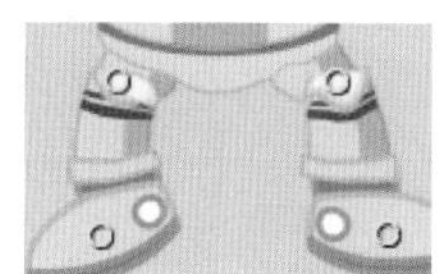
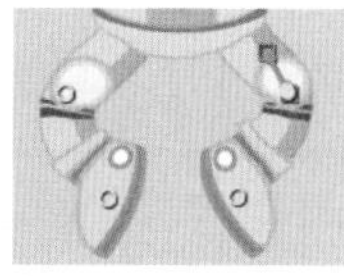

图　11.35

(8) 选择“小宇航员.png”层，在英文状态下按 U 键展开所有关键帧，按“～”键(Esc 键下方)将“时间轴”面板最大化，框选 0 秒处的 11 个关键帧，将之复制粘贴到 1 秒 12 帧处，现在仍然需要对两边胳膊的运动路径进行修改，如图 11.36 所示，使路径重合。小宇航员双手放下和双腿蹲下的动作已完成。

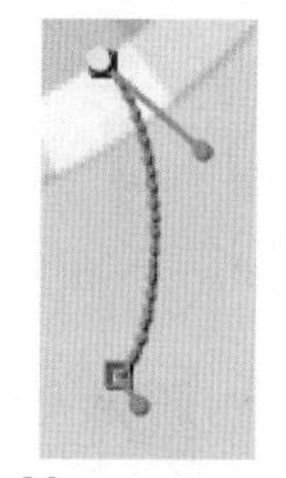

图　11.36

(9) 重复这个动作。选择“小宇航员.png”层，在 1 秒 12 帧处按 Alt+“]”键剪切出点，按 Ctrl+D 键创建 6 个副本，全选这 7 个图层，在菜单栏中选择“动画”→“关键帧辅助”→“序列图层”，单击“确定”按钮，“时间轴”面板中图层依次分布。全选状态下右击选择“预合成”选项，新合成名称为“小宇航员”。“项目”面板中添加了一个“小宇航员”合成。

(10) 隐藏“小宇航员”合成，将“大宇航员.png”拖动到“时间轴”面板，“缩放”值为 30%。同样，为大宇航员制作手在身体前面和蹲下的动作。在 0 秒处使用“操控点工具”在图 11.37 所示位置 10 个操控点。

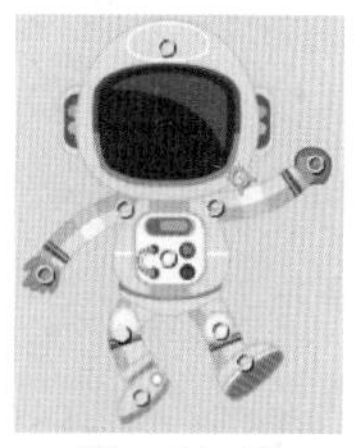

图　11.37

(11) 为避免移动操控点时胳膊在身后，使用“操控叠加工具”在左右胳膊上分别添加一个“重叠”点，如图 11.38(a)所示，“程度”均为 200。将时间移动到 15 帧处，将左右手掌上的操控点移动到图 11.38(b)所示位置，并修改左手和右手的运动路径，如图 11.38(c)和图 11.38(d)所示。

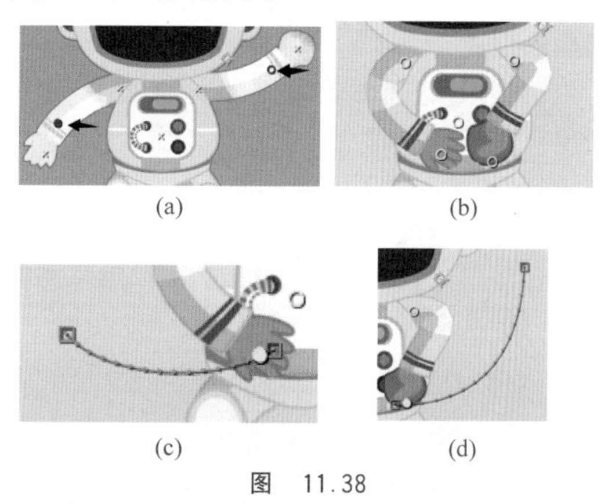

(a)　(b)

(c)　(d)

图　11.38

(12) 接下来制作上半身向下移动和双腿下蹲的效果，为避免身体变形，在图 11.39 所示位置建立一个“扑粉”点，在“硬度”下将“程度”值设为 200。

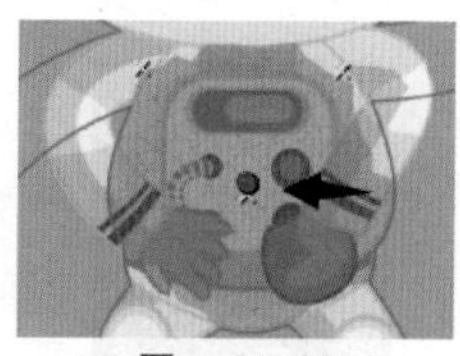

图　11.39

(13) 选择 6 个操控点，向下移动，移动距离如图 11.40 所示。

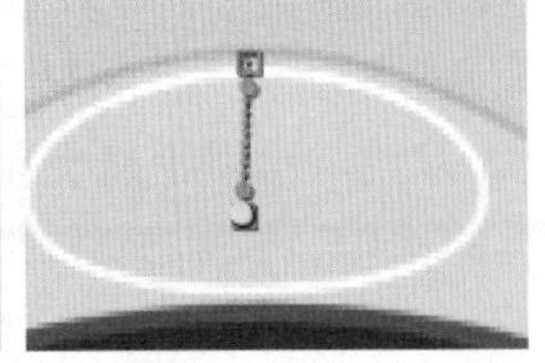

图　11.40

(14) 接下制作双腿下蹲的动作。此时双腿是变形的,将这 4 个操控点移动到图 11.41 所示位置。

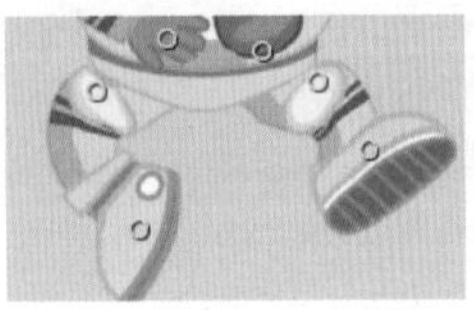
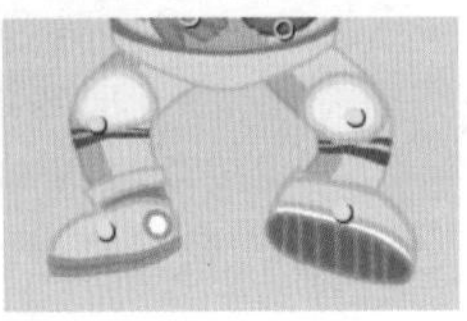

图　11.41

(15) 选择“大宇航员.png”层,按 U 键展开所有关键帧,将“时间轴”面板最大化,框选 0 秒处的 10 个关键帧,将之复制粘贴到 1 秒 12 帧处,对两边胳膊的运动路径进行修改,使路径重合。大宇航员手在身体前面和蹲下的动作已完成。

(16) 重复这个动作。在 1 秒 12 帧处剪切出点,创建 6 个副本,全选这 7 层,在菜单栏中选择“动画”→“关键帧辅助”→“序列图层”,在弹出的对话框中单击“确定”按钮,“时间轴”面板中图层依次分布。全选状态下右击选择“预合成”选项,新合成名称为“大宇航员”。

视频讲解

11.3.3　制作飞船走动的动画

(1) 隐藏“小宇航员”和“大宇航员”这两个合成,在“项目”面板中将“外星人图层”文件夹下的 6 个 psd 文件拖动到“时间轴”面板最下层。将“外星人/外星.psd”图层移动到“玻璃罩/外星.psd”图层下方,将“前腿/外星.psd”移动到“船身/外星.psd”上方,如图 11.42 所示。

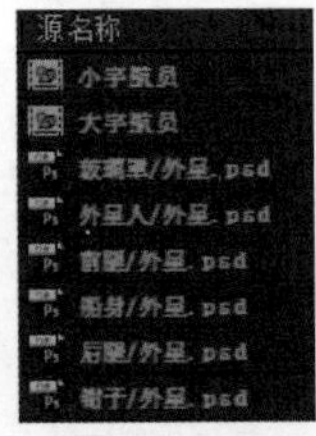

图　11.42

(2) 首先对外星人的两只胳膊录制动画。将“当前时间指示器”移动到 0 秒处,选择“外星人/外星.psd”层,使用“操控点工具”在外星人的左右胳膊处建立如图 11.43(a)所示的 4 个操控点,同时选择左右手掌上的操控点,按住 Ctrl 键,上下拖动这两个操控点直到第 10 秒。左手部分的路径如图 11.43(b)所示。

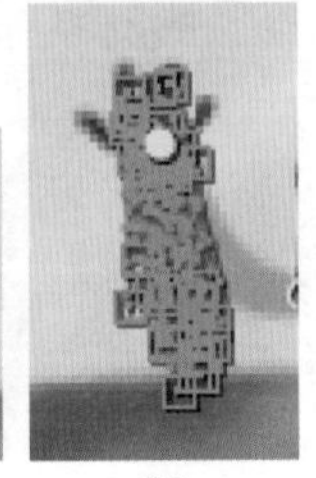

(a)　　(b)

图　11.43

(3) 制作飞船行走动画。在“时间轴”面板中选择“前腿/外星.psd”层,使用“操控点工具”在如图 11.44(a)所示位置建立 6 个操控点。同时选择左边下方两个操控点,向左移动到如图 11.44(b)所示位置,发现腿的部分发生了变形,在上半部分和下半部分分别创建一个“扑粉”点,将“程度”值分别调为 60 和 180,如图 11.44(c)和图 11.44(d)所示。

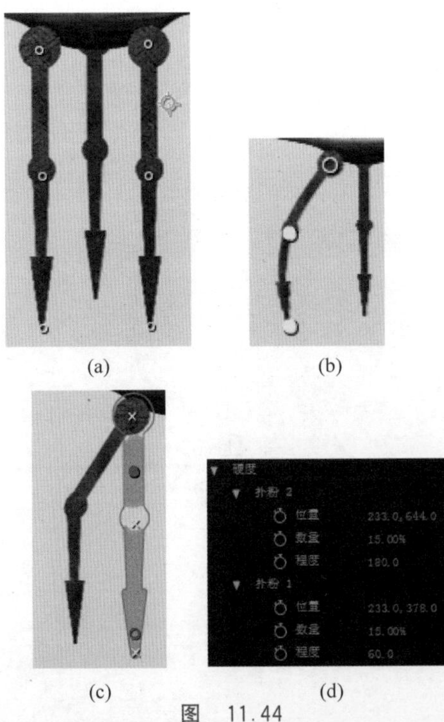

图　11.44

(4)“前腿/外星.psd”层的另外一条腿和“后腿/外星.psd”层的后腿调整为如图 11.45 所示样子。

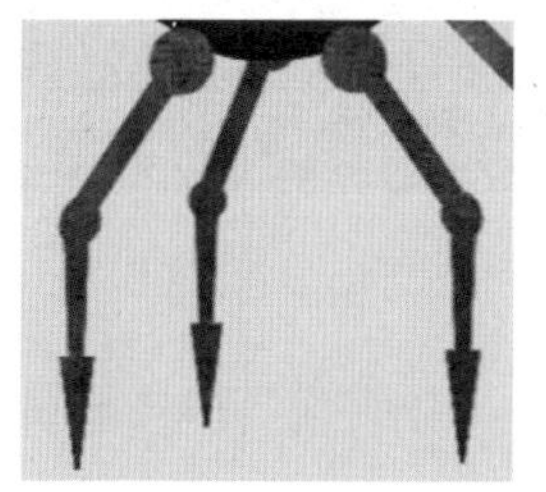

图 11.45

(5) 制作飞船腿部的行走动画。对飞船的 3 条腿分别使用操控点工具绘制运动草图来记录动画。在“前腿/外星.psd”层同时选择左边下方两个操控点，按住 Ctrl 键左右小幅度地画圈，运动路径如图 11.46 所示。将时间移动到 0 秒处，剩下的两个也做相同操作。

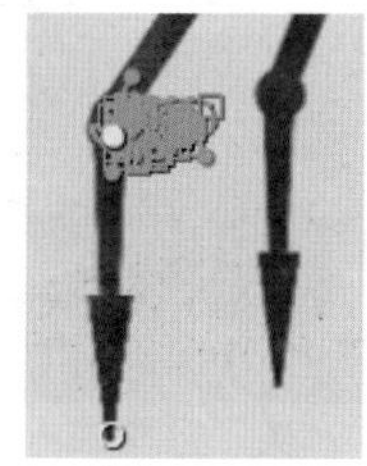

图 11.46

(6) 有些地方在刚开始的 1 秒没有捕捉到关键帧，此时可以继续按住 Ctrl 键左右拖动进行补充，如图 11.47 所示。

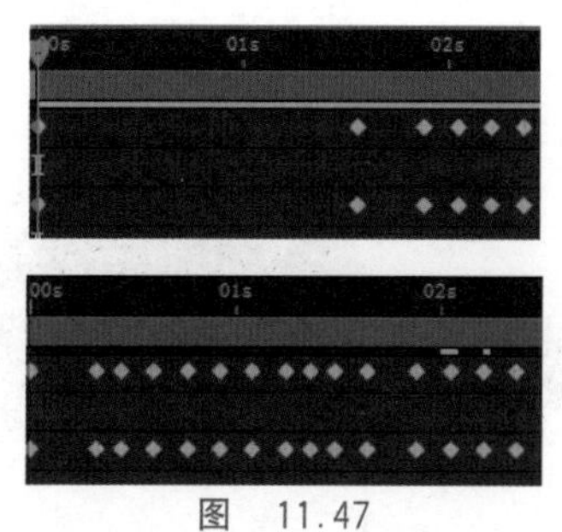

图 11.47

(7) 接下来制作钳子的伸缩抓取。选择“钳子/外星.psd”层，使用“操控点工具”在图 11.48 所示位置建立 4 个操控点。

(8) 取消“大宇航员”合成的隐藏，将其移动到飞船右侧，同时选择钳子上的 3 个操控点，如图 11.49(a)所示。按 Ctrl 键进行拖动，路径如图 11.49(b)所示，在整数秒即 1、2、3 秒时钳子的长度最长，接近宇航员，2 秒、3 秒、4 秒时的效果如图 11.49(c)～图 11.49(e)所示。

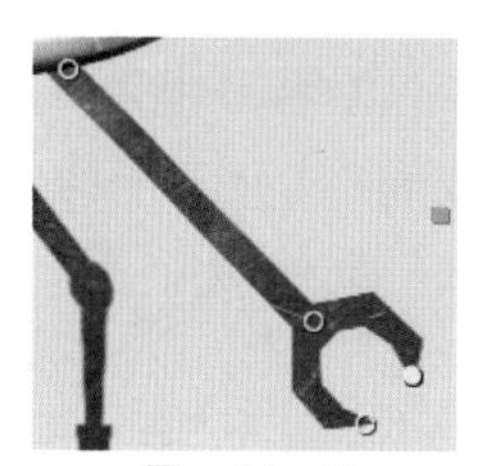

图 11.48

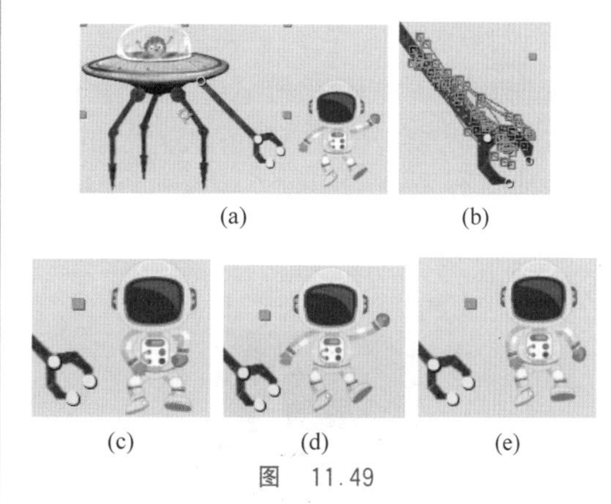

(a)　(b)

(c)　(d)　(e)

图 11.49

(9) 在钳子的长度最长的时候使钳子闭合。在录制动画时是在整数秒时钳子的长度最长，但是连续拖动的，有一定的误差。拖动“当前时间指示器”查找钳子的长度最长的时候，比如此处 1 秒 22 帧处钳子的长度最长。使钳子闭合为如图 11.50 所示的样子。

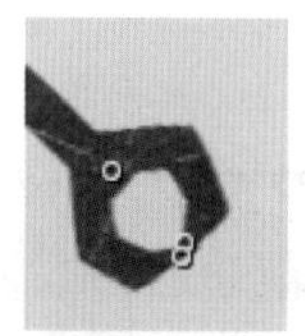

图 11.50

(10) 在“时间轴”面板中选择下面的 6 层，创建名为“外星”的预合成。“时间轴”面板中的图层如图 11.51(a)所示。将“外星”合成层的“锚点”移动到图 11.51(b)所示位置。

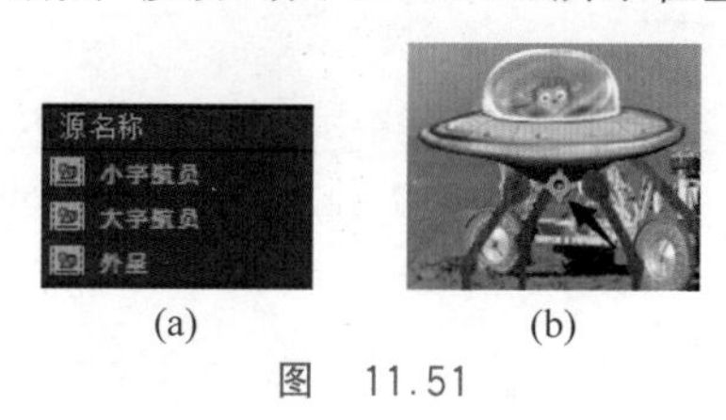

(a)　(b)

图 11.51

视频讲解

11.3.4 为宇航员和飞船设置运动路径

(1) 将“素材”文件夹下的“月球.jpg”拖动到“时间轴”面板最下层,“缩放”值设为80%。

(2) 取消“小宇航员”合成的隐藏,设置的“位置”关键帧,展开“位置”属性,0秒、2秒、4秒、6秒、8秒、10秒的“位置”值分别为(－230,750)、(428,750)、(920,750)、(1420,750)、(1876,750)、(2340,750)。

(3) 在“时间轴”面板中选择“大宇航员”合成,使用“锚点工具”将大宇航员的“锚点”放置到图11.52所示位置。框选并复制“小宇航员”下的6个“位置”关键帧,选择“大宇航员”合成层,展开“位置”属性,将时间移动到1秒11帧处进行粘贴。

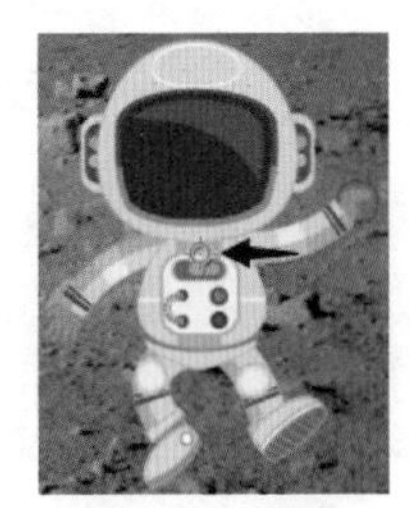
图 11.52

(4) 为使宇航员们的运动具有跳跃感,需要对运动路径进行调整。选择“小宇航员”合成层,1秒时在“合成”面板中使用选取工具将小宇航员向上移动,3秒、5秒、7秒、9秒时均向上移动,最终的路径如图11.53所示。

图 11.53

(5) 选择“大宇航员”合成层,展开“位置”属性,在两个关键帧的中间位置使用选取工具将小宇航员向上移动,最终的路径如图11.54(a)所示。时间轴面板中的关键帧分布情况如图11.54(b)所示。

(6) 设置“外星”合成层的“位置”关键帧,1秒、3秒、5秒、7秒、9秒、10秒的“位置”值分别为(－680,600)、(－380,600)、(230,600)、(770,600)、(1160,600)、(1420,600)。

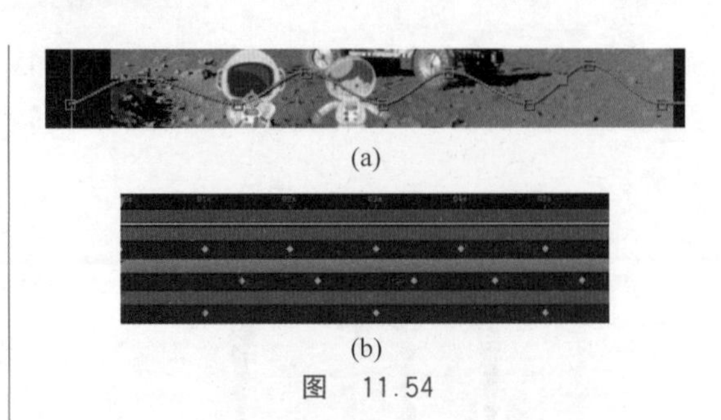
(a)

(b)

图 11.54

11.3.5 为宇航员和飞船制作影子

(1) 将时间移动到0秒处,单击“时间轴”面板的空白处,取消对所有图层的选择。在工具栏中选择“椭圆工具”,画出一个“大小”为(190,60)、“填充颜色”为黑色、无描边的椭圆,如图11.55所示,“时间轴”面板中新建了一个名为“形状图层1”的图层。

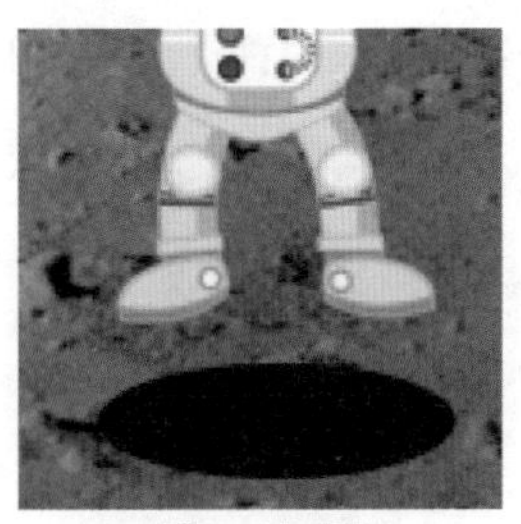
图 11.55

(2) 在0秒处使用“操控点工具”在椭圆两边建立两个操控点,如图11.56(a)所示。小宇航员在单数秒跳起,影子的面积小,在双数秒落地,影子大,所以选择右边的操控点,按Ctrl键左右拖动,1秒时向左,2秒时向右,运动路径如图11.56(b)所示。

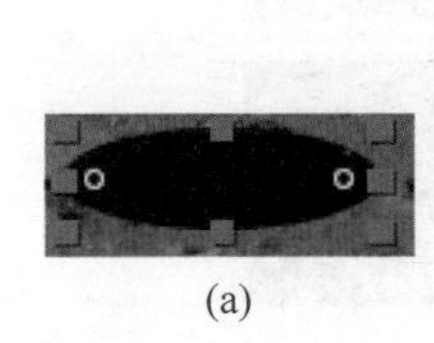
(a)

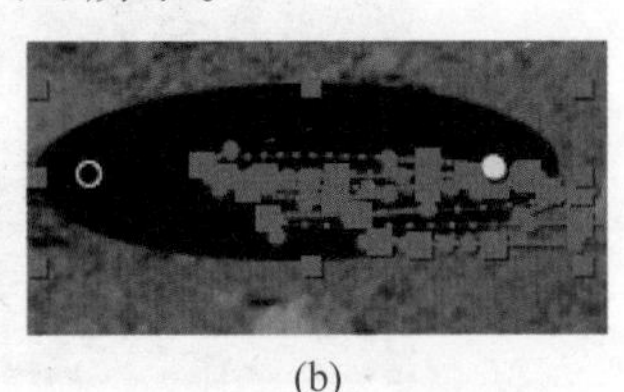
(b)

图 11.56

(3) 将影子向上移动一下发现出现了缺失,如图11.57(a)所示。按Ctrl＋Z键撤销,在“时间轴”面板中选择“形状图层1”,将其变为名称为“影子1”的预合成,将“不透明度”设为70%,将“锚点”移动到图11.57(b)和图11.57(c)所示位置。

(4) 在“效果和预设”面板搜索“高斯模

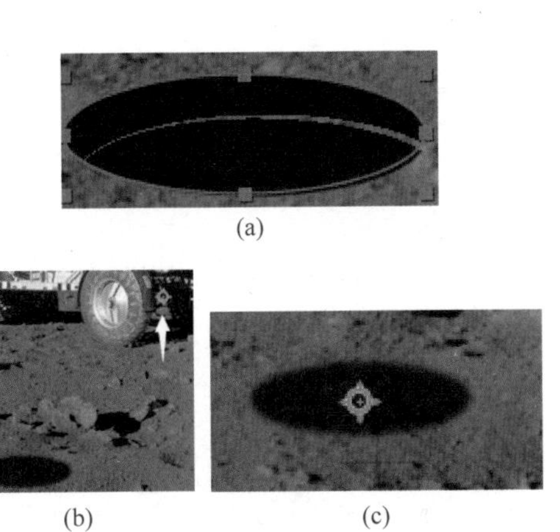

(a)

(b)　　(c)

图　11.57

糊”效果，将“模糊和锐化”下的“高斯模糊”运用到影子上，在“效果控件”面板中将“模糊度”设置为10，如图11.58所示。

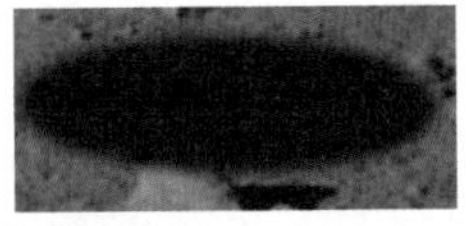

图　11.58

（5）设置影子的位置，将影子的位置值的Y坐标设为970，即垂直位置固定为970，X坐标所代表的位置要始终在小宇航员的正下方，将鼠标指针放在位置数值处，当变成图11.59(a)所示的手的时候进行拖动，添加“位置”关键帧，使影子位于小宇航员的正下方。将“影子1”合成层移动到“小宇航员”合成层的下方。4秒15帧的效果如图11.59(b)所示。

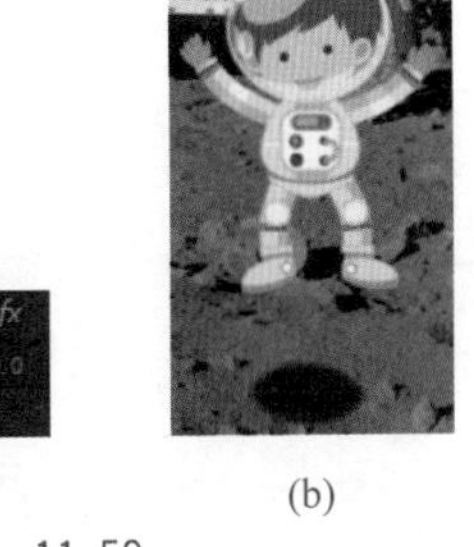

(a)　　(b)

图　11.59

（6）现在制作大宇航员的影子。在“时间轴”面板中选择“影子1”合成，创建1个副本，将副本重命名为“影子2”，将“影子2”合成层移动到“大宇航员”合成层下方，将图层移动到1秒11帧处，如图11.60所示。

（7）将“影子2”合成层“缩放”值设为130%，将影子变大。播放动画时发现影子有

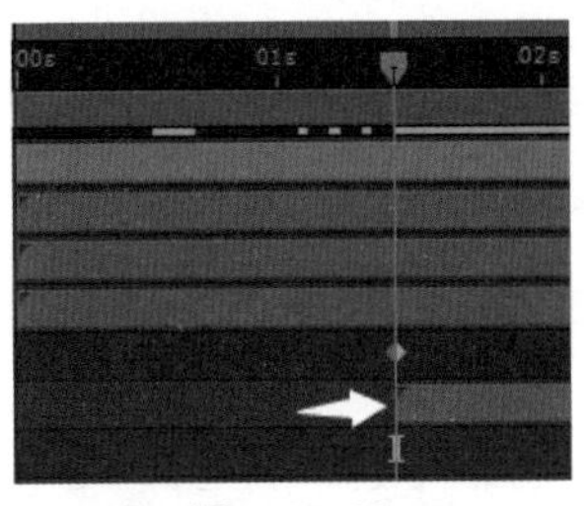

图　11.60

视频讲解

时候不在大宇航员的正下方，如图11.61(a)所示，继续添加“位置”关键帧调整“影子2”的位置。如图11.61(b)所示，在前5秒添加了多个关键帧，使影子位于大宇航员的正下方。

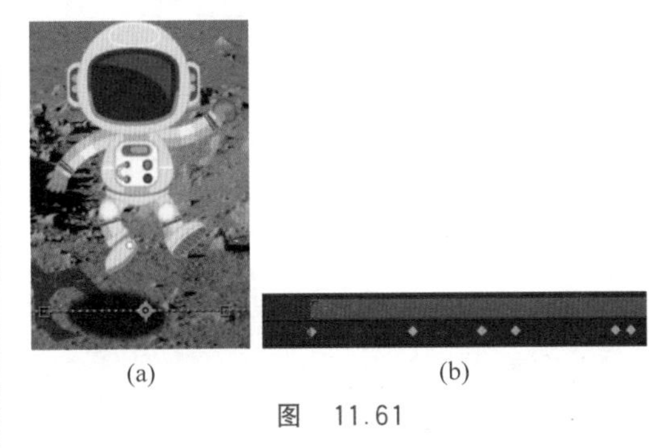

(a)　　(b)

图　11.61

（8）现在制作飞船的影子。将时间移动到0秒处，使用“椭圆工具”画出一个“大小”为(490,140)、“填充颜色”为黑色、无描边的椭圆。将椭圆创建为名称为“影子3”的预合成，将其移动到“外星”合成层的下方，加入“模糊度”为10的高斯模糊效果，“不透明度”设为70%。将“锚点”放置到椭圆中央。

（9）使用“操控点工具”在“影子3”合成层创建如图11.62(a)所示的3个操控点，选择中间的操控点，将“当前时间指示器”移动到0秒处，按Ctrl键小范围地画圈，运动路径如图11.62(b)所示。

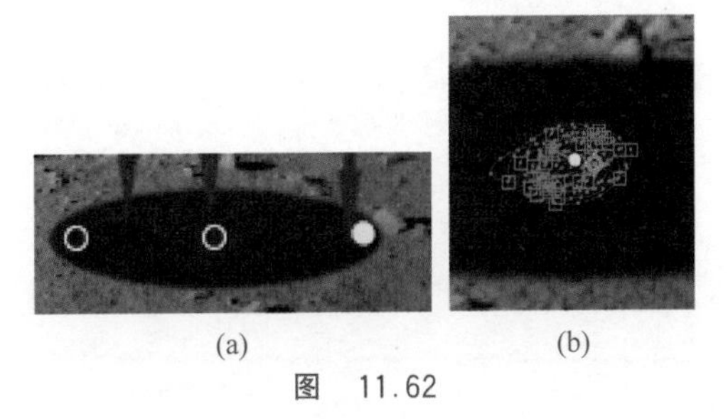

(a)　　(b)

图　11.62

（10）将“位置”值设为(－760,930)，将“父级”设为“5.外星”，“影子3”跟随“外星”一

起移动。6 秒时的效果如图 11.63 所示。

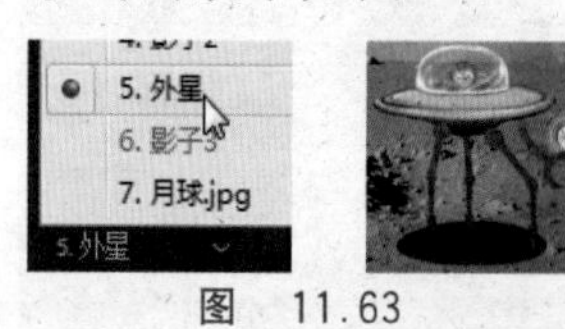

图 11.63

作业

一、模拟练习

打开"lesson11/模拟/complete/11 模拟 complete(CC 2018). aep"进行浏览播放，根据上述知识点，参考完成案例，做出模拟场景。课件资料已完整提供，获取方式见本书前言。

要求 1：创建操控点并使图像的某些部分变形。

要求 2：使用操控叠加工具避免重叠。

要求 3：使用操控扑粉工具保持身体的刚性。

二、自主创意

自主创造出一个场景，应用本章所学知识，熟练使用操控工具制作变形动画，创作作品。

三、理论题

1. 操控点工具和操控叠加工具有什么区别？

2. 操控扑粉工具适用于什么情况？

3. 怎样使动画更流畅？

4. 请描述两种对手柄位置进行动画处理的方法。

第12章 镜头的跟踪与稳定

微课视频 52分钟(4个)

本章学习内容：

(1) 跟踪摄像机；

(2) 跟踪运动；

(3) 变形稳定器；

(4) 稳定运动。

完成本章的学习需要大约3小时，相关资源获取方式见本书前言。

知识点

3D摄像机跟踪器　跟踪点选取　变形稳定器应用稳定设置　搜索区域　特征区域　附加点　单点跟踪　两点跟踪　四点跟踪或边角定位跟踪　多点跟踪　蒙版跟踪　稳定跟踪

本章案例介绍

范例：

本章范例是一个在手指上释放闪电效果的视频，通过这个范例进一步了解和掌握跟踪效果的使用方法，如图12.1所示。

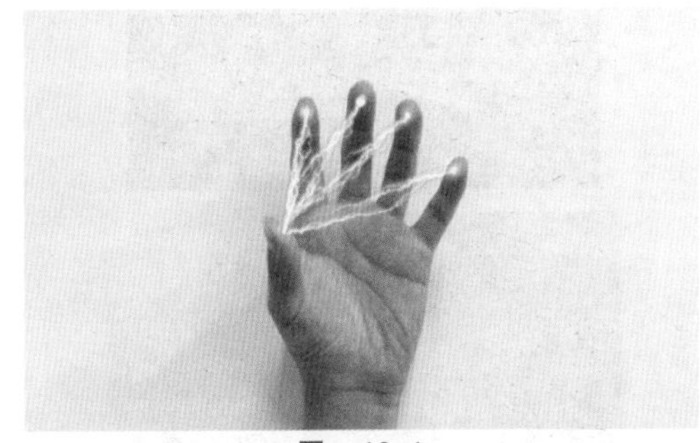

图　12.1

模拟案例：

本章模拟案例是关于彩色眼睛动物的视频效果，通过跟踪运动，将蓝色的光点跟踪于两只眼睛上，如图12.2所示。

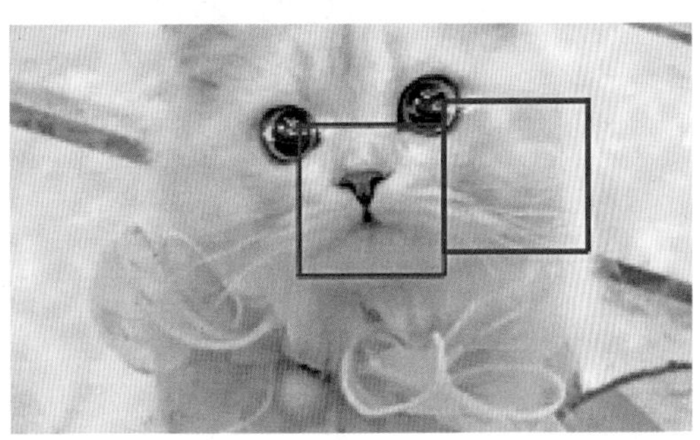

图　12.2

12.1　预览范例视频

(1) 右击“lesson12/范例/complete”文件夹的“12范例complete(CC 2018).mov”，播放视频。

(2) 关闭播放器。

(3) 也可以用After Effects打开源文件进行预览，在After Effects菜单栏中选择“文件”→“打开项目”命令，再选择“lesson12/范例/complete”文件夹的“12范例complete(CC 2018).aep”，单击“预览”面板的“播放/停止”按钮，预览视频。

12.2　跟踪摄像机

视频讲解

“跟踪摄像机”又名“3D摄像机跟踪器”，该效果通过对视频序列进行分析以提取摄像机运动和3D场景数据。同时也可以基于2D素材正确合成3D元素。3D摄像机跟踪器效果使用后台进程执行分析。在分析正在进行时，可以自由调整设置或者操作的项目的其他部件。

12.2.1　跟踪摄像机概述

选择跟踪点。单击某个跟踪点，可以在

3个相邻的跟踪点之间单击，同时选中3个相邻的跟踪点；也可以围绕多个点绘制一个选取框，选中选取框内的点；还可以在按住Shift键的同时单击跟踪点或者围绕跟踪点绘制一个选取框来将多个跟踪点添加到当前选区。

要取消选择跟踪点，可以在按住Alt键的同时单击所选择的跟踪点，也可以远离跟踪点单击。

要删除不需要的跟踪点，可以选择跟踪点，按Delete键或者从上下文菜单中选择删除选定的点。在删除不需要的跟踪点后，摄像机将重新解析，当重新解析在后台执行时，可以删除额外的点，删除3D点还将删除对应的2D点。

“3D摄像机跟踪器”有许多跟踪设置属性，下面介绍重要的几项。

分析/取消：开始或停止素材的后台分析。在分析期间，状态显示为素材上的一个横幅并且位于“取消”按钮旁。

拍摄类型：指定是以固定的水平视角、可变缩放还是以特定的水平视角来捕捉素材，更改此设置需要解析。

水平视角：指定解析器使用的水平视角。仅当拍摄类型设置为指定视角时才启用。

显示轨迹点：将检测到的特性显示为带透视提示的3D点(已解析的3D点)或由特性跟踪捕捉的2D点(2D源)。

渲染跟踪点：控制跟踪点是否渲染为效果的一部分。

跟踪点大小：更改跟踪点的显示大小。

创建摄像机：创建3D摄像机。在通过上下文菜单创建文本、纯色或空图层时，会自动添加一个摄像机。

12.2.2 跟踪摄像机应用

(1) 右击打开“lesson12/范例/start”文件夹中的“12知识点start(CC 2018).aep”，并另存为“12知识点demo(CC 2018).aep”。在“项目”面板中双击打开“合成”文件夹下的“跟踪摄像机”合成。

(2) 为视频添加“3D摄像机跟踪器”效果，可以选择菜单栏中的“窗口”→“跟踪器”命令，显示出“跟踪器”面板，选中视频素材，单击“跟踪器”面板中的“跟踪摄像机”按钮，也可以选中视频素材，单击选择菜单栏中的“效果”→“透视”→“3D摄像机跟踪器”效果，如图12.3所示。

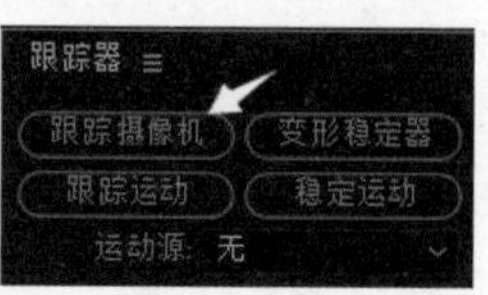

图 12.3

(3) 添加“3D摄像机跟踪器”效果后，会在合成视图中显示“在后台分析”，分析结束后会出现“解析摄像机”，二者用来分析提取摄像机的运动和3D场景数据，同时在“效果控件”面板中会显示分析所需时间和进度，分析运算完成后，在视频素材中将会创建许多个跟踪点，如图12.4所示。

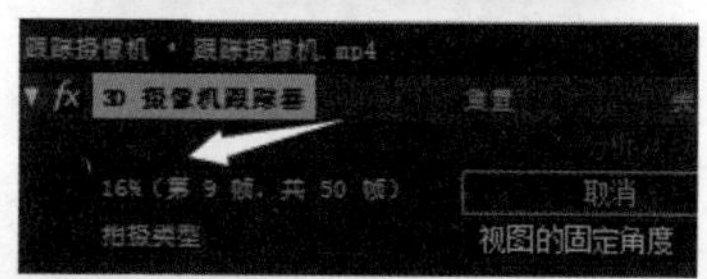

图 12.4

(4) 在“3D摄像机跟踪器”效果被选中的情况下拖动当前时间指示器，观察视图中的跟踪点，会发现跟踪点数量不稳定，出现部分跟踪点的显现和消失，也会出现部分跟踪点不断移动的现象，这样的跟踪点称为不稳定的跟踪点。

(5) 按 Ctrl 键选取 3 个相邻的稳定的跟踪点(可自由选取)，在右键快捷菜单中选择"创建实底和摄像机"，如图 12.5 所示。

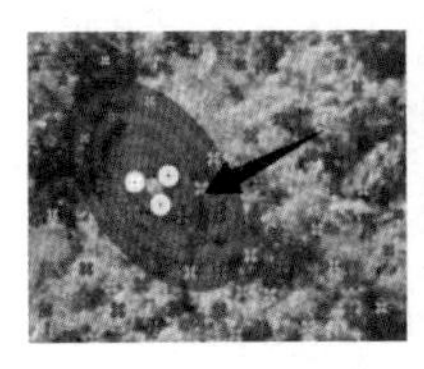

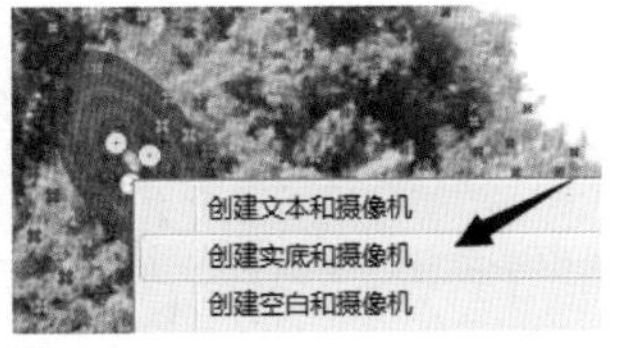

图　12.5

(6) 单击"创建实底和摄像机"后，将会在"时间轴"面板中创建一个契合当前视频的"3D 跟踪摄像机"和"跟踪实体 1"图层，在"3D 跟踪摄像机"图层中，"位置"和"方向"属性上存在一系列关键帧，这些关键帧用于调整镜头方向和位置，而"跟踪实体 1"图层会与跟踪点所确定的圆形平面平行，并且随跟踪点移动，如图 12.6 所示。

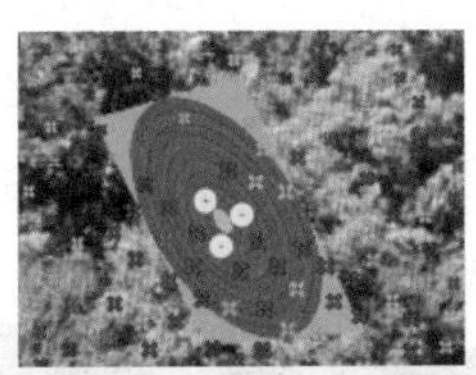

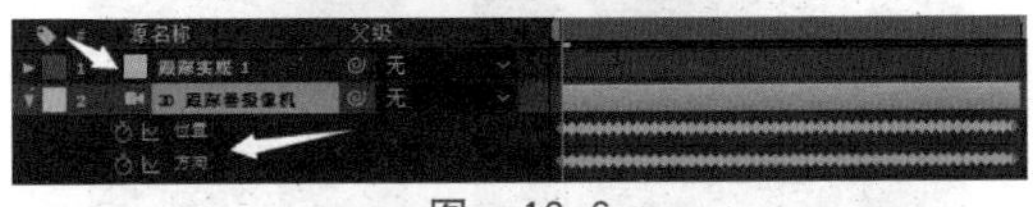

图　12.6

(7) 选中"跟踪实体 1"图层，按 Ctrl＋Shift＋C 键对其进行预合成，将其命名为"预合成 1"，选择"保留'跟踪摄像机'中的所有属性"，单击"确定"按钮。

(8) 进入预合成内部，选择菜单栏中的"合成"→ "合成设置"选项，将宽度更改为 1920px。

(9) 在"项目"面板中，将素材"弹窗. mov"拖动到预合成中，并将"跟踪实体 1"图层删除。

(10) 返回"跟踪摄像机"合成中，将"缩放值"设置为 280%，观察弹窗在合成视图中的位置，调整方向值到如图 12.7 所示的位置。

图　12.7

视频讲解

12.3　变形稳定器

在对视频素材进行处理时，常常因为拍摄时镜头不稳定等原因导致视频画面出现抖动现象，在这时就需要使用变形稳定器效果。它可消除因摄像机移动造成的抖动，从而可将摇晃的手持素材转变为稳定、流畅的拍摄内容。

12.3.1　变形稳定器概述

如果需要完全移除所有摄像机运动，选择"稳定"→"结果"→"无运动"。如果想在镜头中包括一些最初的摄像机运动，则选择"稳定"→"结果"→"平滑运动"。

在稳定效果应用后，如果素材变形或扭曲程度太大，可将"方法"切换为"位置、缩放和旋转"。如果偶尔出现褶皱扭曲，并且素材是使用果冻效应摄像头拍摄的，可将"高级"→"果冻效应波纹"设置为"增强减小"。

如果结果剪裁得太多，则减少"平滑度"或者"更少的裁切<－>更多平滑"。

"变形稳定器 VFX"有许多稳定设置属性，下面介绍重要的几项。

分析：在首次应用变形稳定器时无须按下该按钮，会自动按下该按钮。

取消：取消正在进行的分析。在分析期间，状态信息将显示在"取消"按钮旁边。

结果：控制素材的预期结果("平滑运动"或"无运动")。

平滑运动(默认设置)：保留原始的摄像机移动使其更平滑。当选中时，将启用"平滑度"来控制摄像机移动将变得有多平滑。

无运动：尝试从拍摄中消除所有摄像机

运动。

平滑度：选择对摄像机最初运动的稳定程度。较低的值将更接近于摄像机的原始运动，而较高的值将更加平滑。高于 100 的值需要对图像进行更多裁切。当“结果”设置为“平滑运动”时启用。

方法：指定变形稳定器对素材执行的最复杂的稳定操作。

位置：跟踪仅基于位置数据，这是可以用来稳定素材的最基本方法。

- **位置、缩放及旋转**：稳定基于位置、缩放和旋转数据。如果没有足够的区域进行跟踪，则“稳定变形器”将选择前一个类型(位置)。
- **透视**：使用可以有效地对整个帧进行边角定位的一种稳定类型。如果没有足够的区域进行跟踪，则“稳定变形器”将选择前一个类型(位置、缩放、旋转)。
- **子空间变形(默认设置)**：尝试以不同的方式稳定帧的各个部分来稳定整个帧。如果没有足够的区域进行跟踪，则“稳定变形器”将选择前一个类型(透视)。
- **保持缩放**：启用后，阻止变形稳定器尝试通过缩放调整来调整向前和向后的摄像机运动。

取景：控制如何在稳定的结果中显示边缘。“取景”可以设置为下列选项之一。

- **仅稳定**：显示整个帧，包括移动的边缘。“仅稳定”显示将做多少工作来稳定图像。使用“仅稳定”允许使用其他方法对素材进行裁切。当选中时，“自动缩放”部分和“更少裁切 ＜－＞ 更多平滑”属性会被禁用。
- **稳定、裁切**：裁切移动的边缘且不缩放。“稳定、裁切”等效于使用“稳定、裁切、自动缩放”且将“最大缩放”设置为 100%。启用此选项时，“自动缩放”部分将被禁用，但“更少裁切 ＜－＞ 更多平滑”属性会启用。

稳定、裁切、自动缩放(默认设置)：裁切移动的边缘并放大图像以重新填充帧。自动缩放是由“自动缩放”部分中的各个属性控制的。

稳定、人工合成边缘：使用在时间上靠前和靠后的帧中的内容填充由移动的边缘创建的空白空间。使用此选项时，“自动缩放”部分和“更少裁切 ＜－＞ 更多平滑”属性会被禁用。

12.3.2 变形稳定器应用

(1) 单击进入“变形稳定器”合成中，播放视频，观察发现这是一段存在镜头抖动问题的视频。

(2) 选中“镜头晃动.mp4”素材，单击选择“跟踪器”面板中的“变形稳定器”按钮，或者在菜单栏中选择“效果”→“变形稳定器 VFX”命令。

(3) 添加效果后，会在合成视图中显示“在后台分析”，对视频进行分析，分析结束后会出现“稳定”，自行对视频进行稳定处理，同时在“效果控件”面板中会显示分析所需时间和进度，如图 12.8 所示。

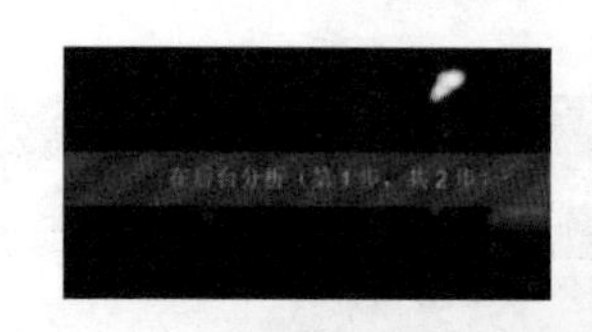

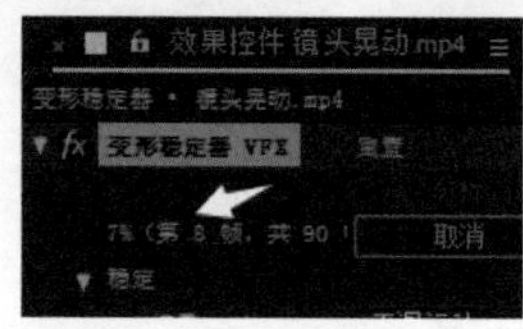

图 12.8

(4) 播放视频，观察效果，会发现视频的抖动现象减少，镜头移动平滑，而且对因稳定处理而产生的视频边缘部分进行了自动缩放操作，如图 12.9 所示。

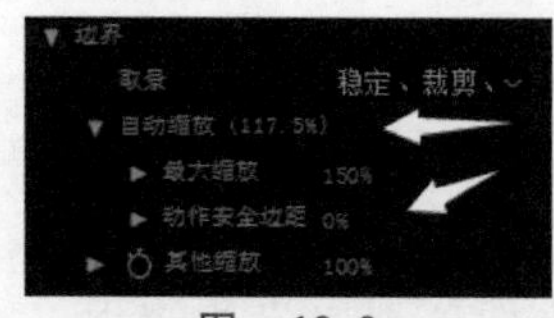

图 12.9

（5）如果要实现镜头固定不移动的效果，可以在效果控件中将“稳定”效果下的“结果”设置为“无运动”，进行稳定处理后，预览视频，发现镜头不再移动，如图12.10所示。

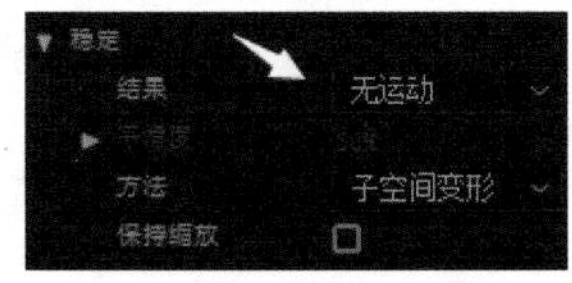

图　12.10

12.4　跟踪运动

12.4.1　跟踪运动概述

通过跟踪运动，可以跟踪对象的运动，然后将该运动的跟踪数据应用于另一个对象，来创建图像和效果跟随跟踪对象进行运动。

After Effects 通过将来自某个帧中的选定区域的图像数据与每个后续帧中的图像数据进行匹配来跟踪运动。也可以将同一跟踪数据应用于不同的图层或效果，还可以跟踪同一图层中的多个对象。

运动跟踪通过在图层画面中设置跟踪点来指定要跟踪的区域。每个跟踪点包含一个特性区域、一个搜索区域和一个附加点。一个跟踪点集就是一个跟踪器，如图12.11所示。

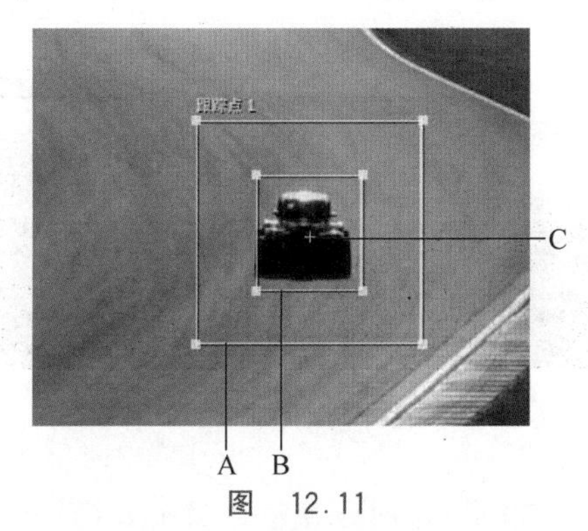

图　12.11

A：搜索区域。搜索区域定义 After Effects 为查找跟踪特性而要搜索的区域。被跟踪特性只需要在搜索区域内与众不同，不需要在整个帧内与众不同。将搜索限制到较小的搜索区域可以节省搜索时间并使搜索过程更为轻松，但存在的风险是所跟踪的特性可能不在帧之间的搜索区域内。

B：特性区域。特性区域定义图层中要跟踪的元素。特性区域应当围绕一个与众不同的可视元素，最好是现实世界中的一个对象。不管光照、背景和角度如何变化，After Effects 在整个跟踪持续期间都必须能够清晰地识别被跟踪特性。

C：附加点。附加点指定目标的附加位置（图层或效果控制点），以便与跟踪图层中的运动特性进行同步。

视频讲解

12.4.2　点跟踪

点跟踪是运动跟踪的一种，根据跟踪点不同来划分跟踪方式，一般分为单点跟踪、两点跟踪、四点跟踪和多点跟踪。本章重点介绍单点跟踪和四点跟踪，它们的区别如下。

- **单点跟踪**：跟踪影片剪辑中的单个参考样式（小面积像素）来记录位置数据。
- **两点跟踪**：跟踪影片剪辑中的两个参考样式，并使用两个跟踪点之间的关系来记录位置、缩放和旋转数据。
- **四点跟踪或边角定位跟踪**：跟踪影片剪辑中的4个参考样式来记录位置、缩放和旋转数据。这4个跟踪器会分析4个参考样式（例如，图片帧的各角或电视监视器）之间的关系。此数据应用于图像或剪辑的每个角，以“固定”剪辑，这样它便显示为在图片帧或电视监视器中锁定。
- **多点跟踪**：在剪辑中随意跟踪多个参考样式。可以在“分析运动”和“稳定”行为中手动添加跟踪器。将一个“跟踪点”行为从“形状”行为子类别应用到一个形状或蒙版时，会为每个形状控制点自动分配一个跟踪器。

为使运动跟踪平滑运行，必须有一个良好的特性进行跟踪，最好是一个与众不同的对象或区域，要保证整个拍摄过程可见，且具有与搜索区域的周围区域明显不同的颜色或者是搜索区域内的一个与众不同的形状，并且在整个拍摄中保证形状和颜色一直不变。

当从“跟踪器”面板中的“跟踪类型”菜单中选择某个模式时，After Effects 会在“图层”面板中为该模式放置合适数目的跟踪点。可以添加更多的跟踪点以通过一个跟踪器来跟踪更多的特性。

1. 单点跟踪

(1) 在“项目”面板中双击打开“合成”文件夹下的“单点跟踪”合成，选中“单点跟踪. mp4”素材，单击“跟踪器”面板中的“跟踪运动”按钮。

(2) 此后，合成视图将直接转换为图层视图，并且在图层视图中会出现一个跟踪点，如图 12.12 所示。

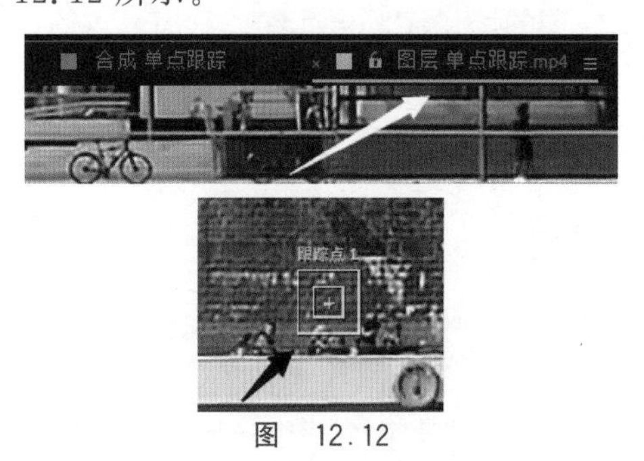

图　12.12

(3) 在“跟踪器”面板中，将“跟踪类型”设置为“变换”，并选中“位置”选项，来设置跟踪时为目标生成什么类型的关键帧，如图 12.13 所示。

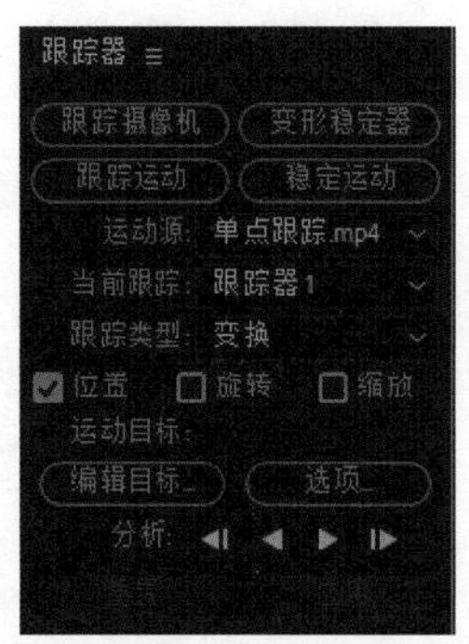

图　12.13

(4) 将当前时间指示器拖到 0 秒处，将鼠标指针放在跟踪点上，当鼠标指针变成黑色箭头时，单击拖动鼠标，会发现此时跟踪点所在的框呈现放大镜的效果，将其移动到轮船的红色救生圈上，如图 12.14 所示。

图　12.14

(5) 调整跟踪点的“搜寻区域”和“特征区域”的大小，将“特征区域”框选整个“红色救生圈”，“搜寻区域”则框选“特征区域”外的一部分，如图 12.15 所示。

图　12.15

(6) 单击“跟踪器”面板中的“选项”按钮，根据“搜寻区域”和“特征区域”之间最明显的区别项，选择“通道”中的 RGB，单击“确定”按钮，如图 12.16 所示。

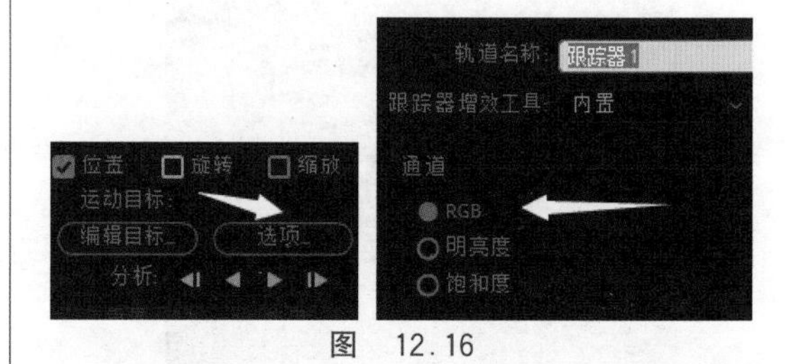

图　12.16

(7) 单击“跟踪器”面板中的“向前分析”按钮，进行跟踪分析，在分析结束后，视频素材产生了逐帧跟踪的关键帧，如图 12.17 所示。

(8) 回到合成视图中，新建文本，输入文字“博文号”，“字体”为“楷体”，“字体大小”为 35 像素，“填充颜色”为＃812238，“字符间距”为 20，“字体格式”设置为“仿粗体”，并将其拖动到如图 12.18 所示位置，将文字层的锚点移

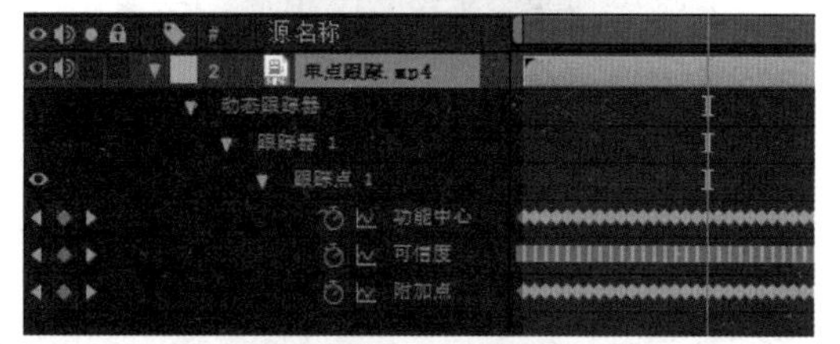

图　12.17

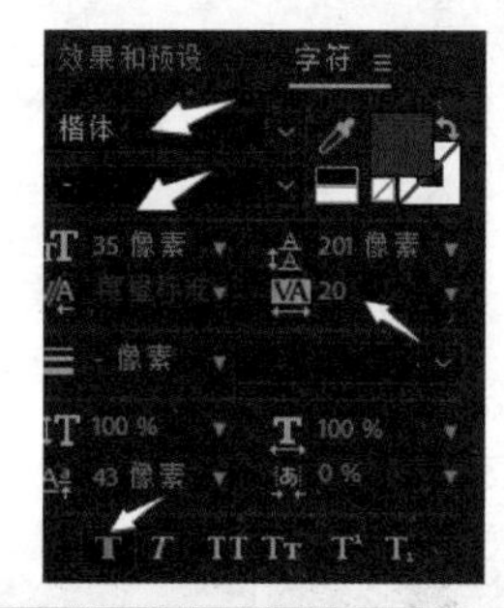

图　12.18

动到红色救生圈上。

(9) 双击“单点跟踪.mp4”图层进入图层视图，单击“跟踪器”面板中的“编辑目标”按钮，由于“跟踪运动”只能应用于除本层外的其他层，在本合成中只有一个文字层，所以将运动目标选择为“1.博文号”，单击“确定”按钮，如图12.19所示。

图　12.19

(10) 单击“跟踪器”面板中的“应用”按钮，After Effects会为目标图层创建关键帧，在弹出菜单中，根据视频特点，“应用维度”可以选择“X和Y”，使目标点可以沿两个轴的运动，单击“确定”按钮，如图12.20所示。

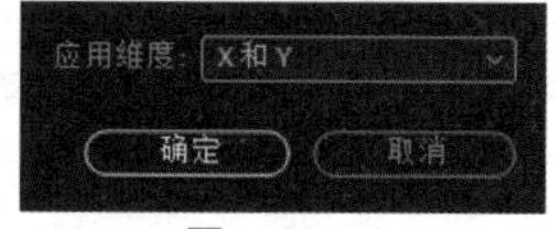

图　12.20

注意：在跟踪位置将此位置数据应用于目标时，可以选择仅应用运动的X(水平)或Y(垂直)组件。例如，可以将跟踪数据应用于X轴以使文字菜单(运动目标)保留在帧的顶部，即使操作器(运动源)向下移动也是如此。

“X和Y”：(默认设置)允许沿两个轴的运动。

“仅X”：将运动目标限定于水平运动。

“仅Y”：将运动目标限定于垂直运动。

(11) 预览视频，文字层跟随船进行移动，且文字层产生逐帧跟踪的关键帧，如图12.21所示。

图　12.21

2. 四点跟踪

(1) 在“项目”面板中双击打开“合成”文件夹下的“四点跟踪”合成，选中“平板.mov”层，单击“跟踪器”面板中的“跟踪运动”按钮。

(2) 此后，将“跟踪类型”设置为“透视边角定位”，图层视图会出现4个相连的跟踪点，如图12.22所示。

(3) 在0秒处，将4个跟踪点分别移动到平板电脑绿色屏和白色边框相接的4个角上，并适当调整“搜寻区域”和“特征区域”的大小，将“特征区域”包括边角位置，“搜寻区域”适当扩大，如图12.23所示。

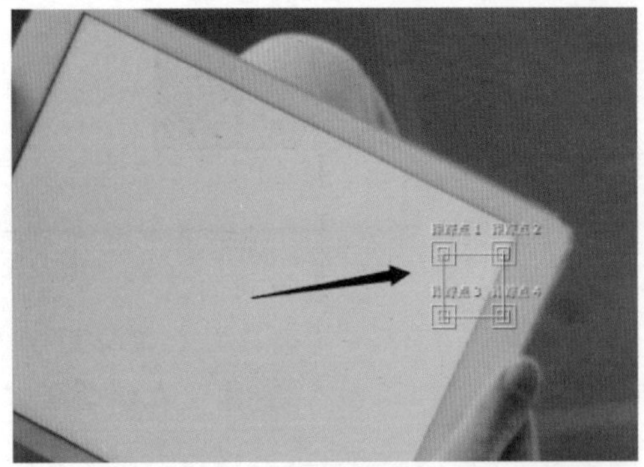

图　12.22

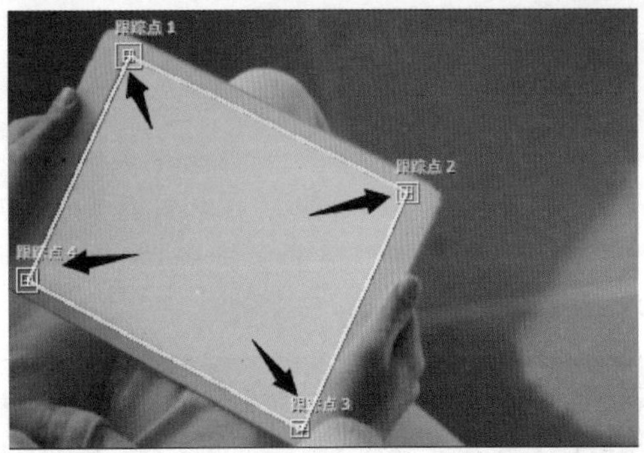

图　12.23

注意：连接跟踪点的 4 条线要与平板电脑的边线相平行，防止出现未能遮盖下层绿布的现象。

(4) 单击“跟踪器”面板中的“向前开始”，进行跟踪处理，会产生 4 组跟踪点的逐帧关键帧，如图 12.24 所示。

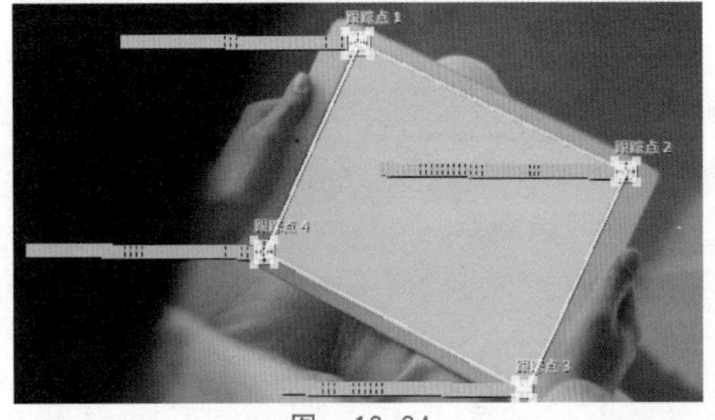

图　12.24

(5) 将“项目”面板中“素材”文件夹下的“平板视频. mov”素材拖动到“时间轴”面板中，在“平板. mov”层的图层视图下，将“跟踪器”面板中的目标设置为“1. 平板视频. mov”，单击“确定”按钮，如图 12.25 所示。

(6) 在应用跟踪后，视频素材应用于平板屏幕上，“平板视频. mov”图层添加了“边角定位”属性和“位置”属性关键帧，如图 12.26 所示。

图　12.25

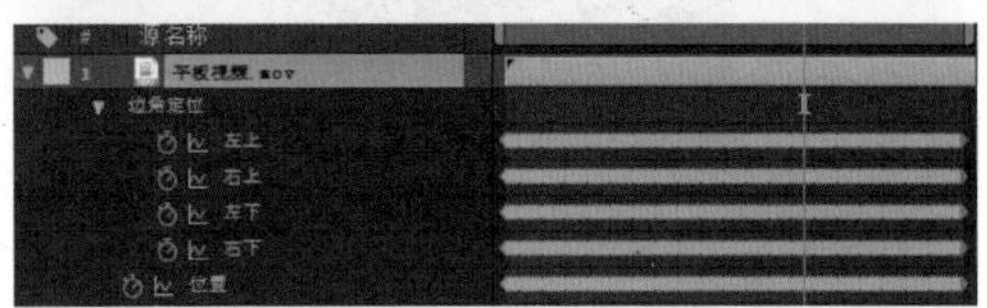

图　12.26

预览视频，观察效果，如图 12.27 所示。

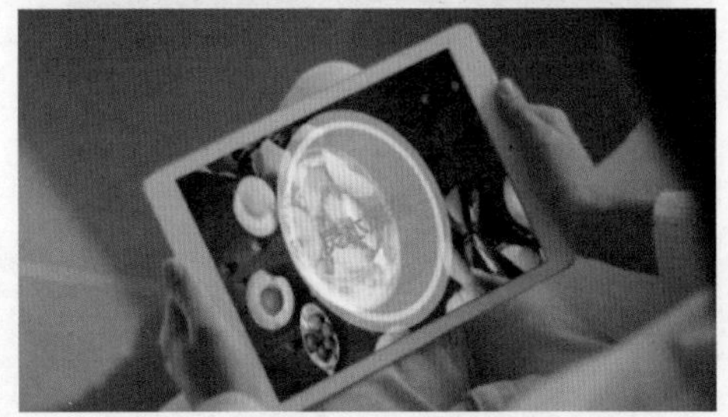

图　12.27

12.4.3　蒙版跟踪

蒙版跟踪就是使用蒙版跟踪器在对象周围绘制蒙版，以便仅跟踪场景中的特定对象。蒙版跟踪器可变换蒙版，使其跟随影片中对象的动作。

(1) 在“项目”面板中双击打开“合成”文件夹下的“蒙版跟踪”合成，在“时间轴”面板中右击，选择“新建”→“调整图层”，将“调整图层1”图层放在“蒙版跟踪.mp4”图层上方。

(2) 将时间指示器移动到 0 秒处，选中“调整图层 1”图层，在“效果和预设”面板中选择“风格化”→“马赛克”，将其应用到“调整图层 1”图层上，将“水平块”和“垂直块”的值都设置为 50，如图 12.28 所示。

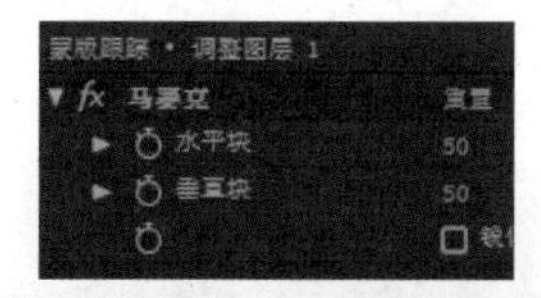

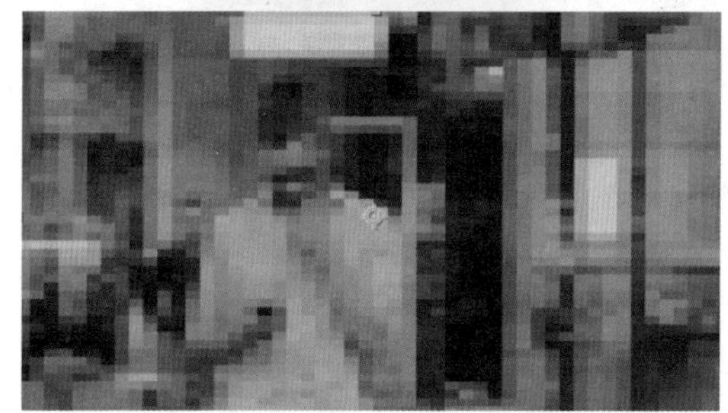

图　12.28

(3) 隐藏“调整图层 1”图层，用钢笔工具勾选主角身后的人物的面部，取消图层的隐藏，可以看到其脸部呈现马赛克效果，如图 12.29 所示。

图　12.29

(4) 选中“调整图层 1”图层下的“蒙版 1”，右击选择“跟踪蒙版”，则“跟踪器”面板中会显示“跟踪蒙版”设置，如图 12.30 所示。

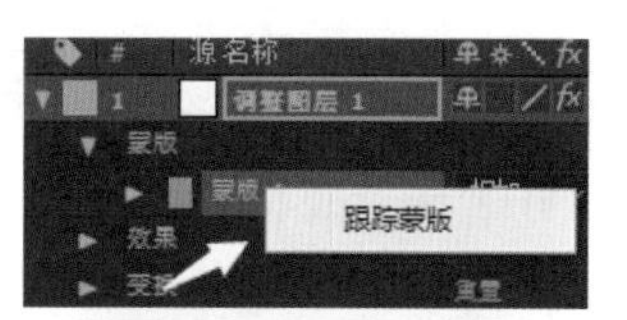

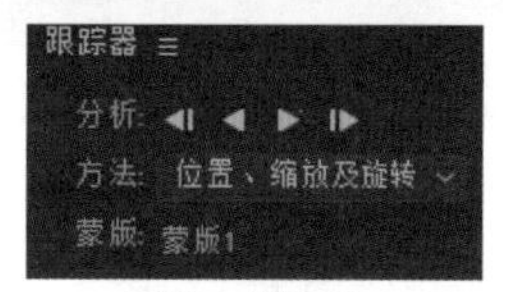

图　12.30

(5) 单击“跟踪器”面板中的“向前开始”按钮，进行蒙版跟踪处理，在“蒙版 1”中会创建以“蒙版路径”为属性的逐帧关键帧，如图 12.31 所示。

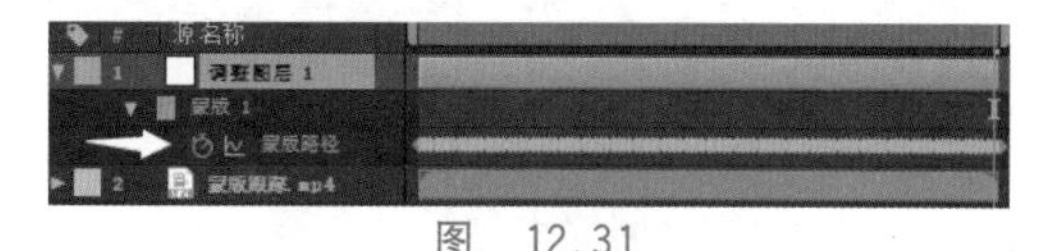

图　12.31

(6) 预览视频，会发现蒙版的“位置”值和“缩放”值都随着人物头像的变换而变换，这也符合在“跟踪器”面板中对“方法”所进行的“位置、缩放和旋转”设置，如图 12.32 所示。

图　12.32

(7) 预览视频，观察效果，如图 12.33 所示。

图　12.33

12.5 稳定运动

稳定跟踪是通过跟踪画面中移动的像素、明亮度和饱和度等,分析抖动的位置偏移变化来校正抖动。“稳定运动”也可以称作“变形稳定器”的手动操作,在一些视频中,由于抖动幅度和模糊度等原因,导致无法通过“变形稳定器”自动调整,此时就可以通过“稳定运动”来实现稳定效果。

(1) 在 “项目”面板中双击打开 “合成”文件夹下的“稳定运动”合成,选中“稳定. mp4”图层,单击“跟踪器”面板中的“稳定运动”按钮,画面切换到图层视图中,并且出现一个跟踪点,如图 12.34 所示。

图 12.34

(2) 选中“位置”和“旋转”选项,在画面中出现两个跟踪点,单击 “选项”,将“通道”设置为 RGB,单击“确定”按钮,如图 12.35 所示。

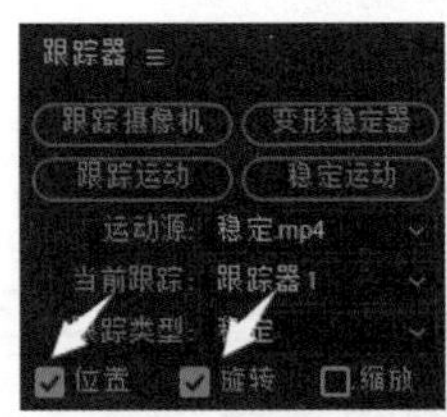

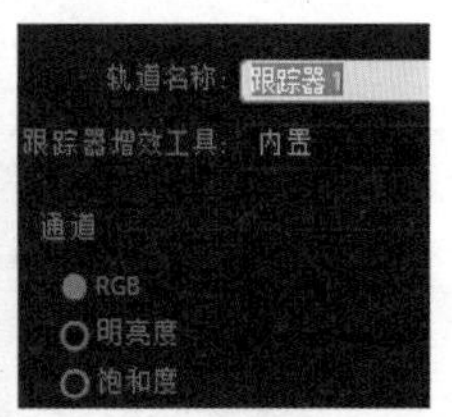

图 12.35

(3) 调整跟踪点位置,将“跟踪点 1”放在高塔左下方的白船上,将“跟踪点 2”放在右下方的房子上,并适当调整“搜寻区域”和“特征区域”的大小,如图 12.36 所示。

图 12.36

(4) 将当前时间指示器拖到 0 秒处,单击“跟踪器”面板中的“向前开始”按钮,进行跟踪分析处理,在分析结束后,“跟踪点 1”和“跟踪点 2”产生逐帧关键帧。

(5) 单击“应用”按钮,将“应用维度”设置为“X 和 Y”,单击“确定”按钮。

(6) 预览视频,会发现随着校正的进行,视频边缘出现空隙,如图 12.37 所示。

图 12.37

(7) 在“效果和预设”面板中搜索“变换”效果,应用于视频,在“效果控件”面板中调整“变换”属性的“缩放”值,填补视频边缘空隙。

(8) 预览视频,观察效果,如图 12.38 所示。

图 12.38

12.6　范例制作

12.6.1　制作原理介绍

本案例采用跟踪运动原理，通过跟踪运动来跟踪5个手指的运动轨迹，通过调整色调来去除手指上的黑点，再通过蒙版和表达式达到闪烁效果，然后使用闪电效果、表达式关联等方式使其与手指相接，来实现效果。

12.6.2　手指运动跟踪

（1）打开“lesson12/范例/start”文件夹下的“12范例start(CC 2018).aeq”，将文件另存为“12范例demo（CC 2018).aep”。双击进入“手指运动”合成中，选中“手指运动.MP4”图层，单击“跟踪器”面板中的“跟踪运动”按钮。

（2）单击按钮后，视图出现“跟踪点1”，将时间移动到0秒处，调整“跟踪点1”的“特征区域”为大拇指指心的黑点，框选的“搜寻区域”为大拇指，如图12.39所示。

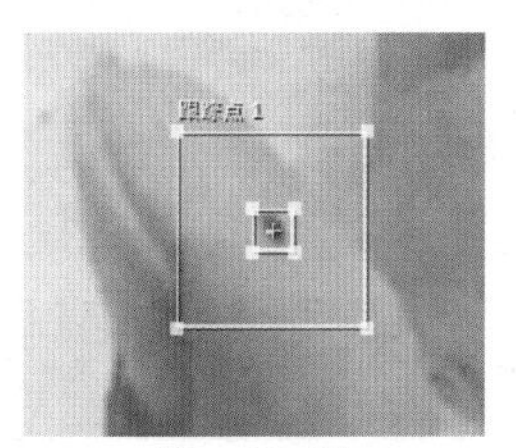

图　12.39

（3）单击“跟踪器”面板中的“向前开始”按钮，进行跟踪分析处理。在跟踪分析结束后，拖到当前时间指示器，会发现有时跟踪点不能完美地跟踪大拇指指心黑点的运动，这时就需要采用不同的跟踪方法，如图12.40所示。

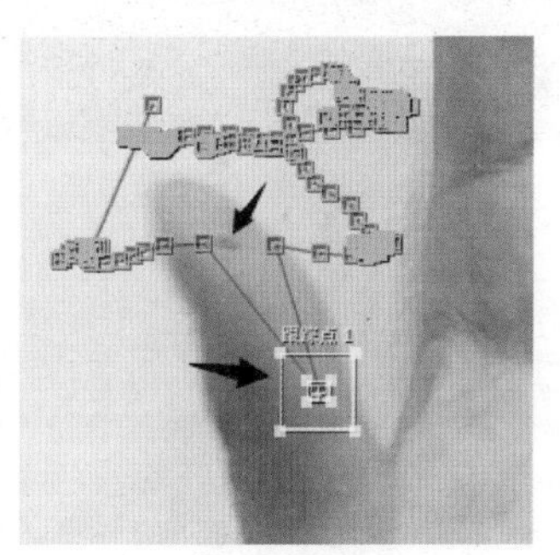

图　12.40

视频讲解

（4）从0秒处开始拖动当前时间指示器，一帧一帧仔细观察跟踪点，直到遇到不匹配的跟踪点位置，这样的不匹配的跟踪点位置一般都是因为此时手指移动的速度过快造成的，所以当遇到此点时，用鼠标拖动调整前几个不匹配的位置点，然后再一次单击“跟踪器”面板中的“向前开始”按钮，这时会发现，其后的跟踪点就能匹配正确的位置，依次操作，直到完成跟踪，如图12.41所示。

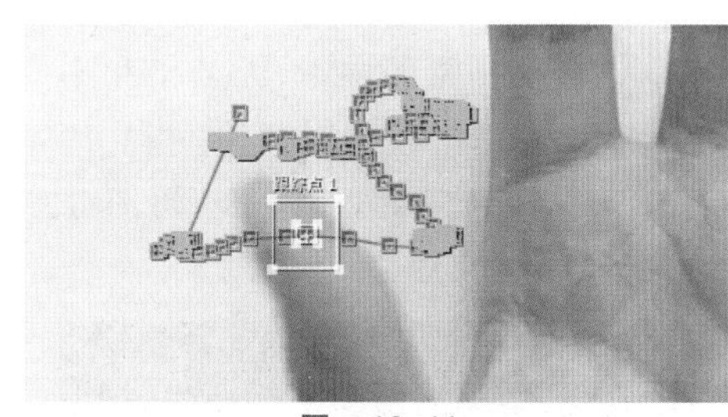

图　12.41

（5）在“时间轴”面板中通过右键快捷菜单新建空对象，将空对象命名为“大拇指1”，如图12.42所示。

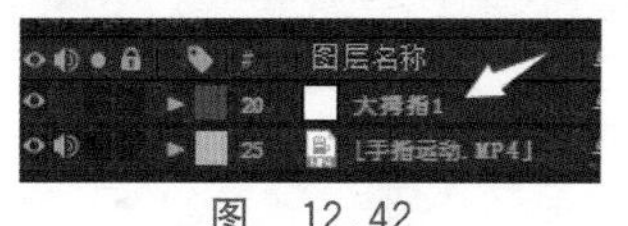

图　12.42

（6）单击“跟踪器”面板中的“编辑目标”按钮，将运动应用于图层“1.大拇指1”，单击“确定”按钮，如图12.43所示。

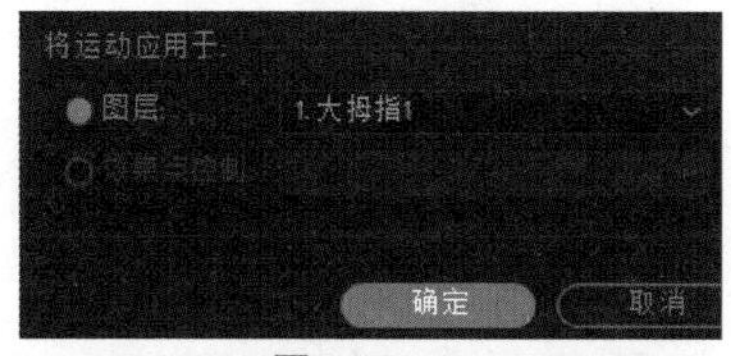

图　12.43

（7）回到合成视图中，拖到当前时间指示器，会发现空对象跟随大拇指运动，如图12.44所示。

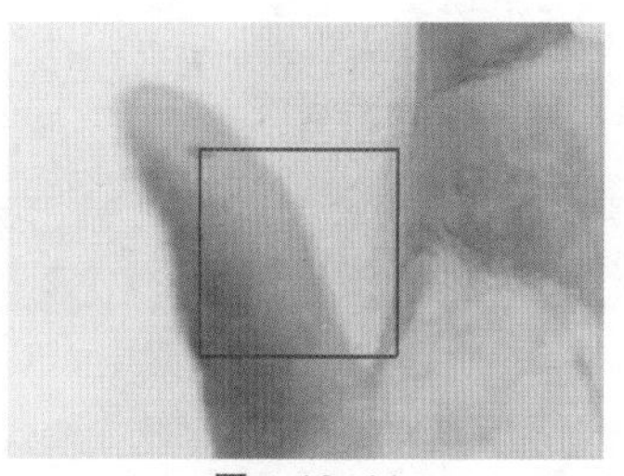

图　12.44

(8) 选择“手指运动.MP4”图层，单击“跟踪器”面板中的“跟踪运动”按钮，为食指添加跟踪运动，并新建空对象“食指 1”，跟随食指运动，如图 12.45 所示。

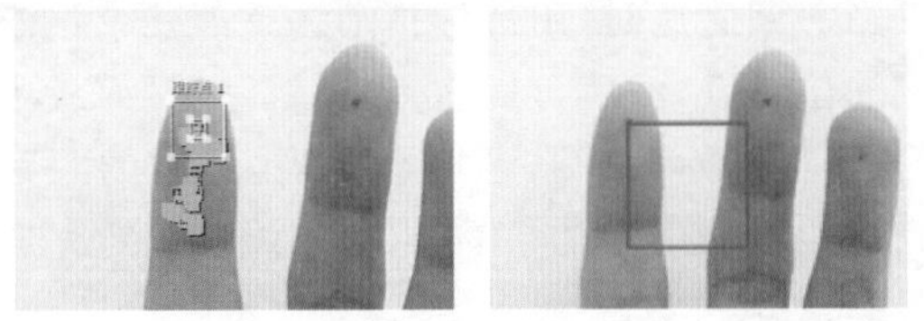

图 12.45

(9) 同样对手指的中指、无名指和小拇指进行跟踪运动，并新建空对象“中指 1”“无名指 1”和“小拇指 1”跟随运动，如图 12.46 所示。

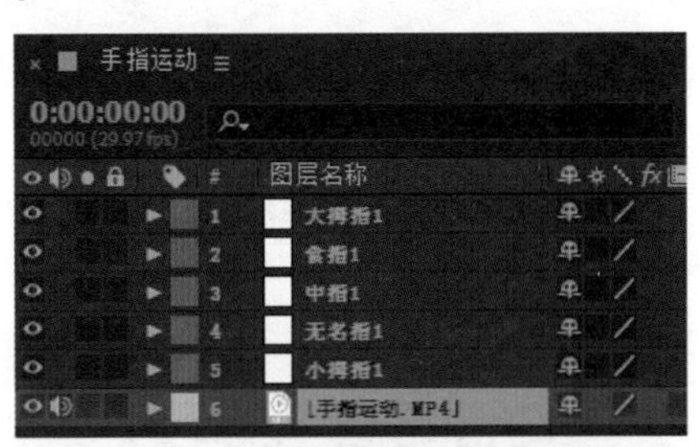

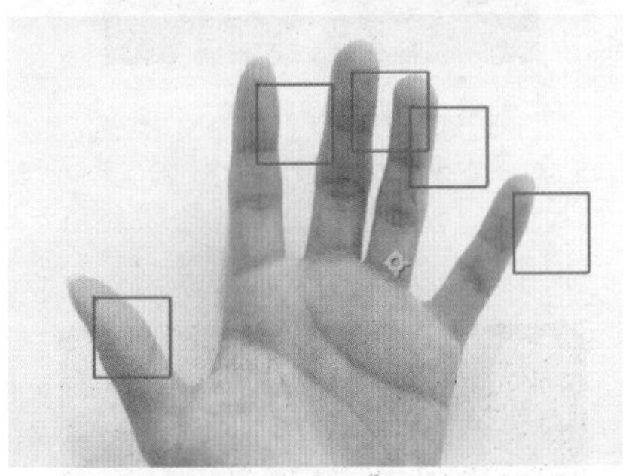

图 12.46

12.6.3 发光点设置

(1) 新建纯色层，命名为“遮挡 1”，颜色为白色。

(2) 隐藏“遮挡 1”图层，用钢笔工具绕大拇指上的黑点勾选圆形框，取消图层的隐藏，并将“蒙版羽化”值设置为 5 像素，如图 12.47 所示。

(3) 在“效果和预设”面板中，查找“色调”效果，并将其应用到“遮挡 1”图层，单击“将白色映射到”选项后的吸管工具，吸附手指上的颜色，如图 12.48 所示。

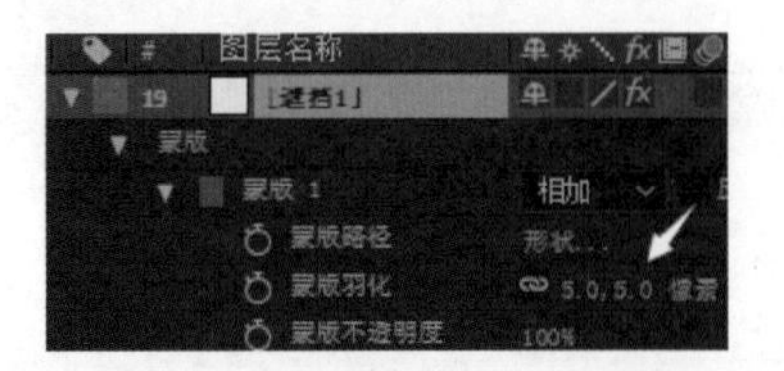

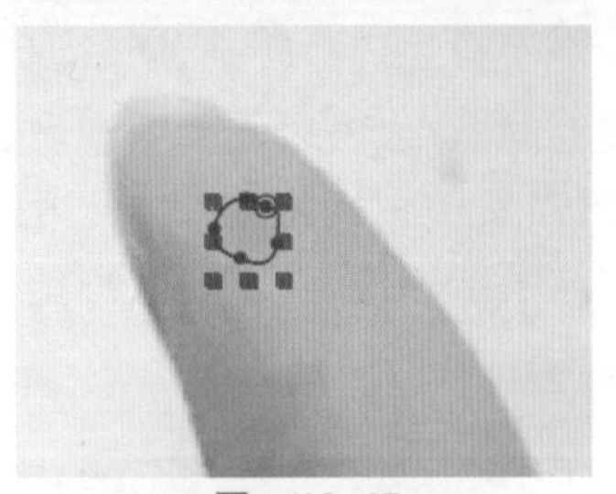

图 12.47

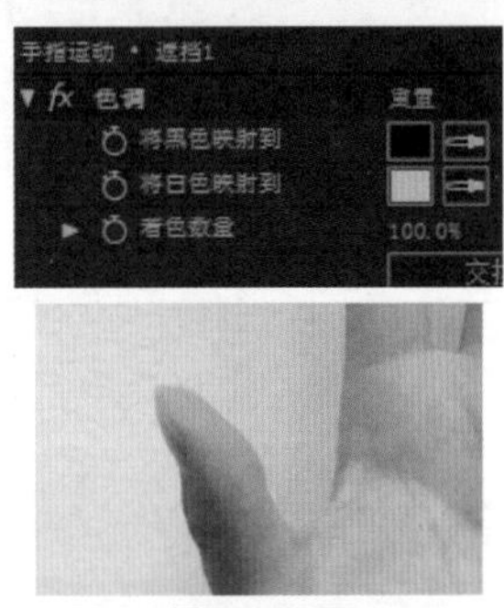

图 12.48

(4) 选择“遮挡 1”图层的父级关系，将其设置为“大拇指 1”图层，如图 12.49 所示。

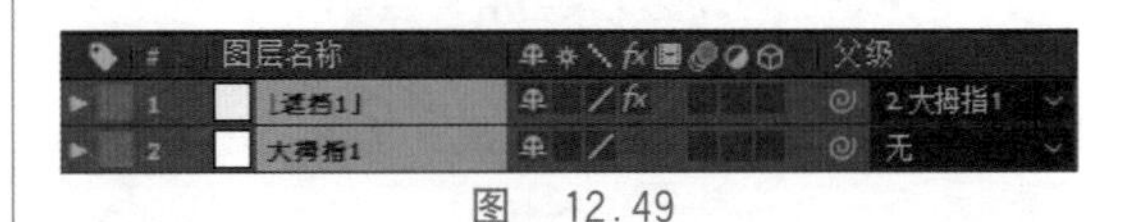

图 12.49

(5) 新建 4 个纯色层，分别命名为“遮挡 2”“遮挡 3”“遮挡 4”和“遮挡 5”，进行与“遮挡 1”图层相同的操作，掩盖其他手指上的黑点，如图 12.50 所示。

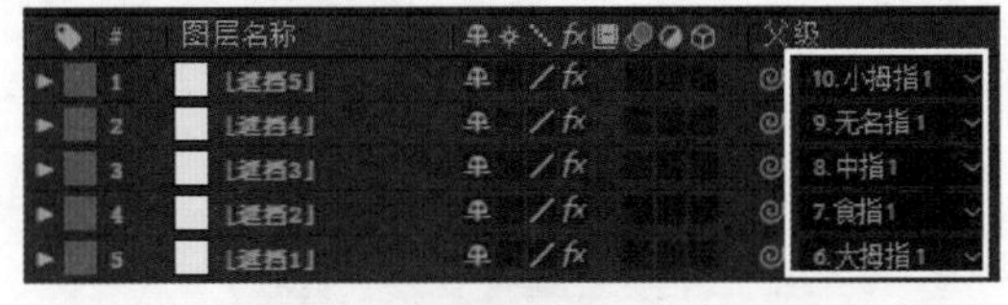

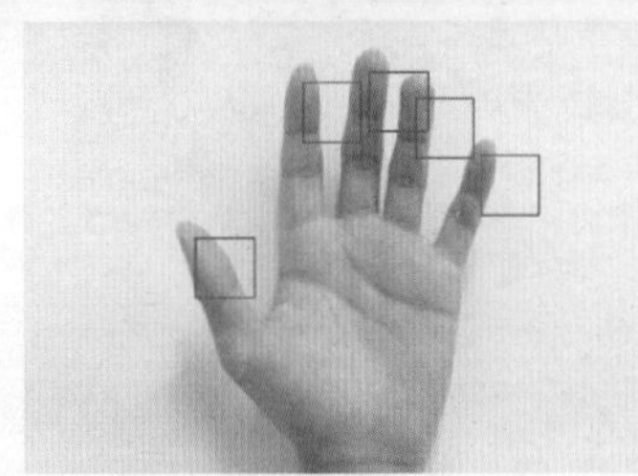

图 12.50

(6) 新建纯色层,命名为“发光 1”,颜色为白色。隐藏“发光 1”图层,用钢笔工具在大拇指上画一个贴合手指的蒙版,取消隐藏,效果如图 12.51 所示。

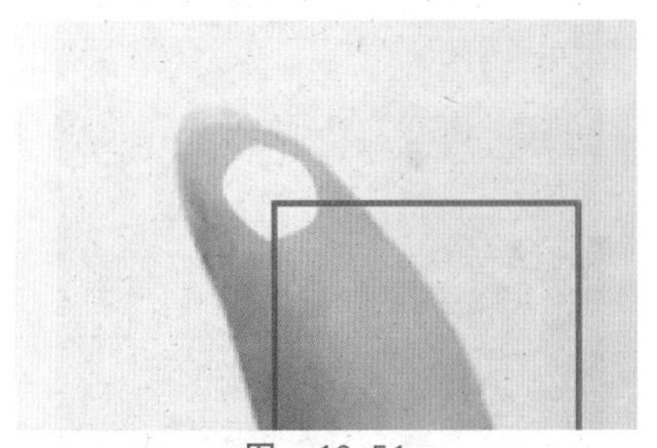

图　12.51

(7) 将蒙版的“蒙版羽化”值设置为 8 像素,并将图层的锚点移动到蒙版中心,如图 12.52 所示。

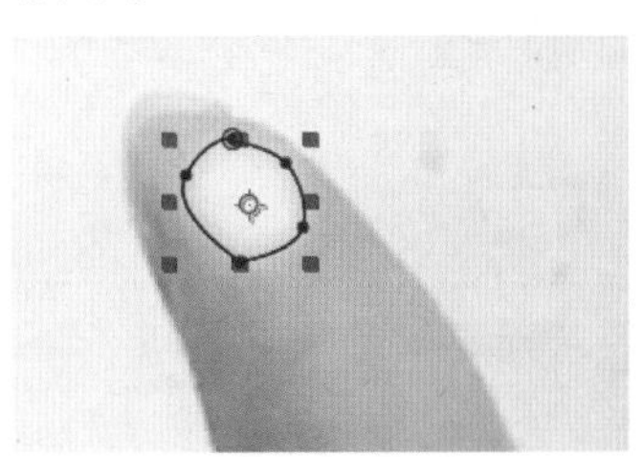

图　12.52

(8) 选择“发光 1”图层的父级关系,将其设置为“大拇指 1”图层,在 0 秒处为“发光 1”的 “蒙版路径”添加关键帧,拖动当前时间指示器,在需要调整蒙版形状的位置调整蒙版,使其大小与手指相符,添加关键帧,如图 12.53 所示。

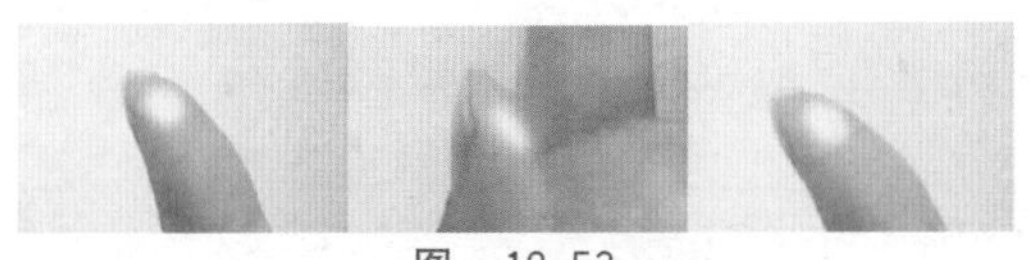

图　12.53

(9) 复制“发光 1”图层,命名为“背景 1”,放到 “发光 1”下方,并将“蒙版羽化”值设置为 25 像素,同时将“发光 1”图层“缩放”值设置为 30%,“背景 1”图层“缩放”值设置为 80%。

(10) 调整“发光 1”图层和“背景 1”图层的混合模式设置为“相加”,如图 12.54 所示。

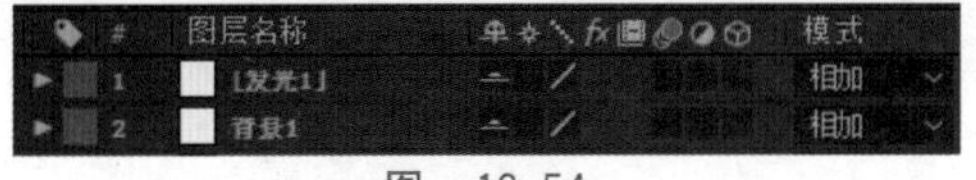

图　12.54

(11) 再次新建 4 个纯色层,分别命名为“发光 2”“发光 3”“发光 4”和“发光 5”,进行与“发光 1”图层相同的操作(图层的缩放值可自行设置调整),如图 12.55 所示。

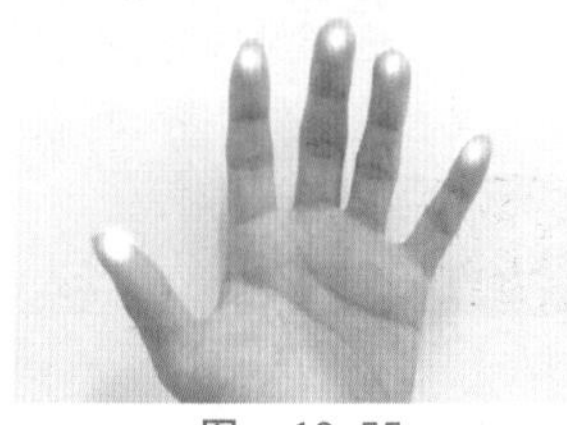

图　12.55

(12) 为 5 个发光图层和 5 个背景图层添加闪烁效果,找到图层的“不透明度”属性,按 Alt 键单击“不透明度”前的秒表,在显现的框中输入:

```
f = 0;
if(time > 1&&time < 8)
{f = 100};wiggle(f,100)
```

(13) 选中这 10 个图层,为其添加缩放关键帧,在 1 秒处和 8 秒处,添加关键帧,使用其原值,在 0 秒和 8 秒 11 帧处添加关键帧,设置为 0。

(14) 预览视频,观察效果。

12.6.4　添加闪电效果

(1) 新建纯色层,将其命名为 “闪电 1”,在“效果和预设”面板中搜索“闪电”,添加“闪电 — 垂直”效果,如图 12.56 所示。

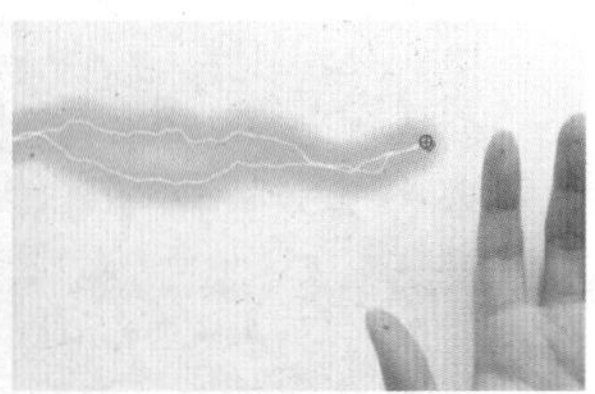

图　12.56

(2) 在效果控件中,将“核心设置”中的“核心半径”设置为 4,“核心不透明度”设置为 60%,“核心颜色”为白色,如图 12.57 所示。

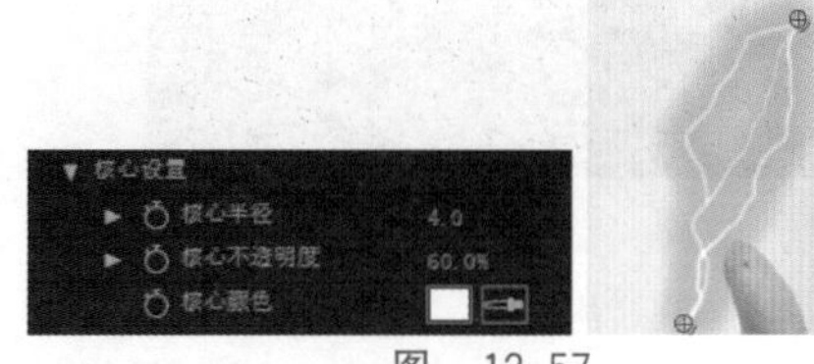

图　12.57

(3) 将“发光设置”中的“发光半径”设置为13,“发光不透明度”设置为50%,“发光颜色”为#F8C455,如图12.58所示。

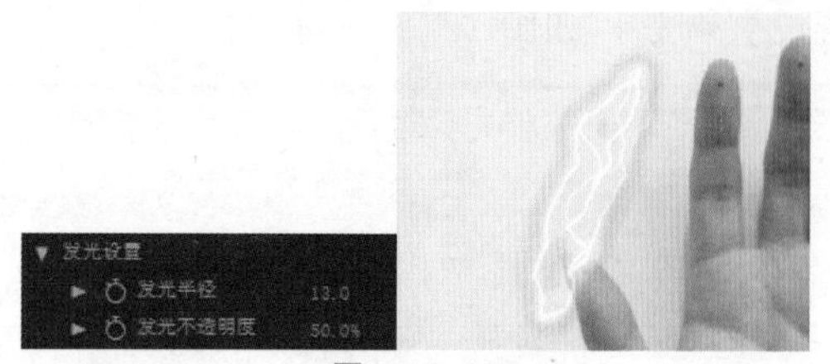

图 12.58

(4) 将“分叉”值设置为30%,“衰减”值设置为1。

(5) 在“专家设置”中将“复杂度”设置为10,“最小分叉距离”为70,“核心消耗”为20%,“分叉强度”为100%,“分叉变化”为100%,如图12.59所示。

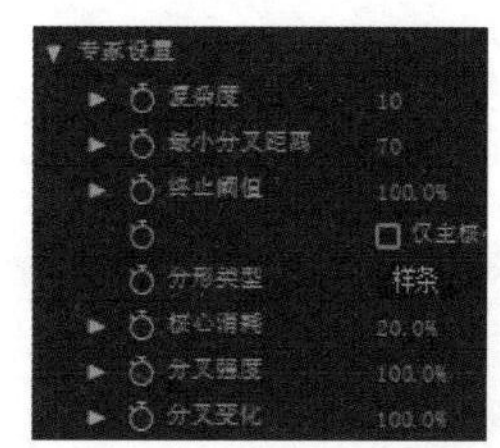

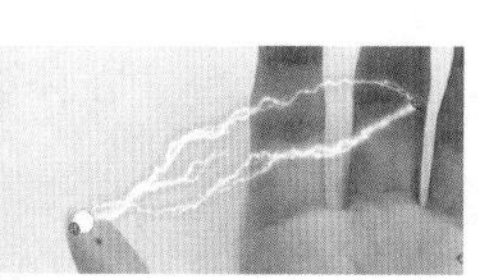

图 12.59

(6) 将闪电效果和手指运动连接,按Alt键单击“源点”前的秒表,单击“表达式关联器”,找到“大拇指1”图层的位置属性,拖曳关联,如图12.60所示。

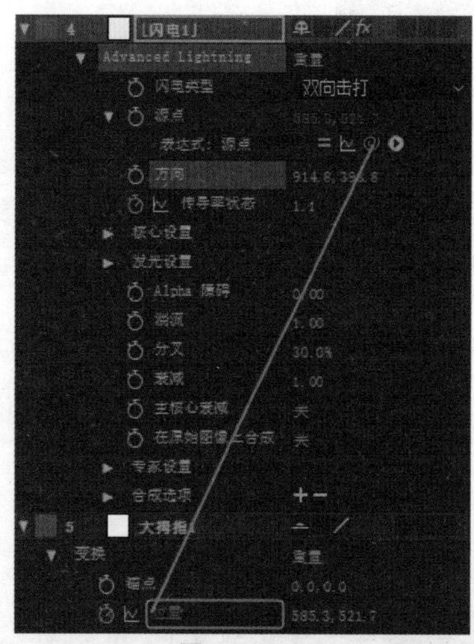

图 12.60

(7) 按Alt键单击“方向”前的秒表,单击“表达式关联器”,找到“小拇指1”图层的位置属性,拖曳关联,如图12.61所示。

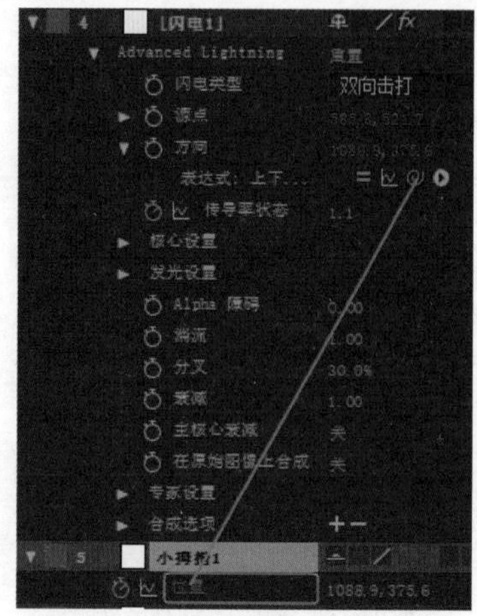

图 12.61

(8) 以同样的方法制作3个闪电效果,并依次将它们与其余手指相连,如图12.62所示。

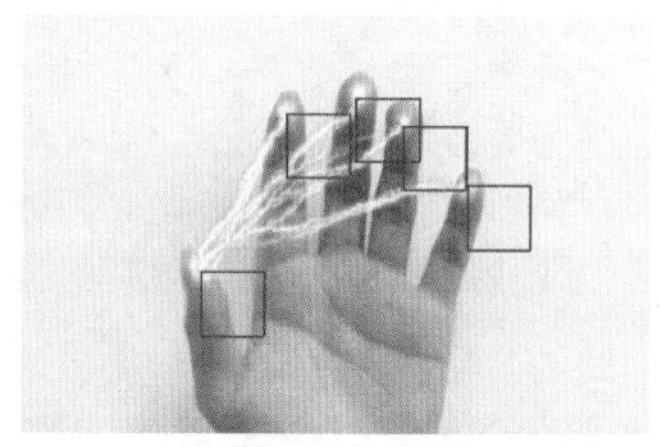

图 12.62

(9) 调整闪电出现的时间,在其他手指与大拇指做合闭状时闪电出现。

(10) 在2秒处,为“闪电1”图层的“核心不透明度”“发光不透明度”“最小分叉距离”“核心消耗”“分叉强度”添加关键帧,把“核心不透明度”和“发光不透明度”值设置为0,“最小分叉距离”设置为8,“核心消耗”设置为100%,在3秒05帧、5秒15帧和8秒10帧处也添加相同的关键帧,并且关键帧值相同,如图12.63所示。

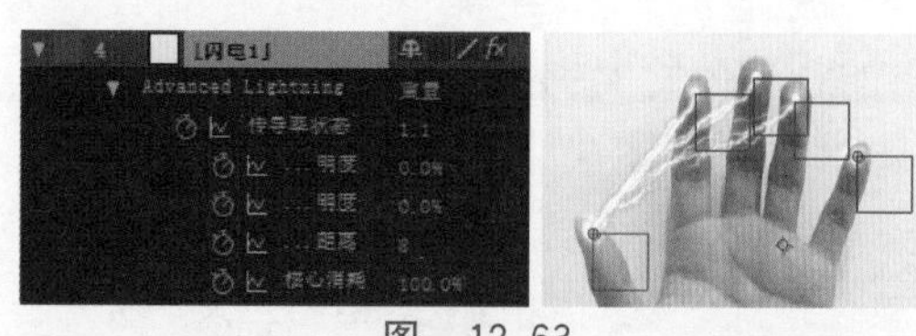

图 12.63

(11) 在2秒05帧处将“核心不透明度”值设置为60%,“发光不透明度”值设置为50%,“最小分叉距离”设置为70,“核心消耗”

设置为20%,并在5秒25帧和8秒处添加相同的关键帧,关键帧值不变。

(12) 选中"闪电2"图层,在3秒05帧处,将"核心不透明度"和"发光不透明度"值设置为0,"最小分叉距离"设置为8,"核心消耗"设置为100%,并在4秒、5秒15帧和8秒10帧处添加相同的关键帧,关键帧值不变。在3秒10帧处将"核心不透明度"值设置为60%,"发光不透明度"值设置为50%,"最小分叉距离"设置为70,"核心消耗"设置为20%,并在5秒25帧和8秒处加相同的关键帧,关键帧值不变。

(13) 选中"闪电3"图层,在4秒处将"核心不透明度"和"发光不透明度"值设置为0,"最小分叉距离"设置为8,"核心消耗"设置为100%,并在4秒20帧、5秒15帧和8秒10帧添加相同的关键帧,关键帧值不变。在4秒05帧处将"核心不透明度"值设置为60%,"发光不透明度"值设置为50%,"最小分叉距离"设置为70,"核心消耗"设置为20%,并在5秒25帧和8秒处加相同的关键帧,关键帧值不变。

(14) 选中"闪电4"图层,在4秒20帧处将"核心不透明度"和"发光不透明度"值设置为0,"最小分叉距离"设置为8,"核心消耗"设置为100%,并在5秒10帧、5秒15帧和8秒10帧添加相同的关键帧,关键帧值不变。在4秒25帧处将"核心不透明度"值设置为60%,"发光不透明度"值设置为50%,"最小分叉距离"设置为70,"核心消耗"设置为20%,并在5秒25帧和8秒处添加相同的关键帧,关键帧值不变。

(15) 预览视频,观察效果,如图12.64所示。

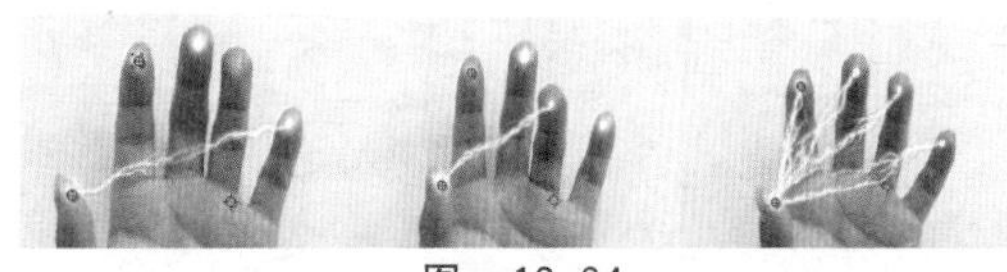

图　12.64

作业

一、模拟练习

打开"lesson12/模拟/complete/12模拟complete(CC 2018).aep"进行浏览播放,参考完成案例,根据本章所学知识内容,完成项目制作。课件资料已完整提供,获取方式见本书前言。

模拟练习作品是关于将眼睛变为蓝眼睛的人物特效视频,使用"跟踪运动"效果,跟踪两只眼睛的运动轨迹,然后应用于空对象,再将眼睛图片与空对象做父级子级关联,从而制作完成。

二、自主创意

应用本章学习的关键帧知识和其他知识点,自主设计一个After Effects作品,也可以把自己完成的作品上传到课程网站进行交流。

三、理论题

1. 在After Effects的跟踪器中,有几种跟踪运动?分别是什么?

2. 在After Effects中,一个跟踪点集的3部分的名称和作用是什么?

3. After Effects中的点跟踪有哪些类型?

第13章 表达式

微课视频 76分钟(14个)

本章学习内容:

(1) 表达式和关键帧添加动画的区别;

(2) 启用表达式的方法;

(3) 表达式工具的使用;

(4) 使用滑块控制表达式;

(5) 常用的表达式。

完成本章的学习需要大约2小时,相关资源获取方式见本书前言。

知识点

表达式与关键帧　启用表达式　一维数组与二维数组　表达式工具　表达式控制效果　value表达式　抖动表达式　循环表达式　index表达式　时间表达式

本章案例介绍

范例:

本章范例制作的是一个音频可视化动画,频谱和图片随着音乐的节奏进行变化。添加一些简单的表达式,使用表达式工具中的表达式图表、关联器,从而掌握表达式的基本操作,如图13.1所示。

图　13.1

模拟案例:

本章模拟案例是一个放大镜动画,绘制一个无填充有描边的圆作为放大镜,为地图添加"扭曲"下的"凸出"效果,启用"地图"的水平半径,垂直半径和凸出高度,将其链接到"放大镜"的缩放属性上,并分别对添加的表达式进行简单的调整,使其与放大镜贴合,地图将随着放大镜的大小变化。将凸出中心的表达式链接到"放大镜"的位置属性上,将根据放大镜的位置对地图的部分图像进行放大。最后可以对"放大镜"设置位置和缩放关键帧,效果如图13.2所示。

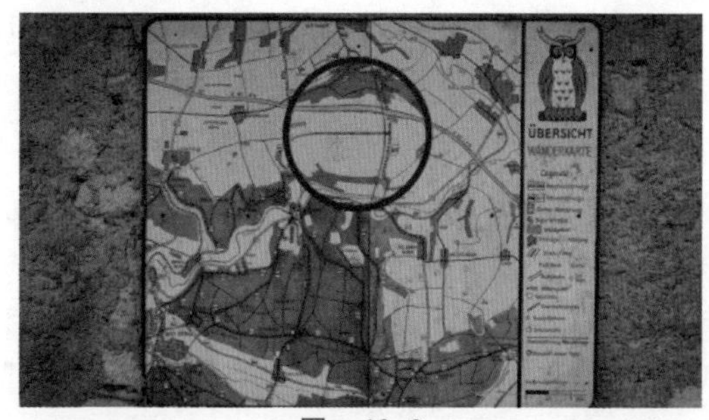

图　13.2

13.1　预览范例视频

(1) 右击"lesson13/范例/complete"文件夹的"13范例complete(CC 2018).mov",播放视频。

(2) 关闭播放器。

(3) 也可以用After Effects打开源文件进行预览,在After Effects菜单栏中选择"文件"→"打开项目"命令,再选择"lesson13/范例/complete"文件夹的"13范例complete(CC 2018).aep",单击"预览"面板的"播放/停止"按钮,预览视频。

13.2　表达式的使用

当创建和链接复杂的动画时，为了避免手动创建数十乃至数百个关键帧，可以尝试使用表达式。通过表达式可以创建图层属性之间的关系，以及使用某一属性的关键帧来动态制作其他图层的动画。表达式语言基于标准的JavaScript 语言，但不必了解 JavaScript 就能使用表达式。可以使用关联器或者复制简单示例并修改示例以满足创作需求。

13.2.1　使用动画预设添加表达式

（1）打开“lesson13/范例/start”文件夹下的“13 知识点 start(CC 2018).aep”，另存为“13 知识点 demo(CC 2018).aep”。在“项目”面板中双击打开“13.2”文件夹下的“使用动画预设添加表达式”合成，使用“文字工具”在“合成”面板中输入文字“动画预设”，“字体”为“微软雅黑”，“字体样式”为 Bold，“字体大小”为128 像素，“填充颜色”为 ＃F68657，“描边颜色”为无，“时间轴”面板中的图层名称也自动命名为“动画预设”。

（2）添加表达式最简单的做法就是使用动画预设。在“效果和预设”面板中展开“动画预设”→Behaviors，将“淡入淡出-帧”拖动到“动画预设”图层上，如图 13.3(a)所示。在“效果控件”面板中调整淡入淡出持续时间均为 10，如图 13.3(b)所示，播放动画，可以看到已经为图层添加了淡入淡出的效果。

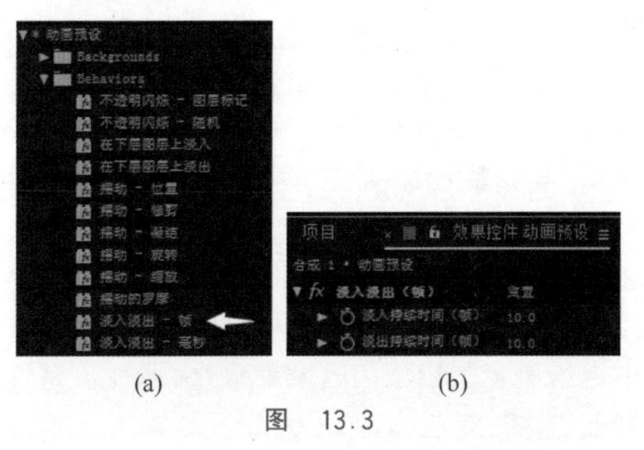

(a)　　(b)

图　13.3

（3）在时间轴中选择图层，在英文状态下连续按 E 键两次，展开添加的表达式，表达式框中的代码没有完全显示出来，在代码的任意位置上单击，所有的代码都会被选中，表达式框的高度调整到了合适的位置，或者将鼠标指针放置在下部边缘，出现双箭头时向下拖动，如图 13.4 所示，直至所有的代码都显示出来。可以看到表达式非常复杂，但其实此表达式的最终结果就是数值，在特定的时间改变图层的不透明度值。

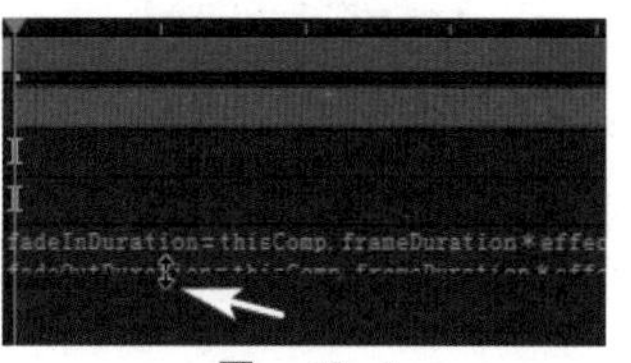

图　13.4

视频讲解

（4）文字的淡入淡出也可以通过添加“不透明度”关键帧来实现。使用“文字工具”在“合成”面板中输入文字“关键帧”，同时选择两层，将二者水平居中对齐，选择便于对两个图层进行对比，如图 13.5 所示。

图　13.5

（5）为“关键帧”层添加“不透明度”关键帧。在 0 秒处和 5 秒处将“不透明度”关键帧设为 0%，在 10 帧和 4 秒 15 帧处设为 100%，播放动画，可以看到二者有同样的动画效果，图 13.6 为 5 帧时的画面。在手动修改参数值添加关键帧的过程中其实也使用了表达式，使用了一段代码来告诉 After Effects，表达式最终输出的是一个参数值。

图　13.6

（6）同时选择两个图层，将出点更改为 3 秒处，重新播放动画，发现“动画预设”层在接近出点时仍然有淡出的效果，而“关键帧”层的不透明度没有变化，关键帧不随着图层的长度变化而变化,图 13.7 为 2 秒 23 帧的画面。若仍想要有淡出的效果,则需要将 4 秒 15 帧和 5 秒处的关键帧向前移动。从这里可以看出来表达式的好处是不依赖时间,即使修改了合成的长度,也不会影响之前设置好的动画效果。

图 13.7

视频讲解

13.2.2 启用表达式

(1) 双击打开“启用表达式”合成,选择“星形工具”在“合成”面板中绘制一个五角星,填充颜色为黄色,描边为 0 像素,将“锚点”居中。

(2) 展开“旋转”属性,按 Alt 键单击旋转前的秒表,属性值颜色变为红色,表达式输入框中显示的是默认表达式,如图 13.8 所示,此时可以进行输入,在此文本字段之外的任何位置单击即可闭合表达式框。表达式输入框中出现的“transform. rotation”代表“变换. 旋转”,即在此图层下变换中的旋转。默认表达式实际上不执行任何操作,“旋转”值也可以随意调整。

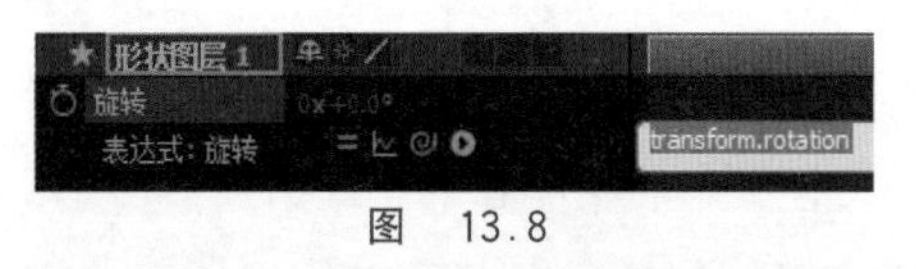

图 13.8

(3) 可以以相同的方法删除表达式,按 Alt 键单击旋转前的秒表,表达式输入框中的表达式文本被删除,“旋转”的属性值也恢复了默认的颜色。

(4) 重新启用旋转表达式,在表达式框中输入 30,如图 13.9(a)所示,闭合表达式框,此时五角星旋转了 30°,再调整“旋转”属性右侧的数值发现数值无法更改,已被锁定为 30°。在表达式中可以使用简单的数学运算,比如输入“30/2”,它会自动计算出数值,五角星旋转了 15°,如图 13.9(b)所示。

视频讲解

(5) 在表达式中很少使用纯数字的运算,

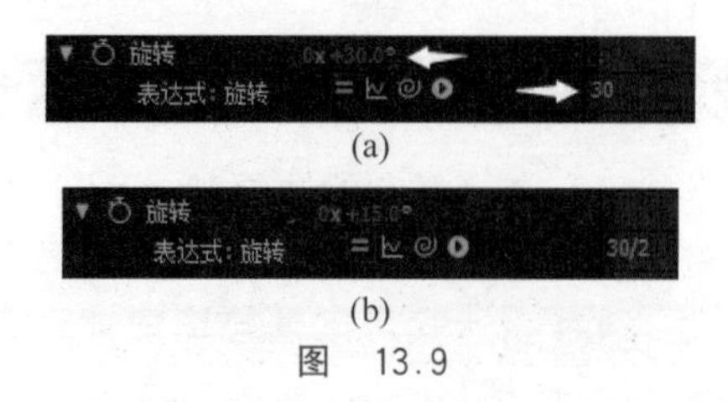

(a)

(b)

图 13.9

因为直接修改属性值要更方便一些。现在在表达式输入框中输入“rotation＋30”,即“旋转”属性值再加上 30°,如图 13.10(a)所示。将鼠标指针放在属性值上左右拖动调整数值如 10°,松开鼠标发现数值变为 40°,即 10°＋30°＝40°,如图 13.10(b)和图 13.10(c)所示。

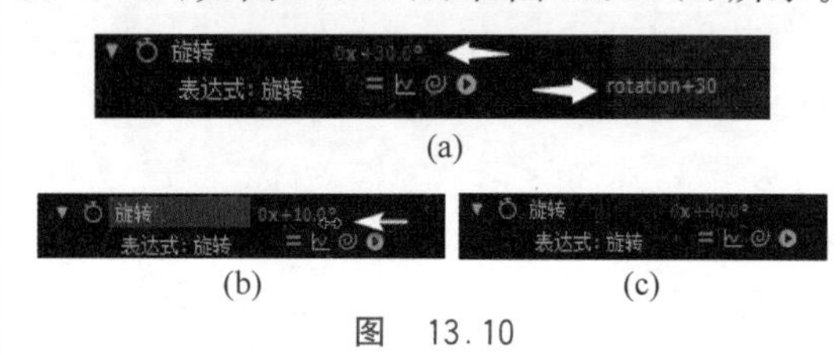

(a)

(b) (c)

图 13.10

(6) 如果编写的表达式较为复杂,或者其他人需要使用,为表达式添加注释可以使表达式更具可读性,方便使用和修改。如果注释仅占一行,那么在注释开头输入“//”;如果注释有多行文字,那么在注释文字的开头使用“/ *”,在注释结尾输入“ * /”,如图 13.11 所示。

图 13.11

13.2.3 一维数组与二维数组

(1) 在 13.2.2 节中,在五角星的旋转表达式框中输入 30,此时五角星旋转了 30°,现在以同样的方式将五角星缩小一半。打开“一维数组与二维数组”合成,展开“缩放”属性,按 Alt 键启用缩放表达式,在表达式输入框中输入 50,在文本字段之外的任何位置单击闭合表达式框,五角星没有任何变化,弹出如图 13.12(a)所示的警告,表达式已被禁用,其中也给出了禁用原因,即“缩放”的属性值是二维数组,有 X 轴和 Y 轴之分;将表达式更改为“[50,50]”,可以看到“缩放”的属性值变为红色的(50%,50%),如图 13.12(b)所示,此时表达式被执行,五角星缩小了一半。

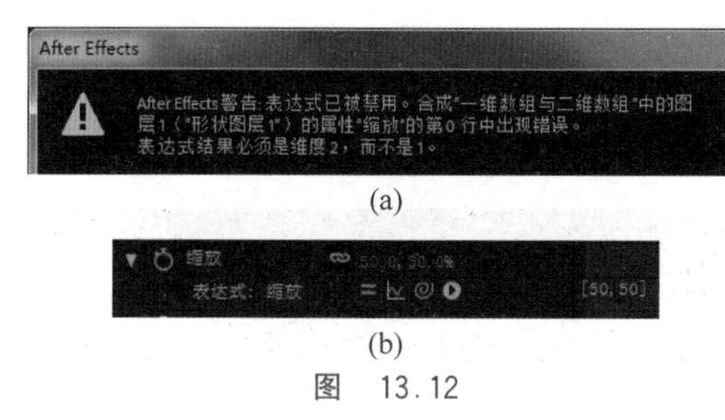

(a)

(b)

图 13.12

(2) 展开图层的"变换"属性,可以看到有锚点、位置、缩放、旋转、不透明度,其中锚点、位置、缩放的属性值是二维数组,旋转、不透明度的属性值是一维数组,在写表达式时一维数组可以直接输入一个数值,二维数组需要在英文状态的方括号中分别输入 X、Y 轴的值,并用英文逗号隔开。

(3) 对表达式的属性进行定义。启用位置的表达式,输入"a=140,b=540;",按 Enter 键另起一行,输入"[a,b]",此代码代表图层的 X 轴位置为 140,Y 轴位置为 540。闭合表达式,可以看到五角星移动到左边,如图 13.13 所示。

图 13.13

注意:(1) 在输入表达式时,所有的代码和标点符号都要在英文状态下输入。

(2) 在输入多行表达式时,需要在每行结尾添加分号";",以表示这一行结束,不然会出现警告,无法执行表达式。结尾行可以不用添加分号。

13.2.4 表达式工具

启用表达式后其右侧有 4 个按钮,如图 13.14 所示,从左至右分别是"表达式开关""表达式图表""关联器"和"表达式语言菜单"。

图 13.14

1. 表达式开关

(1) 打开"表达式工具"合成,启用缩放表达式,输入"[time * 40,time * 40]",即五角星的缩放随着时间的推移慢慢变大,移动时间指示器,1 秒时"缩放"值为(40%,40%),2 秒时"缩放"值为(80%,80%),如图 13.15 所示。

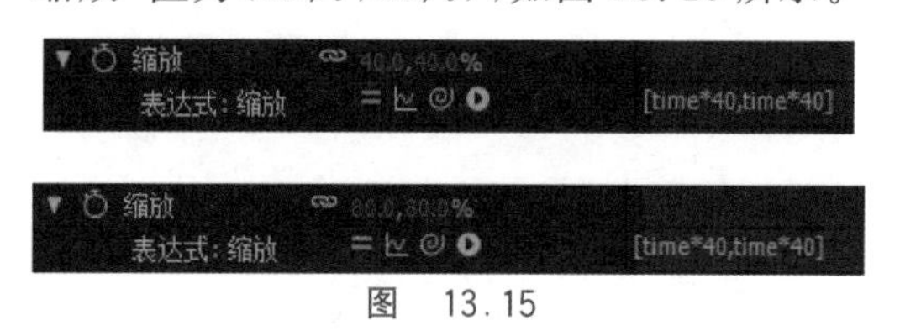

图 13.15

(2) 如果现在不想让五角星的缩放随着时间变化,可以禁止表达式的使用。单击"表达式开关",按钮变为,颜色由蓝色变为灰色,移动时间,五角星变为添加表达式之前的状态,没有发生大小变化,表达式被禁止使用。再次单击表达式开关,五角星又会发生变化。

2. 表达式图表

(1) 表达式图表显示表达式如何影响一段时间内的值。表达式图表需要在图表编辑器下使用。先禁用表达式,单击"时间轴"面板上方的图表编辑器,如图 13.16(a)所示,再单击"缩放"属性下的"表达式图表",时间轴中出现一条线,代表这两秒内五角星的"缩放"值变化,此时"缩放"值一直为 100%,所以未发生起伏变化,如图 13.16(b)所示。

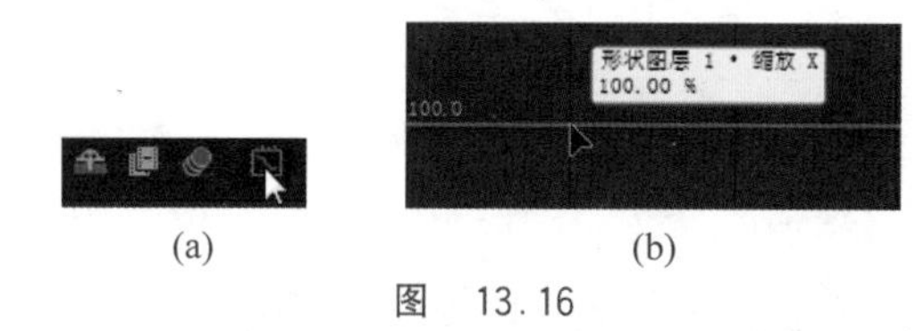

(a)

(b)

图 13.16

(2) 取消表达式的禁用,图表编辑器中出现两条线,如图 13.17 所示,上方较暗的线显示为原始值,下方较明亮的斜线为之前添加的"[time * 40,time * 40]"表达式的数值,"缩放"值由 0%到 80%。

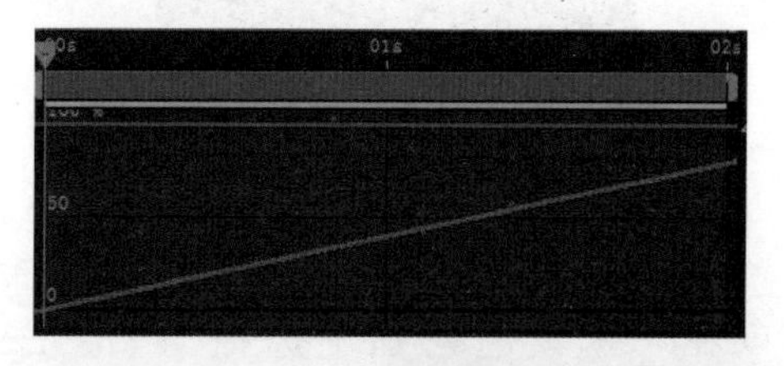

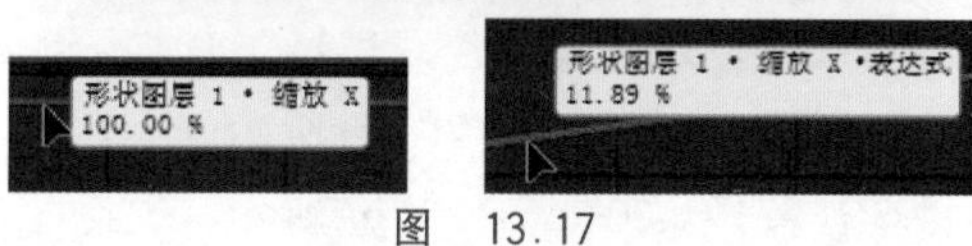

图 13.17

视频讲解

3. 关联器

(1) 表达式中的“关联器”与图层中的“父级”一样,不过表达式中的“关联器”是链接子元素,而“父级”是链接父元素。取消图表编辑器的显示,隐藏“形状图层 1”层,使用“文字工具”在“合成”面板中输入“AE CC”,“字体”为微软雅黑,“字体大小”为 200 像素,将“锚点”居中,水平居中对齐,垂直居中对齐。

(2) 展开文本层的“变换”属性,设置“不透明度”关键帧,0 秒时为 0%,2 秒时为 100%。启用缩放的表达式,选择关联器将其拖动到此层的“不透明度”属性上去,如图 13.18(a)所示,表达式由“transform. scale”变为如图 13.18(b)所示,因为“缩放”值属于二维数组,在链接时自动定义了变量 temp,在这里可以更换变量名,比如将 temp 更换为 a,仍然能得到同样的效果,如图 13.18(c)所示。

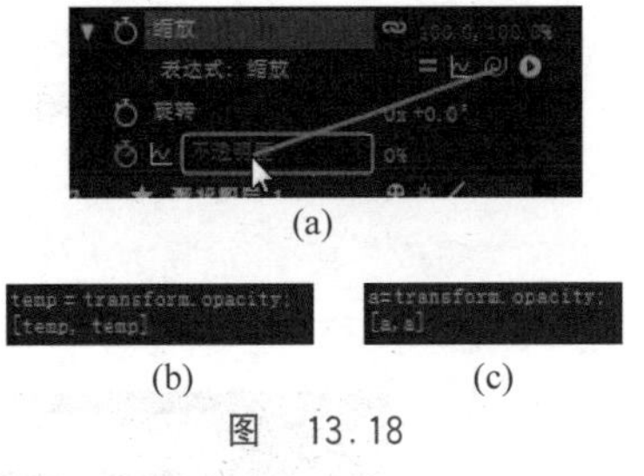

(a)

(b) (c)

图 13.18

(3) 播放动画,文字大小随着“不透明度”值的增加而变大,图 13.19(a)为 1 秒时的画面。将时间移至 1 秒 10 帧处,“缩放”值和“不透明度”值均为 70%,如图 13.19(b)所示。

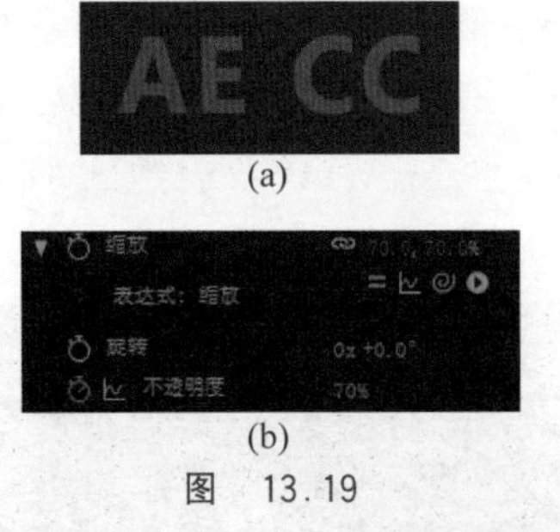

(a)

(b)

图 13.19

(4) 如果想让文字的缩放随着旋转变化,可以在表达式输入框中选择“transform. opacity”,再使用缩放的“关联器”将其拖动到“旋转”属性上,如图 13.20(a)所示,选择的代码将会被替换,如图 13.20(b)所示,文字的缩放将会随着旋转变化,此时“旋转”值为 0,可以在 0 秒处和 2 秒处设置“旋转”关键帧查看效果。

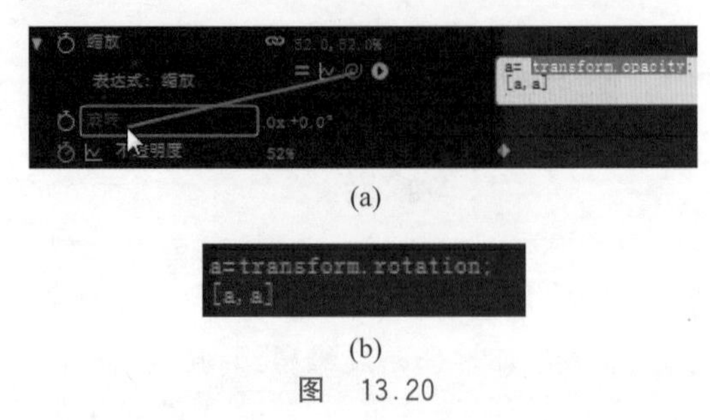

(a)

(b)

图 13.20

(5) 表达式关联不仅可以在同一图层中的不同属性间进行链接,也可以在不同图层的不同属性中进行链接。隐藏“AE CC”层,通过右键快捷菜单新建一个文本层,输入数字“100”。

(6) 现在让数字的“不透明度”值随着“形状图层 1”的“缩放”值进行变化,展开数字层的“不透明度”属性,启用其不透明度表达式,取消“形状图层 1”层的隐藏,选择“形状图层 1”层,连续按 E 键两次,展开添加过的表达式属性即“缩放”属性,使用数字层的不透明度关联器将其拖动到“缩放”属性上,代码效果如图 13.21(a)所示,图 13.21(b)为 1 秒时的画面。

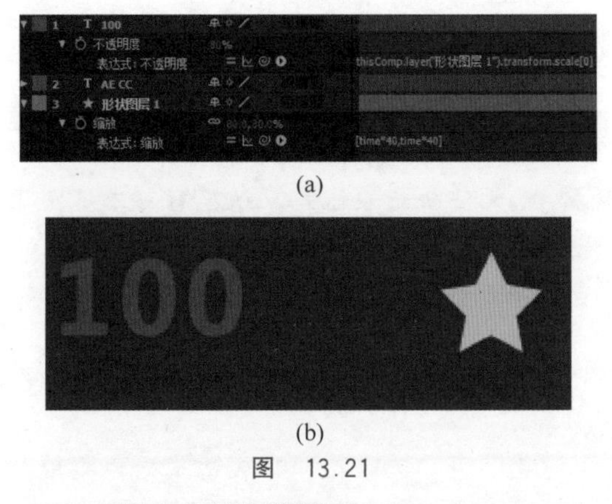

(a)

(b)

图 13.21

4. 表达式语言菜单

(1) 表达式语言菜单里有许多表达式,如图 13.22 所示,先使用随机函数做演示,后面将介绍更多常用的表达式。

(2) 隐藏“形状图层 1”,展开文字“100”层的“文本”属性,启用源文本的表达式,选择表

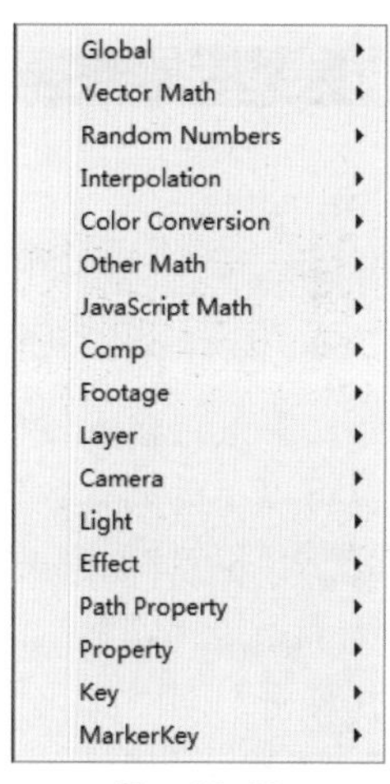

图　13.22

达式语言菜单按钮，在弹出来的菜单栏中选择 Random Numbers→random，默认表达式 text. sourceText 被替换为 random()，如图 13.23 所示，将代码更改为 random(1,100)，即在“合成”面板中将随机生成在 1～100 的数字，闭合表达式框，拖动“当前时间指示器”查看效果。

图　13.23

(3) 可以看到数字的小数位数过多，如图 13.24(a)所示，在原表达式后添加“. toFixed(n)”，其中 n 为想要保留的小数位数。将代码修改为“random(1,100). toFixed(2)”以保留两位小数，最终的效果如图 13.24(b)所示。

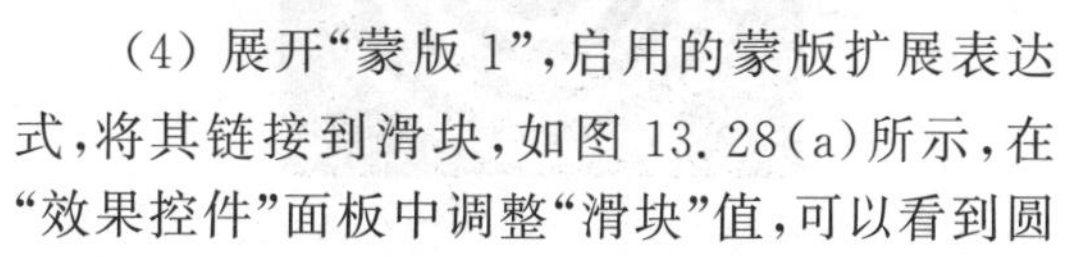

(a)　　(b)

图　13.24

13.3　表达式控制效果

(1) 打开“滑块控制”合成，在“时间轴”面板中新建一个“名称”为“圆环”、“颜色”为 #EAFFD0 的纯色层，选择“圆环”层，使用“椭圆工具”在纯色层上绘制蒙版。将鼠标指针放在纯色层的“锚点”位置上进行拖曳，按 Ctrl 键不动，绘制的椭圆以“锚点”为中心，再按 Shift 键不放进行拖动，绘制一个正圆，如图 13.25 所示。

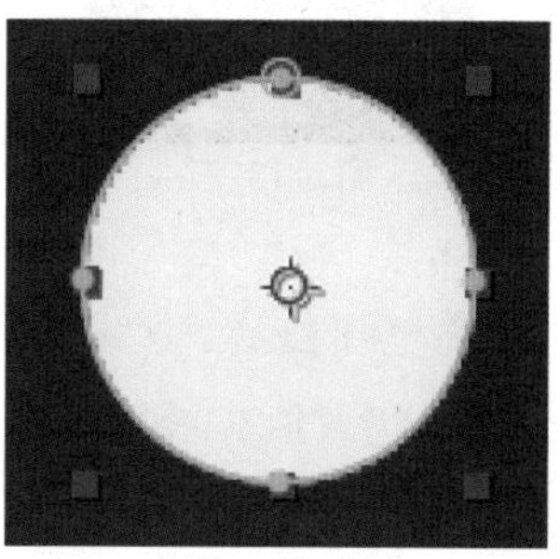

图　13.25

(2) 选择“圆环”层，再使用“椭圆工具”添加第二个蒙版，绘制大小如图 13.26(a)所示，可以移动蒙版将其位于正中央，在“时间轴”面板中将“蒙版 2”的“模式”更改为“相减”，效果如图 13.26(b)和图 13.26(c)所示。

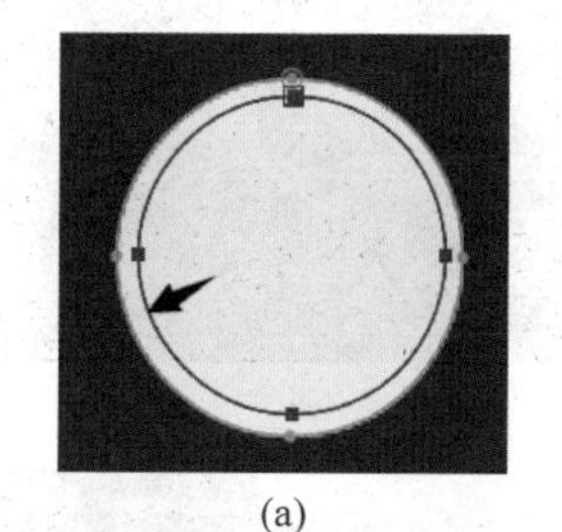

(a)

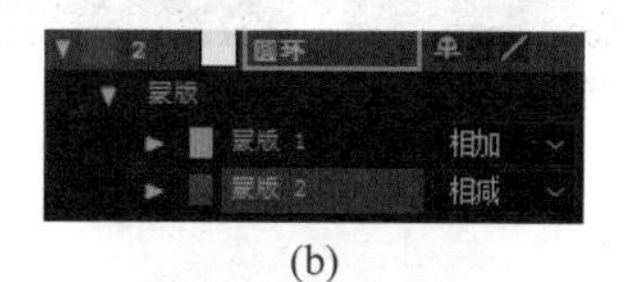

(b)

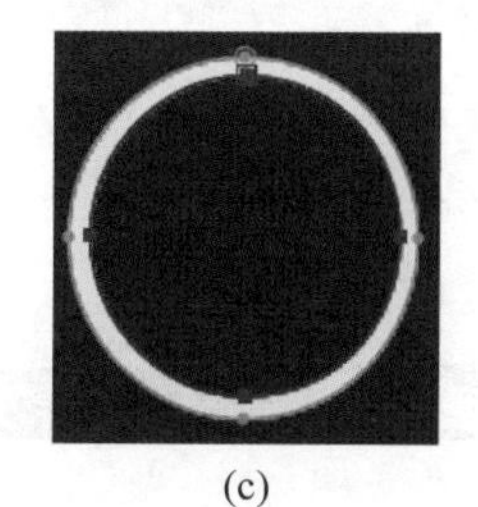

(c)

图　13.26

(3) 展开“蒙版 1”和“蒙版 2”，调整“蒙版扩展”的像素值可以改变圆环的粗细。选择“圆环”层，在菜单栏中选择“效果”→“表达式控制”→“滑块控制”，“效果控件”面板中出现了“滑块控制”属性，如图 13.27 所示。

(4) 展开“蒙版 1”，启用的蒙版扩展表达式，将其链接到滑块，如图 13.28(a)所示，在“效果控件”面板中调整“滑块”值，可以看到圆

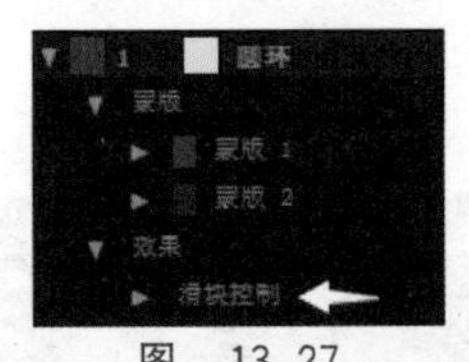

图 13.27

环粗细发生变化。启用“蒙版 2”的蒙版扩展表达式,将其链接到滑块,蒙版 2 的“蒙版扩展”值比蒙版 1 的“蒙版扩展”值小 5 像素,将表达式修改为如图 13.28(b)所示,则圆环的大小始终为 5 像素。修改“滑块”值,圆环大小发生变化但粗细不变。在“效果控件”面板中选择“fx 滑块控制”,按 Enter 键重命名为“大小”,如图 13.28(c)所示。

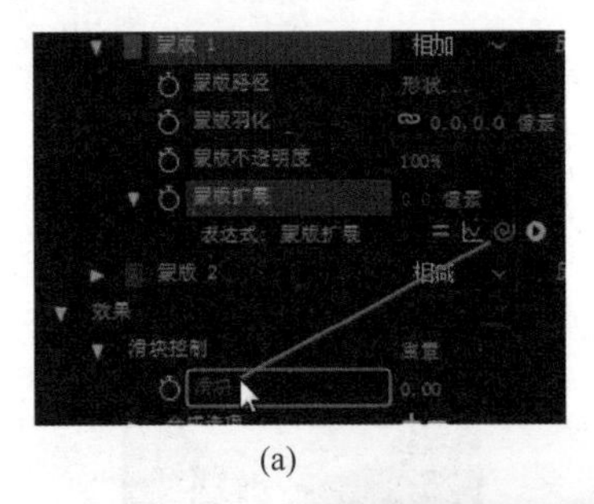

(a)

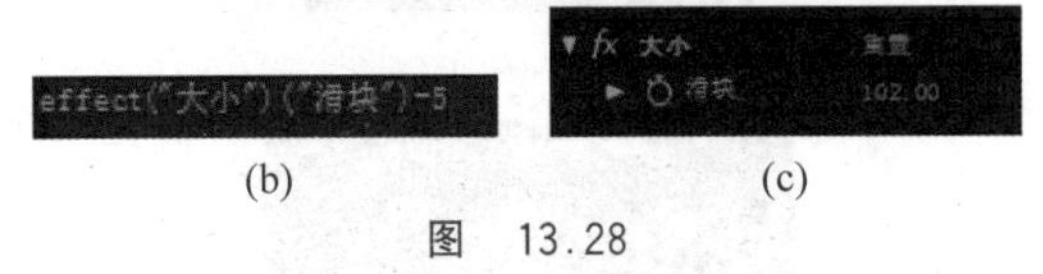

(b) (c)

图 13.28

(5) 选择“圆环”层,再添加一个“滑块控制”,选择蒙版 2 表达式中的“5”,将其链接到新增加的滑块控制上,如图 13.29 所示。调整“滑块”值,圆环的粗细发生变化,将滑块控制重命名为“粗细”。

图 13.29

(6) 多复制几层,在“效果控件”面板中调整大小的“滑块”值,如图 13.30 所示。

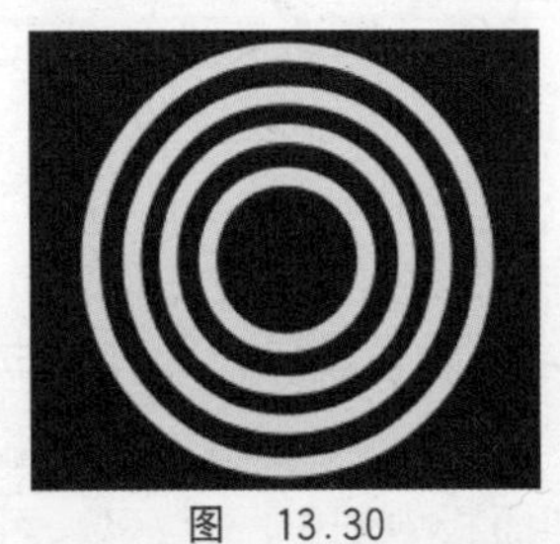

图 13.30

13.4 常用表达式

13.4.1 value 表达式

value 的使用很普遍,它可以在不同的属性之间使用,一维数组和二维数组都可以,value 在哪个属性下进行输入就代表着哪个属性的值,同时也可以手动调整数值。在“位置”属性下输入就代表“位置”值(position),在“缩放”属性下输入就代表“缩放”值(scale)。在“项目”面板中双击打开“13.4”文件夹下的“value 表达式”合成,启用缩放表达式,输入“[value[0],value[1]]”,此时方括号里的两个参数“value[0],value[1]”分别代表“缩放”的 X 轴值 80%,Y 轴值 100%,如图 13.31 所示。

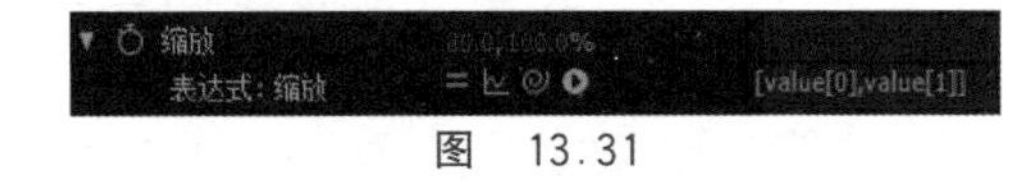

图 13.31

13.4.2 抖动表达式

(1) 打开“抖动表达式”合成,可以看到这是一个火箭发射的视频,火箭在发动机点火后以热气流高速向后喷出,利用产生的反作用力向前运动,在地面上会感觉到震动。在播放画面的过程中发现这个视频很平稳,没有抖动的效果,添加抖动效果后可能会更加真实。

(2) 使用抖动表达式为火箭发射的场景添加抖动的效果。这里的抖动就是让镜头的位置移动,展开视频层的“位置”属性,启用位置表达式,在表达式输入框中输入“wiggle(4,40)”,如图 13.32 所示,wiggle 表达式的括号里包含两个参数,分别为频率和振幅,即 4 为每秒抖动 4 次,40 为每一次的抖动幅度为 40 像素。

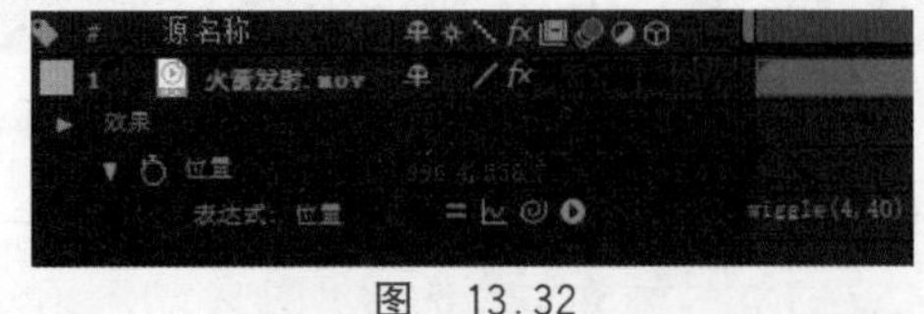

图 13.32

(3) 播放视频,画面已有抖动的效果,但是火箭点火前、点火中、发射这 3 个阶段的抖动效果是不同的,而且镜头也变远了,需要添加关键帧改变抖动的程度。此时可以使用滑块辅助添加关键帧。选择视频层，选择“效果”→“表达式控制”→“滑块控制”，在效果控件中将“滑块控制”重命名为“控制抖动”，wiggle 的参数中第二个参数代表抖动幅度即括号中的 40，选择 40，使用关联器将其链接到“效果控件”面板中“控制抖动”的“滑块”属性上，如图 13.33 所示，接下来通过设置“滑块”关键帧来调整抖动程度。

```
wiggle(4,40)    wiggle(4,effect("控制抖动")("滑块"))
```

图　13.33

(4) 播放视频发现 3 秒 2 帧前还处于预备状态，未点火，较平稳，抖动程度较小，设置“滑块”关键帧，值为 10。3 秒 2 帧火箭点火，到 7 秒 5 帧动力逐渐增强，在 7 秒 5 帧处设置关键帧为 40。7 秒 7 帧火箭起飞，镜头距离较远，抖动程度变小，设置关键帧为 20。

(5) 关键帧已设置完毕，抖动形成的位移露出了黑色背景，如图 13.34(a)所示，选择视频层，选择“效果”→“风格化”→“动态拼贴”，将“拼贴中心”更改为(980,570)，“输出宽度”和“输出高度”均调整为 150，选中“镜像边缘”，如图 13.34(b)所示。播放动画，黑色边缘被填补。

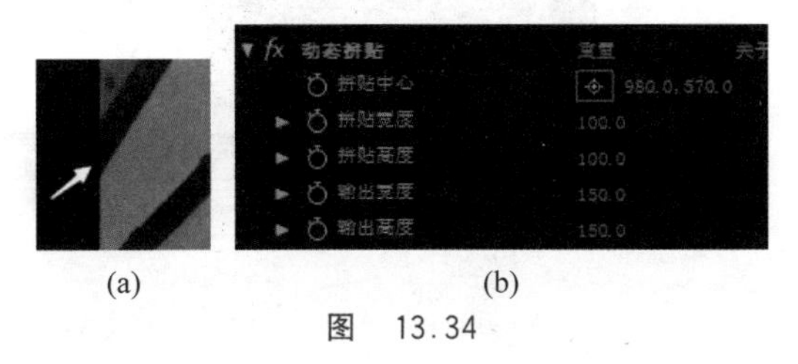

(a)　　(b)

图　13.34

13.4.3　循环表达式

(1) 双击打开“循环表达式”合成，展开“圆”层的“位置”属性，有 3 个“位置”关键帧，播放动画，四角星以抛物线的形式移动位置，启用位置表达式，单击“表达式语言菜单”，在 Property 菜单下有 loopIn 和 loopOut 两种循环表达式，如图 13.35 所示，先以 loopOut 为例进行讲解。

(2) 选择 loopOut 表达式，表达式输入

```
loopIn(type = "cycle", numKeyframes = 0)
loopOut(type = "cycle", numKeyframes = 0)
```

图　13.35

视频讲解

视频讲解

框中自动生成“loopOut(type = "cycle", numKeyframes = 0)”，其中 type 是指循环的方式，主要有 cycle，pingpong，offset，continue 4 种方式，也可以不写，默认是 cycle 方式。numkeyframes 表示循环哪些关键帧，0 表示所有关键帧，1 表示最后 2 个，2 表示最后 3 个，以此类推。也可以不写，默认是 0。

(3) 也可以手动输入循环表达式，可以直接输入类型，如输入“loopOut("cycle")”，这是最基本的循环，循环效果在关键帧之后，闭合表达式，播放动画，2 秒之后仍然从 1 到 3 进行抛物线移动。

(4) 将表达式修改为“loopOut("cycle",1)”，即在原来的基础上添加了一个参数，代表只循环后两个关键帧，此时四角星在 2 秒后一直在 2 到 3 的路径上循环，播放动画查看修改后的效果。

(5) 将表达式修改为“loopOut("pingpong")”，四角星像乒乓球那样一来一回循环，添加参数即“loopOut("pingpong",1)”，播放动画，此时四角星在 2 秒后一直在 2 到 3 的路径上一来一回循环。

(6) 将表达式修改为“loopOut("offset")”，播放动画，累加前面关键帧，朝着关键帧变化的趋势，一直变化下去。打开表达式图表可以更清楚地看到其运动路径，如图 13.36 所示。

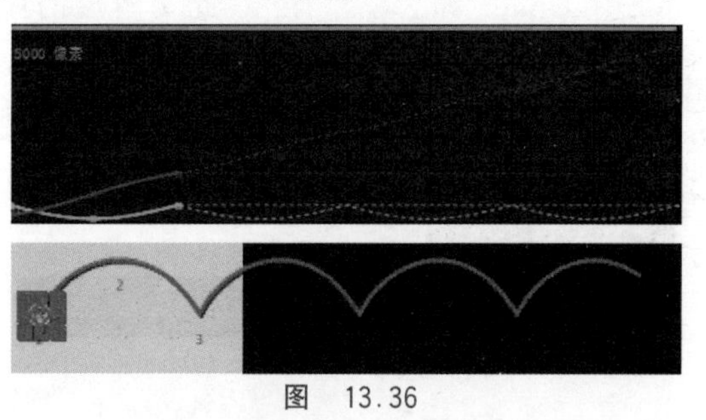

视频讲解

图　13.36

(7) 将表达式修改为“loopOut("continue")”，播放动画，四角星以最后一个关键帧的变化速度继续变化，打开表达式图表查看其运动路径，如图 13.37 所示。

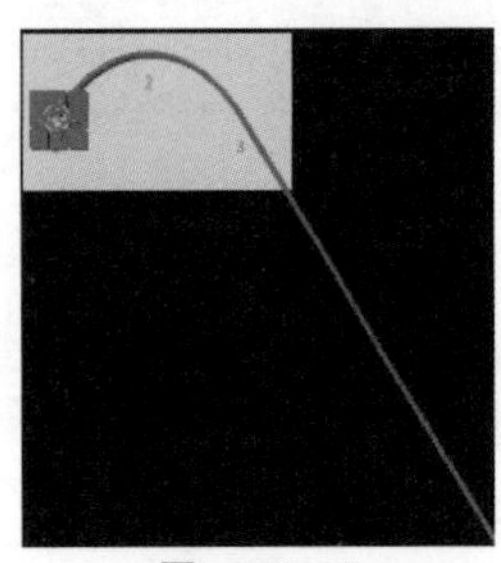

图 13.37

(8) 将表达式修改为“loopIn("cycle")”，2秒后没有动画效果，选择3个关键帧移动到如图13.38所示位置，播放动画，没有设置关键帧的位置也进行了循环动画。以此为例，loopIn即0～6秒循环6～8秒的动画。

图 13.38

视频讲解

13.4.4 index表达式

(1) 使用index表达式可以制作简单的三维效果。打开“index表达式”合成，使用“文字工具”在“合成”面板中输入“AE CC”，“字体”为“微软雅黑”，“字体样式”为Bold，“字体大小”为300像素，“字体颜色”为#494ca2。将文字水平居中对齐，垂直居中对齐。

(2) 打开文本层的“3D图层”开关，启用位置表达式，输入“[position[0],position[1],index]”，index即为图层序号，此文本层的序号为1，如图13.39(a)所示，index就为1，在表达式中index代表文字的Z轴位置，则Z轴位置值为1，如图13.39(b)所示。

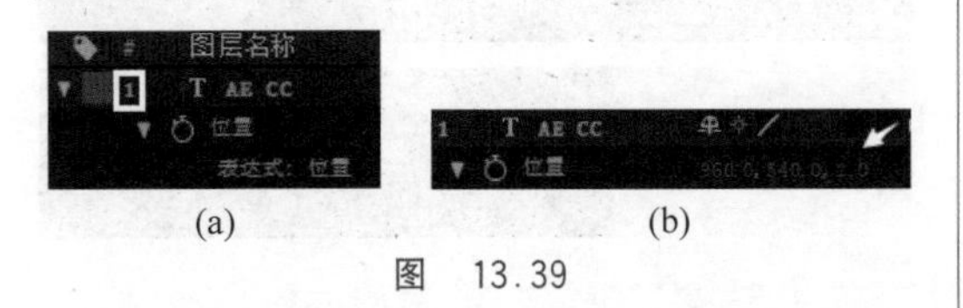

(a) (b)

图 13.39

(3) 多复制几层，图层序号发生变化，Z轴数值也一起变化，如图13.40所示。

(4) 按Ctrl+D键一共创建19个副本，直到“AE CC 20”，在“合成”面板下方将视图有“活动摄像机”更改为“自定义视图1”，放大面板可以看到多个副本叠加形成了立体文字，如图13.41所示。

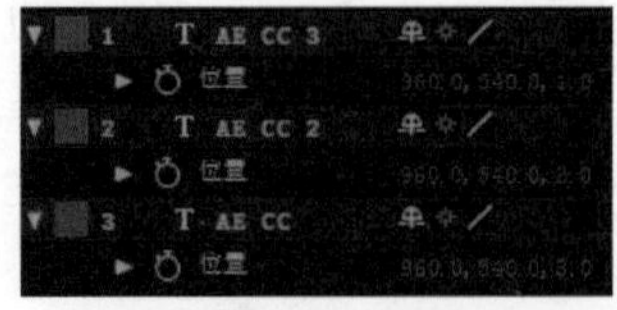

图 13.40

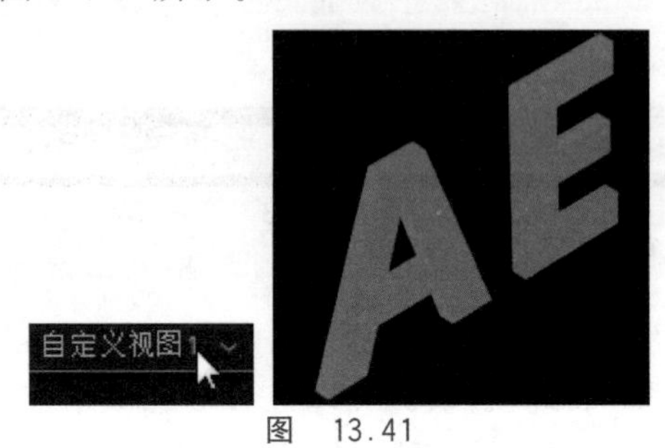

图 13.41

(5) 此时因为所有层的文字颜色都相同，叠加在一起立体效果不明显，同时选择“AE CC”到“AE CC 19”层，将文字颜色修改为#8186d5，效果如图13.42所示。

图 13.42

13.4.5 时间表达式

(1) 双击打开“时间表达式”合成，双击“椭圆工具”，建立了一个形状图层，将颜色修改为#F38181，展开“椭圆1”下的“椭圆路径1”，将“椭圆路径1”下的“大小”修改为(150,150)，“位置”值修改为(0,−260)，重命名为“圆1”，如图13.43(a)所示。画一个大小为(50,50)的正圆，颜色为#95E1D3，将“锚点”居中，图层水平居中对齐，垂直居中对齐，重命名为“中心”，如图13.43(b)所示。

(2) 启用“圆1”层的旋转表达式，输入“time”，在1秒处旋转值为1°，2秒处为2°，由

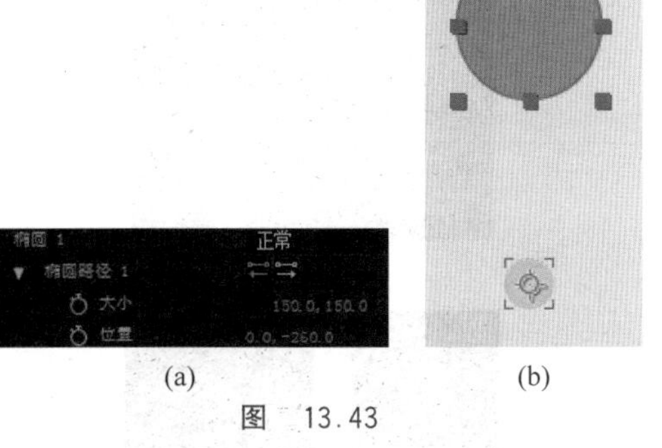

(a) (b)

图 13.43

于数值较小旋转不太明显，将表达式修改为“time * 300”，旋转的速度变快。

(3) 选择“圆 1”创建副本，连续按 E 键两次展开表达式，使用关联器将其链接到“圆 1”的“旋转”属性上，如图 13.44(a)所示，此时两个图层重叠，使用延时表达式使第二个圆延时出现。在表达式后添加“. valueAtTime(time－0.05)”，即延迟 0.05 秒再旋转，如图 13.44(b)所示。

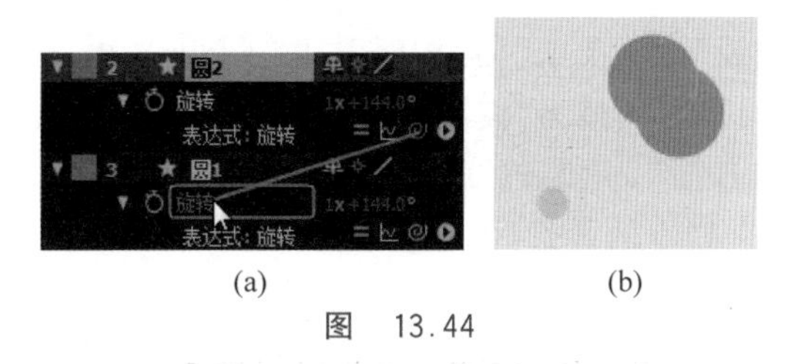

(a) (b)

图 13.44

(4) 希望每创建一个副本就在前一个的基础上延迟 0.05 秒，此时可以使用 index，index＋1 即为前一个图层，将代码前半部分的“thisComp. layer("圆 1")”更改为“thisComp. layer(index＋1)”，对“圆 2”创建多个副本，得到如图 13.45 所示效果。

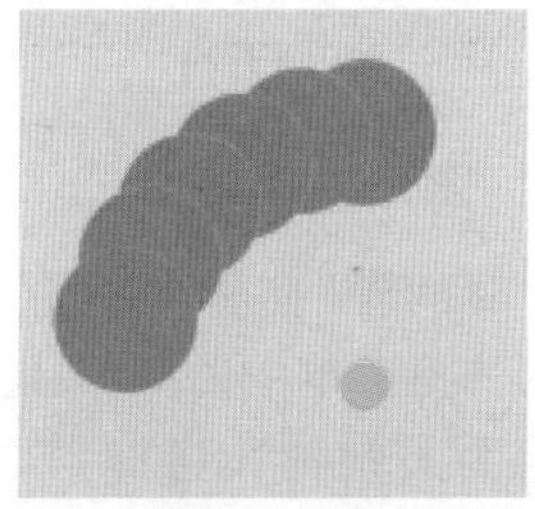

图 13.45

(5) 修改不透明度。删除“圆 2”之后的副本，启用“圆 2”的不透明度表达式，输入“index * 10”，每个圆的不透明度相差 10%。对“圆 2”创建 8 个副本直到“圆 10”，0 秒处的效果如图 13.46 所示。播放动画查看效果。

视频讲解

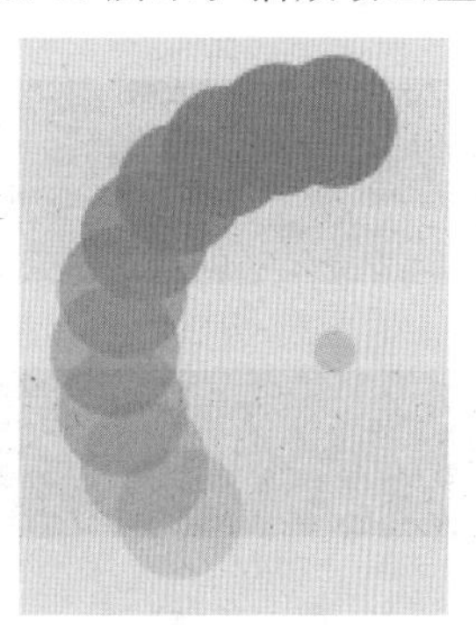

图 13.46

13.5 范例制作

13.5.1 范例原理

此范例使用“音频频谱”效果制作频谱；将图片链接到添加了 linear 表达式的“音频振幅”层上，图片在原来大小的基础上随着音频小幅度地进行抖动；使用 cc Particle World 效果制作粒子，同样链接到“音频振幅”层上，添加判断语句使粒子在乐感强烈的时候粒子发射，乐感较弱时停止发射；最后使用“形状工具”和添加时间码制作进度条。

13.5.2 制作频谱

视频讲解

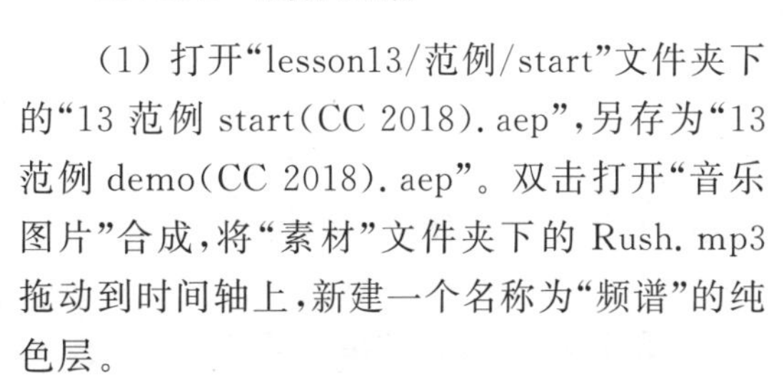

(1) 打开“lesson13/范例/start”文件夹下的“13 范例 start(CC 2018). aep”，另存为“13 范例 demo(CC 2018). aep”。双击打开“音乐图片”合成，将“素材”文件夹下的 Rush. mp3 拖动到时间轴上，新建一个名称为“频谱”的纯色层。

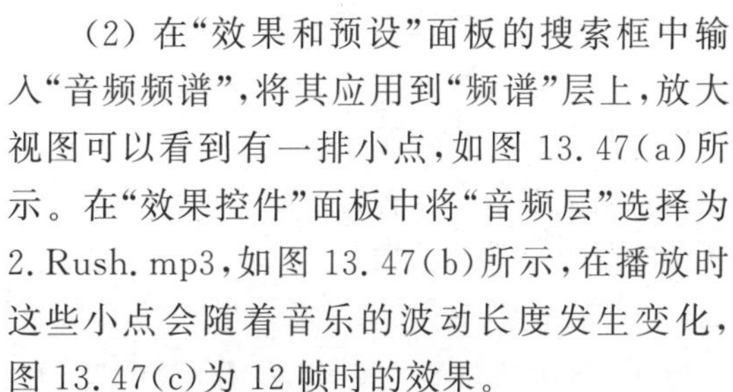

(2) 在“效果和预设”面板的搜索框中输入“音频频谱”，将其应用到“频谱”层上，放大视图可以看到有一排小点，如图 13.47(a)所示。在“效果控件”面板中将“音频层”选择为 2. Rush. mp3，如图 13.47(b)所示，在播放时这些小点会随着音乐的波动长度发生变化，图 13.47(c)为 12 帧时的效果。

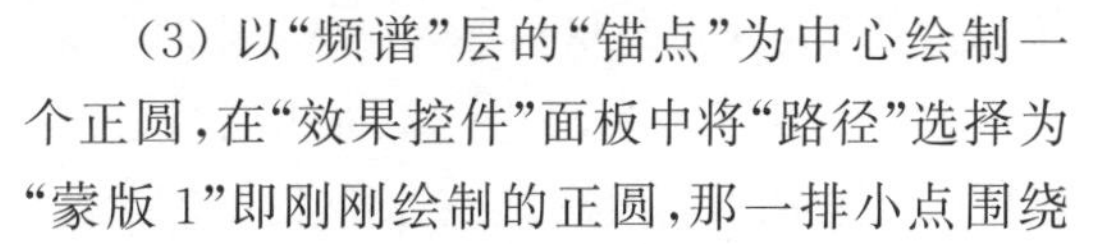

(3) 以“频谱”层的“锚点”为中心绘制一个正圆，在“效果控件”面板中将“路径”选择为“蒙版 1”即刚刚绘制的正圆，那一排小点围绕

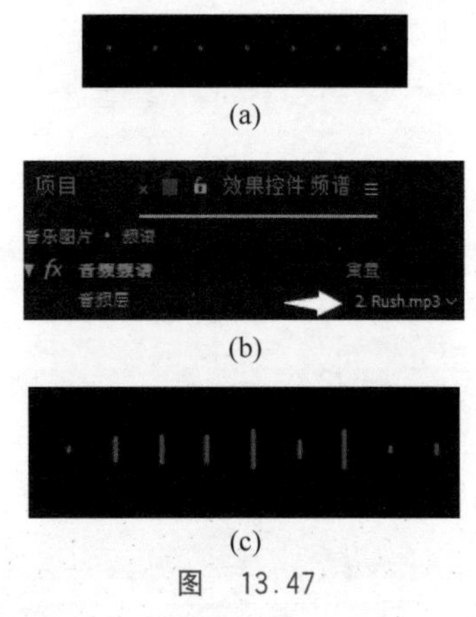

(a)

(b)

(c)

图 13.47

正圆进行排布，如图 13.48(a)所示。单击“合成”面板下方的“切换蒙版和形状路径可见性”按钮，如图 13.48(b)所示，取消蒙版路径的显示，以更好地查看效果。

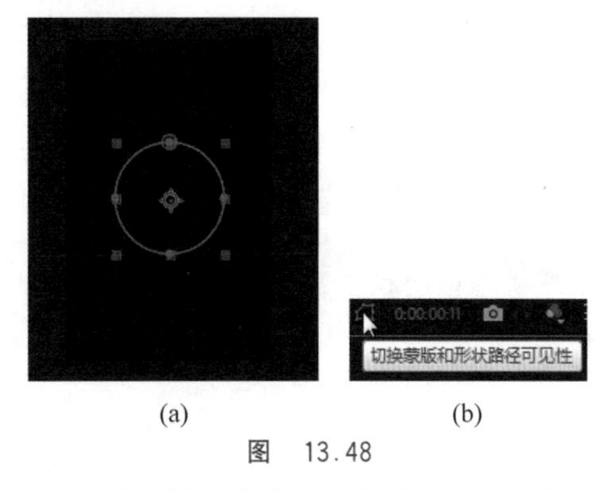

(a) (b)

图 13.48

(4) 在“效果控件”面板中调整频谱的参数值。音频频谱效果中“厚度”为单个点的粗细，调整为 10，以便观察后续的调整效果。频率为这些小点每秒跳动的次数，通过调整“起始频率”和“结束频率”来调整起始和结束的位置，将“起始频率”和“结束频率”分别调整为 20，600。“频段”数值与分段数有关，将“频段”调整为 45，分段数减少。最大高度为点跳动的最大高度，想要点随着音乐跳动得更加明显，将“最大高度”调整为 2850。“内部颜色”和“外部颜色”均改为白色，如图 13.49 所示。

(5) 在播放时发现一部分跳动的音频被截掉了，显示不完全，展开“频谱”层的“蒙版 1”，将“蒙版扩展”调整为 350 像素，此时跳动的音频就完整显示了，如图 13.50 所示。

(6) 播放动画发现跳动主要集中在左半

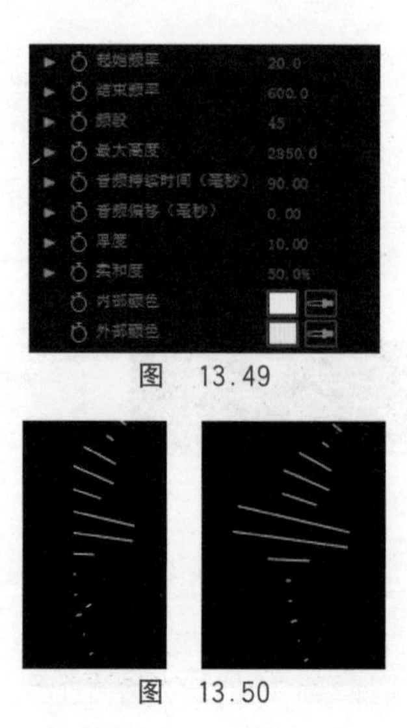

图 13.49

图 13.50

部分，将其“旋转”值设为 80°。将“位置”值设为(1164,1270)。

(7) 创建 3 个“频谱”副本，将第一个副本的“效果控件”面板下方的“显示选项”调整为“模拟谱线”，“面选项”为“A 面”，如图 13.51(a)所示；第二个副本的“显示选项”调整为“模拟谱线”，“面选项”为“B 面”，第三个副本的“显示选项”调整为“模拟频点”，“面选项”为“A 面和 B 面”，并调整“厚度”为 20。分别修改这 3 个副本的效果如图 13.51(b)～图 13.51(d)所示。

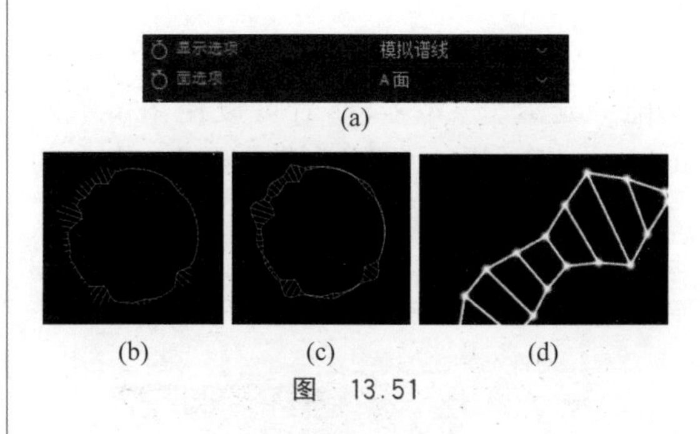

(a)

(b) (c) (d)

图 13.51

13.5.3 图片抖动

(1) 在“时间轴”面板中右击 Rush. mp3 层，在弹出的快捷菜单中选择“关键帧辅助”→“将音频转换为关键帧”，增加了“音频振幅”层，展开可以看到根据音频生成的关键帧，如图 13.52 所示。

(2) 将素材“音乐图片 1. jpg”拖动到时间轴最下层，为图片添加随着音乐一起抖动的效

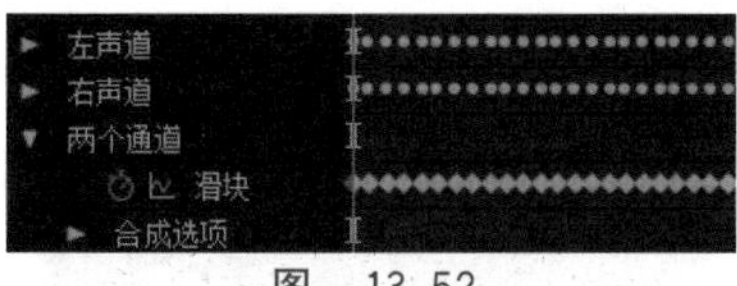

图　13.52

果。启用缩放表达式，将其链接到“音频振幅”层的“两个通道”上，如图 13.53(a)所示，图片的缩放将随着音乐进行变化。打开“音乐图片 1.jpg”层的“独奏”开关，播放动画，发现图片较小且抖动的幅度过大，如图 13.53(b)所示。

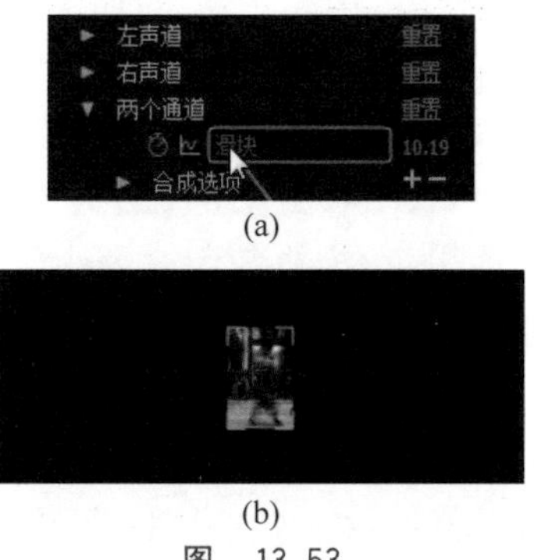

(a)

(b)

图　13.53

(3) 在“音频振幅”层的“两个通道”上使用 linear 表达式，启用滑块表达式，输入“linear(effect("两个通道")("滑块"), 0, 30, 0, 7)”，如图 13.54(a)所示。打开表达式图表，“滑块”值为 0～7。此时“音乐图片 1.jpg”的“缩放”值为 0～7，如图 13.54(b)和图 13.54(c)所示。

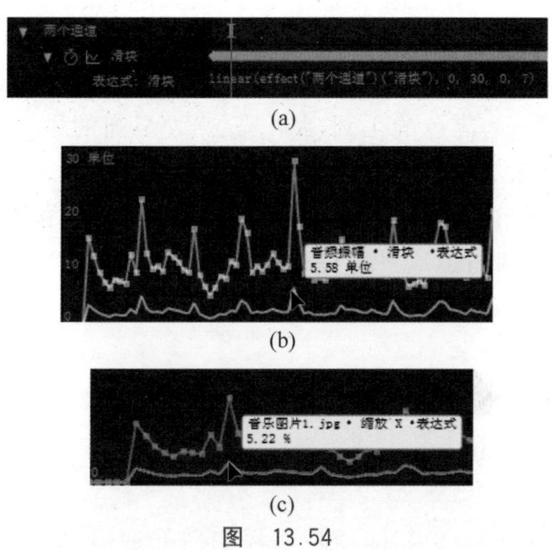

(a)

(b)

(c)

图　13.54

(4) 现在需要在原图片的基础上“缩放”值增加 0～7。删除“音乐图片 1.jpg”层的表达式，重新输入表达式。定义变量 x，将两个通道的“滑块”值赋给 x，如图 13.55(a)和图 13.55(b)所示。记得在第一行结尾输入英文状态下的“;”，按 Enter 键另起一行，因为“缩放”值属于二维数组，输入“[100,100]+[x,x]”，如图 13.55(c)所示。播放查看效果，图片的缩放值随着音频的节奏在 100%～107%变化。

视频讲解

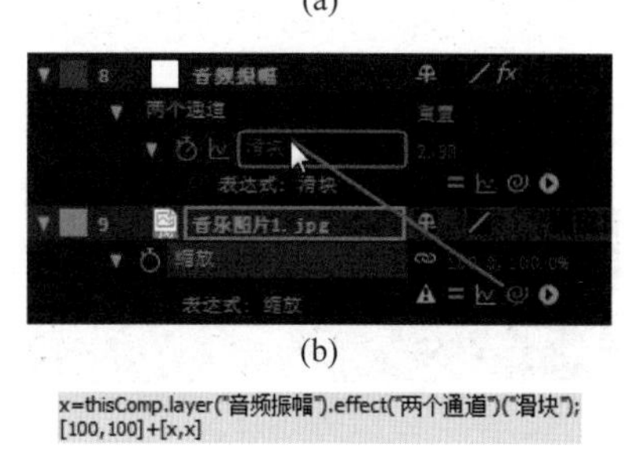

(a)

(b)

(c)

图　13.55

13.5.4　制作粒子

视频讲解

(1) 新建纯色层，命名为“粒子”，在“效果和预设”面板中搜索 cc Particle World，将其应用到“粒子”层，打开图层的“独奏”开关。在“效果控件”面板中展开 Physics，将 Gravity 改为 0，粒子由向下发射变为向四周发射。展开 Particle，将 Particle Type 更改为 Lens Bubble，如图 13.56 所示。

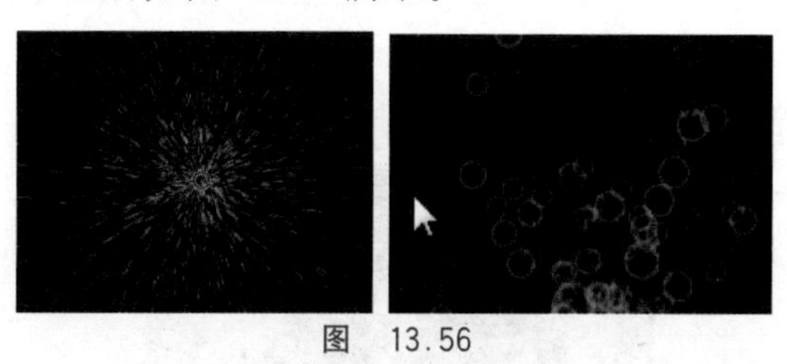
图　13.56

(2) 现在这些粒子将跟随音乐进行变化。在“时间轴”面板中展开“粒子”层的“效果”→cc Particle World→Physics，启用“Velocity”即速率的表达式，将其链接到“音频振幅”层的“两个通道”上，如图 13.57 所示，粒子的速率将随着音乐变化。

(3) 现在想要在乐感强烈的时候粒子发射，乐感较弱时停止发射。更改粒子的速率，将代码修改为如图 13.58(a)所示，x 即为粒子

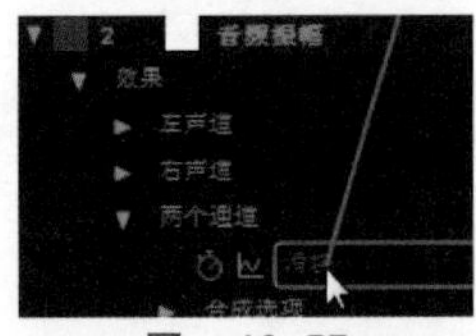

图　13.57

的发射速率,当速率大于 2 时,使其 1 秒发射 20 个粒子；小于 2 时,发射量为 0。同时打开“音频振幅”下的“两个通道”和“粒子”层下的 Velocity 表达式图表,可以看到速率大于 2 时才进行发射,如图 13.58(b)所示。将“粒子”层的“位置”值更改为(1164,1300)。

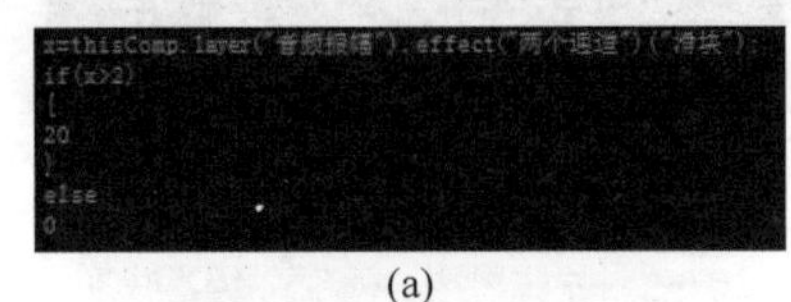

```
x=thisComp.layer("音频振幅").effect("两个通道")("滑块");
if(x>2)
{
20
}
else
0
```

(a)

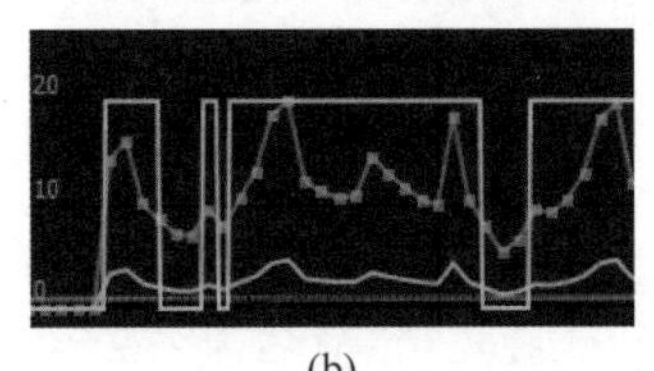

(b)

图　13.58

(4) 关闭“粒子”和“音乐图片 1”层的“独奏”开关,将素材“音乐图片 2.jpg”拖动到“时间轴”面板最上层,“缩放”值设为 36%,选择“音乐图片 2.jpg”层,使用“椭圆工具”以“锚点”为圆心绘制一个形状为正圆的蒙版,“模式”为相加,将“锚点”放至图片中央,在 0 秒处将其移动到如图 13.59 所示位置。

图　13.59

视频讲解

(5) 添加“音乐图片 2”的“旋转”关键帧,0 秒时为 0°,8 秒时为 360°,启用旋转表达式,输入“loopOut("cycle")”,如图 13.60 所示,图

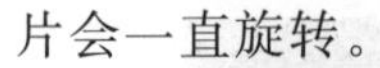

片会一直旋转。

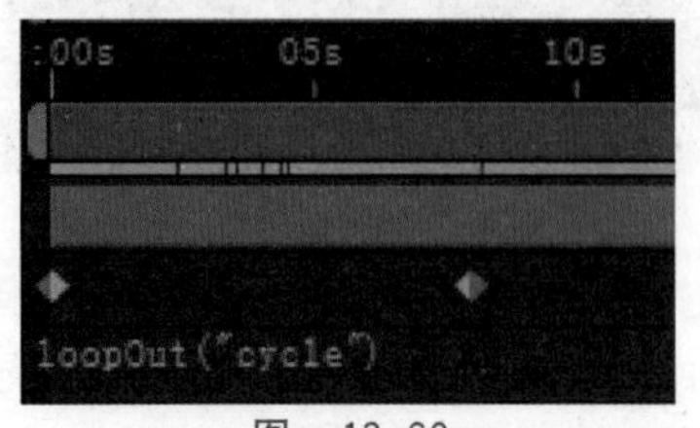

图　13.60

13.5.5　制作进度条

(1) 新建名为“进度条”的合成,“宽度”为 2328px,“高度”为 3500px,“持续时间”为 1 分钟,“背景颜色”为白色。双击“圆角矩形工具”,建立“形状图层 1”,重命名为“进度条”,修改颜色为黑色,描边为无,“大小”为(1720,25),“圆度”为 60。将“不透明度”修改为 50%,使其水平居中对齐和垂直居中对齐。

(2) 创建副本,重命名为“读取进度”,将“不透明度”修改为 100%。将“读取进度”层的“锚点”移动到圆角矩形的左边,如图 13.61 所示,设置“缩放”关键帧,0 秒时为(0,100%),1 分钟时为(100,100%)。

图　13.61

(3) 单击“时间轴”面板空白处,使用“椭圆工具”在进度条最左端绘制一个大小为 60,颜色为黑色的正圆,将“锚点”放至圆的中央,如图 13.62(a)所示。设置“位置”关键帧,0 秒时在进度条的开头,1 分钟时在进度条的结尾,圆与读取进度同时移动。图 13.62(b)为 20 秒时的画面。

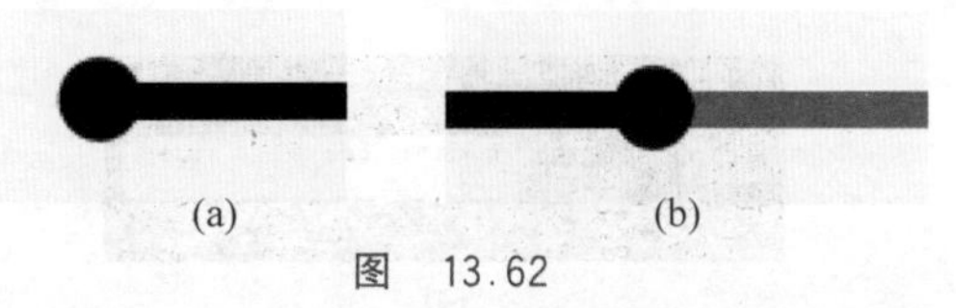

图　13.62

(4) 在“时间轴”面板空白处通过右键快捷菜单新建文本层,右击新建的空文本图层,选择“效果”→“文本”→“时间码”,“合成”面板中出现如图 13.63(a)所示的时间码,代表

“时：分：秒：帧”。在“效果控件”面板中将“文字大小”为80，“文本颜色”为黑色，取消选中“显示方框”，“文本位置”调整为（170，1790），如图13.63(b)和图13.63(c)所示。

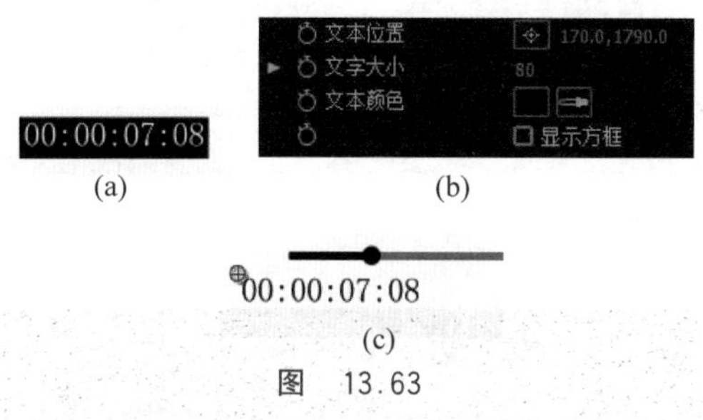

(a)　(b)　(c)

图　13.63

(5) 使用遮罩只显示分和秒。将文本层预合成，名称为“时间码”，选择合成，使用“矩形工具”框选分和秒部分，将“模式”更改为“相加”，如图13.64所示。

图　13.64

(6) 打开“合成”面板下方“切换透明网格”开关，进度条变为透明背景。

(7) 新建“音频可视化”合成，“宽度”为2328px，“高度”为3500px，“持续时间”为1分钟。将“音乐图片”合成和“进度条”合成拖动到“时间轴”面板，如图13.65所示，调整“进度条”的“位置”值为(1160,2760)。

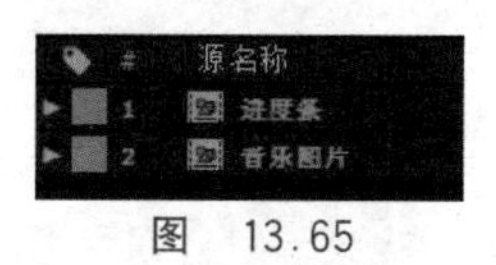

图　13.65

作业

一、模拟练习

打开“Lesson13/模拟/complete/13模拟complete(CC 2018).aep”进行浏览播放，根据上述知识点，参考完成案例，做出模拟场景。课件资料已完整提供，获取方式见本书前言。

要求1：创建表达式。

要求2：使用一些常用的表达式。

要求3：对表达式进行修改运算。

二、自主创意

自主创造出一个场景，应用本章所学知识，熟练掌握表达式的基本操作，创作作品。

三、理论题

1. After Effects中使用表达式和使用关键帧添加效果最大的区别是什么？

2. 在添加表达式时一维数组与二维数组有什么不同之处？

3. 表达式工具有哪几种？分别有什么作用？

第14章 内置效果、插件和模板

微课视频 24分钟(3个)

本章学习内容：

(1) 内置效果；

(2) After Effects 插件；

(3) After Effects 模板。

完成本章的学习需要大约2小时，相关资源获取方式见本书前言。

知识点

内置效果的简介　内置效果的查看　内置效果组的介绍　CC Ball Action 的使用　After Effects 插件的简介　After Effects 插件的安装　Particular 粒子插件的使用　模板的介绍　模板使用的技巧　Optical Flares 插件的使用　CC Particle World 特效的使用　残影特效的使用　发光特效的使用

本章案例介绍

范例：

本章范例是关于人物光效动作的视频，通过这个范例进一步了解和掌握内置效果和插件的使用方法，如图14.1所示。

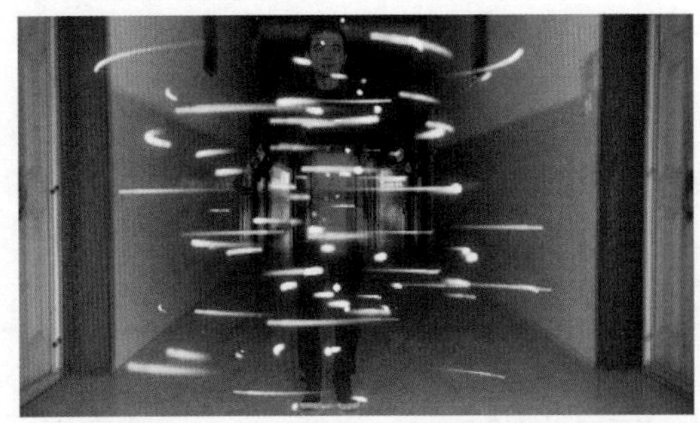

图 14.1

模拟案例：

本章模拟案例是关于音乐频谱的视频，使用内置特效“音频频谱”和发光制作而成，通过调整设置参数，来改变音频频谱的大小和颜色等，如图14.2所示。

图 14.2

14.1 预览范例视频

(1) 右击“lesson14/范例/complete”文件夹的“14 范例 complete(CC 2018).mp4”，播放视频。

(2) 关闭播放器。

(3) 也可以用 After Effects 打开源文件进行预览，在 After Effects 菜单栏中选择“文件”→“打开项目”命令，再选择“lesson14/范例/complete”文件夹的“14 范例 complete(CC 2018).aep”，单击“预览”面板的“播放/停止”按钮，预览视频。

14.2 内置效果

After Effects 作为一款特效制作软件，其中包括大量的特效效果，约有二百多种。这些效果按其能达到的效果又分为各种不同的大类，例如，调色类的效果可以改变图像的曝光度或颜色，生成类的效果可以添加新视觉元素，音频类的效果可以操作声音，扭曲类的效果可以变形图像，这些特效分别应用于合成中的图片、视频和音频之上。

14.2.1　内置效果的查看

（1）在 After Effects 的界面中，找到“合成和预设”面板，在“合成和预设”面板中内置效果按不同的效果类分别展示；也可以选中要应用效果的图层，然后从菜单中打开效果组，从其下级选择效果，如图 14.3 所示。

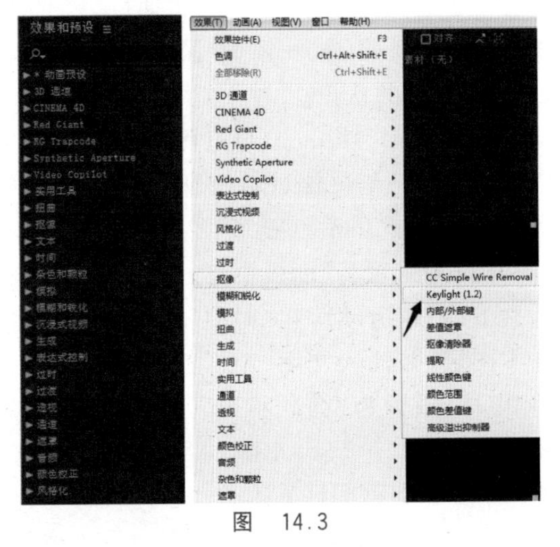

图　14.3

（2）在“合成和预设”面板中，也可以通过关键字搜索来找到想要的效果，如图 14.4 所示。

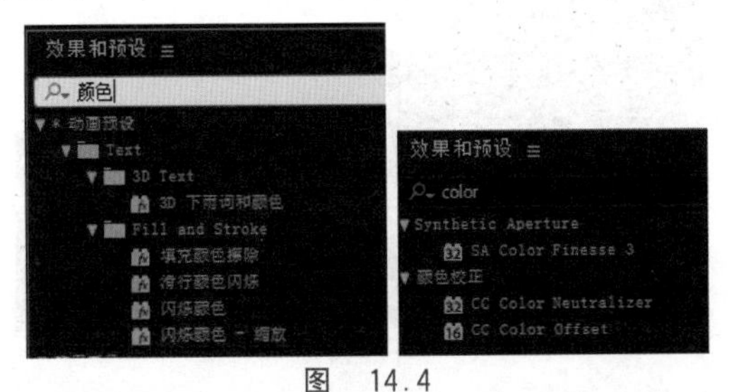

图　14.4

14.2.2　内置效果组

After Effect 效果位于“效果”菜单或“效果和预设”面板的不同分组中，以下按大致的常用顺序对内置效果分组进行简单介绍。

3D 通道：3D 通道组效果用来设置导入三维软件中制作的附加信息素材，例如提取 3D 通道信息作为其他特技效果的参数，有 3D 通道提取、ID 遮罩、场深度、深度遮罩、雾 3D 等效果。

CINEMA 4D：在 After Effects 中可以导入和渲染 C4D 文件。CINEMA 4D 效果可直接使用 3D 场景及其元素。

Synthetic Aperture：包含 Color Finesse 3 特效，主要是针对影视颜色进行精密校正的特效。特别是对图像局部处理的能力，使得其调色工作变得快捷、简单、精确。

实用工具：实用工具主要用来调整和设置素材颜色的输入和输出。

扭曲组：扭曲组中有二十多种效果，用来对图像进行扭曲变形类的处理，例如，球面化效果、凸出效果、网格变形处理、边角定位处理、旋转扭曲效果、极坐标处理、波纹效果等。

抠像组：抠像操作，在影视制作领域是被广泛采用的抠除背景蓝色或绿色幕布的技术。抠像组有十种左右的效果，例如，颜色键、线性颜色键、颜色差值键、亮度键、溢出抑制效果。

文本组：文本组效果用来在图层的画面上产生编号、时间码效果，可以兼容早一些的版本，使用文本层也可以制作相似的效果。

时间组：时间组中提供和时间相关的特技效果，以原素材作为时间基准，在应用时间效果时，忽略其他使用的效果。

杂色和颗粒组：杂色和颗粒组有十种左右的效果，其中有用来移除画面中原有的颗粒效果，但大多数用来在画面中增加新的杂色、颗粒、蒙尘与划痕效果。

模拟组：模拟组效果用来仿真模拟多种逼真的效果，例如，模拟水波、泡沫、碎片以及粒子运动形式的动画效果，这些效果功能强大，同时也有较多的选项，设置也比较复杂。

模糊和锐化组：模糊和锐化组有十多种效果，用来使图像模糊和锐化，其中多数为不同方式的模糊效果，例如，快速模糊、高斯模糊、径向模糊、通道模糊、摄像机镜头模糊等效果。

沉浸式视频组：沉浸式视频组有十多种效果，用来进行 VR 特效的制作，是 CC 2018 版本新添加效果。

生成组：生成组中有二十多种效果，可以在画面上创建效果，例如，渐变的颜色、网格效果、镜头光晕效果、闪电效果等，是一个常用的效果组。

表达式控制组：表达式控制组下的效果用来设置不同类型的属性动画以链接和控制表达式等。

过时组：过时组中包括基本3D效果、基本文字效果、路径文本效果和闪光效果，为了与After Effects早期版本创建的项目兼容，因而保留了旧版类别的效果。其中基本3D效果可以使用三维图层来实现，基本文字和路径文本效果可以在文本层中设置实现，闪光效果可以用高级闪电来替代。

过渡组：过渡组中为预设的过渡效果，类似Premiere中的在两个镜头之间的过渡效果，例如，径向擦除效果、线性擦除效果、渐变擦除、卡片擦除效果、块溶解效果、百叶窗效果。

透视组：透视组中的效果有几个用来产生简单三维视觉的效果，例如，投影效果、径向阴影效果、斜面Alpha效果、边缘斜面效果。此外，还有根据视频创建摄像机的3D摄像机跟踪器效果和模拟3D影片的3D眼镜效果。

通道组：通道组效果用来控制、抽取、插入和转换一个图像的通道，通道包含各自的颜色分量(RGB)、计算颜色值(HSL)和透明值(Alpha)，例如，复合运算效果、设置通道效果、设置遮罩效果、最小/最大效果。

遮罩组：遮罩组下的效果用来生成遮罩，辅助键控效果进行抠像处理，例如，简单阻塞工具、遮罩阻塞工具、调整柔和遮罩、调整实边遮罩效果。

音频组：After Effects主要偏重于对视频部分的合成和特效制作，此外也有部分音频处理功能。音频组效果用来为音频进行一些简单的音频处理，大多音频效果需要使用Premiere Pro或音频处理软件。

颜色校正组：颜色校正组中有三十种左右的效果，用来对画面进行色彩方面的调整，例如常用的色阶调整、曲线调整、色相/饱和度、亮度和对比、色调、三色调、保留颜色等。

风格化组：风格化组有十多种效果，用来模拟一些实际的绘画效果或将画面处理成某种风格，例如，画笔描边效果、卡通效果、毛边效果、浮雕效果、马赛克效果、纹理化等效果。

14.3 内置效果的应用

通过上述讲解，大家对After Effects内置特效进行简单的了解，下面将通过一个简单的特效案例来进一步加深大家对After Effects效果的认识。

(1) 打开“lesson14/范例/start”文件夹下的“14知识点start(CC 2018).aep”，并另存为“14知识点demo(CC 2018).aep”。

(2) 在“项目”面板中双击打开“合成”文件夹下的“球运动”，在“时间轴”面板中，新建文本图层，并输入文字“AFTER EFFECTS”，将“字体”设置为“微软雅黑”，“字体样式”为Bold，“填充颜色”为#ED6262，“字体大小”为200像素，“字符间距”为20，“字体格式”为仿粗体，并将文字拖到“合成”面板的中央位置，如图14.5所示。

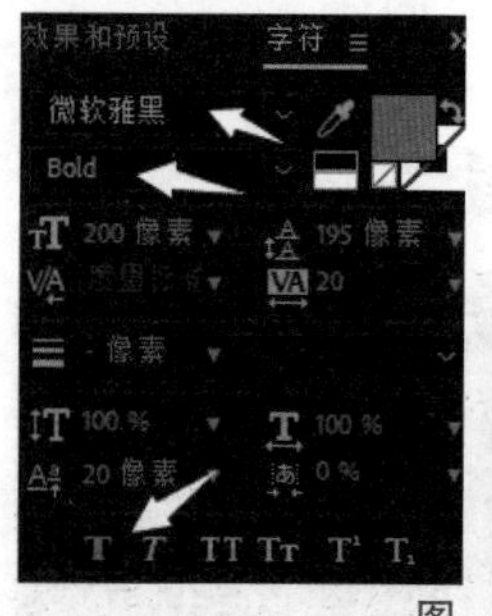

图 14.5

(3) 在“效果和预设”面板中，搜索特效CC Ball Action，并将效果应用于文字。

(4) 在“效果控件”面板中观察CC Ball Action特效的所有参数，如图14.6所示。

Scatter参数：Scatter意思是分散、散开，即粒子之间分散的距离，分散数值为－100～100，正负代表粒子分散的方向。

Rotation Axis参数：Rotation Axis意思是旋转轴，即粒子旋转时所环绕的参照轴，共有9个可供环绕的方向轴，如图14.7所示。

Rotation参数：Rotation意思是旋转，即粒子旋转的角度。

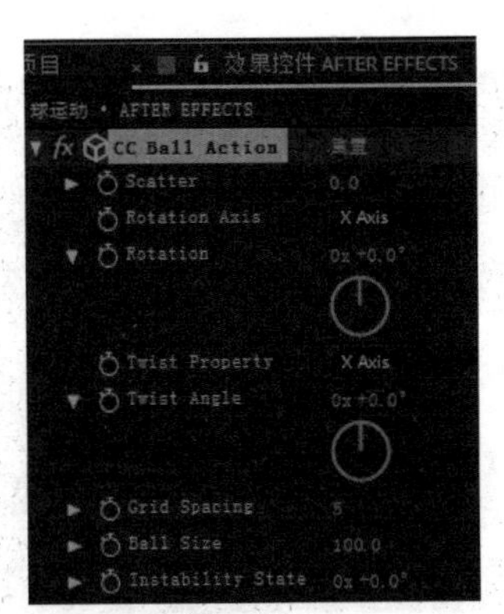

图 14.6

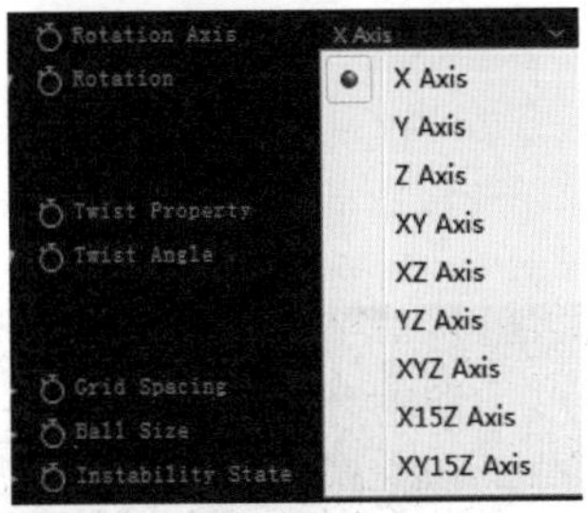

图 14.7

Twist Property 参数：Twist Property 意思是扭曲属性，它同样也要设置环绕的参照轴，它所环绕的参照轴有 X 轴、Y 轴、Center X、Center Y 和一些其他设置属性，如图 14.8 所示。

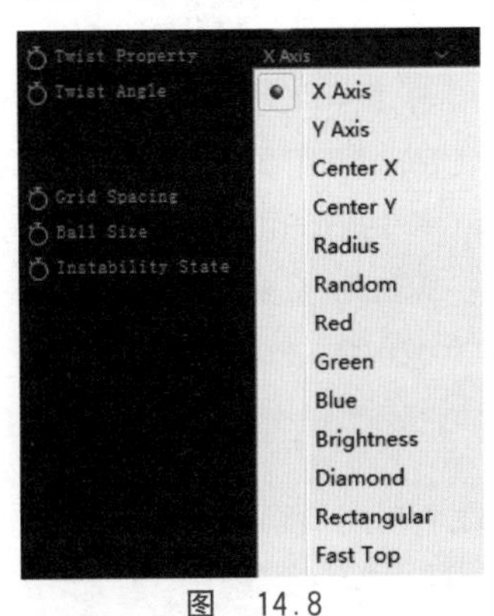

图 14.8

Twist Angle 参数：Twist Angle 意思为扭曲角度。

Grid Spacing 参数：Grid Spacing 意思为网格间距，Grid Spacing 的数值越小，单位面积内粒子的数量越多；数值越大，单位面积内粒子的数量越少。

Ball Size 参数：Ball Size 意思为球尺寸，当 Ball Size 数值发生变化时，小球的直径大小发生改变。

视频讲解

Instability State 参数：Instability State 意思为偏移状态，和 Scatter 参数配合使用。

(5) 在效果控件中，为 Scatter 参数添加关键帧，0 秒时将参数值设置为 500，3 秒时将参数值更改为 0。

(6) 调整 Rotation Axis 参数，将其更改为 XY Axis。

(7) 为 Rotation 添加关键帧，0 秒时将参数值设置为 0°，1 秒时设置为 70°，2 秒时设置为 180°，3 秒时设置为 360°。

(8) 将当前时间指示器拖动到 0 秒，为 Instability State 添加关键帧，将参数值设置为 0，在第 1 秒处设置为 160°，第 2 秒处设置为 320°，第 3 秒处设置为 500°。

(9) 预览播放，观察效果，如图 14.9 所示。

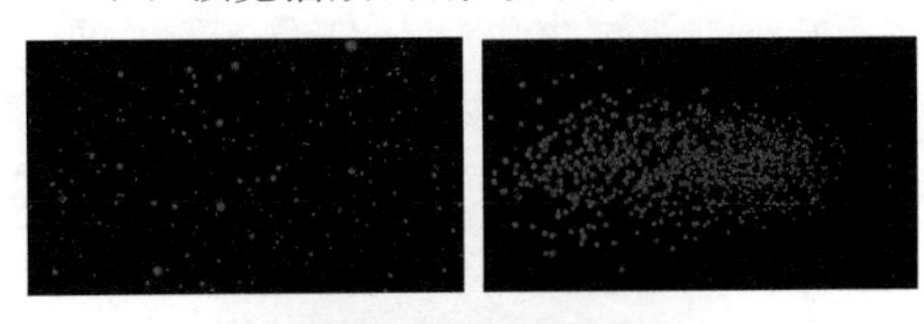

图 14.9

14.4 插件的应用

视频讲解

14.4.1 插件简介

After Effects 插件又被称作外挂插件或者第三方软件，在进行特效制作的过程中，为了能更好地解决制作时产生的问题、提高工作效率和做出更加完美炫酷的特效，特效插件应运而生。

特效插件虽然不是由软件官方统一发布，但因为遵循一定的规范程序来编写，所以安装后，就能和内置特效一样正常使用。

After Effects 插件数量众多且庞杂，但是按照 After Effects 插件的属性和风格的来分，可以把 After Effects 插件分为粒子、调色、光效、文字、绑定、水彩水墨、表达式、关键帧、三维总共九大类。

在众多的特效合成软件中，After Effects能够脱颖而出、广受欢迎，众多的第三方插件的存在功不可没。

14.4.2 插件的安装

After Effects插件简单来说就相当于内置特效，安装也比较简单，有两种安装方法。

一部分插件的安装需要运行安装程序，在这类插件中，都有以.exe为扩展名的安装文件，只需单击安装即可，如图14.10所示。

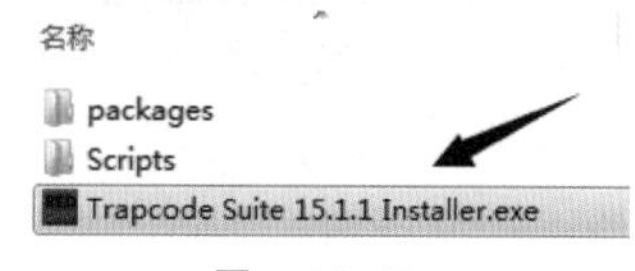

图 14.10

另外的一种类型的插件只需要存放到After Effects对应的插件文件夹下，在这类插件中，一般都有以.aex为扩展名，插件文件夹位于After Effects安装盘的"Adobe\Adobe After Effects CC\Support Files\Plus-ins"下，如图14.11所示。

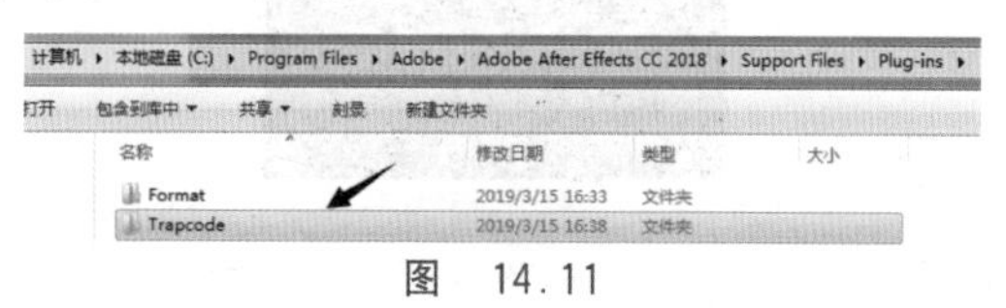

图 14.11

14.4.3 Particular插件的安装与应用

在众多的After Effects插件中，粒子类的插件应用尤为广泛，本节将简单介绍粒子插件Particular。Particular插件由Red Giant(红巨人)公司出品，该插件提供了上百种不同的粒子特效，效果非常华丽炫目，广受特效爱好者的喜爱。

注意：由于Particular粒子插件需要付费使用，本书使用的所有插件为官网上提供的免费试用软件，本书也将提供具体插件。

(1) 右击打开"lesson14\范例\素材\知识点素材"文件夹下的TCSuite_Win_Full文件，找到Trapcode Suite 15.1.1 Installer.exe应用程序，双击运行，如图14.12所示。

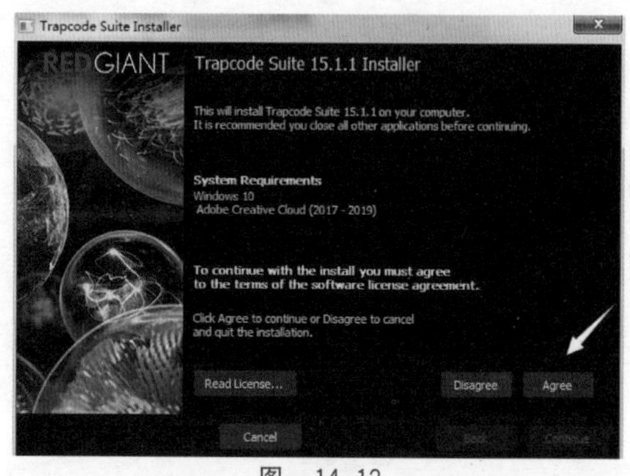

图 14.12

(2) 单击Agree按钮，再单击Continue选项按钮，在弹出的菜单栏中，将所有的选项都选中，如图14.13所示。

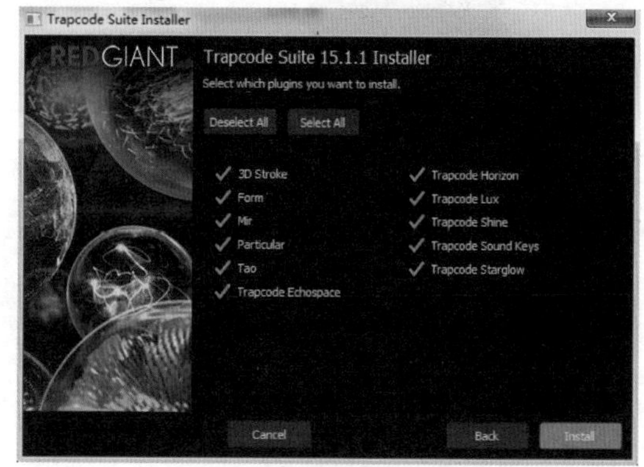

图 14.13

(3) 单击Install按钮，确认安装，安装成功后单击Close按钮关闭安装程序。

注意：本Particular粒子插件由于版本原因，只支持Win10系统，支持的After Effects软件版本为(2017—2019)版本。

14.4.4 合成设置

(1) 在"项目"面板中双击打开"合成"文件夹下的"雪地"合成，选中"雪地.mp4"素材，在菜单栏中找到"动画"→"跟踪摄像机"，应用于素材，如图14.14所示。

(2) 在合成窗口中，选择靠左的一个跟踪点，单击跟踪点，选择"创建空白和摄像机"，如图14.15所示。

(3) 在拖动当前时间指示器的同时依次从左到右选择3个跟踪点，分别单击选择"创建空白"，如图14.16所示。

图　14.14

图　14.15

图　14.16

14.4.5　设置粒子的 Emitter 值

(1) 在“时间轴”面板中，新建纯色层，颜色随意，并将纯色层命名为“粒子”。

(2) 在“效果和预设”面板中，搜索 Particular，并将其应用到“粒子”纯色层。

(3) 在“效果控件”面板中，将 Emitter 中的 particles/sec(粒子发射量)设置为 300，将 Emitter Type(发射类型)设置为 Box 型，如图 14.17 所示。

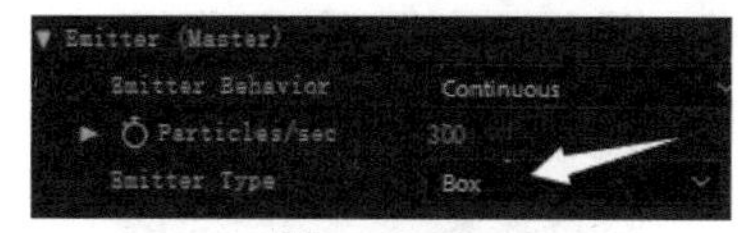

图　14.17

(4) 调整发射点的位置，将 Position 设置为(960，−50，0)，将 Position Subframe 设置为 10x Smooth，使粒子运动更光滑，过渡柔和。将粒子的发射方向设置为双向的，即 Direction 设置为 Bi-Directional，如图 14.18 所示。

图　14.18

(5) 将 Velocity Random(速度随机值)设置为 0，将 Velocity Distributei(速度分布)也设置为 0。

(6) 将 Emitter size 设置为 XYZ Individual (XYZ 轴单独显示)；将下方的 Emitter size X 设置为 2000，Emitter size Y 设置为 1000；Emitter size Z 设置为 2000，如图 14.19 所示。

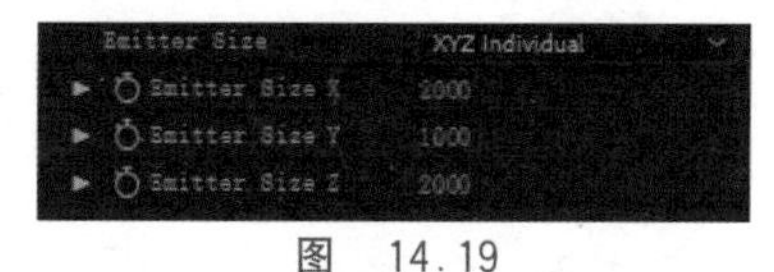

图　14.19

(7) 将 Emitter Extras(附加发射点)中的 Pre Run(预运算)的值设置为 20%，使视频在开始位置时同样以雪花效果飘落，如图 14.20 所示。

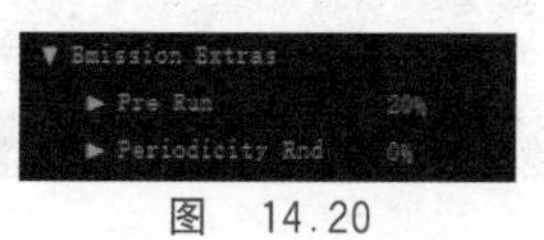

图　14.20

14.4.6　设置粒子的 Particle 值

(1) 展开 Particle 设置选项，将 Life(粒子的生命周期)设置为 20，如图 14.21 所示。

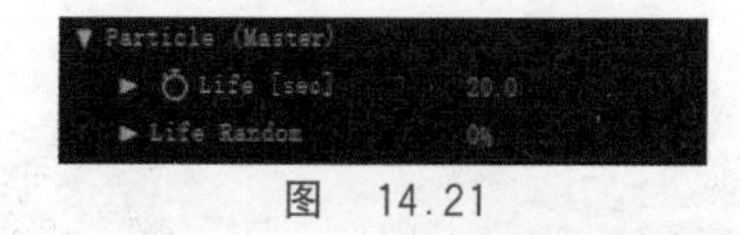

图　14.21

(2) 将 Particle Type(粒子形状)更改为 Cloudlet(云状)，同时将 Size(粒子大小)设置为 3，如图 14.22 所示。

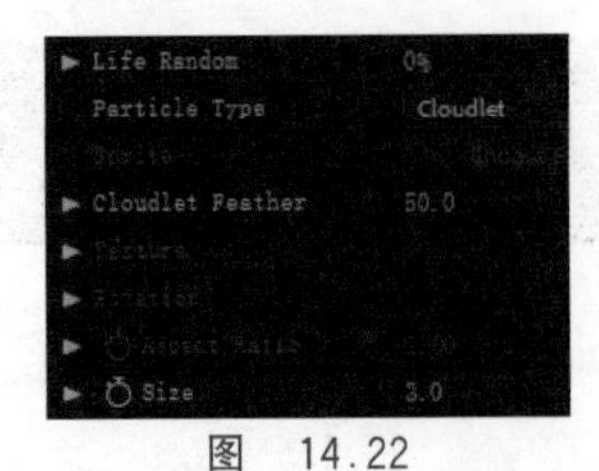

图　14.22

(3) 将 Opacity(不透明度)设置为 70,同时将 Opacity Random(不透明度随机度)设置为 20%,如图 14.23 所示。

图　14.23

(4) 调整雪的颜色,使其和视频里雪的亮度基本一致,单击 Color 属性旁的吸管,吸取视频里的颜色,大致颜色值为#EFF0F8。

14.4.7　设置粒子的 Physics 值

(1) 为使雪粒子能够实现从空中向下飘落,应当为粒子添加向下的重力,所以将 Gravity(重力)设置为 45。

(2) 雪在下落的过程中,也同样收到空气阻力和风的影响,同样应当设置空气阻力和风对雪粒子影响的数值,所以将 Air Resistance(空气阻力)设置为 0.2,Spin Amplitude(旋转幅度)设置为 120,将 Wind X 设置为 30,Wind Y 设置为 110,Wind Z 设置为 90,如图 14.24 所示。

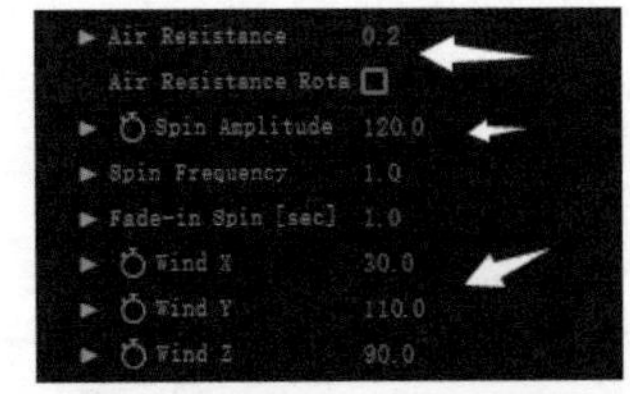

图　14.24

(3) 预览播放视频,观察效果,如图 14.25 所示。

图　14.25

14.5　模板的介绍和使用

14.5.1　模板的套用

一般来说,模板就是一种备用的项目文件,是其他 After Effects 使用者将自己所做的 After Effects 文件分享出来,可以直接拿来使用,或者经过简单的修改替换使用。

After Effects 模板的存在,为大量的初学者提供了一个非常好的学习和研究平台,通过对 After Effects 模板的研究拆分学习,可以使初学者全面系统地了解 After Effects 系统设计的方法和结构,提高初学者的制作水平。

After Effects 经过多年的发展,已经有许多不同版本的发布,用户群体也非常庞大,所以经过长时间的积累,网上存在大量可以使用的模板,国内外也有许多专业收集、整合、发布 After Effects 模板的网站,通过这些网站,可以很轻松地找到自己心仪的 After Effects 模板。

14.5.2　模板使用的技巧

(1) 使用 After Effects 打开低版本模板项目(也称工程)文件,会有版本不同的提示,这个对项目没有影响,将打开的项目保存为新的项目文件即可。另外,低版本软件将无法打开高版本软件的模板文件。

(2) 打开项目时有时会出现效果丢失提示,通常为第三方的插件效果,需要记下所提示的效果名称,待打开项目后,查看缺少的这个效果对制作结果有没有影响,若没有影响,则可以忽略,若有影响,则安装提示效果名称的插件。

(3) 打开项目时有时会有缺少字体的提示。不同用户的计算机系统安装的字体库也可能不相同,出现这种情况时应重新选择合适的字体,如果需要原字体效果则根据提示在系统上安装相应的字体。

(4) 打开项目时有时会出现文件丢失提示,通常是由于路径名称改变造成的,需要在打开的"项目"面板中选中丢失的素材,按

Ctrl＋H 键（“文件”→“替换素材”→“文件”），然后在打开的对话框中指定文件所在路径，选中文件导入即可。如果有多个在同一路径的文件丢失，手动替换更新其中的一个文件，其余文件也会随着链接新路径自动更新。

14.6　范例制作

本范例将使用 Optical Flares 插件，由于版本问题，请自行下载安装。

14.6.1　工作原理

本案例采用了内置效果 CC Particle World、“发光”和“残影”，外置插件 Optical Flares。通过不透明设置来调整人物的消失和出现，然后通过“锚点”来跟踪双手的运动，再用外置插件 Optical Flares 来制作光效，再由内置效果 CC Particle World、“发光”和“残影”来制作环绕光圈效果。

14.6.2　新建合成与设置

（1）打开“lesson14/范例/start”文件夹下的“14 范例 start(CC 2018). aeq”，另存为“14 范例 demo(CC 2018). aep”。

（2）新建合成，将合成命名为“成品”，“宽度”和“高度”分别设置为 1920px 和 1080px，“像素长宽比”为“方形像素”，“帧速率”为 25 帧/秒，“持续时间”为 5 秒，“背景颜色”为黑色。

（3）将“人物. mp4”和“背景. mp4”素材拖动到“成品”合成中，“人物. mp4”图层放在“背景. mp4”图层上方，拖动“背景. mp4”图层的时间条，以第 3 秒为起始点，如图 14.26 所示。

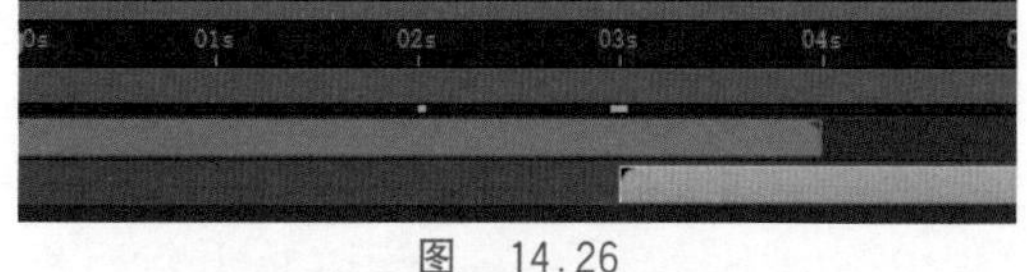

图　14.26

（4）在 3 秒 12 帧时，为“人物. mp4”图层的“不透明度”关键帧，将“不透明度”设置为 100%，在 4 秒时将不透明度设置为 0。

（5）播放视频，观察效果，人物逐渐消失，如图 14.27 所示。

图　14.27

视频讲解

14.6.3　跟踪手臂运动

（1）新建空对象，在“时间轴”面板中“新建”→“空对象”，并将其命名“右手对象”。

（2）单击打开“右手对象”的“位置”关键帧，以空对象的锚点来跟踪右手的运动轨迹（关键帧的值根据手的位置来定，关键帧的数量可多可少，不再详述），如图 14.28 所示。

图　14.28

（3）新建空对象，并将其命名“左手对象”，单击打开“左手对象”的位置关键帧，跟踪左手的运动轨迹（关键帧的值根据手的位置来定，关键帧的数量可多可少，不再详述），如图 14.29 所示。

图　14.29

14.6.4 插件设置

(1) 新建纯色层,命名为"插件",颜色任意。

(2) 在"效果和预设"面板中,搜索 Optical Flares,将之应用于纯色层。

(3) 单击 Options,在 PRESET BROWSER(预设浏览器)中的 Conspiracy Presets 文件夹下的 Dis-Information,如图 14.30 所示,单击右上角的 OK 按钮。

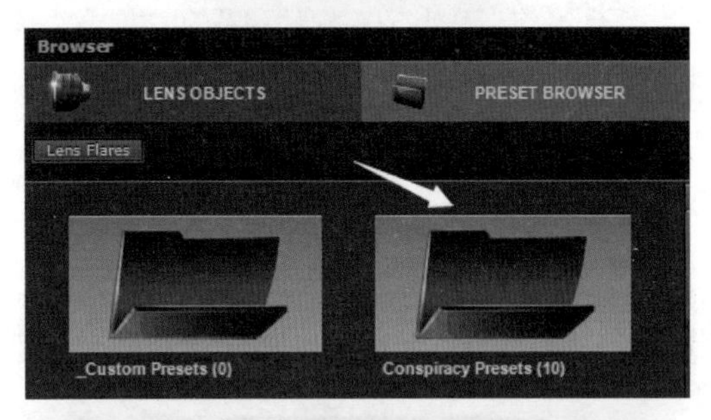

图 14.30

(4) 选中纯色层,将"混合模式"改为"屏幕",去除光球的黑色底,使屏幕中的灯光背景为透明色。

(5) 按住 Alt 键,单击激活 Position XY 前的秒表,激活"插件"纯色层的"表达式编辑框",单击"表达式关联器"◎,将其连接到"右手对象"的位置属性,使光球随右手运动。

(6) 调整光球的大小和亮度,设置 Brightness 为 50,Scale 为 180,如图 14.31 所示。

图 14.31

(7) 为 Brightness 添加关键帧,在 0 秒时将 Brightness 值改为 0,在 12 帧时将值设置为 50,在 3 秒 11 帧时设置为 55,在 3 秒 15 帧时设置为 0。

(8) 新建纯色层"插件 2",与纯色层"插件"做相同设置,将单击"表达式关联器"连接到"左手对象"的位置属性,使光球随左手运动,如图 14.32 所示。

图 14.32

14.6.5 设置环绕效果

(1) 新建纯色层,命名为"环绕"。

(2) 在"效果和预设"面板中找到 CC Particle World 效果,应用于"环绕"纯色层。

(3) 打开 Particle 的隐藏列表,找到 Particle Type(粒子类型),将其更改为 Faded Sphere,如图 14.33 所示。

图 14.33

(4) 打开 Physics(物理)的隐藏列表,找到 Animation(动画),将其更改为 Twirly(旋转),使粒子绕中心点旋转。为使粒子在旋转过程中不向下滑落,将 Gravity(重力)值设置为 0,修改粒子的速度,将 Velocity(速度)值设置为 0.56,如图 14.34 所示。

(5) 修改粒子的大小,在 Particle 列表下将粒子的 Birth Size(出生尺寸)设置为 0.13,Death Size(死亡尺寸)设置为 0.15,将 Max

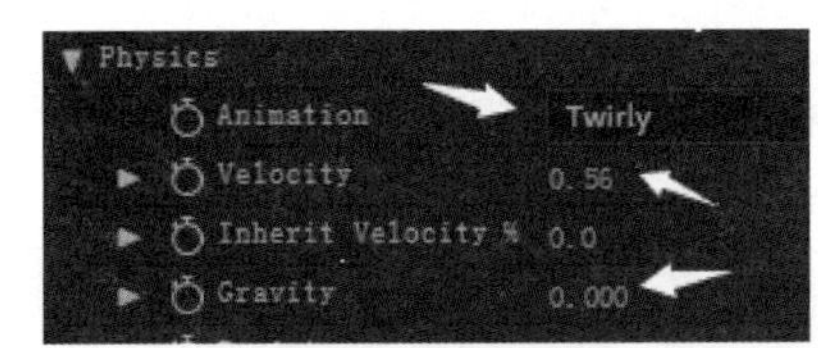

图　14.34

Opacity(最大不透明度)设置为 100%,使粒子保持实体,不虚幻,如图 14.35 所示。

Birth Size	0.130
Death Size	0.150
Size Variation	50.0%
Max Opacity	100.0%

图　14.35

(6) 打开 Producer(生成器)的隐藏列表,找到 Radius Y(Y 半径),将其设置为 0.295,使其与人的高度相一致,同时调整中心点,使中心点位于人体的中央位置,如图 14.36 所示。

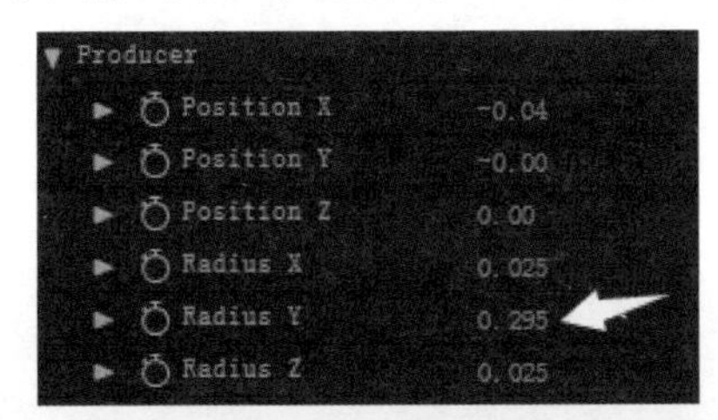

图　14.36

(7) 在 Physics(物理)中,找到 Floor(地面),展开列表,找到 Floor Action(地面动作),将其更改为 Ice,使粒子永远位于网格面的上方。调整网格位置,使其贴合于地面,所以将 Floor Position(地面位置)设置为 0.36,如图 14.37 所示。

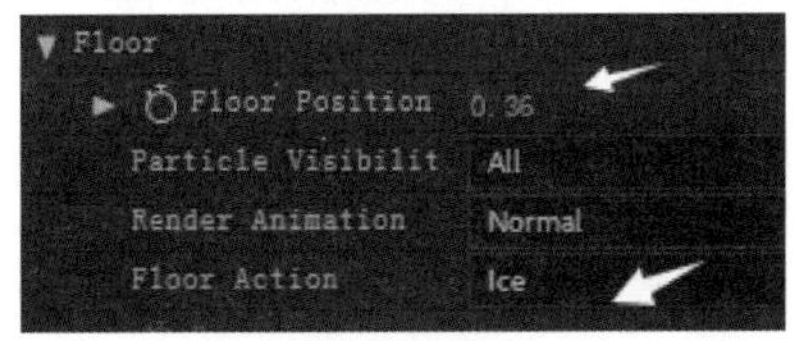

图　14.37

(8) 在"效果和预设"面板中找到"残影"效果,应用于"环绕"纯色层。

(9) 将"残影数量"的值更改为 200,"残影时间"设置为−0.005,将"衰减"设置为 0.98,如图 14.38 所示。

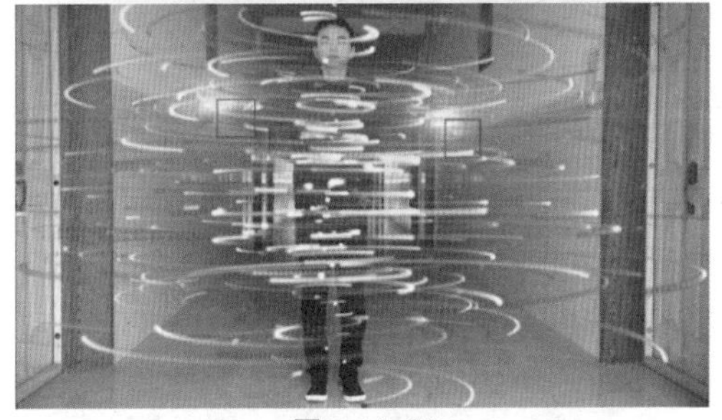

图　14.38

(10) 回到 CC Particle World 效果设置中,将 Birth Rate(出生率)设置为 2.5,使环绕粒子密度增加。

(11) 在"效果和预设"面板中找到"风格化"文件夹中的"发光"效果,应用于"环绕"纯色层,如图 14.39 所示。

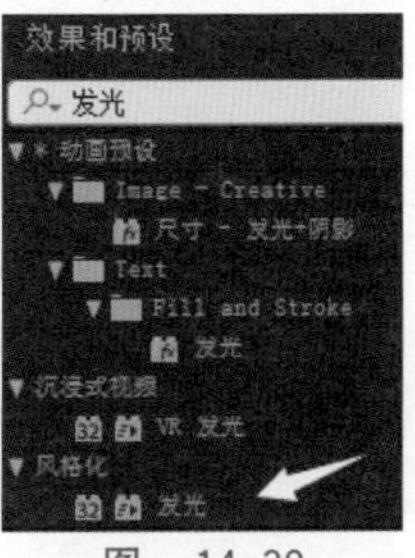

图　14.39

(12) 将"发光阈值"的值设置为 100%,"发光半径"的值设置为 50,"发光强度"的值设置为 1,如图 14.40 所示。

图 14.40

(13) 将时间轴指示器拖动的 3 秒 11 帧处,选中“环绕”纯色层,按 Alt+“[”键,将时间条起始点位于此处。

(14) 将时间轴指示器拖动到 4 秒处,选中“环绕”纯色层,按 Alt+“]”键剪切出点。

(15) 预览播放,观察效果,如图 14.41 所示。

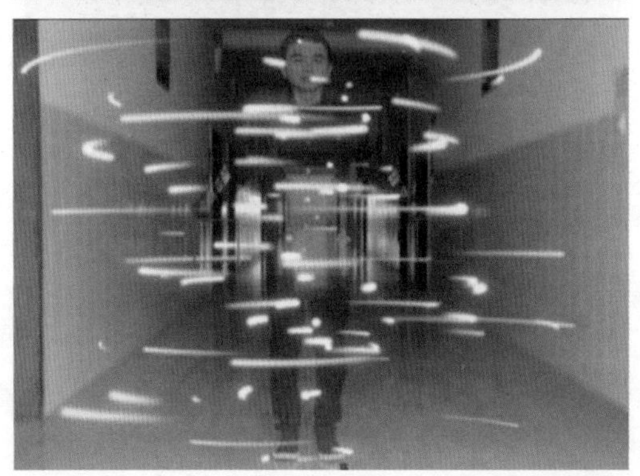

图 14.41

作业

一、模拟练习

打开“Lesson14/模拟/complete/14 模拟 complete(CC 2018).aep”进行浏览播放,参考完成案例,根据本章所学知识内容,完成项目制作。课件资料已完整提供,获取方式见本书前言。

模拟练习作品是关于空中烟花的特效视频,使用内置特效“CC Particle Word”和“亮度”制作而成。

二、自主创意

应用本章学习的关键帧知识和其他知识点,自主设计一个 After Effects 作品,也可以把自己完成的作品上传到课程网站进行交流。

三、理论题

1. 在 After Effects 的内置插件中,抠像组的作用是什么?

2. 在 After Effects 中,插件的安装方式有哪些?

3. After Effects 插件的种类和数量繁多,但大致能分为几类?

第15章 渲染、输出与文件整理

微课视频 17分钟(3个)

本章学习内容:

(1) 渲染设置;

(2) 输出设置;

(3) 文件的整理与备份。

完成本章的学习需要大约1小时,相关资源获取方式见本书前言。

知识点

渲染设置模板　渲染设置修改　渲染设置项介绍　导出渲染　输出面板设置　输出模块设置模板应用　视频和动画格式　静止图像格式　音频格式　收集文件　合并重复素材　删除未用素材　清除多余合成

15.1 渲染概述

渲染通常指影片的最终输出的过程。影片的渲染是指计算出影片所有帧的最终显示效果输出。而帧的渲染是依据构成该图像模型的合成中的所有图层、设置和其他信息,创建合成的二维图像的过程。

15.1.1 渲染面板设置

After Effects 渲染和导出影片的主要方式是使用"渲染队列"面板。选择要渲染的合成,然后单击"文件"→"导出"→"添加到渲染队列",或者按 Ctrl+M 键在时间轴面板中就会出现"渲染队列"。

"渲染设置"应用于每个渲染项,并确定如何渲染该特定渲染项的合成,在"渲染队列"中,单击"渲染设置"前的三角形,就可以看到当前合成的"渲染设置"情况,如图15.1所示。

要将"渲染设置"模板应用于选定的渲染

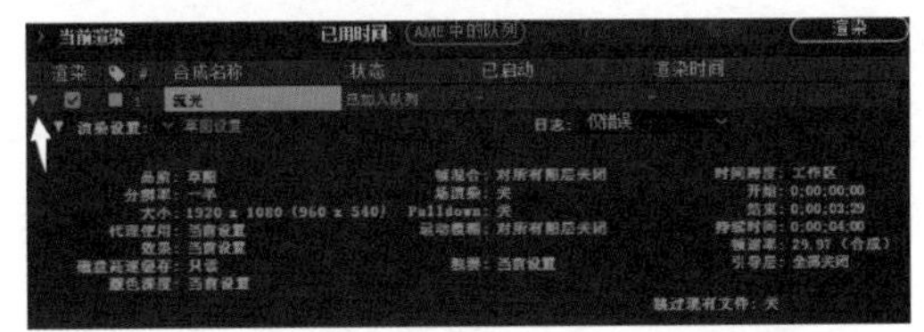

图　15.1

项,单击"渲染队列"面板中"渲染设置"标题旁边的三角形,然后从菜单中选择模板,如图15.2所示。

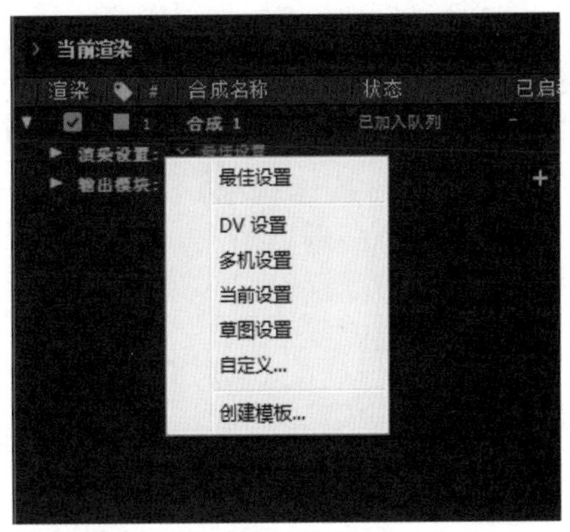

图　15.2

视频讲解

要更改渲染项的"渲染设置",单击"渲染队列"面板中"渲染设置"标题旁边的"渲染设置"模板名称,然后在"渲染设置"对话框中选择设置,如图15.3所示。

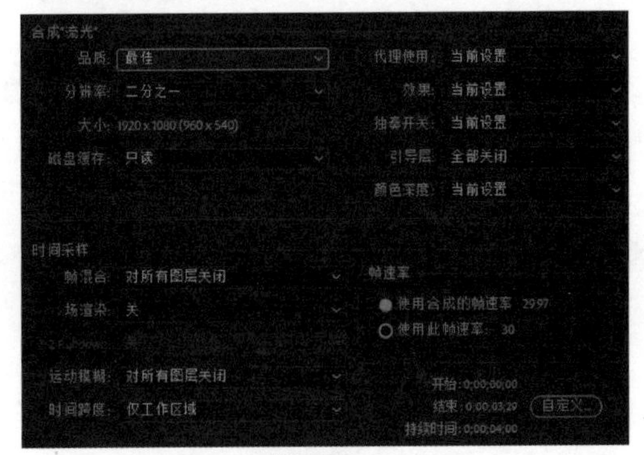

图　15.3

在“渲染设置”对话框中，有多种“渲染设置”选项：

品质：设置所有图层的品质，决定视频画面的清晰度。其中“最佳”设置通常用于渲染到最终输出，“草图”设置通常适用于审阅视频。

分辨率：决定渲染合成的分辨率，同样决定视频画面的清晰度。

磁盘缓存：确定渲染期间是否使用磁盘缓存首选项。“只读”不会在 After Effects 渲染期间向磁盘缓存写入任何新帧。“当前设置”(默认)使用在“媒体和磁盘缓存”首选项中定义的磁盘缓存设置。

独奏开关：“当前设置”(默认)将使用每个图层的独奏开关◎的当前设置。“全部关闭”按所有独奏开关均关闭时的情形渲染。

场渲染：确定用于渲染合成的场渲染技术。如果是为电影或为了在计算机屏幕上显示而渲染，选择“关闭”。

帧速率：渲染影片时使用的采样帧速率。选择“使用合成的帧速率”以使用在“合成设置”对话框中指定的帧速率，或选择“使用此帧速率”以使用不同的帧速率。合成的实际帧速率保持不变。经过编码的最终影片的帧速率由输出模块设置决定。

时间跨度：渲染合成中的长度多少。要渲染整个合成，选择“合成长度”。要仅渲染由工作区域标记指示的合成部分，选择“仅工作区域”。要渲染自定义时间范围，选择“自定义”。

15.1.2 渲染项状态设置

每个渲染项都有状态，它出现在“渲染队列”面板中的“状态”列中。

未加入队列：渲染项在“渲染队列”面板中列出，但没有准备好渲染。确认已选择所需的渲染设置和输出模块设置，然后选择“渲染”选项将渲染项加入队列。

已加入队列：渲染项准备好渲染。

需要输出：尚未指定输出文件名。从“输出到”菜单中选择值，或单击“输出到”标题旁边带下画线的“尚未指定”文本，以指定文件名和路径。

失败：After Effects 在渲染项时失败。使用文本编辑器查看日志文件，以了解有关渲染失败原因的特定信息。在已写入日志文件时，日志文件的路径出现在“渲染设置”标题和“日志”菜单中。

用户已停止：用户已停止渲染进程。

完成：项目的渲染进程已完成。

在渲染队列中，对渲染项进行处理操作，每次操作的结果都会对渲染项的状态产生不同影响。

为“项目”面板中的渲染项选择源合成：右击渲染项，然后从快捷菜单中选择“在项目中显示合成”。

从渲染队列中移除渲染项(将其状态从“已加入队列”更改为“未加入队列”)：在“渲染”列中取消选中其条目。该项依需保留在“渲染队列”面板中。

将渲染项的状态从“未加入队列”更改为“已加入队列”：在“渲染”列中选择项。

从“渲染队列”面板中移除渲染项：选择该项，然后按 Delete 键，或者选择“编辑”→“清除”。

重新排列“渲染队列”面板中的项：将项在队列中上下拖动。渲染项之间出现一条较粗的黑线，指示将放置项的位置。也可以通过选择“图层”→“排列”，然后选择“将渲染项前移一层”“将渲染项置于底层”“将渲染项置于顶层”或“将渲染项后移一层”，对选定渲染项重新排序。

15.1.3 渲染队列的批量操作

从项目面板中将合成或素材拖至“渲染队列”面板中，也可以添加渲染队列。另外同时选中多个选项向“渲染队列”面板拖入，或按 Ctrl＋M 键，可以一次性添加多个渲染队列，这样有利于批量操作。当进行相同设置的批量操作时，不要一次性添加渲染队列再逐一设置，而是要分两个步骤：

第一步是设置好“渲染设置”和“输出模

块”，并添加第一个渲染队列，设置好“输出到”的存储路径。

第二步是一次性添加其余输出队列，沿用设置而节省一些重复性的操作。

（1）右击打开“lesson15/范例/start”文件夹中的“15 知识点 start(CC 2018).aep”。

（2）选择菜单“编辑”→“模板”→“渲染设置”命令，在打开的“渲染设置模板”对话框中将“影片默认值”选择为“草图设置”，单击“确定”按钮，如图 15.4 所示。

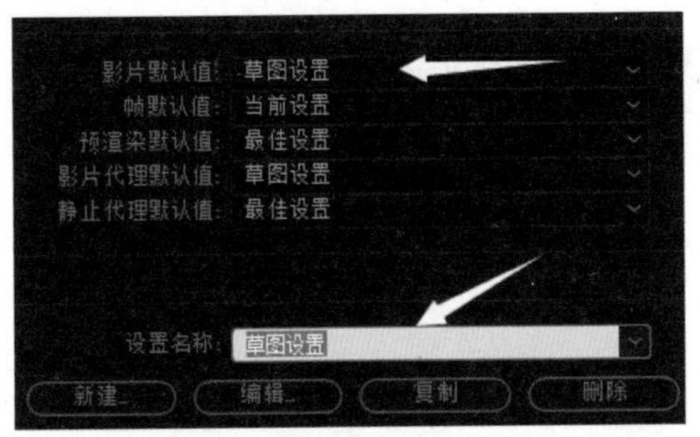

图　15.4

（3）选择菜单“编辑”→“模板”→“输出模板”命令，在打开的“输出模块模板”对话框中将“影片默认值”选择为“AVI DV NTSC 48kHz”，单击“确定”按钮，如图 15.5 所示。

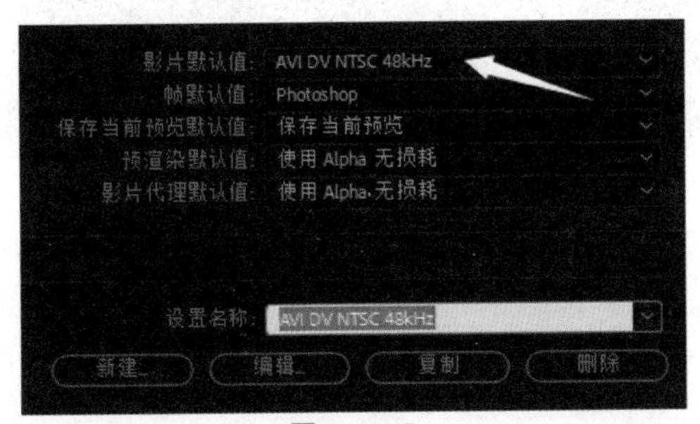

图　15.5

（4）在项目面板中选中“合成 1”，将其添加到“渲染队列”面板中，此时“渲染设置”和“输出模块”均为设置好的选项，在“输出到”后的下拉列表框中选择合成名称，并指定存储文件的路径文件夹，如图 15.6 所示。

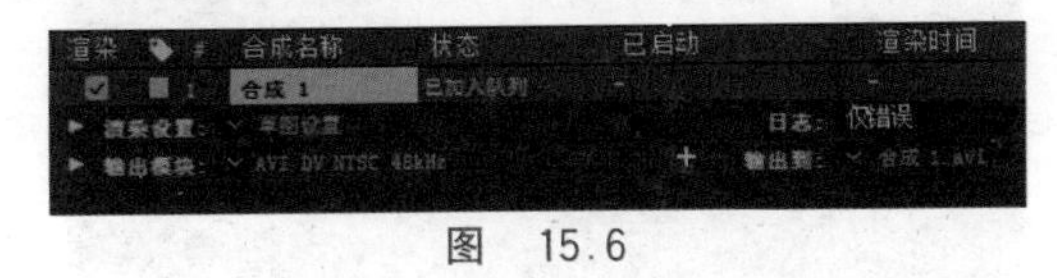

图　15.6

（5）完成以上操作后，就可以在项目中选中其余的合成了。将它们拖至“渲染队列”面板中，这样“渲染设置”“输出模块”和“输出到”均一致，文件名称及视频内容则依据各自的合成而定，如图 15.7 所示。

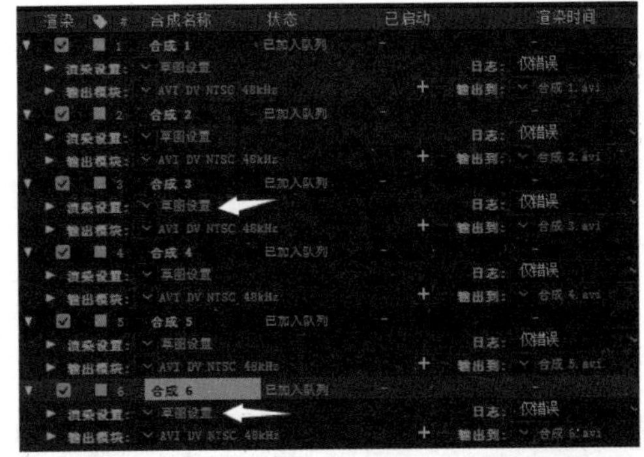

图　15.7

（6）单击渲染，将渲染出 6 个 AVI 格式的视频，分别命名为“合成 1”～“合成 6”，如图 15.8 所示。

图　15.8

15.1.4　使用 Adobe Media Encoder 渲染

在 After Effects 中渲染合成时，也可将 After Effects 合成直接导出至 Adobe Media Encoder，这样就可以在处理文件的同时，继续在 After Effects 中进行操作。使用 Adobe Media Encoder 时，还可以使用 After Effects“渲染队列”中不可用的其他预设和选项。

可以直接将合成添加到 Adobe Media Encoder 中。要将合成添加到 Adobe Media Encoder 中，可执行以下操作：

（1）在“项目”面板中双击“合成 1”合成，将包含待编码合成的 After Effects 项目拖动到 Adobe Media Encoder 中的“编码队列”，选择“文件”→“导出”→“添加到 Adobe Media Encoder 队列”，如图 15.9 所示。

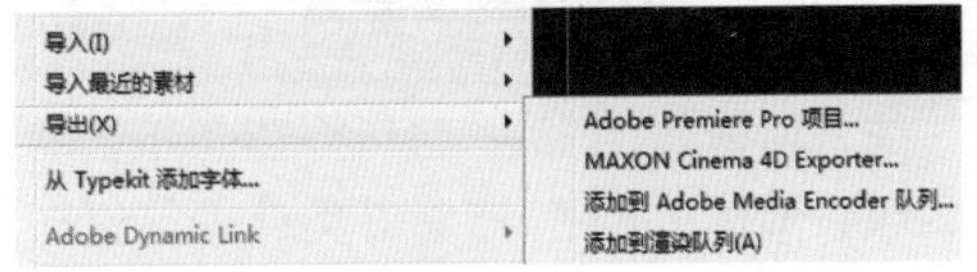

图　15.9

(2) 此时将进入 Adobe Media Encoder。

(3) 根据在 Adobe Media Encoder 中选择的预设和输出位置,照常对文件进行编码,如图 15.10 所示。

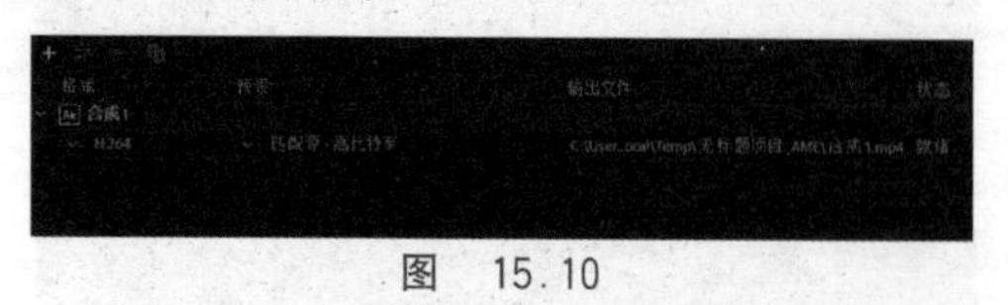

图 15.10

(4) 在"格式"中将其设置为 PNG 格式,并且确定合成的存储位置,单击"渲染"按钮,将渲染出 PNG 序列图片,如图 15.11 所示。

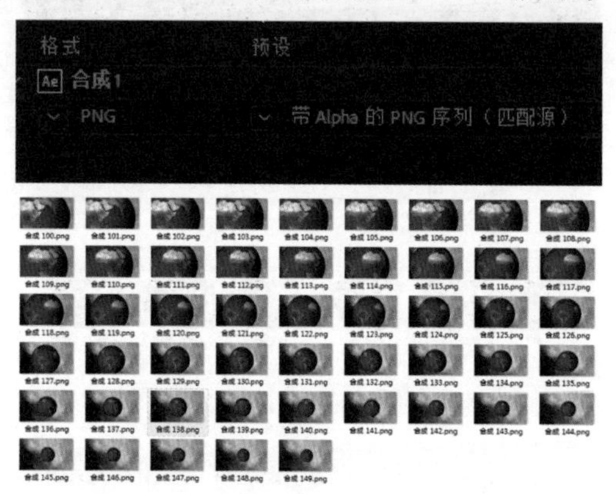

图 15.11

从渲染队列将合成添加到 Adobe Media Encoder,执行以下操作:

(1) 选择"合成 2"合成,选择"合成"→"添加到渲染队列",或者按快捷键 Ctrl+M,如图 15.12 所示。

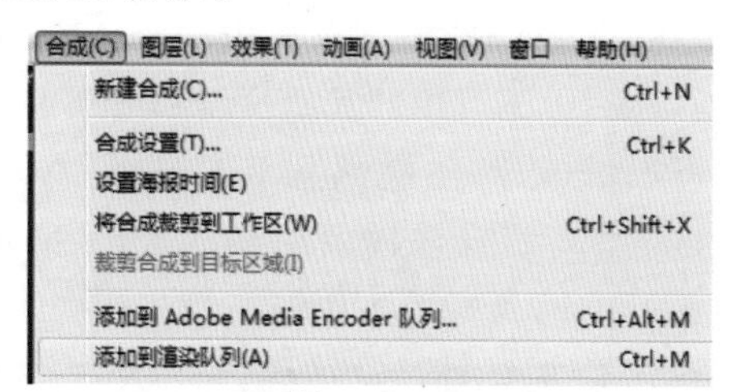

图 15.12

(2) 在"渲染队列"面板中,单击"AME 中的队列"按钮,如图 15.13 所示。

图 15.13

(3) 根据在 Adobe Media Encoder 中选择的预设和输出位置,照常对文件进行编码。

(4) 在"格式"中将其设置为 GIF 格式,并且确定合成的存储位置,单击"渲染"按钮,将渲染出 GIF 动图,如图 15.14 所示。

图 15.14

15.2 输出设置

输出模块设置应用于每个渲染项,并决定如何对最终输出的影片进行处理渲染。可使用输出模块来指定最终输出的文件格式、输出颜色配置文件、压缩选项以及其他编码选项。

15.2.1 输出面板设置

在"渲染队列"中,单击"输出模块"前的三角形按钮,就可以看到当前合成的输出设置情况,如图 15.15 所示。

图 15.15

要将输出模块设置应用于选定的渲染项,单击"渲染队列"面板中"输出模块"前边的三角形按钮,然后从菜单中选择模板,如图 15.16 所示。

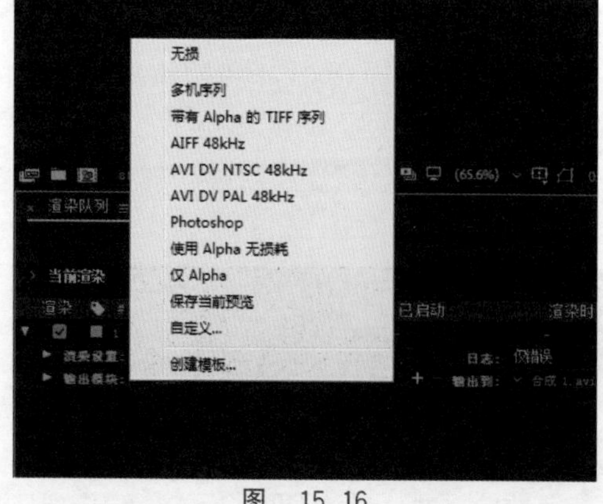

图 15.16

要更改渲染项的输出模块设置，单击“渲染队列”面板中“输出模块”标题旁边带下画线的输出模块设置模板名称，然后在“输出模块设置”对话框中选择设置。

在“输出模块”对话框中，有多种“输出设置”选项。

格式：为输出文件或文件序列指定格式。

通道：输出影片中包含的输出通道。如果选择“RGB＋Alpha”，After Effects 将创建具有 Alpha 通道的影片，表示深度为“数百万种以上颜色”。并非所有编解码器均支持 Alpha 通道。

深度：指定输出影片的颜色深度。某些格式可能限制深度和颜色设置。

颜色：指定使用 Alpha 通道创建颜色的方式。从“预乘（遮罩）”或“直接（无遮罩）”中选择。

调整大小：指定输出影片的大小。如果希望在调整帧大小时保持现有帧长宽比，则选择“锁定长宽比为”。在渲染测试时选择“调整大小后的品质：低”，在创建最终影片时选择“调整大小后的品质：高”。

音频输出：指定采样率、采样深度（8 位或 16 位）和播放格式（单声道或立体声）。选择与输出格式的功能对应的采样率。选择 8 位采样深度用于计算机播放，选择 16 位采样深度用于 CD 和数字音频播放或用于支持 16 位播放的硬件。

15.2.2　输出格式

在 After Effects 中，渲染输出的格式有很多种，其中不仅包含视频格式，还包括图片和音频等输出格式，下面列举一些输出格式。

1. 视频和动画格式

QuickTime 格式：这是 After Effects 中视频最常用格式，输出视频文件扩展名为. mov。

AVI 格式：这也是 After Effects 中视频最常用格式，输出视频文件扩展名为. avi，但是输出视频的文件较大。

视频讲解

2. 静止图像格式

Photoshop 序列：输出图片文件扩展名为. psd。

DPX/Cineon 序列：输出图片文件扩展名为. cin 或. dpx。

IFF 序列：输出图片文件扩展名为. iff。

JPEG 序列：输出图片文件扩展名为. jpg 或. jpe。

OpenEXR 序列：输出图片文件扩展名为. exr。

PNG 序列：输出图片文件扩展名为. png。

Radiance 序列：输出图片文件扩展名为. hdr、. rgbe 或. xyze。

SGI 序列：输出图片文件扩展名为. sgi、. bw 或. rgb。

Targa 序列：输出图片文件扩展名为. tga、. vba、. icb 或. vst。

TIFF 序列：输出图片文件扩展名为. tif。

3. 音频格式

AIFF 格式：音频交换文件格式。

MP3 格式：输出音频文件扩展名为. mp3。

WAV 格式：输出音频文件扩展名为. wav。

15.3　文件的整理与备份

视频讲解

在整个 After Effects 项目完成之后，文件整理与备份的工作依然十分重要，文件整理可以使得整个项目更加简洁明了，而备份的工作则可以保证项目的完整保存。

15.3.1　收集文件

“收集文件”就是将项目或合成中所有文件的副本收集到一个位置。在渲染之前使用此操作，用于存档或将项目移至不同的计算机系统或用户账户。

(1) 在菜单栏中，选择“文件”→“整理工程（文件）”→“收集文件”命令，在弹出的“收集文件”对话框中，将“收集源文件”设置为“全部”，会显示待收集文件的数目和所需存储大小，如图 15.17 所示。

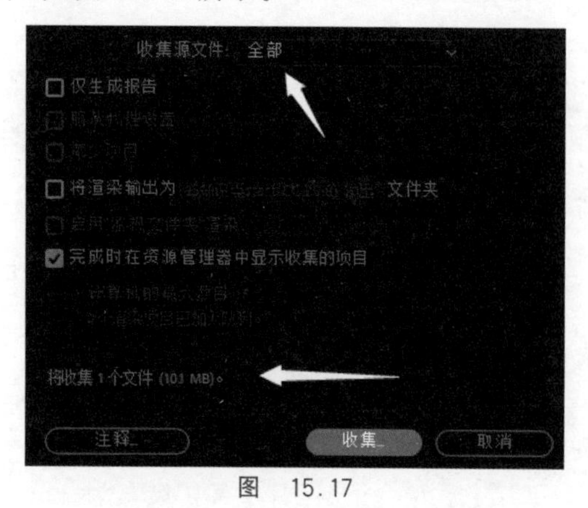

图 15.17

(2) 单击“收集”按钮，会弹出新建的存储文件夹，可以修改名称和文件夹的存储位置，如图 15.18 所示。

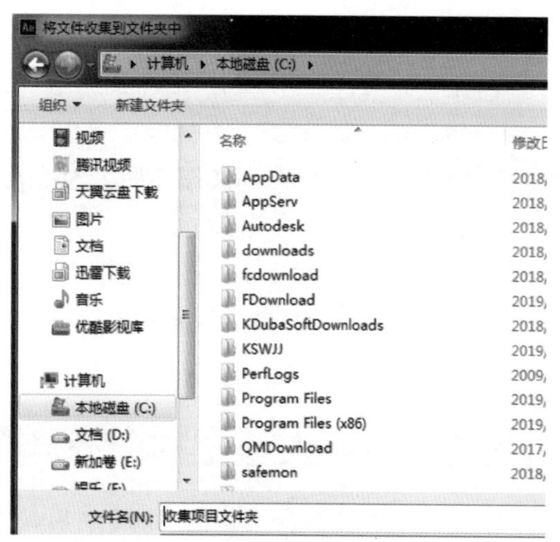

图 15.18

(3) 单击打开保存后的项目文件夹，会发现保存在其中的是项目的新副本、素材文件的副本和一个报告，打开报告，其中描述的是重新创建项目和渲染合成所必需的文件、效果和字体等，如图 15.19 所示。

15.3.2 项目整理

在 After Effects 的一些项目中有时会存在众多的素材和合成，对项目中的素材和合成进行适当的整理，可以使项目简洁明了，有助于修改制作或合作交流。

(1) 当在项目中存在大量重复导入素材时，选择菜单“文件”→“整理工程(文件)”→“整合所有素材”命令，就可以将重复的素材进行合并，同时弹出已操作数量提示，如图 15.20 所示。

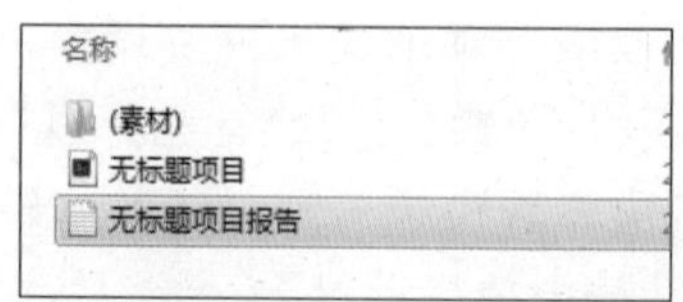

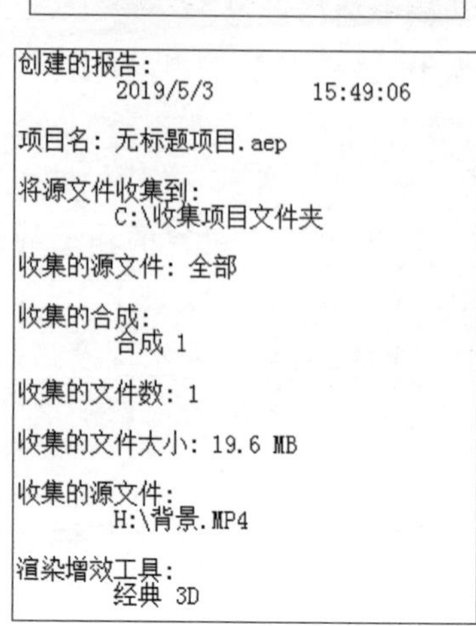

创建的报告:
2019/5/3 15:49:06

项目名: 无标题项目.aep

将源文件收集到:
C:\收集项目文件夹

收集的源文件: 全部

收集的合成:
合成 1

收集的文件数: 1

收集的文件大小: 19.6 MB

收集的源文件:
H:\背景.MP4

渲染增效工具:
经典 3D

图 15.19

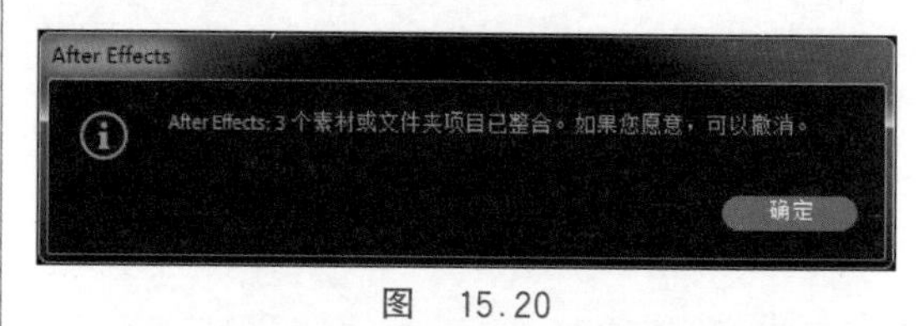

图 15.20

(2) 对于没有在合成中使用的素材以及相关文件夹，选择菜单“文件”→“整理工程(文件)”→“删除未用过的素材”命令，可以将其从项目面板中移除，如图 15.21 所示。

图 15.21

(3) 对于多余的合成，也可以删除，方法是先选中主合成和其他没有嵌套关系但也有用的合成，选择菜单“文件”→“整理工程(文件)”→“减少项目”命令，可以只保留选中的合成及其有嵌套关系的子合成，其他无关合成将被删除，如图 15.22 所示。

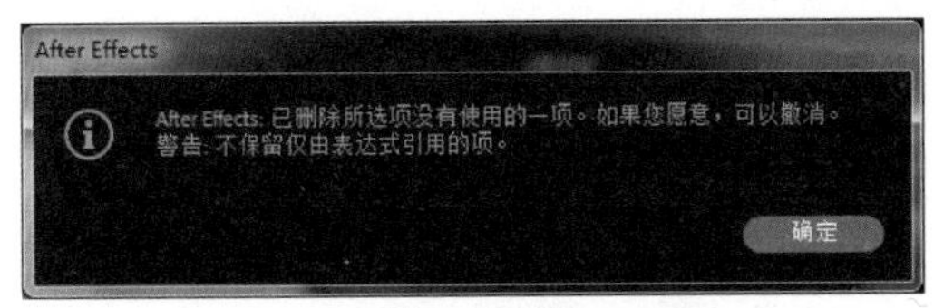

图　15.22

作业

理论题

1. 在 After Effects 中，支持输出的视频格式是什么？

2. 在 After Effects 中，如何使用 Adobe Media Encoder 渲染？

3. 在 After Effects 中，使用“收集文件”操作收集到的文件夹中包含哪些内容？

参 考 文 献

[1] 唯美世界. After Effects CC 从入门到精通 AE 教程[M]. 北京：中国水利水电出版社，2019.

[2] 吉家进(阿吉)，程明才. After Effects 强自学组合 AE 套装——零基础入门全彩(套装共 2 册)[M]. 北京：人民邮电出版社，2018.

[3] 郑泽鑫. After Effects 在动画片后期合成制作中的应用[J]. 艺术评鉴，2017，(10)：149-151.

[4] 王菡苑，杨俊东，李源灏. 论宣传片制作中 After Effects 的应用技巧[J]. 电脑编程技巧与维护，2015，(7)：70-72.

[5] 卢玉花. 浅谈中职 After Effects 教学中的遮罩技术[J]. 当代教育实践与教学研究(电子刊)，2016，(10).

[6] 铁钟. After Effects CC 高手成长之路[M]. 北京：清华大学出版社，2014.

[7] 詹劼，邢旭峰. 利用表达式在 After Effects 中实现三维效果[J]. 数字技术与应用，2012，(8)：230.

图书资源支持

感谢您一直以来对清华版图书的支持和爱护。为了配合本书的使用，本书提供配套的资源，有需求的读者请扫描下方的"书圈"微信公众号二维码，在图书专区下载，也可以拨打电话或发送电子邮件咨询。

如果您在使用本书的过程中遇到了什么问题，或者有相关图书出版计划，也请您发邮件告诉我们，以便我们更好地为您服务。

我们的联系方式：

地　　址：北京市海淀区双清路学研大厦 A 座 714

邮　　编：100084

电　　话：010-83470236　010-83470237

客服邮箱：2301891038@qq.com

QQ：2301891038（请写明您的单位和姓名）

资源下载：关注公众号"书圈"下载配套资源。

资源下载、样书申请

书圈

图书案例

清华计算机学堂

观看课程直播